普通高等教育“十一五”国家级规划教材

制冷与低温原理

第2版

主编　陈光明　陈国邦
参编　沈永年　王剑锋　余建平
　　　邱利民　金　滔　王　勤
主审　吴业正　王如竹

机械工业出版社

本书为普通高等教育“十一五”国家级教材规划，是在第1版基础上，吸收了国内外制冷与低温领域的最新研究成果编写而成的，具有内容新颖、深入浅出、简明扼要等特点。全书分六章，介绍从室温至接近0K广宽温区内的各种常用制冷与低温的实现方法、基本原理及其应用，重点介绍制冷与低温工质性质、蒸气压缩制冷、吸收制冷、低温制冷、气体液化与分离等。为了方便读者理解和掌握书中内容，本书给出了大量例题和习题，书末附有常用工质物性图表。

本书可作为热能与动力工程专业本科生的教材，也可供动力、机械、化工、建筑、航天、食品、医药等领域从事制冷与低温、动力与气体、建筑环境与设备（暖通空调）、化工过程与控制等有关的科研、设计、生产等工作的技术人员参考。

图书在版编目（CIP）数据

制冷与低温原理/陈光明，陈国邦主编. —2版. —北京：机械工业出版社，2009.11（2024.8重印）

普通高等教育“十一五”国家级规划教材

ISBN 978-7-111-28964-7

Ⅰ. 制…　Ⅱ. ①陈…②陈…　Ⅲ. ①制冷工程-高等学校-教材②低温工程-高等学校-教材　Ⅳ. TB6

中国版本图书馆CIP数据核字（2009）第198928号

机械工业出版社（北京市百万庄大街22号　邮政编码100037）
策划编辑：蔡开颖　责任编辑：蔡开颖　版式设计：霍永明
封面设计：张　静　责任校对：姜　婷　责任印制：常天培
固安县铭成印刷有限公司印刷
2024年8月第2版第10次印刷
184mm×260mm · 18印张 · 441千字
标准书号：ISBN 978-7-111-28964-7
定价：49.00元

电话服务　　网络服务
客服电话：010-88361066　　机　工　官　网：www.cmpbook.com
010-88379833　　机　工　官　博：weibo.com/cmp1952
010-68326294　　金　书　网：www.golden-book.com

机工教育服务网：www.cmpedu.com

第2版前言

承蒙广大读者、国内同行专家的厚爱以及机械工业出版社的支持，本书有幸被列入普通高等教育“十一五”国家级规划教材。这次再版，是在吸收国内外制冷与低温领域的最新研究成果的基础上，充分考虑了第1版出版后广大读者特别是高校老师在使用过程中发现的问题以及所提出的修改建议，进行了精心的修订和增补。主要进行了下面的修订：

第一章

1）考虑变温热源循环在制冷中的重要性，增加了“逆向布雷登循环”的简介。

2）考虑还有专门介绍低温制冷机的专著，简化了“脉管制冷机”内容。

3）考虑“空气蒸发制冷和溶液除湿蒸发制冷”近年来发展迅速，增加了“空气蒸发制冷和溶液除湿蒸发制冷”的介绍。

第二章

1）考虑突出环境保护问题，将制冷工质分类按“自然工质”、“合成工质”进行分类。

2）在制冷工质命名方面，增加了“C3”系列的命名以及同分异构体的命名方法介绍。

3）在制冷工质物性计算方面，删去了“童景山状态方程、LEE方程、BA方程、LKP方程”以及有关“马丁－侯状态方程程序”的内容，增加了有关商用软件REFPROP简介等内容。这些增删主要考虑现在的商用软件已经高度发展的现状以及使用方便的特点。

4）更新了工质的ODP数据以及GWP数据。

5）考虑CO_2得到越来越广泛的使用，增加了CO_2有关特性的介绍。

第三章

1）吸取了跨临界循环的研究成果，增加了跨临界循环的介绍。

2）考虑螺杆压缩机以及涡旋压缩机等可以通过中间进气来实现两级压缩，这一方法目前得到了广泛的应用，因此在两级压缩循环中，增加了有关“中间进气”内容的简介。

第四章

考虑到“西蒙氦液化系统”已经不再使用，因此，简化了介绍。

第五章

1）将第二节与第五节合并，因为它们都属于混合物的分离方法，放在一起更加容易理解。

2）考虑大型空分应用越来越广泛，因此，增加了一节“现代大型低温空气分离系统简介”。

3）删除了“规整填料塔”的介绍，主要考虑它是设备，其工作原理与板式塔相同，因此，应该放在有关设备的教材中介绍较合适。

此外，为了使用方便以及与国际有关标准一致，这次修订还对附录的图表数据进行了统一：

1）正常沸点120K以上的制冷工质，其比焓和比熵的基准点为0℃的饱和液体，此时的比焓为200kJ/kg，比熵为1kJ/(kg·K)；给出的热力性质图为压－焓图。

2）沸点120K以下的低温工质，其比焓和比熵的基准点为常压（0.10133MPa）饱和液体，此时的比焓为0kJ/kg，比熵为0kJ/（kg·K）；给出的热力性质图为温－熵图。

相应地，书中的例题以及习题有关数据也进行了统一。

这次再版，主要由浙江大学陈光明教授执笔并统稿，邱利民教授、金滔教授、王勤副教授参加了编写工作。西安交通大学吴业正教授和上海交通大学王如竹教授对全书进行了认真的审阅，并提出了许多建议。在修订过程中，浙江大学陈国邦教授一直关注修订的进程并对全书文稿进行了非常认真的审核。浙江大学制冷与低温研究所的唐黎明教授、甘智华副教授、张绍志副教授、张学军副教授、何一坚副教授、陈其副教授、汤珂副教授、张小斌副教授、韩晓红副教授、孙大明副教授都认真阅读书稿并提出许多建议。上海交通大学黄永华副教授绘制了本书附录B中的全部热力性质图。浙江大学博士生巩学梅、刘利华、徐梦洁、洪大良、戴征舒、高赞军等同学，对书中的例题和习题进行了认真的校对并一一进行计算。在此一并表示衷心的感谢。

本书可作为热能与动力工程专业本科生的教材，也可供动力、机械、化工、建筑、航天、食品、医药等领域从事制冷与低温、动力与气体、建筑环境与设备（暖通空调）、化工过程与控制有关的科研、设计、生产等工作的技术人员参考。

陈光明　陈国邦

于浙江大学求是园

第1版前言

为了适应现代社会经济、科技、文化和世界高等教育的发展，教育部于1998年7月正式颁布了新修订的《普通高等学校本科专业目录》。新目录将原来的热力发动机、流体机械及流体工程、热能工程与动力机械、热能工程、制冷与低温技术、能源工程、工程热物理、水利水电动力工程、冷冻冷藏工程（部分）等九个专业，合并为一个新的专业——热能与动力工程专业。新专业目录的实施及专业课时的减少，对专业教材提出了新的更高的要求。为了满足全国高等学校“热能与动力工程”专业对制冷与低温方面教材的需要，我们编写了这本《制冷与低温原理》，并被机械工业出版社列入“九五”教材出版计划。

全书根据教育部颁布的“热能与动力工程”专业业务培养目标和要求，以及淡化专业意识、拓宽基础、加强素质教育和能力培养的原则，在吸收国内外最新教学和研究成果的基础上编写而成。本书主要介绍从室温至接近0K广宽温区内的常用制冷和低温方法、原理及其应用。全书除绪论外共有六章。绪论简要介绍制冷与低温的研究内容、发展历史以及在人民生活和国民经济各部门中的应用；第一章简要介绍制冷与低温的热力学基础，以及实现制冷与低温的常用方法；第二章介绍制冷与低温工质的热物性及其计算方法；第三章至第五章分别详细介绍制冷工程中常用的蒸气压缩制冷和吸收制冷，低温领域中的气体制冷和液化循环，气体分离的原理、方法及其应用；第六章结合制冷与低温工程实际，介绍用热力学第二定律对实际系统进行熵分析和㶲分析的方法。每一章末尾均附有思考题和习题，书末附有常用工质物性图表及计算机程序。

本书由浙江大学制冷与低温工程研究所组织编写。参加编写的成员有：陈国邦教授（绪论、第一章中的脉管和热声制冷部分、第四章），陈光明教授（第一章第一至第三节、第二章第一节及第三至第七节、第三章第一节、第六章），沈永年副教授（第三章第二、三节），王剑锋副教授（第三章第四节），余建平副教授（第二章第二节、第五章第一至第四节），邱利民副教授（第一章第四节，第五章第四节）。全书由陈光明、陈国邦主编，西安交通大学吴业正教授主审。

本书得到了浙江大学课程建设基金的资助。在编写和出版过程中，得到了华中理工大学郑贤德教授，上海理工大学华泽钊教授，上海交通大学王如竹教授，浙江大学李式谟教授、冯仰浦教授和刘楚芸副教授等的支持和帮助；浙江大学博士生郑飞、金滔、何一坚，硕士生季益华等对书中的习题、部分图稿进行了详细的校核与绘制，在此一并表示衷心的感谢。

本书可作为1998年教育部新设大专业“热能与动力工程”本科生的教材，也可供机械、化工、建筑、航天、食品、医药等领域从事制冷与低温、建筑环境与设备（暖通空调）有关的科研、设计、生产等工作的技术人员参考。

陈光明　陈国邦

目　录

主要符号表

拉丁字母

A	面积
a	比亥姆霍兹自由能，循环倍率
c	比热容
C	热容
D	直径，扩散系数
E	㶲
e	比㶲
f	频率
G	热导
g	比吉布斯自由能
H	焓，磁场强度，亨利常数
h	比焓
I	电流
K	平衡常数
L	长度
M_r	相对分子质量，余函数
m	多变指数，质量
N	数量
P	功率，渗透系数
p	压力
Q	热量
q	单位质量热量
q_0	静态吸附容量
R	气体常数，电阻，回流比
r	汽化热，摩尔比
S	熵，溶解系数
s	比熵
T	热力学温度
t	摄氏温度，时间
U	热力学能，喷淋密度
u	比热力学能
V	体积
v	比体积，速度
W	功
w	比功，质量分数
x	干度，（液相）摩尔分数
y	液化率，（气相）摩尔分数
Z	压缩因子，电偶对材料的优质系数

希腊字母

α	温差电系数，热扩散率，相对挥发度
α_s	微分等熵效应
α_h	微分节流效应
γ	电导率，比热比
δ	热渗透长度值，膜厚
ε	制冷系数，填料润湿率
ζ	热力系数
η	热力完善度，效率
θ	对比正常沸点
κ	等熵指数
λ	热导率，输气系数
μ	化学势，冷气流占总气流的比例
ν	运动粘度
π	珀尔帖系数
ρ	密度，电阻率
τ	循环周期
Φ	制冷量
ϕ	单位制冷量，相位差
ω	角速度，偏心因子

上　标

$'$	液相的
$''$	气相的
R	参考流体的
*	理想气体状态下的

下 标

0	蒸发过程的，理论的，参考态的
a	环境的，吸收器的
b	正常沸点的
c	临界的，冷的，组元的
comp	压缩的
d	扩散的
e	膨胀的，蒸发的
exch	换热过程的
f	自由度
g	发生器的
H	高的
h	焓的
i	序号
is	孤立系的
in	进的
k	冷凝的，卡诺循环的
L	低的，液相的
l	液体的，泄露的，洛伦兹循环的
m	平均的，摩尔的
max	最大的
min	最小的
N	N型电偶的
net	净的
opt	最佳的
out	出的
P	P型电偶的
p	等压的
p	相的
q	热量的
R	压缩过程的
r	对比的，可逆循环的
rec	回热过程的
s	等熵过程的
s	饱和状态的
tr	三相点的
V	气相的
v	等容过程的，单位容积的
w	水的

绪　论

一、研究的内容和范围

用人工的方法制造和获得低于环境温度的技术称为制冷，曾称致冷。换句话说，制冷是从低于环境温度的空间或物体中吸取热量，并将其转移给温度高于它的介质中去的过程。由于热量只能自发地从高温物体传给低温物体，因此制冷的实现必须包括消耗能量的补偿过程。

制冷几乎包括了从室温至0K附近的整个热力学温度范围。但在科学研究和工业生产中，常把制冷分为普冷和低温两个体系。根据国际制冷学会第13届制冷大会（1971年）的建议，将120K定义为普冷与低温的分界线。“低温”是指在低于大约120K温度下所发生的所有现象和过程或使用的技术和设备，即从液化天然气的正常沸点至0K附近的温度范围属于低温；而在120K与室温之间的温度范围属于“普冷”，简称为制冷。但是，制冷与低温的温度界线不是绝对的。况且，用于低温的所有流体和材料总要经受室温，因此它们在低温和室温间的性质和过程不能忽视。

制冷与低温不仅体现在所获得的温度高低不同，还体现在所采用的工作介质及获得降温的方法不同。一般来说，制冷的方法主要有三种：①利用物质相变（如熔化、蒸发、升华等）的吸热效应制冷；②利用气体膨胀产生的冷效应制冷；③利用珀尔帖效应的热电制冷。除此之外，获得低温的方法还有绝热去磁制冷、稀释制冷以及激光制冷等。

绝大多数制冷过程依靠内部流动的工作介质来完成，即把热量从被冷却物体转移到环境介质中。实现这种功能的工作介质称为制冷工质，从被冷却介质中吸热的制冷工质称为制冷剂，曾称致冷剂，有时也叫冷媒。

本书主要从热力学的观点来分析和研究工质性质，各种制冷方法和制冷循环的理论及其应用，认识和理解物质在低温条件下出现的奇异现象，探索有效利用这些低温现象的途径。

二、制冷与低温的应用

制冷与低温技术几乎与国民经济的所有部门紧密联系，与人民生活密切相关。在生产活动中，人们越来越多地利用制冷与低温技术来保证生产的进行和产品质量的要求；在日常生活中，人们越来越多地食用冻结和冷藏食品，人为制造舒适环境以保障人身健康和工作效率；特别是现代科学技术和国防技术的发展，对制冷与低温技术提出了越来越高的要求。

（一）制冷技术的应用

制冷技术的最大应用是空调中的制冷。除此之外，制冷还应用于工业过程、食品的加工和贮藏以及工业部门中的许多特殊领域。

1. 大中型建筑物的中央空调　世界各国的大型建筑物的夏季降温系统已成为标准的公用事业设备。即使在一些夏季温度不太高的地区，大型建筑物也可能需要进行空气冷却处理，以排除室内人体和灯光等其他电器设备产生的热量。在炎热地区，是否装有降温系统，对于工作人员的工作效率有着直接的影响。大型建筑物通常采用某种形式的集中式空调系统。

单层工业建筑物，例如仓库和厂房，通常在屋顶设置空调装置，向下面空间提供调节后的空气。

用于医院及其他医用建筑的空调常要求采用100%的室外空气，手术室内的湿度要求更为严格，以免产生静电。

2. 工业空调

工业空调指为在恶劣环境中的工人提供一定程度的舒适条件和有利于加工产品或材料而作的空气调节。

(1) 局部供热和局部冷却　在冷天，比较切实可行的是在工人所在地方的有限范围供热；在炎热的环境中，可把冷气流导入工作区，以维持工人可以接受的工作条件。

(2) 环境模拟实验室　不同的环境模拟实验室对空调的要求不同。进行发动机低温试验的环境模拟实验室，必须保持-40℃左右；而研究动物热带行为的实验室，则必须保持高温和高湿。

(3) 印刷厂　在印刷厂使用空调的主要目的是控制湿度。不适当的湿度会引起诸如静电、纸张卷曲和折皱以及墨迹不干等麻烦。

(4) 纺织厂　纺织品对湿度和温度的变化是很敏感的。在现代化的纺织厂中，需要采用空调来防止织品的柔软度和强度发生变化或产生静电。

(5) 精密零件制造和洁净室　精密金属零件制造厂要求采用空调来保持温度均匀以免金属发生膨胀和收缩；保持一定的湿度以防金属生锈；过滤空气，使尘埃含量尽量小。洁净室技术已用于生产电子元件及其他材料的封闭环境。

(6) 计算机房　计算机房的空调系统用来控制空气的温度、湿度和洁净度。如果机房内温度过高，某些电子元件就会发生故障，故应保持机房温度在20~30℃的范围内。

(7) 发电厂　火力发电厂习惯上都采用室外空气通风，以保证工人有良好的工作条件。在现代化发电厂中的许多狭窄地方，采用制冷机配合风机盘管来提供冷量，因为风机盘管比普通通风管道要小得多。

3. 住宅空调

住宅空调按结构形式可分为窗式空调器、壁挂式空调器和柜式空调器等，有冷风型和热泵型两种。冷风型只用于制冷，热泵型则通过电磁换向阀，具有分别供热和制冷功能。近年来，住宅空调器已成为我国居民消费的热点家电产品之一。空调器产品正向体积小、能耗低、噪声低、多功能、智能化方向发展，以满足家用及企事业集团的多样化需求。

4. 运输空调

车辆空调主要用于家用汽车、公共汽车、火车、飞机和轮船等交通工具中驾驶员和乘客所在的地方，也用于货车、旅游车、拖拉机、吊车等的驾驶室。这些交通工具中，冷负荷主要用于抵御来自太阳的辐射热和来自人体散发的热量。与建筑物空调相比，这些负荷的特点是变化迅速，单位体积的强度高。

5. 食品贮藏与配送

各种肉类、鱼类、水果和蔬菜等食品都易于腐败变质。据统计，当今全世界每年因各种原因造成的腐烂变质食品占人类食品年总产量的45%。为了延长水果、多数蔬菜和已加工的肉类如香肠的贮存时间，其贮存温度应稍高于其冻结点；其他的肉类、鱼类、蔬菜和水果经冷冻后，可在低温下贮存数日甚至数月，直到消费者解冻后才食用。

典型的食品冷藏链由下列环节组成：冻结，在冷藏库中贮藏以及陈列在食品市场的冷藏柜中，各个环节的配送，最后存放在家用冰箱内。

（1）冻结　必须将食品的温度迅速降低到冻结点以下。冻结的方法有：①吹风冻结法，将温度大约为 -30℃的空气高速吹过堆叠在叉形货架上的食品包；②接触冻结法，把食品放置在冷金属板表面之间进行冻结；③浸没冻结法，将食品浸没在低温盐水中；④流化床冻结法，小块食品用输送带传送，同时用冷空气由下向上吹过输送带，使食品保持悬浮状态；⑤用液氮或二氧化碳之类的低温介质进行冻结。

（2）冷藏　肉类屠宰后应快速冻结，然后运送到 -20 ~ -23℃的冷藏库中贮藏，贮藏时间可长达数日甚至数月之久。鱼类的冷藏温度还要更低。

（3）配送　将食品从冷藏库运送到食品市场需用冷藏运输。随着市场体制的建立，铁路、公路、水路对冷藏运输工具的需求量大幅上升，冷藏集装箱的发展受到格外的重视。此外，还有一些产品，如带机组和不带机组的铁路冷板冷藏火车、冷板冷藏汽车、液氮冷藏车、活动冷板小型冷藏集装箱、带机组的固定冷板小型冷藏集装箱等。

（4）存放　最后，消费者将食品贮藏在家用电冰箱中，直到取出食用为止。在家用电冰箱的设计和制造方面，式样和一次成本是首要考虑的问题；但是节能要求和新工质替代技术的要求又给冰箱设计和制造带来新的挑战。

6. 食品加工

某些食品除了冻结和冷藏外，还需进行加工，这些作业也需要制冷。

（1）乳制品　乳制品主要有牛奶、冰淇淋和奶酪。进行巴氏消毒时，牛奶的温度要升高到大约73℃，然后将其冷却到3℃和4℃贮存。制作冰淇淋时，要将各种配料进行巴氏消毒，充分混合，然后把混合物冷却到6℃左右，最后进入冻结器，使之温度降低到 -5℃；制成的冰淇淋在低于冻结温度下贮存。

（2）饮料　生产浓缩果汁、啤酒和其他酒类饮料时，制冷是必不可少的。许多饮料在冷却后可以改善其滋味。将浓缩果汁在果园附近生产后，以冷冻状态运输，可以使运输费用较之水果的直接运输显著降低。

（3）酿造　在酿造工业中，制冷可以控制酿造过程中的化学反应速度，并保护某些中间产品和最终产品。大规模生产啤酒时，发酵应在8 ~ 12℃之间进行，这一温度依靠制冷来保持。在其后的加工过程中，散装啤酒的贮存和最后装瓶或装桶过程都要求在制冷室内进行。

（4）冷冻干燥　某些生物制品和粮食制品是用冷冻干燥法贮存的。在冷冻干燥过程中，制品冷冻后利用升华作用以除去水分。一些药品、速溶咖啡的生产厂就是采用这种冷冻干燥工艺进行生产的。

7. 化学工业和加工工业

制冷技术在化学和加工工业中的应用有：气体分离；气体冷凝；使混合物中一种物质凝固，从而与其他物质分离；液体的低温贮存，使其压力不致过高；移去反应热等。

8. 制冷的特殊应用

（1）制冰机　小型制冰机通常用于饭店和旅馆制冰，大型工业制冰机则用于食品加工厂和化工厂，家用冰箱也可用来制取少量冰块。

（2）滑冰场　把制冷剂或冷冻盐水的输送管埋在沙或木屑中，然后在上面泼上水并使之冻结，就可构成人工溜冰场。

（3）建筑工业　在建筑工业中，用冻土法挖掘土方、构建桥梁基础、制造地下铁道等，可以提高施工效率，保障施工安全。制冷还应用于冷却巨型的混凝土块，因为混凝土固化时会释放出化学反应热，必须将其移除，以免发生热膨胀和混凝土应力破坏。

（二）低温技术的应用

近几十年来，低温已远离了神秘的实验技术时代，发展成为自然科学中重要的分支。低温技术已经渗透到科学技术的各个领域，在能源和交通、航空和航天、现代工业、科学研究和生物医疗等部门，一旦离开低温，它们的发展和现代化的进步是难以实现的。

1. 能源与交通

随着能源需求的日益增加，人类对保护现有能源、探索代用燃料和新能源、改善能源结构，减缓能源危机和改善环境条件的要求越来越迫切。

（1）天然气　天然气是继煤和石油之后的第三大化石能源，正在部分替代石油和煤，成为全球最主要的能源之一。天然气主要成分为甲烷，其氢碳比远高于石油，是一种优质清洁型燃料。天然气用作城市燃气，可大大减轻对环境的污染；用作汽车燃料，CO_2 排放量可减少近1/3，尾气中CO含量可降低99%。天然气作为化工原料，可用于生产合成氨和甲醇等。利用天然气发电的联合循环，可将电厂的热效率从35%提高到52%。大规模天然气的开采、贮存和运输依赖天然气的液化技术。液化天然气（LNG）或许将成为低温在工业上的最大应用者。

（2）核聚变　核聚变反应堆托卡马克（Tokamak）装置依靠大型低温超导磁体对聚变反应器中的高温等离子体进行磁约束，这些低温超导线圈在大绕组空间内产生很强的磁场来保证等离子体的空间位置和形状，建立起等离子体的磁约束系统。近年来，由国际原子能机构IAEA（International Atomic Energy Agency）协调的国际热核实验堆ITER（International Thermonuclear Experimental Reactor）已经在20世纪末建造，其商品化预计在2040年左右实现。

（3）超导列车　自20世纪70年代以来，日本一直致力于开发采用超导磁体的磁悬浮列车，1972年在一个小试验车上运行成功，随后进行了一系列的研究与开发。超导磁悬浮列车在大容量运输、低环境污染和较高安全性等方面具有很大的潜力。超导磁悬浮列车的悬浮间隙大，一般可大于100mm（而普通磁悬浮列车的悬浮间隙大约只有10mm），大大减少对路轨公差和控制的要求；速度可高达500km/h以上。日本在山梨县建造的42.8km超导磁悬浮列车试验线，速度达到了550km/h。

磁悬浮用低温超导磁体对低温的要求是提供连续制冷，车载制冷机要结构紧凑、重量轻、效率高。随着高温超导体研究的发展，如果超导列车能采用高温超导体，则经济性能会大为提高。

（4）氢能利用　氢是将来的发动机、发电厂、飞机、航天系统等各种动力的主要代用燃料。用低温液氢作燃料的汽车所排出的废气（水）几乎不影响环境。将来的超高速飞机要用液氢来推进。研究指出，液氢的高比热容还可用来冷却因极高速度飞行而产生摩擦热的机翼表面。低温氢浆或甲烷浆对于超声速和超高声速飞行也显示出优点。

2. 航空与航天

早在20世纪30年代，低温就在火箭中得到了应用。第二次世界大战中，V-2火箭第一次应用酒精和液氧作为推进剂。载人空间飞行起初也是用酒精和液氧作为推进剂，航天飞机具有254kN 冲力的火箭发动机，可达2km/s 速度与108km 的高度。

无论是载人的或不载人的航天器，低温技术总是空间计划的关键技术。如果离开低温，许多卫星和空间飞船的成功发射和空间的科学测量都是不可能的。地面试验装置需用大容积的舱室来模拟深空间条件，高真空的空间环境要用液氮和液氦冷却的低温泵来产生。

美国航天飞机都是采用液氢和液氧系统作为推进剂，在火箭发射场的地面设施中包括数万立方米的液氢和液氧贮槽。阿波罗操作舱采用液氧生命维持系统，用液氢和液氧燃料电池产生随机电力，登月舱则用超临界低温氧作为生命维持。1969 年7 月，这个具有低温系统的登月舱首次登月成功。低温技术还用于空间飞行器上仪器的冷却，红外天文卫星用4K 的液氦和1.8K 的超流氦来探测宽频道的红外辐射，红外探测器利用固体制冷剂（氢、氖和甲烷等）的升华来冷却，或采用辐射制冷技术。

中国空间技术自20 世纪50 年代中期以来迅速发展起来。1970 年4 月24 日，长征一号火箭把东方红一号卫星送入轨道。1990 年4 月7 日，采用氢氧发动机技术的长征三号火箭将亚洲一号卫星送入地球静止轨道。由于长征系列火箭运载能力的提高，中国已经发展了通信卫星、气象卫星、资源卫星、载人航天以及探月工程。

低温在航空领域的应用涉及生命维持系统、地面研究设施以及以超高声速在空间边缘飞行的推进系统。早期应用包括高空军用飞机上的液氧呼吸器与氮气作为飞机轮胎的气源。现在，液氮不仅用于商用飞机上食品的保存，而且能取代普通冷冻系统，包括冰和固体二氧化碳。

风洞是获得空间飞行数据的基本工具。其中，低温成为最令人瞩目的应用之一。使用冷氮气的低温风洞产生的雷诺数要比历史上曾达到的最高雷诺数数值高10 倍。这种超声速模拟使临界超声速区的研究成为可能。

3. 科学实验

诺贝尔奖是科学研究中卓越成绩的缩影。已有近20 个诺贝尔奖金获得者，他们要么研究低温现象本身，要么他们的研究涉及低温。例如：1910 年荷兰人范德瓦尔斯（Johannes Diderik van der Waals）关于气态和液态方程的研究；1913 年荷兰人翁尼斯（Heike Kamerlingh Onnes）进行低温下物质特性的研究，生产出液氦；1957 年美籍华人杨振宁、李政道发现宇称不守恒原理；1962 年苏联人朗道（Lev Davidovich Landau）对凝聚态物质的研究；1972 年美国人巴丁（John Bardeen）、库珀（Leon Neil Cooper）、施里弗（John Robert Schrieffer）关于超导性理论的研究；1973 年日本人井崎（Leo Esaki）、美国人贾埃弗（Ivar Giaever）和英国人约瑟夫森（Brian David Josephson）对半导体和超导体隧道效应的研究；1976 年美国人里奇特（Burton Richter）和美籍华人丁肇中（Samuel Chao Chung Ting）发现新一类基本粒子（PSi 或丁粒子）；1978 年苏联人卡皮查（Pyotr Leonidovich Kapitsa）在氦低温物理领域的基础性研究和发现；1987 年德国人贝德诺茨（J. Georg Bednorz）和瑞士人米勒（K. Alexander Müller）发现新的陶瓷超导材料；1996 年美国人李戴维（David M. Lee）等发现了^{3}He 同位素中的超流性，以及1998 年美籍华人崔琦（Daniel C. Tsui）等三人发现超低温状态下电子通过极强磁场时的电子偏离现象，实验的温度降到0K 附近。

美国布洛克海文（Broodhaven）国家实验室建造的ISABELL 粒子加速器，由1100 个7t 重的低温超导磁体构成两个圆周为4km 的交错圆圈。这些超导磁体采用了巨大的氦制冷机，但是总能耗并不大，即使包括制冷机的消耗功率在内，所消耗的电能也只有采用非超导磁体的1/4。这种制冷机的关键设备是透平膨胀机，其转速高达6.6×10^5r/min。

美国费米国家加速器实验室，在一个4000GeV的加速器中采用了1000个超导磁体，它们与普通磁体联合，可使加速器能量加倍。圆周为6.4km的整个低温回路保持在4.2K温度下运行。

欧洲原子能研究组织（CERN）建于瑞士日内瓦的大强子对撞机（LHC）是另一个高能物理研究装置，它由2000个高场超导磁体组成27km的圆环，超导系统被1.9K超流氦所冷却，需用液氮9770m^3进行预冷。

超导约瑟夫逊结（J－J）对于电压和磁流的反应是极其独特的，它的重要特点在于在某一电压下这些器件的电振荡与电压频率成正比。如果将J－J装入超导回路中去，则它对微小磁场十分敏感。这些J－J称为SQUID（超导量子干涉仪的缩写）。SQUID是世界上对磁场最敏感的元件，因而获得了重要应用。SQUID可用来测绘地磁和用于导航等。在空间技术中，SQUID可用于红外探测和微弱信号放大；在医疗中，用于探测人体的心磁和脑磁。

在计算机技术方面，数据的传送速度不可能大于光速（0.3048×10^9m/s），但现在以毫微秒计算的时间已处于计算机速度范围的较慢一端。因而，必须减小计算机的尺寸，增加其运行速度。这只有借助于低温技术才可能实现。目前研制的超导器件是已知最快的真实时间模数转换器（A/D转换），这种器件应用了约瑟夫逊结，能实现每秒2×10^9次的A/D转换。总之，超导在电子技术中的应用已显示出巨大的优越性，现已发展成一个新的应用领域——低温电子学。

4. 工业

用做工业气体的空气，是生产液氧和液氮的原料来源，而液氧和液氮是非常重要的商品。每年在所有低温产品中，它们占据了大约1/3。大约有50%的液氧用于钢铁工业，从铁液中除碳，还用于金属的切割，约有20%液氧用于化学工业；空间计划中所需的液氧量看来是惊人的，但充其量不过是氧的总销售量的2%。

采用纯氧加速活水处理，可使速度提高3～5倍。

液氮在食品工业有着重要应用。用液氮速冻高档鱼虾、饺子，已经得到越来越广泛的应用。航空公司为随机厨房进行冷冻每年要消耗大量液氮。

液氮还可用于汽车轮胎、橡胶制品和塑料零件的再利用处理，此外，液氮还用于控制火灾中火焰的蔓延。

氩气是特种焊接的保护气体。高纯氩的生产可用低温精馏法来实现。

5. 生物医疗

低温生物学是研究温度（指低于生物体本身的温度）对生物的影响及其应用的生物学分支学科。低温生物学过去主要研究植物的冻害以及细菌和昆虫对低温的耐性等。20世纪以来，开始了对生物和作为食品的生物材料的低温处理研究，该研究逐渐进入了细胞和分子的水平，研究成果被广泛应用于生物制品、家畜精子以及人的某些器官，特别是血细胞的低温保存。现在，用来保存血液及其组分的冷冻工艺已经成熟，传统的方法只能使血液有效保存21天，采用液氮快速冷冻法可将贮存时间大为延长。低温冷冻技术也用于骨髓、组织、肿瘤细胞和皮肤的保存，动物和鱼类胚胎冷冻后再复原可得到健康的后代。良种奶牛采用低温冷冻精液繁殖后代已在农牧业中广泛应用。现在，将整个器官进行低温保存已成为共同关心和感兴趣的课题，但这有赖于今后低温生物学研究的进展。

一个有争议但稀奇古怪的低温应用就是用液氮将死人冷冻起来，这些死者希望有朝一日科学发达时能使他们起死回生。至1998年在美国加利福尼亚液氮库中已有34人冻结在液氮中，但至今没有一人复活过。

低温冷刀在外科中的应用已有多年历史了，它可以移除或破坏某一组织，包括震颤麻痹的脑区组织。严格的冷冻控制可以在极少出血的情况下移除健康器官附近的病变组织。用液氮冷冻进行低温外科治疗已普遍应用，低温外科法切除肝癌等研究也取得进展。现在，医院的呼吸用氧采用管道供氧，它是由液氧贮罐供给的。

近年来，利用低温的超导磁共振成像技术（MRI）已被许多医院采用。采用超导量子干涉仪测量人体的心磁图和脑磁图的技术也将走向应用。这些器件在不用电极接触人体或不需要任何手术的情况下，探测人体的组织病变，并使精度大为提高。

三、制冷与低温的发展历史

1. 制冷技术发展历史

人类很早就将冬季自然界的天然冰雪保存到夏季使用，这在我国、埃及和希腊等文化古国的历史上都有记载。

人工制冷的方法是随着工业革命而开始的。

1748年英国柯伦证明了乙醚在真空下蒸发时会产生制冷效应。

1755年苏格兰人W. Callen发明了第一台蒸发式制冷机。

1781年意大利人凯弗罗进行了乙醚蒸发制冷实验。

1834年美国人J. Perkins获得了乙醚在封闭循环中膨胀制冷的英国专利，并制得了冰。

1856年，苏格兰人J. Harrison发明了压缩式制冷机，采用二氧化碳、二氧化硫、氨、氯甲烷作为制冷剂。

1858年，美国人尼斯取得了冷库设计的第一个美国专利，从此商用食品冷藏事业开始发展。

1859年法国人F. Garre发明氨吸收式制冷机。

1873年美国人D. Byok制造了第一台氨压缩机。次年，德国林德建成了第一个氨压缩式制冷系统。此后，氨压缩式制冷机在工业上获得普遍应用。直至1929年氯氟烃发现之后，氯氟烃压缩式制冷机才快速发展起来，并在应用中超过了氨制冷机。

空气制冷机的发明比蒸气压缩式制冷机稍晚。1844年美国人J. Gorrie发明了空气循环式制冷机，并于1851年获得美国专利，这是世界第一台制冷和空调用机器。1862年，英国基尔克发明了封闭循环的空气制冷机，并获英国专利。

由于制冷技术的发展和在工业生产中的应用，各发达国家率先建立本领域的学术组织。

1888年英国成立了“英国冷库和冰协会”，1891年美国成立了“美国冷藏库协会”，1900年法国成立了“法国和殖民地冷藏工业理事会”。1903年和1904年，美国先后成立了“美国制冷设备制造协会”和“美国制冷工程师协会”。在此基础上，国际制冷学会（IIR）于1908年在法国巴黎宣告成立。我国于1978年加入该会。

在家用冰箱方面，世界上第一台电冰箱是美国考布兰工程师在1918年设计的。自此之后，制冷技术在人民生活中获得应用。

空调技术的应用起始于1919年，美国芝加哥兴建了第一座空调电影院，次年开始在教堂配备空调。11年之后出现了舒适的空调火车。

随着制冷机形式的不断发展，制冷工质的种类也逐渐增多。最早在压缩式制冷机中应用的制冷剂是空气、二氧化碳、乙醚。在吸收式制冷机中应用的是水和硫酸。之后，氯甲烷、二氧化硫和氨等渐渐在压缩式制冷机中得到应用。1929 年以后，随着氯氟烃制冷剂的出现，制冷压缩机和制冷系统的种类也不断发展。

我国新中国成立前制冷工业十分落后，基本上没有制造制冷机的能力。到 1949 年全国解放时，全国冷库总容量只有 35000t，相当于现在一个城市的拥有容量。到第一个五年计划末期，全国制冷机制造厂发展到十几家，产品三十多种。改革开放以来，我国的制冷技术获得迅猛发展，已经能满足国民经济发展的巨大需求。

20 世纪 90 年代以来，我国的制冷空调工业发展迅猛。2005 年，空调器年产量达到近 5000 万台，电冰箱社会拥有量达数千万台，制冷空调工业已成为国民经济中的重要支柱产业，在国际上排名第一。随着家用电器的普及，人们开始追求快捷、方便、富有营养的食品。伴随着我国新型冻结设备的发展，全国冷冻食品的年产量已达三百多万吨。

2. 低温技术发展历史

低温的发展可以追溯到 18 世纪 50 年代之前。但低温界普遍认为，低温发展的起点为 1877 年人类首次进行液化氧气，至今已有一百三十多年历史。

1877 年，法国工程师 L. P. Cailletet 和瑞士的物理学家 R. Pictet 分别液化了当时被称为“永久性”气体的氧气，但只能获得雾状液滴。

1883 年，波兰科学家 S. Wroblewski 和 K. Olzewski 在 Cracow 大学正式获得了在试管中沸腾着的液氧，并在几年后获得了液氮。接着，于 1884 年获得液氢雾滴，但未获得完全液态氢。

1892 年，英国化学教授杜瓦（J. Dewar）发明了能贮存低温液化气体的真空夹套容器，使低温的发展跨出了巨大的一步。杜瓦发现，夹套内壁镀银的真空玻璃容器可使贮存低温液体的蒸发率少于普通容器的 1/30，因而能长期贮存低温液体，这为氢和氦的液化铺平了道路。1898 年，杜瓦制成了第一台实验室氢液化器，获得了在真空绝热管中平静沸腾着的 $20cm^3$ 液氢。

1895 年，德国人林德（C. Linde）和英国人汉普逊（W. Hampson）制成了第一台能连续运转的空气液化器，他们采用简单节流法部分分离空气。1900 年，林德制成用氨预冷的空气液化器，他是第一个将空气液化技术用于工业生产的科学家。法国工程师克劳特（G. Claude）在 1902 年首次采用活塞式膨胀机开发了实用的空气液化系统，并于同年成立了法国空气液化公司。从此，液空精馏法生产氧和氮工业获得稳步发展。

1908 年，荷兰科学家翁尼斯（K. Onnes）在莱登大学物理实验室实现了最后一种“永久”气体氦的液化。他把来自印度的氦气，通过液氢预冷和节流膨胀获得了液氦。此后不久，翁尼斯用真空泵对氦液面减压，获得了超流氦。

1933 年，美国人 Giauque 和 MacDougall 在 Berkeley 通过对顺磁盐的单级绝热去磁获得 0.27K 低温。1963 年，Kurti 等用绝热去磁法获得了 1.2×10^{-6}K 极低温。1995 年，法国人 Claude Cohen－Tannoudji 用激光制冷实现了 0.18×10^{-6}K 的更低温度。

美国的 R. Goddard 博士于 1926 年进行首次采用液氧和汽油为推进剂的火箭试验，这种技术后来被德国用于 V－2 武器系统。德国在 1942 年试射 V－2 火箭成功，这是第一个实用低温液体推进剂的火箭，采用液氧和 75% 乙醇与 25% 水的混合物。

1934 年，俄罗斯科学家卡皮查（P. Kapitsa）在英国剑桥发明并开发了用于氦液化的透平膨胀机。13 年后，美国麻省理工学院的柯林斯（B. Collins）教授开发了带有膨胀机的氦液化器，由 A. Little 公司生产，使液氦得以广泛使用。

1966 年，Hall 和 Ford、Neganov 和 Borisov 采用 $^3He-^4He$ 稀释制冷机分别获得低于 0.1K（0.025K）的连续制冷。稀释制冷技术是 H. London 在 1951 年提出来的，这种制冷法较之利用绝热去磁原理工作的磁制冷，在 0.01～0.10K 温区具有优越性。

我国的低温研究工作是从 20 世纪 50 年代开始的。1953 年，中国科学院物理研究所低温物理研究室成立，开始进行氢、氦液化设备的建立，1956 年和 1959 年分别建成氢液化器和氦液化器。60 年代以后，采用活塞式膨胀机的氦液化器在国内各实验室得以应用，为超导技术研究提供了基础。

为了发展核能与火箭技术，当时的化工部、航天部在 60 年代开始了规模液氢生产和应用技术的研究。1966 年大连光明化工研究所等建成液氢精馏制取氢－氘（HD）实验装置。1971 年航天部建成 100L/h 氢液化器，有关火箭发动机的液氢技术研究全面展开。日产吨级液氢装置投产，实现了液氢的公路和铁路槽车运输。同时，航天部物理所建成带 20K 温度氦板超高真空泵的第一台大型热真空环境模拟设备。1984 年，我国第一颗通信卫星用长征三号运载火箭发射成功。

我国从 1951 年开始自行设计和试制空气分离及液化设备，到 1983 年共生产了近 4000 套空气分离及液化设备。1960 年杭州制氧机研究所成立。杭州制氧机厂在 1966 年开始生产 $6000m^3/h$ 全低压空气分离设备。自行设计的 $10000m^3/h$ 的大型空分设备于 1988 年投入运转，随后实现 5 种稀有气体的提取。1993 年，开封空分设备厂与美国空气制品公司合作制造大型制氧机，$30000m^3/h$ 和 $35000m^3/h$ 的空分设备分别在宝钢和鞍钢运转成功。现在我国能自行生产大型和超大型制氧机的企业有杭州制氧机集团有限公司、四川空分设备（集团）股份有限公司、开封市国联空分备件有限公司、中国空分设备有限公司等。

我国在小型低温制冷机技术领域的研究比较活跃。早在 20 世纪 70 年代，我国早期的卫星通信地面站采用了 G－M 制冷机冷却低噪声放大器。70 年代开始，用气体节流制冷器冷却红外器件，氖节流制冷器用于航空红外照相机的冷却。80 年代末，上海技术物理所等研制的辐射制冷器用于风云一号气象卫星的红外遥感系统中，这是我国首次在卫星上使用低温制冷器。近年来，许多单位在分置式斯特林制冷机、采用磁性蓄冷材料的 G－M 制冷机及脉管制冷机的研究取得了较大进展，制冷温度范围从低于室温至接近 1K。

习　题

0-1　冬天气温很低，使池塘里的水结成冰，请问这一过程是否为制冷过程？请举一日常生活中利用制冷过程的例子。

0-2　试判断以下观点是否正确，为什么？

在炎热的夏天，把室内的冰箱门打开，可以起到空调的作用，降低室内温度。

0-3　简述制冷与低温的发展历史。

第一章　制冷与低温的热力学基础

制冷与低温是为了获得并保持比环境低的温度，其所能达到的温度范围，从环境温度到接近0K。为了达到并保持低温条件，必须用人工制冷的方法。根据热力学第二定律，热量是不会自动地从低温物体转移到高温物体上去的，因此，所有的人工制冷方法都有一个共同的特点，即利用物质状态或性质变化，使自身温度降低，能够从较低温度的物体（称低温热源）吸取一定的热量（Q_1），通过一个消耗功 W（或热量）的补偿过程，向较高温度的物体（称高温热源）放出热量（Q_h），并且它们在数量上符合热力学第一定律

$$Q_1 + W = Q_h \tag{1-1}$$

能实现上述能量转换的装置称为制冷机。为了使制冷机具有制冷功能，首先必须有使它本身能达到比低温热源更低温度的过程，并连续不断地从低温热源吸取热量。在这一章里，将简要介绍实现这一过程的常用方法以及它们的热力学原理。

第一节　相变制冷

一、液体汽化

物质从液态变为气态的过程称为汽化。任何液体汽化时都要吸收热量。在定压下单位质量液体汽化时所吸收的热量称为汽化热，用 r 表示。

$$r = h'' - h' = T(s'' - s') \tag{1-2}$$

式中，h''、h'分别为饱和蒸气和饱和液体的比焓；s''、s'分别为饱和蒸气和饱和液体的比熵；T为汽化时的热力学温度。

对于任何一种液体，汽化热是随其汽化时的温度变化而变化的。图1-1是一些制冷工质在 $T-s$ 图上的饱和曲线。从图中可以看出，温度越高，汽化热越低，在临界温度时汽化热为零；而在相同温度下，不同种类液体其汽化热也是不相同的。例如，在260K时，R-717的汽化热最大，R-22的汽化热最小。

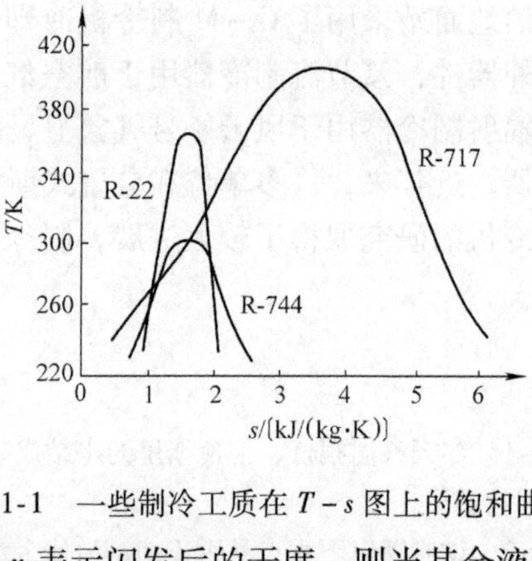

图1-1　一些制冷工质在 $T-s$ 图上的饱和曲线

在制冷机的工作过程中，低温下蒸发的制冷工质液体大多是由高压液体经节流降压得到的；较高压力的饱和液体节流降压后即进入两相区，并闪发出一定的饱和蒸气。对于1kg制冷工质，若用 x 表示闪发后的干度，则当其余液体全部转变为饱和蒸气时吸收的热量为

$$q_0 = r(1 - x) \tag{1-3}$$

分析式（1-3）可知，吸收的热量不仅与制冷工质的汽化热有关，还与节流后的干度有关。制冷工质液体在节流膨胀前后压力变化范围越大，则节流过程中闪发的气体量越多，如

果汽化热随压力变化不大，那么吸收的热量就越小。

二、固体的熔化与升华

在制冷技术中常应用纯水冰或溶液冰的熔化（也称融化）及干冰（即固体二氧化碳）的升华过程来制冷。除干冰可以由高压液体二氧化碳用降压法得到外，纯水冰和溶液冰都需用制冷机制备。无论纯水冰、溶液冰或干冰，因不具备流动性，所以都不能利用它们的熔化或升华过程来组成制冷机的循环。

天然冰的来源是有限的，现代制冷技术中大量应用的纯水冰都来源于人工制冰厂。纯水冰的熔化温度为0℃。所以，利用纯水冰熔化只能使被冷却的物体保持0℃以上的温度。1kg纯水冰在0℃熔化成同温度的水时，可以吸收335kJ的热量。

在水的三相点温度以下，冰可以直接升华为水蒸气，冰升华时的温度与相应的压力有关。表1-1列出了冰的升华压力和对应的升华温度。

表1-1　冰的升华压力和对应的升华温度

温度/℃	0	−25	−50	−75
升华压力/kPa	0.61	63×10^{-3}	3.87×10^{-3}	0.116×10^{-3}

应用冰和盐混合物的熔化过程可以达到0℃以下的温度。冰盐冷却的物理过程如下：首先是冰吸热而熔化，即在冰的表面上蒙了一层水膜，此时的温度为0℃。接着盐便溶解于水膜中，吸收一定的溶解热，因而使温度进一步降低。此后，冰在较低的温度下熔化，热交换是通过冰块表面上的盐水膜进行的。当冰全部熔化，盐全部溶解后便形成具有一定含量的盐水溶液，冰盐冷却所能达到的温度与盐的种类以及溶液的含量有关，见表1-2。

表1-2　冰盐混合时的温度

混合物的组成	盐的质量分数	混合后的最低温度/℃	混合物的组成	盐的质量分数	混合后的最低温度/℃
水和盐			$NaNO_3$	0.371	−18.5
NH_4Cl	0.231	−5.1	NaCl	0.248	−21.2
$NaNO_3$	0.429	−5.3	$CaCl_2\cdot6H_2O$	0.444	−21.5
$Na_2S_2O_3\cdot5H_2O$	0.524	−8.0	$CaCl_2\cdot6H_2O$	0.556	−40.3
$CaCl_2\cdot6H_2O$	0.714	−12.4	$CaCl_2\cdot6H_2O$	0.588	−55
NH_4NO_3	0.375	−13.6	雪或碎冰与双盐混合物		
NH_4SCN	0.571	−18.0	$Na_2SO_4\cdot10H_2O+K_2SO_4$	0.112+0.084	−3.1
KSCN	0.600	−23.7	$KCl+KNO_3$	0.190+0.035	−11.8
雪或碎冰和盐			$KCl+NH_4Cl$	0.091+0.148	−18.0
$CaCl_2\cdot6H_2O$	0.291	−9.0	$Na_2NO_3+KNO_3$	0.359+0.062	−19.4
$CaCl_2$	0.231	−11.0	$Na_2SO_4\cdot10H_2O+(NH_4)_2SO_4$	0.054+0.386	−20.0
KCl	0.281	−11.0	$NH_4Cl+NH_4NO_3$	0.115+0.270	−22.5
NH_4Cl	0.200	−15.8	$NH_4Cl+(NH_4)_2SO_4$	0.074+0.311	−22.5
NH_4NO_3	0.375	−17.3	$KNO_3+NH_4NO_3$	0.049+0.404	−25.0

溶液冰是指由共晶溶液冻结形成的冰，也称共晶冰。将共晶溶液充灌在密封容器里，并将它冻结成固体，即得到溶液冰。然后把这种容器移到需要冷却的地方，依靠吸收热量使共

晶固体熔化，就可使被冷却对象降温。在共晶固体未完全熔化成液体之前，它的温度是不变的，称为共晶温度。共晶温度低于0℃的共晶冰，通常应用于无机械制冷的冷藏汽车中。共晶温度高于0℃的共晶冰，通常作为储能空调系统的储能介质。表1-3列出了一些用于制冷目的的共晶溶液的物理性质。

表1-3　共晶溶液的物理性质

共晶溶液种类	盐在水溶液中的质量分数	冻结温度/℃	密度/(kg/m³)	比热容/[kJ/(kg·K)]		熔化热/[kJ/(kg·K)]	共晶溶液在冻结时的体积膨胀率(%)
				溶液	共晶冰		
$ZnSO_4$ 和 H_2O	0.272	−6.5	1.249×10^3	3.127	1.574	213.1	6.8
$BaCl_2$ 和 H_2O	0.225	−7.8	1.239×10^3	3.345	1.637	246.6	7.9
$Na_2S_2O_3$ 和 H_2O	0.300	−11.0	1.312×10^3	3.182	1.536	186.3	5.2
NH_4Cl 和 H_2O	0.193	−11.1	1.148×10^3	3.307	1.729	301.0	8.1
NH_4NO_3 和 H_2O	0.412	−17.35	1.188×10^3	2.972	1.557	286.3	5.8
$NaNO_3$ 和 H_2O	0.370	−18.5	1.29×10^3	3.059	1.565	215.6	5.6
$NaCl$ 和 H_2O	0.224	−21.2	1.17×10^3	3.336	2.005	236.1	7.9
$K_2SO_4+KNO_3$ 和 H_2O	0.045+0.08	−3.8	1.093×10^3	3.935	1.833	319.8	8.1
$KCl+KNO_3$ 和 H_2O	0.19+0.035	−11.8	1.15×10^3	3.182	1.666	265.8	7.7
$NaNO_3+KNO_3$ 和 H_2O	35.9+6.2	−19.4	1.34×10^3	3.014	—	217.9	6.1

干冰是固体二氧化碳的习惯叫法。因干冰升华时需要吸收升华热，故可用来制冷。干冰的三相点温度 $t_{tr}=-56.56$℃，三相点压力 $p_{tr}=518$kPa。在大气压下，干冰的升华热为573.6kJ/kg，升华温度为−78.4℃。干冰受热时直接升华为气体二氧化碳，对食品无害，因此可用来冷却和保存食物，并且可直接与食物接触。

三、压－焓图

相变制冷是利用制冷工质的状态变化实现的。制冷工质在不同状态时具有不同的特性。制冷工质的特性可用表格、函数公式或曲线图来表示。附录B给出了常用制冷工质的热力性质表。随着计算机技术的迅速发展，函数公式的用途越来越大，在第二章中将详细介绍利用计算机和函数公式来求得制冷工质特性数据的方法。

制冷工质性质曲线图有多种形式，但在制冷低温行业中用处最大、用得最多的两种曲线图分别为温－熵（$T-s$）图和压－焓（$p-h$）图。前者在《工程热力学》中已经介绍得较为详细，这里不再讨论，下面仅对压－焓图加以介绍。压－焓图的纵坐标表示压力，横坐标表示比焓值，通常纵坐标以对数坐标表示。压－焓图的基本构造线图如图1-2所示。附录B给出了一些常用制冷工质的压－焓图。

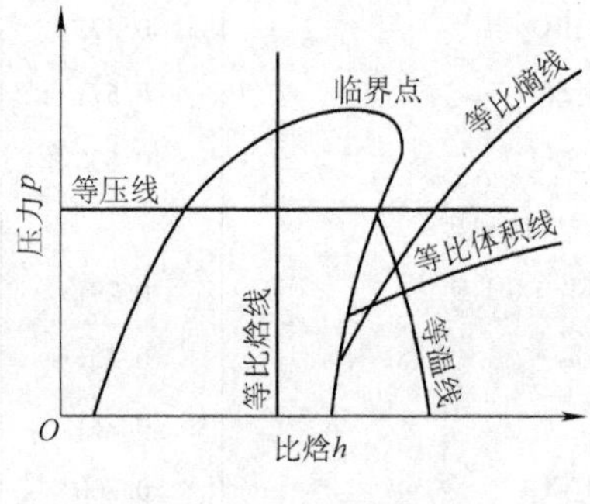

图1-2　压－焓图

图1-2中的拱状曲线代表制冷工质所有的饱和液体和饱和蒸气的状态，曲线上的最高点为临界点，它是饱和蒸气和饱和液体的分界点，在它左面的曲线为饱和液体线，在它右面的曲线为饱和蒸气线。拱状线内的区域为两相区，饱和

液体线左边的区域为过冷液体区，饱和蒸气线右边为过热蒸气区，温度和压力都在临界点以上的为超临界区。

在压－焓图上，等压线和等比焓线分别为水平线和垂直线。纯物质的等温线在两相区为水平线，在过冷液体区为略向左上方延伸的上凹曲线，非常接近于垂直线。这是因为压力对过冷液体比焓值的影响很小的缘故。有些压－焓图在该区域没有标出等温线，此时就用垂直线代替，不会导致很大的误差。在过热蒸气区，等温线是向右下方延伸的下凹曲线。温度较高的等温线在压力较低时也接近于垂直线，这是因为此时的制冷工质气体已接近于理想气体，因而比焓值与压力无关。在过热蒸气区，等比体积线和等比熵线都是向右上方延伸的下凹曲线，但等比熵线的斜率比等比体积线大。各种等值特性线已经在图 1-2 中给出。利用压－焓图查取制冷剂的热力学参数是很方便的。

例 1-1　制冷工质 R-134a 在压力为 0.3MPa 和比体积为 $0.08m^3/kg$ 时，其温度和比焓值为多少?

解　利用附录 B 图 B-5 中 R-134a 的压－焓图，状态点位于等压线和等体积线的交点，由此可查出

$$t = 38.0℃,\ h = 436.4kJ/kg$$

还可以利用压－焓图来表示液体汽化制冷的全过程以及蒸气机械压缩制冷循环，有关这一内容将在第三章中作详细介绍。

第二节　气体绝热膨胀制冷

气体制冷机是利用高压气体的绝热膨胀以达到降温，并利用膨胀后的气体在低压下的复热过程来制冷。气体绝热膨胀的特性随所使用的设备而变，一般有三种方式。第一种方式是高压气体经膨胀机（常用活塞式或透平式）膨胀，此时有外功输出，因而气体的温降大，复热时制冷量也大，但要用结构比较复杂的膨胀机。在一般大制冷量的气体制冷机中均采用这一膨胀方式。第二种方式是绝热放气制冷，这种膨胀方式无外功输出，它在小型低温制冷机中广泛使用。第三种方式是令处于合适状态的气体经节流装置膨胀（通常称为节流），此时也无外功输出，气体的温降小，制冷量也小，但系统结构比较简单，也便于进行气体流量的调节。

一、有外功输出的膨胀过程

当气体实现有外功输出的绝热膨胀时，最理想的情况是可逆的绝热膨胀，即等熵膨胀。等熵膨胀中温度随微小压力变化而变化的关系可用下式表示

$$\alpha_s = \left(\frac{\partial T}{\partial p}\right)_s = \frac{T}{c_p}\left(\frac{\partial v}{\partial T}\right)_p \tag{1-4}$$

式中，α_s 称为微分等熵效应，一般情况下，α_s 的数值总是大于零，也就是说，等熵膨胀过程总是一个降温过程。

对于理想气体　$\left(\frac{\partial v}{\partial T}\right)_p = \frac{R}{p}$

故

$$\alpha_{s,\mathrm{id}} = \frac{\kappa - 1}{\kappa}\frac{T}{p} \tag{1-5}$$

其中 $\kappa = c_p/c_V$。膨胀过程的全部温降称为积分等熵效应，有

$$\Delta T = \int_{p_1}^{p_2} \alpha_s \mathrm{d}p$$

经计算后可得

$$\Delta T = T_1 - T_2 = T_1\left[1 - \left(\frac{p_2}{p_1}\right)^{\frac{\kappa-1}{\kappa}}\right] \tag{1-6}$$

$$\frac{T_2}{T_1} = \left(\frac{p_2}{p_1}\right)^{\frac{\kappa-1}{\kappa}} \tag{1-7}$$

在实际膨胀过程中，总是按多变过程膨胀。这时，理想气体的积分等熵效应由下式确定

$$\Delta T = T_1 - T_2 = T_1\left[1 - \left(\frac{p_2}{p_1}\right)^{\frac{m-1}{m}}\right] \tag{1-8}$$

式中，m 为多变指数。

二、绝热放气过程

设一刚性容器容积为 V，放气前气体处于高压状态（p_1，T_1，m_1），打开阀门后，容器内的高压气体向外面的低压空间排放。假定放气时容器和阀门是绝热的，放气过程没有输出外功，容器内气体随时处于均匀状态，放气终了气体处于低压状态（p_2，T_2，m_2）。对容器内的气体运用热力学第一定律可得

$$h\mathrm{d}m = \mathrm{d}U \tag{1-9}$$

式中，U 为容器内气体的总热力学能。因此有

$$\mathrm{d}U = \mathrm{d}(mu) = m\mathrm{d}u + u\mathrm{d}m \tag{1-10}$$

式（1-9）表明，系统热力学能的减少等于排出气体带走的能量。联立求解上述方程与状态方程，就可以得到放气终了的温度以及放气量。

下面为假定容器内的气体可当做理想气体时解的情况。

对于理想气体，式（1-9）可写为

$$c_p T\mathrm{d}m = c_V T\mathrm{d}m + c_V m\mathrm{d}T \tag{1-11}$$

整理后，得

$$\frac{\mathrm{d}m}{m} = \frac{1}{\kappa - 1}\frac{\mathrm{d}T}{T} \tag{1-12}$$

将理想气体状态方程 $pV = mRT$ 写成微分形式

$$\frac{\mathrm{d}p}{p} + \frac{\mathrm{d}V}{V} - \frac{\mathrm{d}m}{m} - \frac{\mathrm{d}T}{T} = 0 \tag{1-13}$$

代入式（1-12），并注意到 $\mathrm{d}V = 0$，可以得到压力与温度的变化关系，即

$$\frac{\mathrm{d}T}{T} = \frac{\kappa - 1}{\kappa}\frac{\mathrm{d}p}{p} \tag{1-14}$$

积分后得

$$\frac{T_2}{T_1} = \left(\frac{p_2}{p_1}\right)^{\frac{\kappa-1}{\kappa}} \tag{1-15}$$

不难看出，绝热放气过程容器中气体的状态变化规律，恰好与有外功输出的可逆绝热（等熵）过程相同［式（1-7）］。还可以证明，留在系统内工质的比熵与放气前系统内工质的比熵相同。其实，这一结果也是容易理解的。因为公式推导是基于系统内工质始终是均匀的假设，虽然通过阀门放气显然是一个不可逆过程，但其不可逆性被排除在所取系统之外，系统内工质进行的则是可逆过程。

从式（1-15）可以看出，刚性容器的绝热放气必定是一个降温过程。这种降温过程在低温中又称西蒙（Simon）膨胀。如果在放气前，容器中的气体压力足够高，温度又相当低，那么，当进行放气时，残留在容器中的气体将降温，可直至液化。

三、节流膨胀过程

在节流膨胀过程中没有外功的输出。如果在节流过程中气体与环境之间没有热量交换，则节流前后的比焓值保持不变，称为绝热节流。节流时伴随有摩擦损失，因此，它是一个不可逆过程，其结果将导致熵的增加。

理想气体的比热力学能 u 和 pv 值仅是温度的函数。因此，理想气体节流时，$\Delta u=0$，$\Delta h=0$，$\Delta T=0$，这说明理想气体的节流过程前后比焓和温度均不变。

实际气体的比热力学能不仅与温度有关，而且还与压力有关，节流后的温度 T_2 可高于、等于或低于节流前的温度 T_1。实际气体节流膨胀时，温度随微小压力变化而变化的关系可表示为

$$\alpha_h=\left(\frac{\partial T}{\partial p}\right)_h \tag{1-16}$$

式中，α_h 称为微分节流效应，或称焦耳－汤姆逊效应，简称焦－汤效应，由 α_h 可求出积分节流效应为

$$\Delta T=T_2-T_1=\int_{p_1}^{p_2}\left(\frac{\partial T}{\partial p}\right)_h \mathrm{d}p=\int_{p_1}^{p_2}\alpha_h \mathrm{d}p \tag{1-17}$$

微分节流效应也可表示为

$$\alpha_h=\frac{T\left(\frac{\partial v}{\partial T}\right)_p-v}{c_p} \tag{1-18}$$

由式（1-18）可知，微分节流效应的符号取决于 $T\left(\frac{\partial v}{\partial T}\right)_p$ 与 v 的差值，而此差值与气体的种类及其所处的状态有关。如果此差值为正，则此时节流后温度降低；如果为负值，则温度升高；如果为零，则表示温度不变。微分节流效应为零时，压力与温度的对应关系曲线称为转化曲线，如图 1-3 所示。

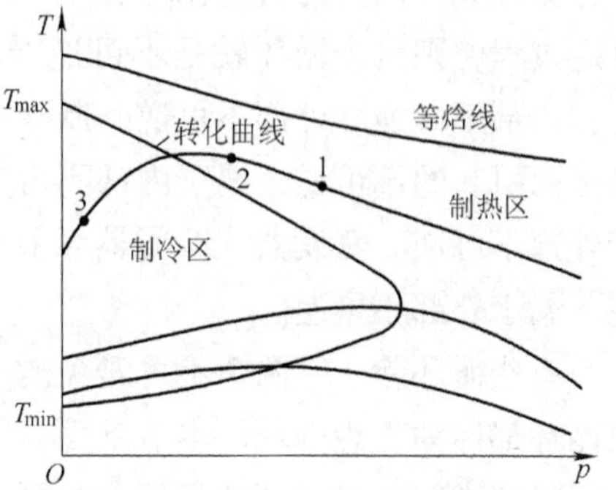

图 1-3　节流效应转化曲线

转化曲线把 $p-T$ 图分为两个区：制热区和制冷区。在制热区内，微分节流效应为负值，在制冷区内为正值。注意，积分节流效应与微分节流效应不一样。在图 1-3 中，点 1、2、3 在一条

等焓线上。在制热区内等焓线在任一点的斜率为负值，在制冷区为正值。因此，在制冷区开始节流，积分节流效应始终为负值，即随着节流过程的进行，温度总是下降。在制热区，如果节流开始时的温度高于最高转化温度 T_{max} 或低于最低转化温度 T_{min}，则积分节流效应始终是正值，即节流后温度升高。如果节流开始时的温度介于 T_{min} 和 T_{max} 之间，则积分节流效应有可能是正、是负或零，这取决于节流开始的状态和节流后的压力。例如，节流开始时的状态为点1，节流结束状态为点2，此时积分节流效应为正值，即温度升高；如果节流后的状态为3，则积分节流效应为负值，即节流后温度降低。一般气体的 T_{max} 都高于环境温度，因此在环境温度下节流都有可能使之温度降低。但氦气、氢气和氖气，它们的 T_{max} 远低于环境温度，因此，在环境温度下节流是不能让它们降温的。若要使它们的温度降低必须采用预冷到 T_{max} 之后再节流的办法，或用膨胀机膨胀的办法或绝热放气的办法。从这里的讨论可以看出，要使绝热节流过程生产降温，节流前的气体状态非常重要，不然，不仅不能降温，而且还有可能升温。

纯物质在饱和区域内，在相同的压降下具有相同的温降 ΔT，因此

$$\alpha_s = \alpha_h = \frac{dT}{dp} \tag{1-19}$$

它可以按照克拉贝隆－克劳修斯方程式计算求得，即

$$\left(\frac{\partial T}{\partial p}\right)_s = \left(\frac{\partial T}{\partial p}\right)_h = \frac{T}{r}\ (v'' - v') \tag{1-20}$$

第三节　制冷循环热力学特性分析

在热力学里，循环可分为正向循环和逆向循环两种。动力循环，即把热量转化成机械功的循环，是正循环。所有的热力发动机都是按正向循环工作的。在温－熵图或压－焓图上，循环的各个过程都是依次按顺时针方向变化的。

逆向循环是一种消耗功的循环。所有的制冷机或热泵都是按逆向循环工作的。在温－熵图或压－焓图上，循环的各个过程都是依次按逆时针方向变化的。

循环又可以分为可逆循环和不可逆循环两种。在构成循环的各个过程中，只要包含有不可逆过程，则这个循环就是不可逆循环。在制冷循环里，各种形式的不可逆过程可分成两类：内部不可逆和外部不可逆。制冷工质在其流动或状态变化过程中因摩擦、扰动及内部不平衡而引起的不可逆，属于内部不可逆；与外界进行质量或能量交换过程而产生的不可逆属于外部不可逆。蒸发器、冷凝器及其他与外界联系的热换热器中有温差时产生的传热不可逆，属于外部不可逆。

有些循环除了一两个不可避免的不可逆过程外，其余均为可逆过程，这样的循环以及可逆循环都称为理想循环。本节下面介绍的循环除特别指明外都假定为理想循环。

研究逆向理想循环的目的，是要寻找热力学上最完善的制冷循环，作为评价实际循环效率高低的标准。

一、热源温度不变时的逆向可逆循环——逆卡诺循环

当高温热源和低温热源随着过程的进行温度不变时，由两个可逆的等温过程和两个等熵

过程组成的逆向循环，称为逆卡诺循环。在相同温度范围内产生同样的制冷效果，它是消耗功最小的循环，即热力学效率最高的制冷循环，因为它没有任何不可逆损失。

图1-4所示为逆卡诺循环的$T-s$图。图中，1－2为等熵压缩过程，3－4是等熵膨胀过程。2－3是等温放热过程，4－1是等温吸热过程。高温热源（例如环境介质）的温度为T_h，低温热源（即被冷却对象）的温度为T_l，它们分别等于制冷工质放热时的温度T_k和吸热时的温度T_0。

现在对图中的循环1－2－3－4－1进行分析。单位制冷工质向高温热源放出的热量为

$$q = T_h(s_1 - s_4) \tag{1-21}$$

在$T-s$图上以面积2－3－5－6－2表示。在4－1过程中，单位制冷工质从被冷却对象所吸取的热量为

$$q_0 = T_l(s_1 - s_4) \tag{1-22}$$

循环所消耗的比功w_0等于压缩过程（1－2和2－3）所消耗的比功与膨胀过程（3－4和4－1）所获得的比功之差，即

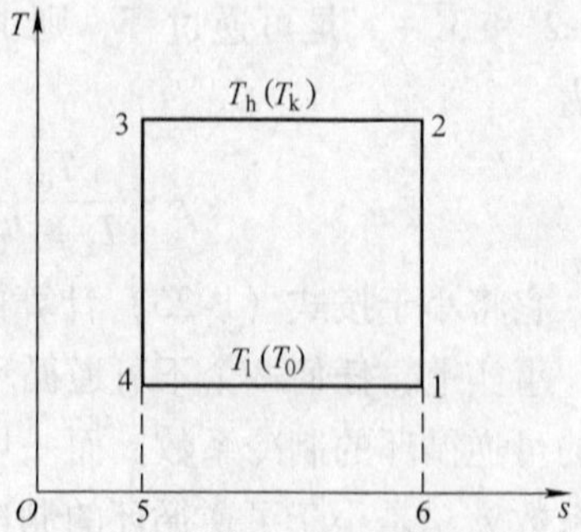

图1-4　逆卡诺循环的$T-s$图

$$w_0 = (T_h - T_l)(s_1 - s_4) \tag{1-23}$$

在$T-s$图上以面积1－2－3－4－1表示。

在整个制冷循环中，从低温物体中移去的热量与输入的能量之比，称为制冷系数。在这里，制冷系数可表示为

$$\varepsilon_k = \frac{q_0}{w_0} \tag{1-24}$$

将式（1-22）、式（1-23）代入式（1-24），得逆卡诺循环的制冷系数为

$$\varepsilon_k = \frac{T_l}{T_h - T_l} = \frac{1}{\dfrac{T_h}{T_l} - 1} \tag{1-25}$$

从上式可以看出，逆卡诺循环的制冷系数与T_l成正比，与T_h-T_l成反比，当T_h趋近于T_l时，ε_k的值迅速上升，即只用少量的功就可以把较多的热量从低温热源转移到高温热源。在一定的高温热源和低温热源下制冷系数是一定值。也就是说，逆卡诺循环的制冷系数只与高温热源和低温热源的温度有关，而与制冷工质的性质无关。

由式（1-25）可得

$$\frac{\partial \varepsilon_k}{\partial T_l} = \frac{T}{(T_h - T_l)^2} \tag{1-26}$$

$$\frac{\partial \varepsilon_k}{\partial T_h} = -\frac{T_l}{(T_h - T_l)^2}$$

故

$$\left|\frac{\partial \varepsilon_k}{\partial T_l}\right| > \left|\frac{\partial \varepsilon_k}{\partial T_h}\right| \tag{1-27}$$

由此可知，T_h升高和T_l降低都将导致逆卡诺循环制冷系数的降低，而T_l降低影响的程

度更为显著，这意味着要获得温度较低的制冷需要消耗更多的功。

现在再来分析一下具有传热温差（外部不可逆）的循环。如图1-5所示，图中高温热源温度为 T_h，制冷工质向高温热源放热时的温度为 T_k；低温热源的温度为 T_l，制冷工质向低温热源吸热时的温度为 T_0。很显然，如果 $1'-2'$ 和 $3'-4'$ 是可逆过程，则 $1'-2'-3'-4'$ 的制冷系数为

$$\varepsilon=\frac{T_0}{T_k-T_0} \tag{1-28}$$

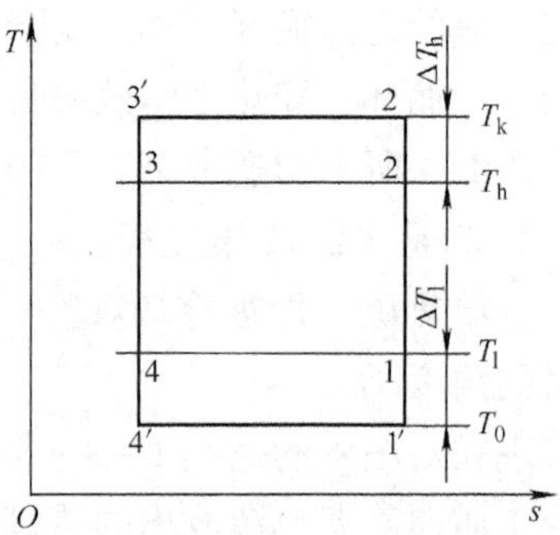

图1-5 有温差传热的不可逆制冷循环

它将小于按式（1-25）计算的 ε_k。

事实上，任何一个不可逆循环的制冷系数，总是小于工作在与它具有相同热源温度条件下的可逆循环的制冷系数。而一切实际制冷循环都是不可逆循环，因此，一切实际循环的制冷系数 ε 总是小于可逆循环的制冷系数 ε_r。用于反映实际循环接近可逆循环程度的参数称为热力完善度。热力完善度 η 的定义为

$$\eta=\frac{\varepsilon}{\varepsilon_r} \tag{1-29}$$

式中，ε 为实际制冷循环的制冷系数；ε_r 为工作在与它具有相同热源温度条件下的可逆循环的制冷系数。

如果实际循环工作在两个恒温热源之间，则所对应的可逆循环为逆卡诺循环，这时热力完善度也被称为相对卡诺效率。

实际制冷循环的制冷系数和热力完善度都是用来评价制冷循环经济性的指标，但是它们的意义是不同的。制冷系数是随循环的工作温度和不可逆程度而变的，因此只能用来评定相同工作温度下不同循环的经济性；而对于在不同工作温度下的制冷循环，需要通过热力完善度的数值大小（接近1的程度）来判断循环的经济性。制冷系数随高温热源和低温热源的温度不同以及过程的不可逆程度而变化，其值可以大于1，或小于等于1；而热力完善度是表示实际循环的完善性接近可逆循环的程度，其数值恒小于1。

二、变温热源时的逆向可逆循环——洛伦兹循环及逆向布雷顿循环

制冷机在实际工作中，被冷却对象的温度和环境介质的温度往往是随着热交换过程的进行而变化的。例如，水在逆流式热换热器中被冷却，随着冷却过程的进行，水的温度是逐渐降低的。

图1-6表示了高温热源和低温热源温度是变化的情况。在这种情况下如果要运用一个由两个等熵过程和两个等温过程组成的制冷循环，则制冷工质向高温热源的放热过程应是 $b-g$，它的温度等于热源温度 T_b 至 T_c 之间的最高温度 T_b；制冷工质在吸热过程中从被冷却物体吸热时的温度应该是 T_d，它等于被冷却物体温度由 T_d 至 T_a 之间的最低温度 T_d。点 e 的位置根据表示单位制冷量的面积 $e-d-d'-e'-e$ 等于 $a-d-d'-a'-a$ 而定。这个循环为了获得面积为 $e-d-d'-e'-e$ 的单位制冷量需要消耗面积为 $f-g-d-e-f$ 的功。

如果使制冷循环按可逆循环 $b-c-d-a-b$ 工作，则在制取面积为 $a-d-d'-a'-a$ 的

冷量时，只需要消耗面积为 $b-c-d-a-b$ 的功。显然，可逆的逆向循环 $b-c-d-a-b$ 是消耗功最小的循环，称为洛伦兹循环，它在制取相同的冷量时，比由两个等熵过程和两个等温过程组成的制冷循环 $f-g-d-e-f$ 少消耗的功，在图 1-6 中用阴影面积表示。

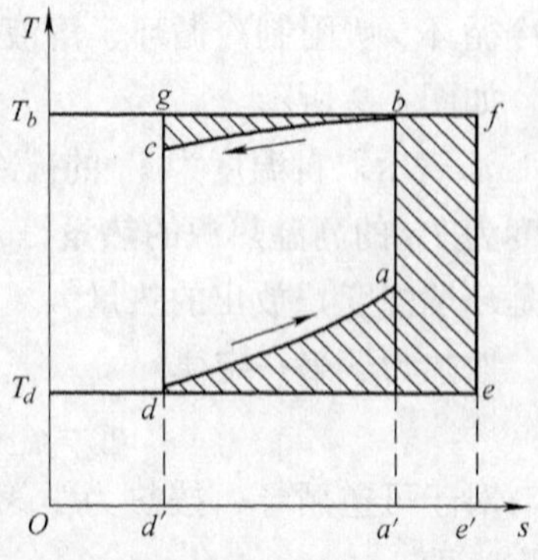

图 1-6　变温热源时的逆向可逆循环

因此，可以得出这样的结论：在热源温度变化的条件下，由两个和热源之间无温差的热交换过程及两个等熵过程所组成的逆向可逆循环，是消耗功最小的循环，即制冷系数最高的循环。

在热源温度变化时，制冷循环的热力完善度可以表示为

$$\eta=\frac{\varepsilon}{\varepsilon_{\mathrm{L}}} \tag{1-30}$$

式中，ε 是实际循环的制冷系数；ε_{L} 是制冷工质与热源之间不存在温差的并有两个等熵过程所组成的逆向可逆循环即洛伦兹循环的制冷系数。

如图 1-7 所示，循环的净耗功量为

$$w=q_{\mathrm{k}}-q_0 \tag{1-31}$$

洛伦兹循环 $a-b-c-d-a$ 的制冷系数可表示为

$$\varepsilon_{\mathrm{L}}=\frac{q_0}{q_{\mathrm{k}}-q_0}=\frac{\int_d^a T_{0\mathrm{i}}\mathrm{d}s}{\int_c^b T_{\mathrm{ki}}\mathrm{d}s-\int_d^a T_{0\mathrm{i}}\mathrm{d}s}=\frac{T_{0\mathrm{m}}}{T_{\mathrm{km}}-T_{0\mathrm{m}}} \tag{1-32}$$

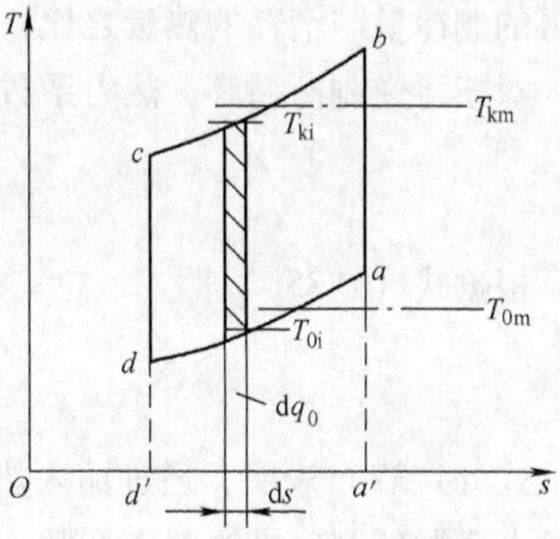

图 1-7　洛伦兹循环制冷系数

式中，$T_{0\mathrm{m}}$、T_{km} 分别为制冷工质吸热时低温热源的热力学平均温度和放热时高温热源的热力学平均温度。

由此可见，洛伦兹循环的制冷系数，等于一个以放热平均温度 T_{km} 和吸热平均温度 $T_{0\mathrm{m}}$ 为高低温热源温度的等效逆卡诺循环的制冷系数。

逆向布雷顿循环可以被认为是洛伦兹循环的一个特例，它在 $T-s$ 图上的表示如图 1-8所示，它有两个等压过程（6－2 和 3－5）和两个等熵过程（2－3 和 5－6）所组成，其中，1－2 和 4－5 是回热过程，6－1 为从低温热源吸热的制冷过程，3－4 为向高温热源的放热过程，如果后两个过程不存在外部不可逆损失，则它为可逆循环，制冷系数与洛伦兹循环相同。

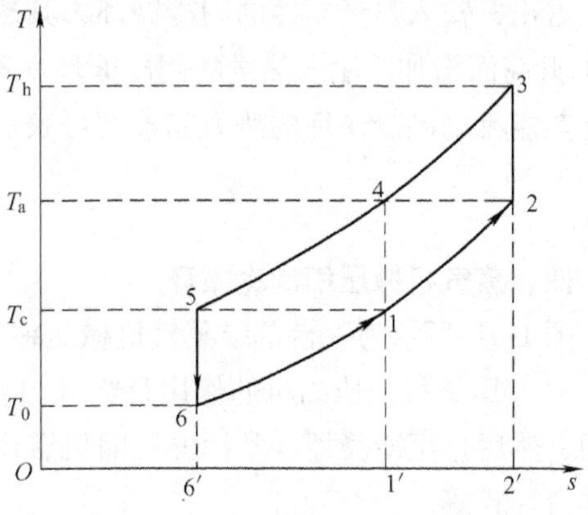

图 1-8　带回热的逆向布雷登循环

三、热能驱动制冷循环

以热能直接驱动的制冷循环，例如吸收

制冷循环、吸附制冷循环、溶液除湿制冷循环和蒸汽喷射制冷循环，可以简化为三热源循环，如图1-9所示。

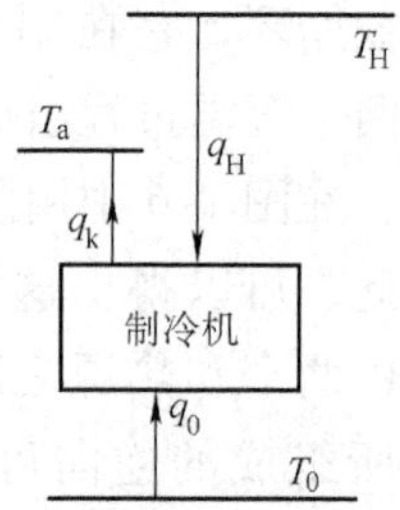

图1-9 三热源制冷系统示意图

q_0 表示取自温度为 T_0 的被冷却物体的热量，q_H 表示取自温度为 T_H 的高温热源的热量，q_k 表示系统在 T_a 温度下（通常是环境温度）放出的热量。

按热力学第一定律

$$q_k = q_H + q_0 \tag{1-33}$$

对于可逆循环，按热力学第二定律，在一个循环中熵增为零，即

$$\frac{q_k}{T_a} = \frac{q_H}{T_H} + \frac{q_0}{T_0} \tag{1-34}$$

从上述两个公式可以得到

$$\frac{q_0}{q_H} = \left(\frac{T_0}{T_a - T_0}\right)\left(\frac{T_H - T_a}{T_H}\right) \tag{1-35}$$

通过输入热量制冷的制冷循环，其经济性是以热力系数作为评价指标的。热力系数是指获得的制冷量与消耗的热量之比，用 ζ 表示，有时也称性能系数。

对于可逆制冷循环，热力系数 ζ_0 为

$$\zeta_0 = \frac{q_0}{q_H} \tag{1-36}$$

根据式（1-35），得

$$\zeta_0 = \left(\frac{T_0}{T_a - T_0}\right)\left(\frac{T_H - T_a}{T_H}\right) \tag{1-37}$$

式（1-37）表明，通过输入热量制冷的可逆循环，其热力系数等于工作在 T_a、T_0 之间的逆卡诺循环制冷机的制冷系数 ε_0，与工作在 T_H、T_a 之间的正卡诺循环的热效率（$T_H - T_a$）/T_H 的乘积，由于后者小于1，因此，ζ_0 总是小于 ε_0。由此可见，直接将输入功的制冷循环的制冷系数与输入热量的制冷循环的制冷系数进行比较是不合理的。从式（1-37）还可以看出，输入热量制冷的制冷循环，其热力系数随加热热源温度 T_H 和被冷却物体的温度 T_0 的升高而增加。输入热量的制冷循环在利用低品位能源制冷中有着广泛的应用。

热能驱动制冷循环的热力完善度可表示为

$$\eta = \frac{\zeta}{\zeta_0} \tag{1-38}$$

四、蒸气机械压缩制冷循环

图1-10所示为一台单级蒸气机械压缩制冷机的流程图。它由下列四个基本设备组成：

（1）压缩机　压缩机的作用是将来自蒸发器的气态制冷工质吸入，并将其压缩到冷凝压力，然后排至冷凝器。常用的压缩机有往复活塞式、离心式、螺杆式、涡旋式、滚动转子式和滑片式等。

（2）冷凝器　冷凝器是一个热换热器，它的作用是将来自压缩机的高温高压气态制冷工质冷却并冷凝成液体。在这一过程中，气态制冷工质放出热量，故需用其他物体或介质

(例如，水、空气) 来冷却。常用的冷凝器有列管式、套片式、套管式等。

(3) 节流机构　常用的节流机构有膨胀阀、毛细管等。制冷工质液体流过节流机构时，压力由冷凝压力降低到蒸发压力，一部分液体转化为蒸气。

(4) 蒸发器　蒸发器也是一个热交换器，它的作用是使经节流机构供入的制冷工质液体蒸发成蒸气，以吸收被冷却物体的热量。蒸发器是一个对外输出冷量的设备，输出的冷量可以冷却液体载冷剂，也可直接冷却空气或其他物体。常用的蒸发器有列管式、套管式、套片式等。

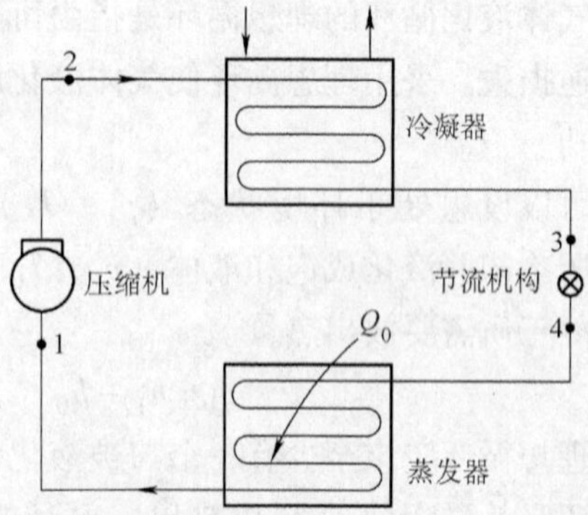

图 1-10　单级蒸气机械压缩制冷机的流程图

从压缩机出来的高压高温制冷工质气体 (状态 2)，进入冷凝器被冷却并进一步冷凝成液体 (状态 3) 后，进入节流机构减压，部分液体闪发成蒸气，这些气液两相的混合物 (状态 4) 进入蒸发器，在里面吸热蒸发成蒸气后 (状态 1)，回到压缩机重新被压缩，从而完成一个循环。

在这个循环中，压缩机耗功 W，蒸发器吸热 Q_0。根据制冷系数的定义，蒸气机械压缩制冷循环的制冷系数为

$$\varepsilon = \frac{Q_0}{W} \tag{1-39}$$

单位质量流量制冷工质在制冷系统中所制取的制冷量，称为单位质量制冷量 (简称单位制冷量)，用 ϕ_0 表示。压缩机压缩单位质量流量的制冷工质所消耗的功率，称为比功，用 w 表示。因此，制冷系数也可以由下式计算，即

$$\varepsilon = \frac{\phi_0}{w} \tag{1-40}$$

制冷量 Φ_0 也可以通过下式计算，即

$$\Phi_0 = q_m \phi_0 = \phi_v q_V \tag{1-41}$$

式中，q_m 为单位时间内流经压缩机的制冷工质质量；q_V 为压缩机吸入口处的制冷工质体积流量；ϕ_v 为单位容积制冷量，表示压缩机每吸入单位体积制冷工质蒸气 (按吸气状态计) 所制取的冷量，它仅与制冷工质种类及吸气状态有关。

$$\phi_v = \frac{\phi_0}{v} \tag{1-42}$$

式中，v 为压缩机吸入口处的制冷工质的比体积。

五、气体液化循环

气体液化循环不同于以制取冷量为目的的普通制冷循环。在普通制冷循环中，制冷工质进行的是封闭循环过程；在气体液化循环中，所用的气体在循环过程中既起制冷工质的作用，本身又被液化，部分或全部地作为液态产品从低温装置中输出。显然，气体液化循环是一开式循环。

气体液化循环的理想循环是指由可逆过程组成的循环，在循环的各个过程中不存在任何不可逆损失。采用理想循环使气体液化所需消耗的比功最小，这一比功称为气体液化理论最小比功。

可以设想处于环境状态（p_1，T_1）下单位质量的气体，经等压冷却并液化成饱和液体（p_1，T_0），如图 1-11 所示，单位制冷工质需要放出热量

$$q_1 = h_1 - h_0 \tag{1-43}$$

理想循环应该至少有一个与被液化气体传热温差为无限小的等压吸热过程使 q_1 得以排出，循环的其余部分为任意可逆过程所组成，这是因为任何能使 q_1 得以排出的可逆循环，其耗功量都是一样的。因此，可以取理想循环由如下三个过程所组成（图 1-11）：①制冷工质在环境温度下被等温压缩至高压状态(1－2)；②高压制冷工质经等熵膨胀到被液化气体的饱和温度（2－0）；③低温低压制冷工质与被液化气体进行可逆传热，复热升温回到环境温度（0－1）。

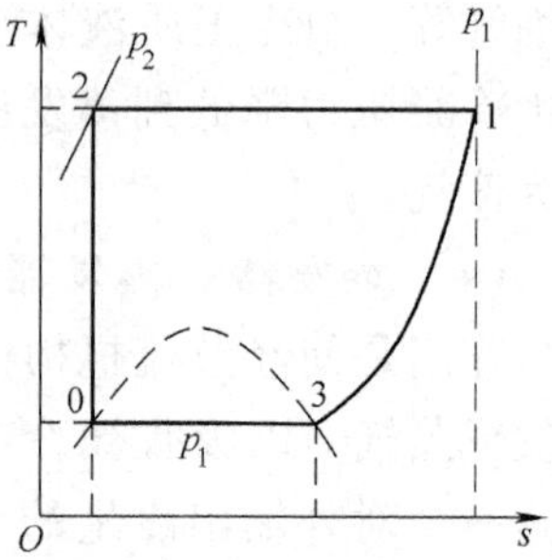

图 1-11　气体液化理想循环在 $T-s$ 图上的表示

循环所消耗的比功，等于等温压缩过程（1－2）消耗比功与等熵膨胀过程（2－0）得到比功的差值。

$$\begin{aligned} w_{\min} &= [T_1(s_1 - s_0) - (h_1 - h_2)] - (h_2 - h_0) \\ &= T_1(s_1 - s_0) - (h_1 - h_0) \end{aligned} \tag{1-44}$$

由于所有过程都是可逆的，因此所得到的比功就是气体液化理论最小比功。理论最小比功可用图 1-11 上的面积 1－2－0－3－1 表示。

式（1-44）表明，气体液化的理论最小比功在给定环境状态条件时仅与气体的性质有关，对于不同的气体液化所需的理论最小比功不同。表 1-4 列出了一些气体液化理论最小比功的数值（$p_1 = 0.10133\text{MPa}$，$T_1 = 298.15\text{K}$）。

实际上，由于组成液化循环的过程总是存在着不可逆性，因此理想循环是不可能实现的。实际采用的气体液化循环所耗的比功，总是显著地大于理论最小比功。但是，理想循环作为实际液化循环不可逆程度的比较标准在最小比功耗的理论极限值方面具有指导价值。

表 1-4　一些气体液化的理论最小比功

气体	空气	氧	氮	氩	氢	氦	氖	甲烷
最小比功 /（kJ/kg）	733.7	761.6	741.2	472.3	11972	6787	1325	1080

六、斯特林制冷循环

1816 年斯特林（Stirling）提出了一种由两个等温过程和两个等容回热过程组成的闭式热力学循环，称为斯特林循环，也称等容回热循环。斯特林循环最初是作为热机循环提出的，到 19 世纪 60 年代柯克（Kirk）把斯特林循环的逆循环用于制冷，后者称为逆向斯特林循环，也称斯特林制冷循环。图 1-12 表示了理想斯特林制冷循环示意图。制冷机由回热器 R、冷却器 A、冷量热交换器 C 以及两个气缸和两个活塞组成。左面为膨胀活塞（也称排出

器），右面为压缩活塞。两个气缸与活塞形成两个工作腔：冷腔（膨胀腔）V_{co}和室温（压缩）腔 V_a，由回热器 R 连通，两个活塞作间断运动。气缸内有一定的气体，压力为 p_1，容积为 V_1，其循环所经历的过程如下：

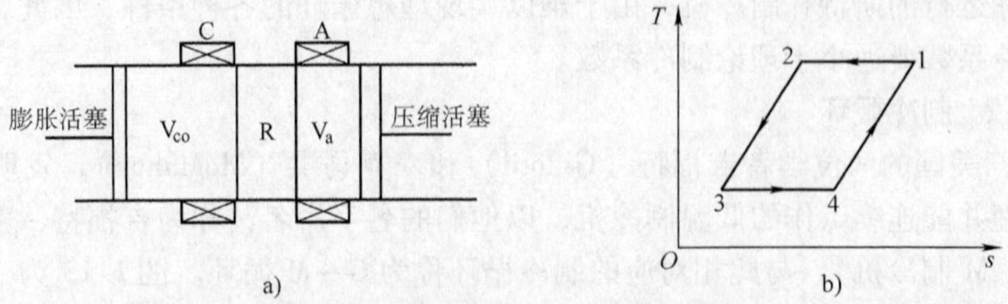

图 1-12　理想斯特林制冷循环示意图

a）制冷循环的组成　b）$T-s$ 图

A—冷却器　C—冷量热交换器　R—回热器　V_{co}—膨胀腔　V_a—压缩腔

（1）等温压缩过程（1－2）　压缩活塞向左移动而膨胀活塞不动。气体被等温压缩，压缩产生的热量由冷却器 A 带走，温度保持恒值 T_1，压力升高到 p_2，容积减小到 V_2。

（2）等容放热过程（2－3）　两个活塞同时向左移动，气体的容积保持不变，即 $V_2=V_3$，直至压缩活塞到达左止点。当气体通过回热器 R 时，将热量传给填料，温度由 T_1 降为 T_3，同时压力由 p_2 降到 p_3。

（3）等温膨胀过程（3－4）　压缩活塞停止在左止点，而膨胀活塞继续向左移动，直至左止点，温度为 T_3 的气体进行等温膨胀，$T_4=T_3$，通过冷量热交换器 C 从低温热源吸收热量 Q_0，容积增大到 V_4，压力降低到 p_4。

（4）等容吸热过程（4－1）　两个活塞同时向右移动，直至右止点，气体容积保持不变，$V_1=V_4$，回复到起始位置。当温度为 T_4 的气体流经回热器时，从填料吸热，温度升高到 T_1，同时压力增加到 p_1。在（4－1）过程中气体吸收的热量等于（2－3）过程气体所放出的热量。

循环中过程（3－4）为制冷过程，理论上所吸收的热量等于膨胀功与热力学能增加之和，即

$$Q_0=\int_3^4 p\mathrm{d}V+(U_4-U_3) \tag{1-45}$$

如果气缸内的气体可作为理想气体处理，则

$$Q_0=\int_3^4 p\mathrm{d}V=mRT_3\ln\frac{p_3}{p_4}=mRT_3\ln\frac{V_1}{V_2} \tag{1-46}$$

同理，过程（1－2）的放热量计算式为

$$Q_c=\int_1^2 p\mathrm{d}V=mRT_1\ln\frac{p_2}{p_1}=mRT_1\ln\frac{V_1}{V_2} \tag{1-47}$$

循环耗功量等于放热量减去吸热量，即

$$W=Q_c-Q_0 \tag{1-48}$$

循环理论制冷系数为

$$\varepsilon=\frac{Q_0}{W}=\frac{T_3}{T_1-T_3} \tag{1-49}$$

式（1-49）表明，斯特林循环的理论制冷系数与同温限的卡诺循环制冷系数相等。虽然上述结果是将工质看成是理想气体所得到的，但如果把两个等容过程看成是由无限多个卡诺循环所组成，不难证明，上述结论同样适合于实际气体循环。

对于实际运行的斯特林制冷机，由于难以实现理想循环的各种条件，因此，实际斯特林制冷机的制冷系数要远小于理论制冷系数。

七、G－M 制冷循环

1959 年，美国的两位学者吉福特（Gifford）和麦克马洪（McMahon），发明了一种利用放气制冷原理并能连续工作的低温制冷机，以他们的名字命名，称为吉福特－麦克马洪制冷机（简称 G－M 制冷机），与此相对应的制冷循环称为 G－M 循环。图 1-13 为一种最简单的 G－M 制冷机的示意图。它由两大部分组成：左边为压缩机部分，它的作用是吸入低压气体，提供清洁的高压气体；右边为膨胀机部分，包括进气阀、排气阀、回热器和一个气缸－排出器组件。进、排气阀的开启和关闭与气缸内排出器的上下移动，是由同一套凸轮机构（图中未画出）来带动的。

回热器起回热作用。当高温气体流经回热器时放出热量给回热器，气流本身温度降低，低温气体流经回热器时从回热器吸取热量，气流本身温度升高。冷热气体分别从回热器两端交替进出。由于冷热气体温差很大，因此，在回热器两端存在很大的温差。

需要特别说明的是气缸－排出器组件，由图可以看出，排出器把气缸内部空间分成上下两个部分：上部分处于室温状态，称为热腔；下部分处于低温状态，称为冷腔。这两个腔体由回热器连通起来。如果忽略回热器中不大的压力降，那么热腔和冷腔的压力完全相等。因此，带动排出器所需要的功是相当小的，在讨论理想循环时可以忽略。排出器上下移动时，会改变热腔和冷腔的相对大小。当它向上移动时，热腔容积减小，冷腔容积增大，这时排出器驱赶热腔中的气体，使它通过回热器后进入冷腔；反之，当排出器向下移动时，排出器驱赶冷腔中气体反方向通过回热器后进入热腔。由此可见，排出器的主要作用是改变气缸中热腔和冷腔的容积分配及气量分配。它与普通活塞的作用不同，故专门取名为“排出器”（displacer）。

G－M 制冷循环由如下四个过程组成，其在 $p-V$ 图上的表示如图 1-14 所示：

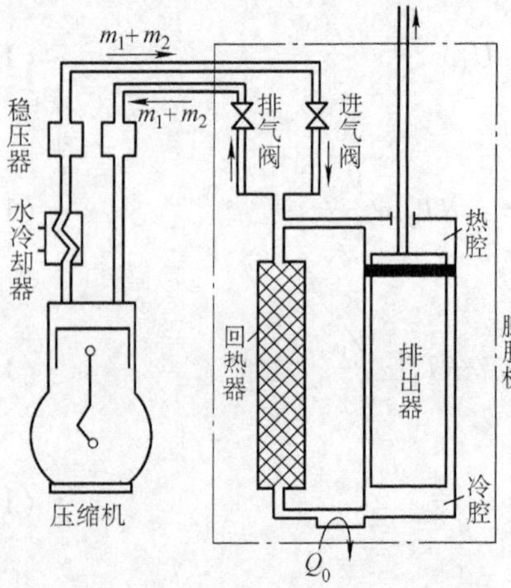

图 1-13　G－M 制冷机示意图

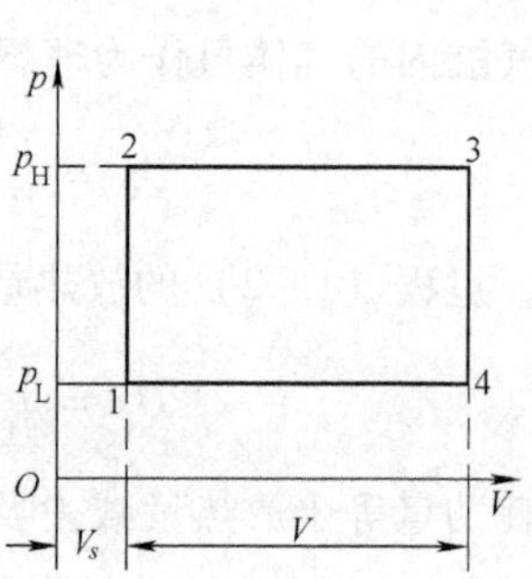

图 1-14　G－M 制冷循环在 $p-V$ 图上的表示

（1）等容充气（1－2）　开始时排出器在下死点，冷腔容积为“死体积”V_s。打开进气阀，冷热腔同时进行充气，压力由初始的低压 p_L 升高到 p_H，排出器不动，冷腔容积仍然为 $V_1 = V_s$。由此可见，这里的“等容”是指总容积不变，冷腔内气体的比体积由于外界气体的充入而变小。

（2）等压充气（2－3）　排出器向上移动，热腔中的气体在高压下被驱赶进入回热器后到冷腔内，热气体在回热器中放热，在从回热器冷端出来时，温度已由原来的室温降为低温，气体压力也会有降低的趋势。由于进气阀仍然开着，高压气体仍不断地补充进来，使得冷腔的压力仍然维持在高压。冷腔容积由 V_2 增大到 V_3。

（3）等容放气（3－4）　关闭进气阀，打开排气阀，排出器不动。此时，冷热腔内的气体通过排气阀流出膨胀机。若忽略与环境的换热，这一过程为绝热放气过程，冷热腔内剩余气体的温度大幅度下降，降到比被冷却物体的温度还低，具备了吸取被冷物体热量的能力。冷腔容积仍为 V_3，但压力已经降为低压 p_L。

（4）等压放气（4－1）　排出器向下移动，冷腔里的气体被排出器驱赶，流经冷端热交换器，吸取被冷却物体的热量，产生制冷效应，然后进入回热器吸热升温，经排气阀流出膨胀机。冷腔容积由 V_4 降为 V_1，压力保持不变。

在 dt 时间内，G－M 制冷机包括冷腔及冷端热交换器在内的控制容积的能量平衡方程为

$$\delta Q + q_m h^* \mathrm{d}t = \mathrm{d}U + p\mathrm{d}V \tag{1-50}$$

式中，q_m 为进入控制容积的气体质量流量；h^* 为离开回热器进入控制容积的气体比焓。

忽略冷腔本身的漏热，则 Q_0 等于气体通过冷端热交换器吸取的热量。对于一次循环，则

$$Q_0 + \oint q_m h^* \mathrm{d}t = \oint \mathrm{d}U + \oint p\mathrm{d}V \tag{1-51}$$

控制容积内的气体参数是周期性变化的，故 $\oint \mathrm{d}U=0$。于是

$$Q_0 = -\oint q_m h^* \mathrm{d}t + \oint p\mathrm{d}V \tag{1-52}$$

式（1-52）就是 G－M 循环吸热量计算公式，它适用于用实际气体作工质的实际循环。对于理想循环，认为回热器和热交换器的换热效率为 100%，则进出控制容积的气体温度恒定；如果认为工质遵循理想气体性质，那么，温度恒定，即比焓 h^* 恒定。因此，$\oint q_m h^* \mathrm{d}t = h^* \oint q_m \mathrm{d}t$。对于一次循环控制容积内的净工质量变化应该为 0，故 $\oint q_m \mathrm{d}t = 0$。所以，对于理想气体的理想循环，式（1-52）可简化为

$$Q_0 = \oint p\mathrm{d}V \tag{1-53}$$

从上式可以看出，使用理想气体的理想 G－M 制冷循环吸热量等于图 1-14 所示的冷腔示功图的面积，即

$$Q_0 = V(p_H - p_L) \tag{1-54}$$

一个循环的耗功就是压缩进出膨胀机的气体量（m_1+m_2）所需要的压缩功。在膨胀机中气体量最多时是排出器处于上死点且压力处于高压、温度处于低温（状态点3）时，气体量最少时是排出器处于下死点且压力处于低压、温度处于高温（状态点1）时，两者之差即为(m_1+m_2)，若视为理想气体，则可由下式计算

$$(m_1+m_2)=\frac{V}{R}\left(\frac{p_H}{T_3}-\frac{p_L}{T_1}\right) \tag{1-55}$$

若压缩过程为等熵过程，则循环耗功量为

$$W=(m_1+m_2)\frac{\kappa RT_a}{\kappa-1}\left[1-\left(\frac{p_H}{p_L}\right)^{\frac{\kappa-1}{\kappa}}\right] \tag{1-56}$$

式中，T_a 为进入压缩机之前气体所处的温度。

理论制冷系数

$$\varepsilon_0=\frac{Q_0}{W} \tag{1-57}$$

同其他循环一样，由于各种不可逆因素的存在，实际循环的制冷系数要远小于用上述公式计算得到的值。

八、脉管制冷循环

脉管制冷循环也称脉冲管制冷循环，最早是由吉福特（Gifford）和朗斯沃斯（Longsworth）在1963年提出的。它有两种理想循环：基本压缩循环和斯特林循环。基本压缩循环中采用带有切换阀门的压缩机，故属于G－M制冷机。斯特林循环中采用的是无阀压缩机，属于斯特林制冷机。

基本型脉管制冷机由压缩机、切换阀、回热器、负荷热交换器、导流器、脉管及其封闭端的冷却器组成，如图1-15所示，它利用高低压气体对脉管空腔的充放气过程而获得制冷效果。其制冷过程如下：

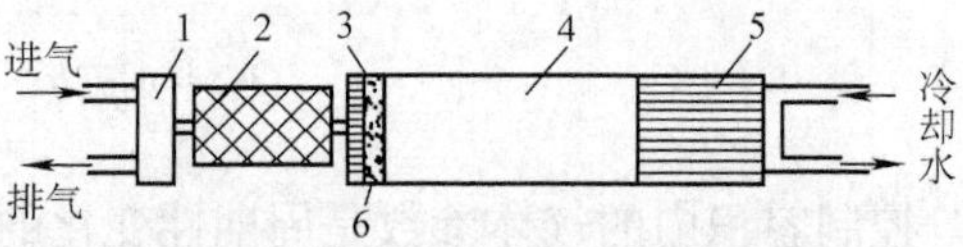

图1-15　基本型脉管制冷机原理图

1—切换阀　2—回热器　3—负荷热交换器　4—脉管　5—水冷却器　6—导流器

1）高压气体通过切换阀1流经回热器2、负荷热交换器3、导流器6以层流形式进入脉管4，迅速推挤管内气体向封闭端移动，同时使之压缩，温度升高，在脉管封闭端气体的温度达到最高值。

2）布设在封闭端的水冷却器5将热量带走，管内气体因放热，其温度和压力稍有降低。

3）切换阀转动使系统内气体接通低压气源，脉管中的气体又以层流形式渐次向气源扩张，气体膨胀降压而获得低温。

4）切换阀再次切换，使系统与气源高压侧连通，重复上述循环。这样在脉管制冷机运行时，脉管内气体轴向始终存在一个温度梯度，入口端温度低，封闭端温度高。

由上述可以看出，脉管制冷机除了压缩机和切换阀是室温运动部件外，在低温区没有任何运动部件，因此结构简单、运行可靠。但是其制冷效率低，故在较长时期内没有得到实际应用。为了提高效率，吉福特曾提出取消切换阀，直接利用无阀压缩机产生的压力波制冷，这就是所谓的斯特林型脉管制冷机。

基本型脉管制冷机的制冷原理可由表面泵热理论予以说明。图 1-16 所示为基本型脉管制冷机模型。理想气体由脉管冷端的状态（q_{m1}、T_1）进入，热端的状态为 q_{m2}、T_2，由能量平衡得

$$\Phi + q_{m1}h_1 = \frac{\mathrm{d}U}{\mathrm{d}t} + q_{m2}h_2 \tag{1-58}$$

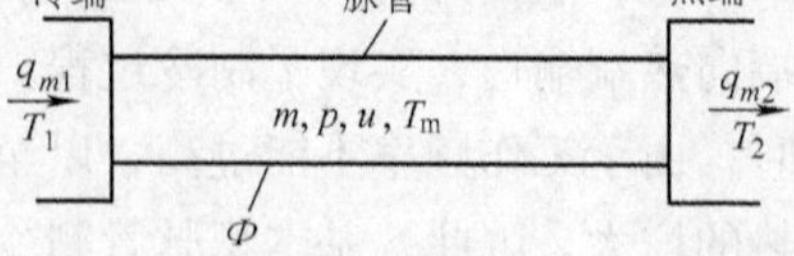

图 1-16　基本型脉管制冷机模型

假设工质为理想气体，根据连续性方程

$$q_{m1} - q_{m2} = \frac{\mathrm{d}\left(\dfrac{pV}{RT_m}\right)}{\mathrm{d}t} = q_m\left(\frac{1}{p}\frac{\mathrm{d}p}{\mathrm{d}t} - \frac{1}{T_m}\frac{\mathrm{d}T_m}{\mathrm{d}t}\right) \tag{1-59}$$

式中，T_m 为脉管内气体的平均温度；q_m 为气体质量流量。

在实际情况下，式（1-59）右侧中的第二项要比第一项小得多，因此可认为

$$q_{m1} - q_{m2} \approx \frac{q_m}{p}\frac{\mathrm{d}p}{\mathrm{d}t} \tag{1-60}$$

并且

$$\frac{\mathrm{d}U}{\mathrm{d}t} = c_V\frac{\mathrm{d}(q_mT)}{\mathrm{d}t} = \frac{V}{\kappa - 1}\frac{\mathrm{d}p}{\mathrm{d}t} \tag{1-61}$$

将式（1-60）和式（1-61）代入式（1-58），且考虑到 $h = c_pT$，$c_p - c_V = R$，得

$$\Phi = q_{m1}(h_2 - h_1) + \frac{V}{\kappa - 1}\left(1 - \kappa\frac{T_2}{T_m}\right)\frac{\mathrm{d}p}{\mathrm{d}t} = \Phi_s + \Phi_a \tag{1-62}$$

其中，$\Phi_s = q_{m1}(h_2 - h_1)$，其值为正，表示稳定条件下的传热。

$$\Phi_a = \frac{V}{\kappa - 1}\left(1 - \kappa\frac{T_2}{T_m}\right)\frac{\mathrm{d}p}{\mathrm{d}t}$$

表示不稳定条件下的传热。对于绝热过程，$\Phi = 0$

则有

$$\Phi_s = -\Phi_a \tag{1-63}$$

可见，只要使 $-\Phi_a$ 大于零，脉管就有制冷效应。当 $T_1 < T_2$ 时，由于 $T_2/T_m > 1$，可知只要 $\mathrm{d}p/\mathrm{d}t > 0$，$-\Phi_a$ 值即为正值，在脉管冷端气体进入脉管，热量将从低温 T_1 被传递到高温 T_2。

表面泵热理论最初由吉福特和朗斯沃斯在 1967 年提出，用来解释脉管制冷机的制冷原理。该理论指出，脉管内任一气团的循环压缩和膨胀会产生大的温度梯度，由于气团与脉管壁面的热接触将热量逐步地从冷端传递到热端，这就叫做表面泵热效应。

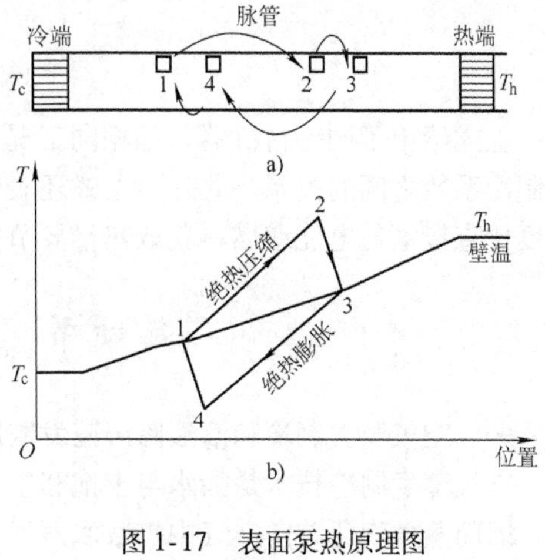

图 1-17　表面泵热原理图

图 1-17 所示为表面泵热原理图。过程 1－2 为绝热压缩过程。在点 1 进气阀开启，高压气体突然进入，将管内气体向热端挤压，被绝热压缩，气团的温度从 T_1 升高到 T_2。然后，进气阀关闭，气团向管壁放热，温度从 T_2 降为 T_3，并移动到点 3 位置。在点 3 排气阀开启，气体

压力降低，产生膨胀制冷，气团的温度从 T_3 降低到 T_4。此时，排气阀关闭，冷气体从管壁吸收热量，温度升高到 T_1。由此构成一个循环。许多气团都以这样的方式将热量从脉管的冷端向热端输送，实现了制冷过程。但是，由于脉管热端封闭，限制了气团的进一步运动；同时，由于工作频率不能过高，以至气体和管壁的换热不充分，但过低的频率又会导致轴向导热的增大。因此，基本型脉管制冷机的制冷量不大，制冷效率不高。

为了克服上述缺点，研究者对脉管制冷机进行了许多改进，提出了小孔型、双向进气型、双活塞型、四阀型、多路旁通型、无气库小孔型等脉管制冷机，使制冷效率得到较大提高且制冷温度得到较大降低。

九、热泵循环

热泵与制冷机在原理上是完全相同的，热泵就是以冷凝器或其他部件放出的热量来供热的制冷系统。如果要说这两者有什么区别的话，主要有两点：

（1）两者的目的不同　热泵或制冷机与周围环境在能量上的相互作用是从低温热源吸热，然后放热至高温热源，与此同时，按照热力学第二定律，必须消耗机械功。如果目的是为了获得高温（制热），也就是着眼于放热至高温热源，那就是热泵。如果目的是为了获得低温（制冷），也就是着眼于从低温热源吸热，那就是制冷机。

（2）两者的工作温区不同　上述所谓的高温热源和低温热源，只是它们彼此相对而言的。由于两者目的不同，通常，热泵是将环境作为低温热源，而制冷机则是将环境作为高温热源。那么，对同一环境温度来说，热泵的工作温区就明显高于制冷机。

原则上，凡是能用作制冷机的循环都可以用作热泵循环，凡是用于制冷机的分析方法都可以用于分析热泵。但是，由于目的的不同，热泵的经济性指标与制冷机有所不同。用于表示热泵效率的指标称为泵热系数，也称为性能系数，用 φ 表示，其定义为

$$\varphi = \frac{Q_H}{W} \tag{1-64}$$

式中，Q_H 为热泵向高温热源的输送热量；W 为热泵系统消耗的外功。

对照式（1-39），泵热系数可表示为

$$\begin{aligned}\varphi &= \frac{Q_H}{W} \\ &= \frac{Q_0 + W}{W} = 1 + \varepsilon\end{aligned} \tag{1-65}$$

上式给出了同一台机器，在相同工况下作为热泵使用时的泵热系数与作为制冷机使用时的制冷系数之间的关系。此外，上式还表明，热泵系数始终大于1，所以，热泵从能量利用角度比直接消耗电能或燃料获取热量要节能。

第四节　其他制冷方法

一、空气蒸发制冷和溶液除湿蒸发制冷

空气蒸发制冷技术是指水与未饱和空气接触时，其饱和蒸汽压大于空气中水蒸气的分压力，因而蒸发汽化并向空气中扩散水蒸气，在蒸发汽化过程中吸取本身以及空气中的热量，使水和空气的温度降低而产生制冷效果的一种制冷方法。它是最古老的制冷方法之一，早在

公元前2500年，古埃及人已经懂得利用水分在未饱和空气中蒸发进行供冷。它仅消耗水而几乎不消耗其他能源，因此，节能效果明显。随着空调技术的迅速发展，在气候干燥地区的空调设备中采用此技术越来越广泛。显然，饱和空气是不能用来蒸发制冷的。

空气蒸发制冷技术主要分为两大类：直接蒸发制冷和间接蒸发制冷。

（1）直接蒸发制冷（简称DEC）　它是指冷却的空气和水直接接触，由于水的蒸发，空气和水的温度均降低，而空气的含湿量有所增加，空气的显热转化为潜热，这是一个绝热加湿过程。其工作原理图如图1-18所示，对应的蒸发制冷过程在空气温-湿图上的表示如图1-19所示。由图可知，状态1的室外空气在接触式热交换器内与水进行热湿交换后，温度由 t_{a1} 下降到 t_{a2}，含湿量增加，沿绝热线变化到状态2，空气的焓有所增加，其增加量等于水的汽化热；水温由 t_{w1} 下降到 t_{w2}。但是在实际的工作过程中，喷淋蒸发用的水是循环使用的，水温近似于空气的湿球温度，那么这种直接蒸发制冷过程可以看做是一个绝热加湿过程，空气状态沿着等焓线变化。

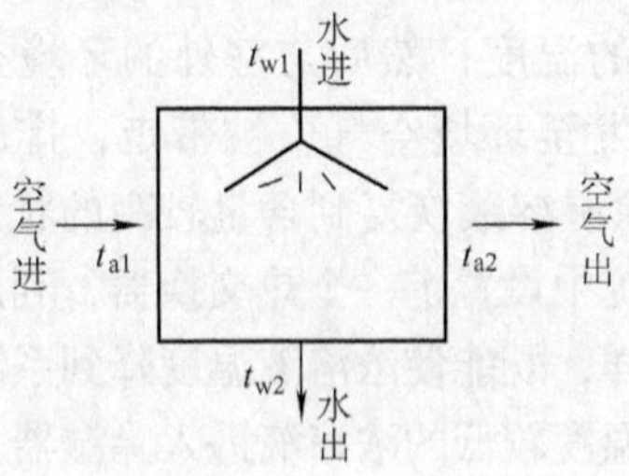

图1-18　直接蒸发制冷工作原理

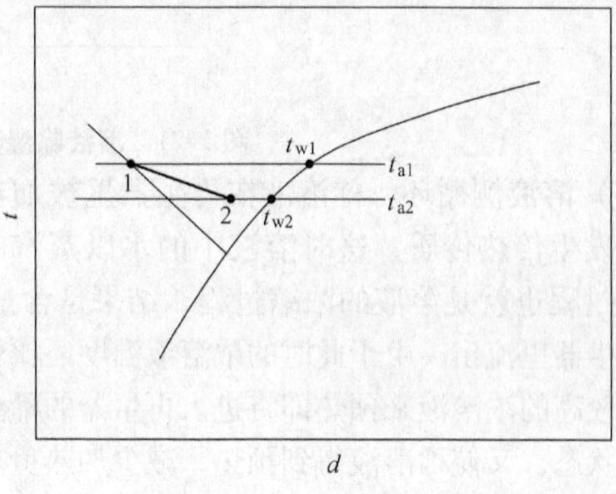

图1-19　直接蒸发制冷在空气温-湿图上的表示

（2）间接蒸发制冷（简称IEC）　它是把直接蒸发制冷过程中降低了温度的水和空气，通过非接触式热交换器冷却需要制冷的介质（例如，空气）。间接蒸发制冷装置原理图如图1-20所示。

图1-20中的一次空气、二次空气都是采用状态为 W 的室外空气，二次空气经过绝热加湿器变化至状态1，然后进入空气-空气热交换器与一次空气进行显热交换，使一次空气降温至状态2，另一侧的二次空气由状态1变为状态 E 排出到室外；一次空气然后进入空气-水热交换器进一步进行显热交换，被处理湿空气继续降温。

从理论上分析，间接蒸发制冷可获得的一次空气最低温度可趋近于它的露点温度，而直接蒸发制冷过程可获得的最低温度则趋近于它的湿球温度。

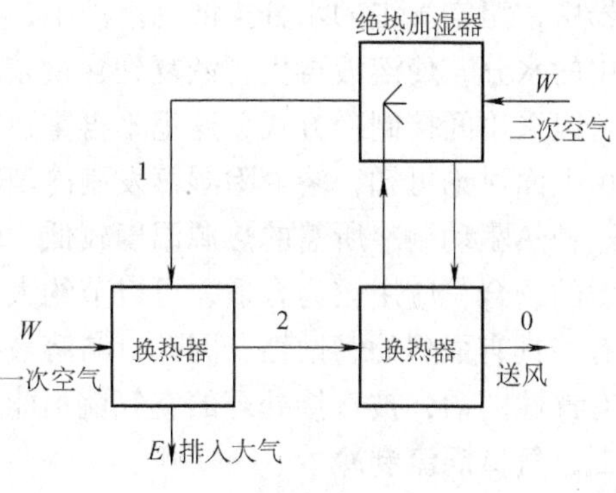

图1-20　间接蒸发制冷装置原理图

空气蒸发制冷只能用在气候较干燥的地区。在潮湿地区，可以采用溶液除湿蒸发制冷，其工作原理如图1-21所示。潮湿地区的空气相对湿度较高，在使用它时必须先将它除湿，然后，才能加以利用。溶液除湿蒸发制冷就是利用未饱和溶液具有能够吸收水蒸气的特点，将它与空气接触使空气中的水蒸气去除，从而达到降低相对湿度的目的。然后，将这种相对湿度较低的空气用来制冷。由此可见，溶液除湿蒸发制冷与空气蒸发制冷的区别在于前者多了一个溶液侧循环（图1-21）。

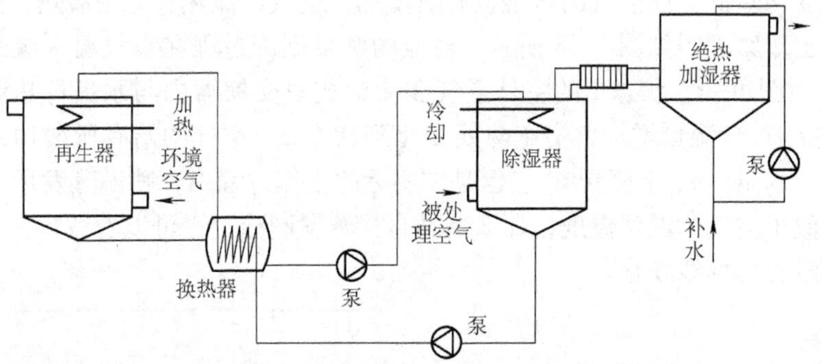

图1-21　溶液除湿蒸发制冷原理图

（1）溶液侧循环　稀溶液在再生器里被加热至要求的温度，然后与室外的环境空气直接接触发生传热传质，这时溶液中的水以蒸汽的形式蒸发至环境空气中被带走，排放到室外。此过程也就是溶液的浓缩过程，结果是含量较低的除湿溶液恢复到含量较高的状态，然后从再生器里流出。由于此时的浓溶液温度还比较高，系统中设置了一个热交换器，利用这部分温度较高的浓溶液来预热即将进入再生器的稀溶液，这样，既能使浓溶液温度降到系统要求的常温状态，又使稀溶液得到预热，减少加热负荷；最后温度较低的浓溶液进入除湿器与被处理的空气直接接触，使空气中的水蒸气被溶液所吸收，吸收产生的热量由冷却介质带走。常用的溶液除湿剂有氯化钙（$CaCl_2$）、氯化锂（LiCl）、溴化锂（LiBr）和三甘醇（$C_6H_{14}O_4$）水溶液等。

（2）空气侧循环　进入再生器的空气是来自室外的环境空气，出再生器后直接排放至环境。被处理的空气依次流经除湿器和绝热加湿器，它首先被浓溶液处理到含湿量很低的状态，然后绝热加湿，被处理到一个干球温度很低的状态。在再生器和除湿器中，空气与除湿溶液都是直接混合接触，然而在不同的装置里面，水分的传递方向却是完全相反的过程。在除湿器中，湿空气中的水分扩散到溶液中，使空气得到干燥；在再生器中，湿空气带走除湿溶液中的水分，使溶液再生，恢复到含量较高的状态。当然，溶液除湿蒸发制冷的被处理空气也可以采用间接制冷方式，这里不再重述。

由上面讨论可知，溶液除湿蒸发制冷消耗了热量，产生了制冷效果，属于热驱动制冷方式。这种热驱动制冷所需的热源温度较低，因此，在具有余热、废热、地热、太阳能等低品位能源的场合，应用较为合适，可以节约大量的高品位能源。但值得指出的是，溶液中的除湿剂有些具有强烈的腐蚀性，因此，与溶液接触的表面需要进行防腐蚀处理；此外，如果除湿剂有毒性的话，被直接处理的空气就不能送到人或动物生活的场合。

二、气体涡流制冷

1. 气体涡流制冷的基本原理

气体涡流制冷方法是法国工程师兰克（Ranque）于1931年提出的。涡流制冷效应的实质是利用人工方法产生旋涡使气流分为冷、热两部分，利用分离出来的冷气流进行制冷。

图 1-22 所示为涡流管的结构示意图。压缩气体通过喷嘴 1 沿切线方向进入涡管 2 形成强烈的环流，产生不均匀的温度场。靠近涡流室中心的气体温度比进气温度低，而外围的气体温度升高。冷气体经孔板 6、喷嘴 7 和狭缝扩压管 8 由右侧排出，其占总气体的比例为 μ。剩余部分的气体 $(1-\mu)$ 经过另一喷嘴 5 以及叶片式扩压管 4，由左侧排出。根据实验，当高压气体的温度为室温时，冷气流的最低温度可达 -50℃左右，热气流的最高温度可达 130℃左右，因此涡流管也被称为"冷热管"。涡流管的热端装有控制阀，用来改变热端的气体压力，从而达到调节冷热两部分气流的流量比，改变冷热端温度的目的。

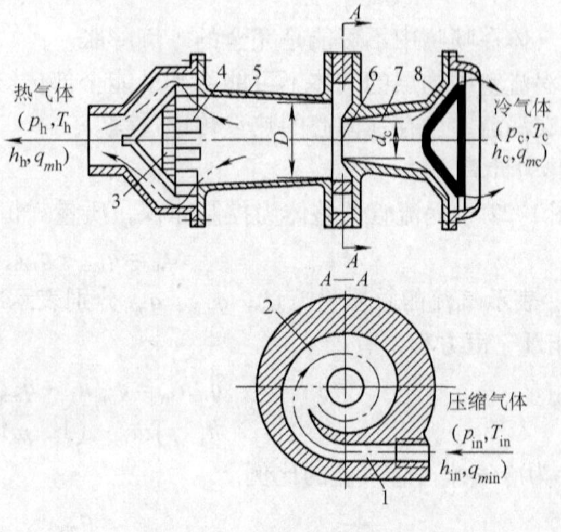

图 1-22　涡流管结构示意图

1、5、7—喷嘴　2—涡管　3—网　4—叶片式扩压管

6—孔板　8—狭缝扩压管

涡流管内气体的分离过程非常复杂，它的物理实质可说明如下。压力为 p_1、温度为 T_1 的高压气体，在喷嘴中膨胀到压力 p_2。理论上可认为是等熵膨胀，故可能达到的温度为

$$T_2 = T_1\left(\frac{p_2}{p_1}\right)^{\frac{\kappa-1}{\kappa}} \tag{1-66}$$

同时，由于气体速度可达到超声速，这样高速的气流沿切线方向进入涡流室，便在涡流室的周边部分形成涡流，其旋转角速度在涡流室边缘部分较小，而接近中心部分则越来越大，于是在涡流室中沿半径方向形成了不同角速度的气流层。由于气流层之间的摩擦，内层的角速度降低而外层的角速度提高，因而内层气流就将一部分动能传给外层气流。这样涡流室中心部分的气体经孔板流出时便具有较低的温度 T_c；而边缘部分的气体接受了内层气流部分的动能，且在流经热端管子时，由于存在摩擦，使动能转化为热能，因而经控制阀流出时便具有较高的温度 T_h。涡流管内部的这种过程表示在图 1-23 所示的 $T-s$ 图上。图中点 4 表示气体在压缩以前的状态，4-5 为压缩机中的等熵压缩过程，5-1 为冷却器中的等压冷却过程。点 1 表示高压气体进入喷嘴前的状态，在理想情况下经绝热膨胀到压力 p_2 时的温度降为 T_s，膨胀后的状态点用点 $2a$ 表示。点 2 表示实际上由涡流管出来的冷气流状态，其温度为 T_c；点 3 表示热气流的状态，其温度为 T_h。1-2

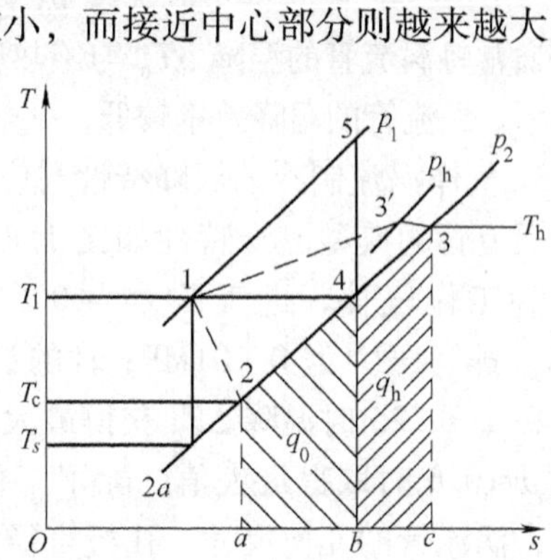

图 1-23　涡流管内部过程在 $T-s$ 图上的表示

和1－3′分别表示冷热两部分气流的分离过程，这一过程是不可逆过程；3′－3为热气流经控制阀的节流过程，节流前后焓值不变。从涡流管出来的冷气流的温度 T_c 总是高于 T_s，这是因为：

1）气体在喷嘴中不可能是完全的等熵膨胀。

2）涡流室中内层的气体不可能将其动能全部传给外层的气体。

3）在涡流室中存在向心的热量传递过程。

2. 热力计算方法

取图1-22中涡流管的整体为控制体积，质量守恒方程可以表示为

$$q_m = q_{mc} + q_{mh} \tag{1-67}$$

式中，q_m 表示气流的总质量流量；q_{mc}、q_{mh}分别表示冷、热气流的质量流量。

据能量守恒方程，有

$$q_m h_{in} = q_{mc} h_c + q_{mh} h_h$$

$$h_{in} = \mu h_c + (1-\mu) h_h \tag{1-68}$$

式中，μ 为冷气流占总气流的比例。

$$\mu = \frac{q_{mc}}{q_m}$$

$$1-\mu = \frac{q_{mh}}{q_m} \tag{1-69}$$

由于涡流管中热气流的制热量与冷气流的制冷量相等，因此涡流管的制冷量可用下面公式表示

$$\Phi_0 = q_{mc}(h_{in} - h_c) \tag{1-70}$$

同样，单位制冷量可以表示为

$$\phi_0 = \mu(h_{in} - h_c) \tag{1-71}$$

在比定压热容保持不变的情况下，有

$$\phi_0 = \mu c_p (T_{in} - T_c) = \mu c_p \Delta T_c \tag{1-72}$$

通常将涡流管的温降 ΔT_c 与绝热膨胀产生的温降 ΔT_s 的比值 $\Delta T_c/\Delta T_s$，称为涡流管的温降效率。涡流管的温降效率较低，一般仅为50%～55%。

3. 气体涡流制冷的温降特性与应用

涡流管的典型温降特性如图1-24所示，这是在以空气为工作气体，进气压力为0.6MPa、进气温度为303K、排气压力为0.101MPa时的试验结果。由图可见，在 $\mu \approx 0.25$ 时温降 ΔT_c 获得最大值，而单位制冷量约在 $\mu \approx 0.6$ 时取得最大值。除了工作气体本身的性质之外，涡流管的几何尺寸、孔板直径、冷热气体出口喷嘴长度及形状，以及进气喷嘴尺寸等，都对涡流管性能有很大影响。由于所获得的热气流压力总是高于冷气流，因此热气流往往被用来引射冷气流。在这种情况下，涡流管的温降效率将得以提高。而此时获得最大温降时对应的 μ 值也从0.25提高到0.35左右。

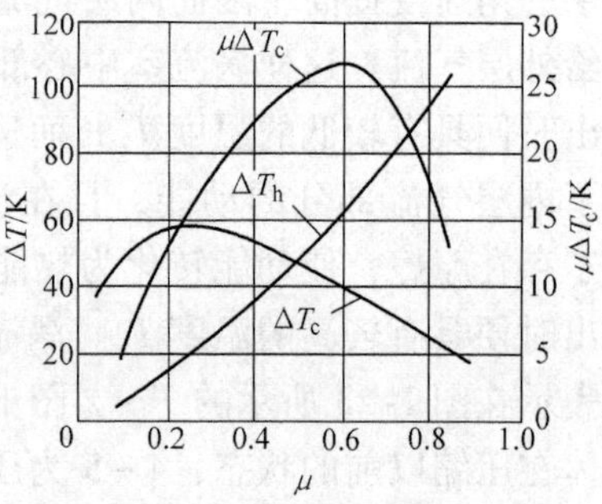

图1-24　涡流管的典型温降特性（$p_{in} \approx 0.6$MPa，$T_{in} = 303$K，$p_c = 0.101$MPa，工质为空气）

苏联的梅蒂尼（Metenin）给出了涡流管设计（图1-22）的经验公式，即

$$D \approx 3.57 A_{\mathrm{in}}^{1/2} \tag{1-73}$$

$$d_{\mathrm{c}} \approx 0.5D \tag{1-74}$$

$$l_{\mathrm{h}} \approx (3 \sim 3.5) D \tag{1-75}$$

$$l_{\mathrm{c}} \approx (3 \sim 3.5) d_{\mathrm{c}} \tag{1-76}$$

式中，A_{in}表示进气喷嘴的喉管面积（mm^2）；d_{c}与D分别表示冷热扩压器喉部直径（mm）；l_{c}与l_{h}分别表示冷热扩压器长度（mm）。

膨胀比（$p_{\mathrm{in}}/p_{\mathrm{c}}$）的变化范围在2~8之间，它对涡流管的温降效率影响并不显著。膨胀比若继续增大，则系统的性能下降。

涡流管也可用于低温循环。图1-25所示为采用涡流管的低温循环。工作气体离开压缩机Ⅰ出口，进入高温热交换器Ⅱ，换热后接着进入涡流管（点2），在这里气体被分为冷气体和热气体两部分。如冷气流（μ）通过冷量热交换器Ⅳ，返回高温热交换器Ⅱ。若系统中没有引射器，则热气流（$1-\mu$）排出系统。增装引射器将有助于提高系统的效率。

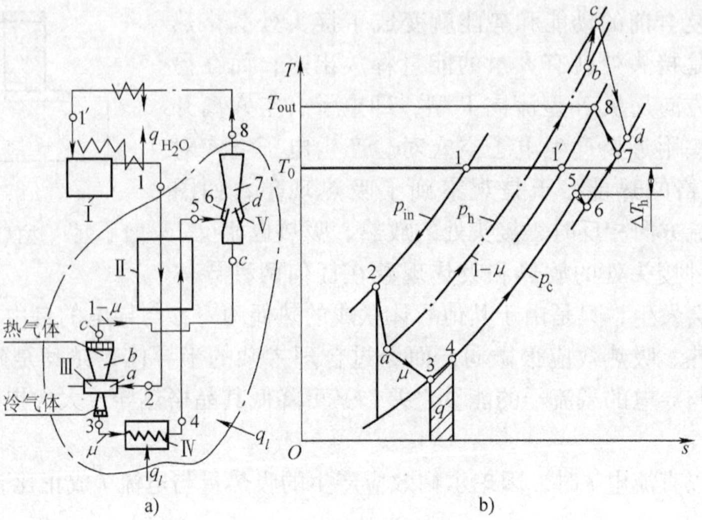

图1-25 采用涡流管的低温循环

a）流程图 b）$T-s$图

Ⅰ—压缩机 Ⅱ—高温热交换器 Ⅲ—涡流管 Ⅳ—冷量热交换器 Ⅴ—引射器

以图中点画线构成的边界为控制系统，利用能量平衡方程可以求出单位制冷量为

$$\phi_0 = h_8 - h_1 - \phi_1 \tag{1-77a}$$

或

$$\phi_0 = \mu(h_4 - h_3) = h_8 - h_1 - \phi_1 \tag{1-77b}$$

式中，ϕ_1为单位质量工质的漏热量。

这个循环可以是开式或闭式。

涡流管的优点是结构简单、维护方便、起动快，且能达到比较低的温度；其主要的缺点是热力学效率低。因此，涡流管只适用于那些不经常使用的小型低温实验设备，或对系统经济性要求不高的场合，例如用于工艺流程中仪器仪表的局部冷却。

三、半导体制冷

1. 半导体制冷的基本原理

半导体制冷也叫温差电制冷、热电制冷或电子制冷，是利用塞贝克效应（Seebeck effect）的逆效应——珀尔帖效应（Peltier effect）达到制冷目的。

塞贝克效应就是在两种不同金属组成的闭合线路中，如果保持两接触点的温度不同，就会在两接触点间产生一个电势差——接触电动势。同时闭合线路中就有电流流过，称为温差电流。反之，在两种不同金属组成的闭合线路中，若通以直流电，就会使一个接点变冷，另一个变热。这种现象称为珀尔帖效应，也称为温差电现象。

半导体材料内部结构的特点，决定了它产生的温差电现象比其他金属要显著得多。因此，热电制冷一般采用半导体材料。当一块N型半导体和一块P型半导体联结成热偶对（也称热电堆），在这个电路中接上一个直流电源，热偶上流过电流时，就发生了能量转移，在一个接头上放出热量，而另一个接头上吸收热量。这一现象之所以发生，并且很显著，是由于N型和P型半导体构成的热偶对，当电流从P型流向N型时，即N型半导体中的电子与P型半导体中的空穴都向接头运动时，它们在接头处复合。电子和空穴对在复合前的动能和势能就变成了接头处晶格热振动的能量，于是接头处就有大量的能量释放出来；而在另一接头处电流的方向是从N型流向P型，即电子、空穴离开接头处，则在接头附近要产生电子空穴对。产生电子空穴对时的能量来自晶格的热能，于是观察到了吸热现象，如图1-26所示。当电流方向相反时，接头处的放热、吸热也相反。

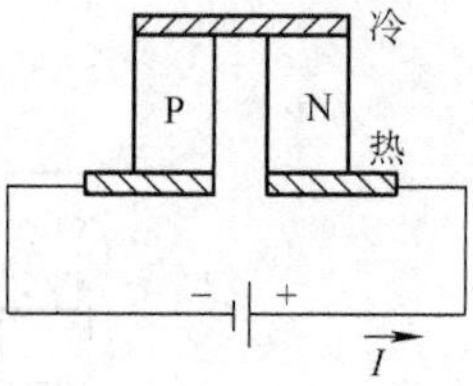

图1-26 热偶制冷原理示意图

实际上，这种接头处的放热和吸热现象在任何两种导体构成的热偶中都会发生，只是由于其他导体联成的热偶两臂参与导电的自由电子平均能量之差很小，因而放热、吸热效应很微弱，而经过合理掺杂的半导体，尤其是碲化铋固熔体合金，既能提高参与导电的载流子的能量之差，又可降低其晶格热导，大大提高了温差电材料的性能。

当热偶对通以直流电 I 时，因珀尔帖效应产生的吸热量与电流 I 成正比，即

$$\Phi_{\pi} = \pi I \tag{1-78}$$

式中，π 为珀尔帖系数，它与导体的物理化学性质有关，可按下式计算

$$\pi = (\alpha_P - \alpha_N) T_c \tag{1-79}$$

式中，α_P、α_N 分别是P型及N型热偶臂的温差电系数，α_P 为正值，α_N 为负值；T_c 为冷端温度。

因此，在一个接头上的珀尔帖效应是 α_P 和 α_N 的绝对值相加与温度 T_c 的乘积。

当电流通过热偶对时，热电元件内还要放出焦耳热 Φ_j。焦耳热与电流的平方成正比，即

$$\Phi_j = I^2 R \tag{1-80}$$

式中，R 为热电元件的电阻。

若热偶臂的长度为 L，电阻率为 ρ_1 及 ρ_2，截面积为 A_1 及 A_2，则

$$R = L\left(\frac{\rho_1}{A_1} + \frac{\rho_2}{A_2}\right) \tag{1-81}$$

计算表明，有一半的焦耳热传给热电元件的冷端，引起制冷效应减小。

除了焦耳热以外，由于半导体的导热，从热电元件热端还要传给冷端一定的热量 Φ_λ：

$$\Phi_\lambda = G(T_h - T_c) \tag{1-82}$$

式中，G 为长度为 L 的热电元件的总热导。

若两热偶臂的热导率为 λ_1、λ_2，则

$$G = \frac{1}{L}(\lambda_1 A_1 + \lambda_2 A_2) \tag{1-83}$$

因此，热偶对的制冷量 Φ_0 应等于珀尔帖热量与传递到冷端的焦耳热和导热量之差，即

$$\Phi_0 = (\alpha_P - \alpha_N)IT_c - 0.5I^2R - G(T_h - T_c) \tag{1-84}$$

热偶对工作时，电源既要对电阻做功，又要克服热电势做功，故消耗的功率为

$$P = I^2R + (\alpha_P - \alpha_N)(T_h - T_c)I \tag{1-85}$$

热电对的制冷系数 ε 等于制冷量 Φ_0 与消耗功率 P 之比值。

$$\varepsilon = \frac{\Phi_0}{P} \tag{1-86}$$

将 Φ_0 和 P 的计算式（1-84）和式（1-85）代入式（1-86）中，得到制冷系数的表达式为

$$\varepsilon = \frac{(\alpha_P - \alpha_N)IT_c - 0.5I^2R - G(T_h - T_c)}{I^2R + (\alpha_P - \alpha_N)(T_h - T_c)I} \tag{1-87}$$

2. 半导体制冷的特性分析

分析式（1-84）、式（1-85）及式（1-87）可知，在半导体材料及热偶对尺寸已选定的情况下，它的制冷量、功耗及制冷系数同 T_h、T_c 及电流 I 有关。

在电流 I 为一定值的情况下，当外部无热负荷时（即 $\Phi_0 = 0$），热偶上建立的温差（$T_h - T_c$）将达到最大值，冷端可达最低温度。令 $\Phi_0 = 0$，由式（1-84）得

$$T_h - T_c = \frac{1}{G}[(\alpha_P - \alpha_N)IT_c - 0.5I^2R] \tag{1-88}$$

可见最大温差与电流的大小有关。将上式对 I 取偏导数，并令其等于零，就可以求出最大温降以及与其相对应的最佳电流值

$$(T_h - T_c)_{max} = \frac{(\alpha_P - \alpha_N)^2 T_c^2}{2RG} \tag{1-89}$$

$$I_{opt}^T = \frac{(\alpha_P - \alpha_N)T_c}{R} \tag{1-90}$$

将式（1-81）及式（1-83）代入式（1-89）得

$$(T_h - T_c)_{max} = \frac{1}{2}\frac{(\alpha_P - \alpha_N)^2 T_c^2}{(\lambda_1 A_1 + \lambda_2 A_2)\left(\frac{\rho_1}{A_1} + \frac{\rho_2}{A_2}\right)} \tag{1-91}$$

若两热偶臂的截面积（$A_1 = A_2$）、热导率（$\lambda_1 = \lambda_2 = \lambda$）、电阻率（$\rho_1 = \rho_2 = \rho$）以及温差电系数（$\alpha_P = -\alpha_N = \alpha$）的绝对值均相等，则热端与冷端的最大温差可以表示为

$$(T_h - T_c)_{max} = \frac{1}{2}\frac{\alpha^2\gamma}{\lambda}T_c^2 \tag{1-92}$$

式中，γ 为热偶元件材料的电导率。

由此可见，热电制冷的最大温差取决于材料的 α、γ、λ 组成的一个综合参数及冷端温

度 T_c。此综合参数称为热偶对材料的优值系数 Z，即

$$Z = \frac{\alpha^2 \gamma}{\lambda} \tag{1-93}$$

从式（1-93）中 α、γ、λ 的物理概念来看，它们之间既互相依存又互相矛盾，因此在选择材料的优值系数 Z 时要加以综合考虑。对于目前最通用的掺有杂质的碲化铋（Bi_2Te_3）合金材料来讲，当温度为 200～300K 时，优值系数 $Z = 2 \times 10^{-3} \sim 3.5 \times 10^{-3} K^{-1}$。

以上讨论了制冷量 $\Phi_0 = 0$ 时热偶对最大温降的变化情况。下面再来分析热偶对的制冷系数与供给热偶对的电流值之间的关系。将式（1-87）对电流取偏导数，并令其等于零，即

$$\frac{\partial \varepsilon}{\partial I} = 0$$

得到与最大制冷系数相对应的电流及电压值，即

$$I_{opt}^{\varepsilon} = \frac{(\alpha_P - \alpha_N)(T_h - T_c)}{R(M-1)} \tag{1-94}$$

$$U_{opt}^{\varepsilon} = I_{opt}^{\varepsilon} R + (\alpha_P - \alpha_N)(T_h - T_c) = \frac{M(\alpha_P - \alpha_N)(T_h - T_c)}{M-1} \tag{1-95}$$

由此

$$\varepsilon_{max} = \frac{T_c}{T_h - T_c} \frac{M - \frac{T_h}{T_c}}{M+1} \tag{1-96}$$

其中

$$M = [1 + 0.5Z(T_h + T_c)]^{\frac{1}{2}}$$

故最大制冷系数 ε_{max} 与冷端温度 T_c、温差（$T_h - T_c$）以及材料优值系数 Z 有显著关系。

3. 多级热电堆

一对热偶对的制冷量是很小的，而且在通常情况下只能得到大约50℃的温差。为了获得较大的制冷量或更低的制冷温度，可将若干热偶对并联或串联成热电堆，称为多级热电堆。以图1-27三级复叠式热电堆为例，第一级热电堆的冷端贴在第二级热电堆的热端上，使第二级热电堆的热端温度降低，从而在第二级热电堆的冷端处产生更低的温度。第二级热电堆的冷端贴在第三级热电堆的热端上，使第三级热电堆冷端处的温度进一步降低，达到很低的温度。各级热电堆之间有极薄的电绝缘层，因为此绝缘层既要保证级与级之间的电绝缘，又要使级与级之间有良好的热传导，所以称为电绝缘导热层。在多级复叠式热电堆中，下面一级热电堆的制冷量应等于上面一级热电堆的放热量，以达到热平衡。

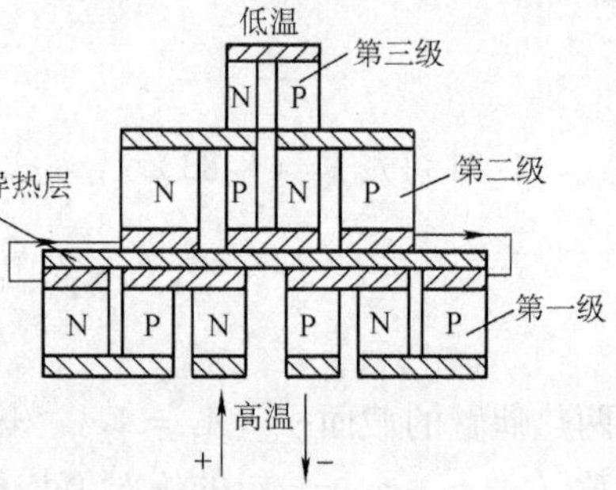

图1-27　三级复叠式热电堆

4. 半导体制冷器的特点

半导体制冷器是靠空穴和电子在运动中直接传递热量来实现的，它与现行的机械压缩式

或吸收式制冷机比较有以下优点：

1）半导体制冷不用制冷工质，故无泄漏、无污染、清洁卫生。

2）半导体制冷无机械传动部分，因此无噪声、无磨损，寿命长，可靠性高，维修方便。

3）冷却速度与制冷温度可通过改变工作电流的大小任意调节，灵活性很大。

4）可用改变电流方向来达到冷热端互换的目的，故用于高低温恒温器有独到之处。

5）体积和功率都可做得很小。

半导体制冷器的缺点主要有：

1）制冷效率低。要求的温差越大，所需的级数越多，制冷效率越低。

2）焊接要求高。半导体制冷器都是用专门焊料焊接而成，由于半导体制冷器件是工作在温差很大的情况下，特别是焊接在低温下容易脆化，所以半导体制冷器多用低温焊料焊接而成。由于焊料这一局限性，使用的高温范围不高，加上冷热同时存在，制冷器的热端一旦散热不良，两三分钟以内即可全部烧毁，所以要有专门的散热技术。

3）需要直流电源，增加了半导体制冷器使用的局限性。

5. 半导体制冷的应用

1）半导体制冷可用于家用冰箱。例如：将200对热偶用于60L的电冰箱，在无负荷的情况下从室温20℃降至-8℃仅需2h。此外，多级半导体制冷可用于制成小型低温冰箱，供医院冷藏药物、菌苗、血浆等使用。

2）多级半导体制冷可用于低温医疗器具上，以治疗各种皮肤病及切除白内障，疗效显著。另外，还可以制成冰帽（醒脑帽）用于高烧病人的降温。

3）半导体制冷可对仪器进行冷却，从而减小热噪声。

4）半导体制冷可用于制作零点仪，用来保持热电偶测温的固定点温度。

此外，半导体制冷在空间技术、测量分析技术、温差发电等方面都有应用价值。

四、热声制冷

热声振荡是将热能在一定条件下转变为声能的过程。根据热声振荡原理可以研制成热声发动机或热声制冷机。一方面，由于热声机械没有运动部件，可实现长寿命运转，对空间技术等具有开发潜力和应用前景。另一方面，热声机械可采用热能（燃气、太阳能等）驱动，它的应用将为合理利用低品位能源、提高系统的热力学效率开辟新的途径。

1. 热声振荡原理

在低温技术领域，自从泰克尼斯（Taconis）在1949年首次观察到液氦系统中的热声振荡以来，“氦振荡”对低温工作者已不再是陌生的名词。由于热声振荡总是伴随着大量热量（较系统漏热大一二个数量级）的传输，在多种情况下低温系统并不希望发生热声振荡。但相反的例子也屡见不鲜，例如，利用热声振荡原理可以测量液氦面高度。如果将一根开口的细管伸入到液氦容器内的液面上，用手指封闭管子的室温端，就能感受到管内气体自发产生的振荡。由此不难发现产生氦振荡的基本条件，就是管子的两端具有很大的温度差。研究指出，当管子封闭的热端与开口的冷端间的温度比（$\alpha = T_h/T_c$）大于10时，可能产生热声振荡；当温度比降低到$\alpha \leqslant 1.6$时，热声振荡就可以避免。

在一般情况下，为了在细长管子上产生很大的温度梯度，可对其封闭端进行加热，管内气体受热后膨胀，产生压缩力，导致气流运动；波动的气流中靠近管壁处的气团，不断地与管壁接触换热。由于气流的急速运动以及传热边界层粘滞性的存在，气团与管壁的换热不可能完全，管壁附近的气体温度与传热边界层以远的同平面（径向）气体的温度分布不同，即导致传热滞后现象，存在压力波与温度波之间的相位差，激发了气体的振荡。可见，气流运动与传热之间的相位差是产生热声振荡的必要条件。

若要获得颇具强度的热声振荡，不能只采用一根大管子。因为管内的传热受传热边界层的控制，只有那些接近管壁的气团才参与换热。采用由许多小管子组成的热声发生器有可能有效。但实际上应采用众多狭道，会比管子更奏效，因为狭道的比表面积更大。

2. 热声驱动器

热声驱动器也叫热声发动机（thermoacoustic engine）或热声压力波发生器。图1-28所示为热声驱动器的原理图。其中图1-28a为其结构简图，热声驱动器主要由加热器、热声板叠、冷却器和谐振管组成。在工作时，高温热源 T_h 向加热器提供热能 Q_h，被加热的工质在热声板叠中产生热声振荡，把一部分热能变为机械能，产生声功 W，其余热量 Q_c 则作为废热通过冷却器释放到低温热源 T_c。图1-28b为谐振管上的温度分布。由热力学定律可知，声功 $W=Q_h-Q_c$，其热效率 $\eta=W/Q_h$，它总是小于相对卡诺效率 $(T_h-T_c)/T_h$。

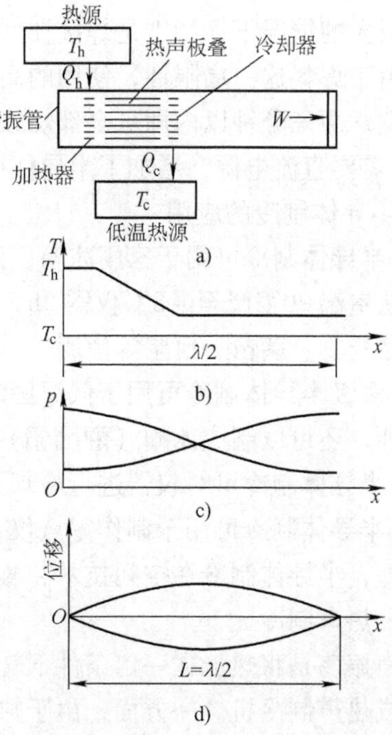

图1-28 热声驱动器的原理图

热声驱动器的一个重要的结构参数就是谐振管（Resonator）长度，其值和气体声速一起决定了热声振荡的频率。由声速、波长及频率的关系式 $v=\lambda f$ 可知，假设谐振管内工作气体的声速为1000m/s，振动频率为100Hz，则得波长为10m。借此可得在工作压力下频率与波长之间的关系。采用氦为工质的谐振管典型长度一般在0.1～10m之间，由于管内驻波的对称性，谐振管长可为半波长或1/4波长，以获得较低的频率。由图1-28c、d可以看出，图1-28a中的谐振管长度 $L=\lambda/2$。图1-28c中压力波的波腹在谐振管的两端。相应的，位移的波腹在压力波的中间节点处，其波节在谐振管的两端。

谐振管中的加热器、热声板叠和冷却器置于压力和位移值的非零区。其中加热器和冷却器均由铜质翅片组成，类似于通常的散热器，它们通过金属构件或循环流体分别与各自的热沉相连接。置于两个热交换器之间的热声板叠，则由高热容的固体平板依严格的板间距组成，但实际上用得更多的是成本较低的卷筒型回热体。

热声板叠的板间距是热声驱动器设计中第二个重要的结构参数，其值决定了热声板叠壁与工质气团间的热接触性质，也是激发热声振荡的重要条件。根据Rayleigh原则，对于驻波型热声机，合适的热声板叠间距，应导致工质气团与固体壁面具有不良的热接触，以形成传热温度的滞后。分析表明，平板之间的距离宜采用大约几倍热渗透深度值。热渗透深度值计

算式为

$$\delta_k = \sqrt{\lambda/(\pi f \rho c_p)} \tag{1-97}$$

式中，λ 为气体的热导率；ρ 为气体的平均密度；c_p 为气体的比定压热容；f 为声振频率；δ_k 为在 $1/(\pi f)$ 时间内热量通过气体扩散的距离，δ_k 的典型值为十分之几毫米。

由于热声板叠的板间距与工质气体的热渗透深度具有大致相当的数值，气体在热声板叠中的膨胀和压缩不可能处于等温状态，而是处于等温和绝热之间的某种中间态。因为气团来回在板面上振动，将板上热量吸收或将热量传给板面的过程，都是在大约 δ_k 厚的传热边界层中发生的，由于粘滞导致的传热阻抗，通过该边界层的传热需要一定的时间。结果在压力和温度间存在一个时间相位滞后。换句话说，处于两平板间距中间处的气团近乎在进行绝热压缩和膨胀，产生较大的温度振荡；而接近平板壁的那些气团则由于传热快几乎处于等温压缩和膨胀，在该区域气体只有很小的温度振荡。结果，在径向气团的温度不但是分层的，而且温度对压力存在颇大的相位滞后。

热声板叠的应用，使热声总功率增大，因为在一个大直径的谐振管内引入热声板叠之后，可以增加许多并行的气流通道。而在早期的实验中，采用的谐振管直径仅为几个 δ_k 值，这时仅有管壁起着相当于热声板叠和热交换器的双重作用，不可能达到合理的效率和功率。

3. 热声制冷机

热声制冷机的基本工作原理如图 1-29 所示。在谐振管的热端输入声波（驻波），声功 W 可由扬声器、热声发动机或其他方法提供。其余部件与热声驱动器基本相似。谐振管内的气体受到声压作用产生绝热压缩和膨胀。由于驻波的作用，热声板叠中的气团向左移动时几乎经历绝热压缩过程，温度升高；在向左移动的极限位置附近，气团温度高于当地热声板叠温度，气团向热声板叠放热；气团向右移动时几乎经历绝热膨胀过程，温度下降，在右移极限位置附近，气团的温度低于当地热声板叠温度，气团从热声板叠吸热。这样在声波的每一个循环中，气团将热量从热声板叠的右端向左端传递，使两端的温差增大。结果，热量 Q_0 从冷端热交换器（T_0）输送到热端热交换器（T_h），释放出热量 Q_h。由热力学第一定律，吸热量 $Q_0 = Q_h - W$。

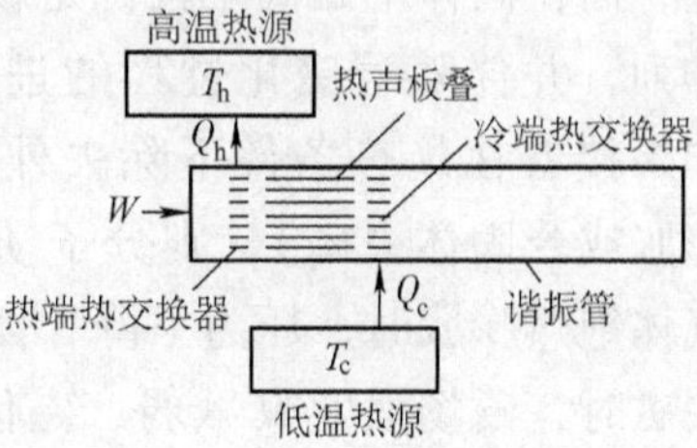

图 1-29　热声制冷机的基本工作原理图

热声制冷机与热声驱动器的不同之处，是其热声板叠上的温度梯度不同。热声制冷机具有较小的温度梯度。热声驱动器的高温端温度由加热温度决定（$T_h = 700 \sim 1000\text{K}$），低温端热交换器的温度由冷却剂决定（$T_c \approx 300\text{K}$）。然而，热声制冷机热端热交换器温度通常为室温，其冷端温度则取决于制冷过程可能获得的最低温度（例如 $T_0 = 200\text{K}$）。可见，热声驱动器热声板叠两端的温差比热声制冷机大。

由于热声制冷机没有运动部件，因此可实现长寿命运转，对空间技术具有开发潜力。热声制冷机可采用热能驱动，这为合理利用低品位能源、提高系统的效率提供了新途径，对气体工业具有应用前景。

五、绝热去磁制冷

绝热去磁制冷方法是由德拜（Debye）和焦克（Giauque）分别于 1926 年和 1927 年提出

的，但直至1933年方由焦克和麦克道格（MacDougall）第一次实验成功并获得了诺贝尔奖。在以后的30年中均是采用这种方法——低温绝热去磁来获得低于1K的温度。直至稀释制冷机实现后，1K以下的低温才由稀释制冷机来取代磁制冷机。稀释制冷机的制冷量很小，如果要连续制取温度为1～4K，并达瓦级水平的制冷量，稀释制冷机则无法满足要求。正是这种需求使绝热去磁制冷机的发展达到了一个新的阶段。到了20世纪80年代，由于宇航技术的需要，绝热去磁制冷机获得了飞速的发展。目前从热力循环来说，已发展成四大类：卡诺循环、斯特林循环、布雷顿循环和埃里克森循环。绝热去磁制冷机的形式有热开关型、往复运动型及旋转运动型三种，而温度区间则有20～4K、4～2K和1～0.2K等。目前世界上用绝热去磁法获得的最低温度为10^{-7}K。

1. 绝热去磁制冷原理

任何一种金属物质在磁场中均会产生附加磁场，并以不同方式、不同程度对外显示其磁性，从而改变原有空间中磁场的分布。如果产生的附加磁场与原磁场的方向相同，则该物质称为顺磁性物质；反之，成为抗磁性物质。绝热去磁制冷机中所采用的均是顺磁性物质。为了阐明绝热去磁制冷的物理本质，现将它和已熟悉的气体绝热膨胀作一比较。气体是由原子或分子组成的，而磁性物质是由原子或具有磁矩的磁离子组成的结晶体。气体分子及磁性物质的离子都具有一定的热运动（或热振动）。结晶体的磁化与气体的压缩类似，需要消耗功。此时，在气体中分子越来越靠近，而在固体中磁离子按一定顺序与磁场平行地规则排列，并伴随着磁化过程的进行向周围介质放热。如果接着在绝热条件下除去外界的作用（即令气体膨胀或令固体去磁），则分子动能降低，温度下降。气体绝热膨胀时，压力下降，体积增大；而固体绝热去磁时，磁场强度H减弱，磁化强度M也减弱。图1-30所示为绝热去磁制冷基本过程在$T-s$图上的表示。图中每一曲线为等磁场强度H曲线。绝热去磁制冷由两个过程组成：在初温T_a下等温磁化过程1-2，在此过程中放出热量，熵减小；绝热去磁过程2-3，在此过程中，温度由T_a降为T_0。

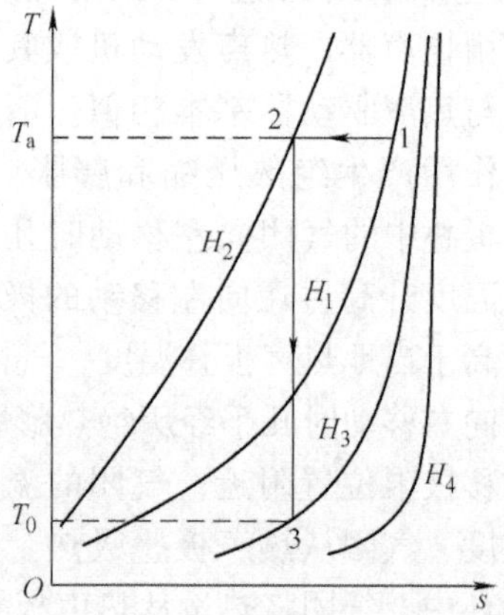

图1-30　绝热去磁制冷基本过程在$T-s$图上的表示

图1-31所示为绝热去磁制冷循环的四个过程。顺磁盐3由不导热的支持物置于充有液氦的容器4中，该容器置于液氦容器中。首先，顺磁盐被充入容器中的气体氦冷却，这时液氦浴中的氦蒸发，氦蒸气被真空泵抽走，从而使其温度保持在1K左右（图1-31a）；接着在温度保持不变的情况下，顺磁盐被磁化，磁化过程中产生的热量由容器中的氦气（图1-31b）传给液氦。然后，将氦气从容器4中抽出（图1-31c），以形成绝热环境。最后，去掉磁场（$H=0$），顺磁盐被去磁，温度随之下降为T_f（图1-31d）。

2. 绝热去磁制冷循环

顺磁盐采用绝热去磁可获得低温，但这种制冷方法涉及顺磁盐充磁和去磁二个截然不同的过程，因此只能间断运行，故而制冷量也是间断产生的。为了连续制取冷量，唯有采用绝

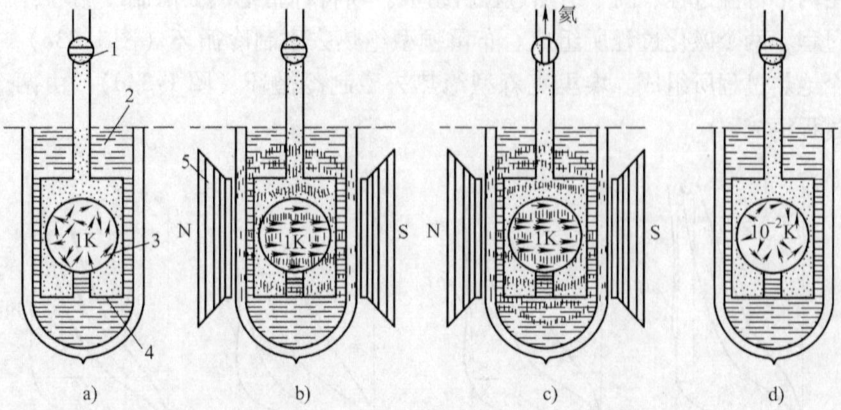

图 1-31　绝热去磁制冷循环的四个过程
a）顺磁盐冷却　b）磁化　c）抽除氦气　d）绝热去磁
1—阀门　2—液氦　3—顺磁盐　4—容器　5—磁体

热去磁制冷循环才能满足要求。图 1-32 所示为绝热去磁制冷循环的 $T-s$ 图。绝热去磁制冷循环的工作过程也是根据顺磁盐在绝热下去磁可获得低温的原理实现的。绝热去磁制冷循环由四个过程组成。

（1）等温磁化过程 1－2　顺磁盐被预冷到温度 T_a，此时的磁场强度为 H_1，状态为 1，然后在等温 T_a 下将磁场强度提高到 H_2，使顺磁盐在等温下磁化，此时顺磁盐的状态为 2。等温磁化过程中产生的热量由外界带走。

（2）绝热去磁过程 2－3　使磁场强度为 H_2 的顺磁盐在绝热条件下去磁，即磁场强度下降到 H_3，则顺磁盐就达到状态 3，温度也相应地下降到 T_0。

（3）等温去磁过程 3－4　在保持 T_0 不变的条件下，进一步降低磁场强度到 H_4，使顺磁盐在等温下去磁。这一过程与等温磁化过程的性质相同，但方向相反。因此，顺磁盐将吸收热量，给出循环的制冷量。

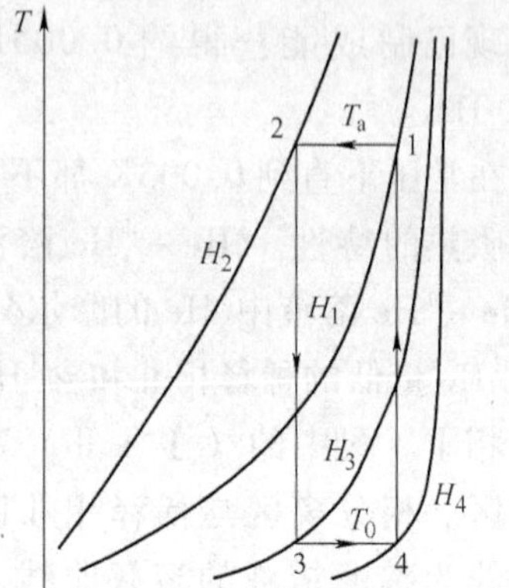

图 1-32　绝热去磁制冷循环的 $T-s$ 图

（4）绝热磁化过程 4－1　在绝热条件下，将外磁场的磁场强度提高到 H_1，顺磁盐被磁化，温度升高到 T_a，其状态用 1 来表示。但要使顺磁盐磁化，磁场必须对顺磁盐做功。

由此，顺磁盐的磁化和去磁过程连续进行，循环就不断实现。绝热去磁制冷循环是在 T_a 和 T_0 的温度区间内进行。因此，与卡诺循环相同，循环的单位质量制冷量 q_0 为

$$\phi_0 = T_a(s_a - s_c) \tag{1-98}$$

相应的制冷系数 ε 为

$$\varepsilon = \frac{T_0}{T_a - T_0} \tag{1-99}$$

图 1-33 所示为四种不同类型的绝热去磁制冷循环示意图。卡诺型绝热去磁制冷循环（图

1-33a)，由两个等温过程、两个绝热过程所组成。斯特林型绝热去磁制冷循环(图1-33b)，由两个等温过程、两个磁化过程所组成。布雷顿型绝热去磁制冷循环（图1-33c)，由两个等磁过程、两个绝热过程所组成。埃里克森型绝热去磁制冷循环（图1-33d)，由两个等温过程、两个等磁过程组成。

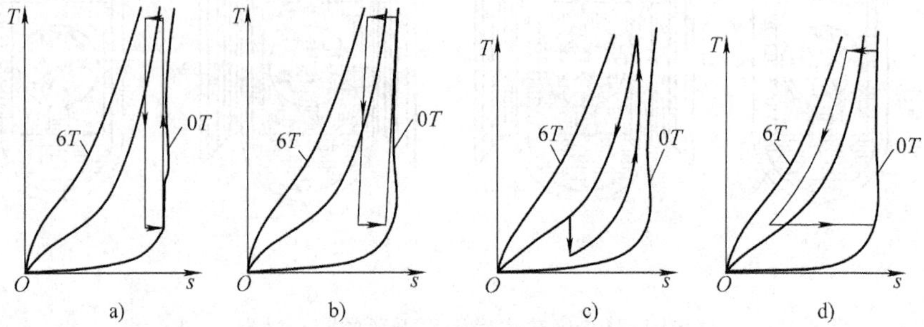

图1-33　四种不同类型的绝热去磁制冷循环示意图

a）卡诺型　b）斯特林型　c）布雷顿型　d）埃里克森型

六、氦稀释制冷

1. 氦稀释制冷机的原理

氦稀释制冷机是利用 ^{3}He－^{4}He 的溶液特性制冷的。它具有连续制冷、操作方便、稳定可靠、不用磁场就可获得毫开（mK）级低温的特点，为低温物理学研究提供了便利。现已制成能获得约0.005K低温的间歇式稀释制冷机，在连续制冷系统中可达到0.01K。

在常压下直到0.003K都不显示超流性的 ^{3}He，具有可以在超流 ^{4}He 中溶解，并在溶解时吸热的特性。^{3}He－^{4}He 溶液的相图如图1-34所示。图中纵坐标为温度 T，横坐标为 ^{3}He－^{4}He 溶液中 ^{3}He 的摩尔分数 x。^{3}He－^{4}He 溶液在0.87K以下发生低温相分离，分为含 ^{3}He 量低的稀释相Ⅱ和含 ^{3}He 量高的浓缩相Ⅰ。图中的（Ⅰ＋Ⅱ）部分为相分离区。相分离区与稀释相Ⅱ区之间的边界线为稀薄溶液的溶解曲线。图中所示的温度和摩尔分数的数值由实验直接测得。^{3}He 和 ^{4}He 在不同的温度下，以不同的摩尔分数处于相平衡状态，浓缩相由于密度小而漂浮在稀释相上面。表1-5给出了 ^{3}He－^{4}He 溶液的相分离温度。由表1-5可以看出，当 T 趋近于0K时，^{3}He 在 ^{3}He－^{4}He 溶液中的摩尔分数 x 趋近于0.0640。这说明即使在很低的温度下仍存在着稀释溶液，约在0.2K时，浓缩相几乎变为纯 ^{3}He。

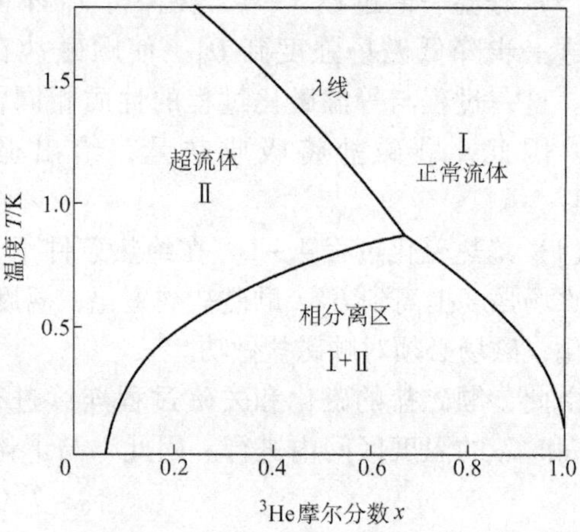

图1-34　^{3}He－^{4}He 溶液相图

Ⅰ—浓缩相　Ⅱ—稀释相　Ⅰ＋Ⅱ—相分离区

表 1-5　$^3He-^4He$ 溶液的相分离温度

^3He 的摩尔分数 x	温度 T/K	^3He 的摩尔分数 x	温度 T/K
0.0640	趋近于 0	0.12	0.2902
0.0641	0.01486	0.13	0.3166
0.0642	0.0208	0.14	0.3412
0.0643	0.0253	0.15	0.3644
0.0645	0.0323	0.16	0.3863
0.0647	0.0377	0.17	0.4072
0.065	0.0445	0.18	0.4272
0.066	0.0606	0.20	0.4647
0.067	0.0721	0.25	0.5460
0.068	0.0817	0.30	0.6097
0.070	0.0970	0.35	0.6558
0.072	0.1102	0.40	0.6843
0.074	0.1223	0.847	0.60
0.076	0.1335	0.876	0.55
0.078	0.1436	0.904	0.50
0.080	0.1528	0.928	0.45
0.085	0.1747	0.949	0.40
0.090	0.1946	0.968	0.35
0.095	0.2129	0.982	0.30
0.10	0.2301	0.9965	0.20
0.11	0.2616	1.000	0.10

图 1-35 所示为 $^3He-^4He$ 稀释溶液和浓缩溶液的温度与摩尔焓的关系。由图可知，在同一温度下，稀释溶液的摩尔焓大于浓缩溶液的摩尔焓。由于在 0.87K 以下，每一个温度的稀释溶液都对应一个固定的摩尔分数，必须在该摩尔分数下才能达到溶液的相平衡。又由于稀释溶液的摩尔焓大于浓缩溶液的摩尔焓，因而当保持温度一定时，^3He 原子通过相分界面从浓缩相进入稀释相的过程，必然是一个吸热过程，对外界产生制冷效应。如果系统是绝热的，则表现为系统本身温度下降，从而获得低温。因此，只要把大量的 ^3He 原子从稀释溶液中连续取出，使浓缩相的 ^3He 连续不断地溶解于稀释相，就可获得很有效的连续制冷。这就是稀释制冷的基本依据。利用 ^3He 的沸点比 ^4He 低，^3He 的蒸气压比 ^4He 高得多的特点，让稀释溶液在

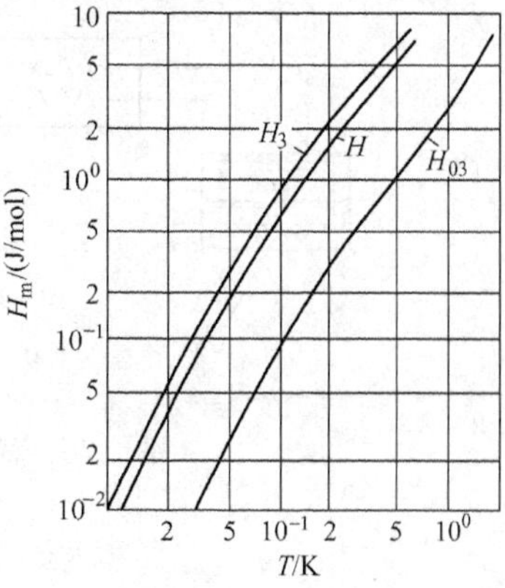

图 1-35　稀释溶液和浓缩溶液的温度与摩尔焓的关系

H_{03}—稀释溶液的摩尔焓　H_3—浓缩溶液的摩尔焓

蒸发器中减压蒸发，并用真空泵将蒸发的气体抽走，便可达到把^{3}He原子从稀释相连续取出的目的。

2. 稀释制冷机的工作过程

1951年伦敦（H. London）提出利用^{3}He在^{4}He中的溶解过程可以获得低温。1965年，苏联的内加诺夫（Neganov）、波里索夫（Borisov）和里堡（Liburg）最早研制稀释制冷机并获得成功。图1-36a所示为稀释制冷机的流程图。从温度为0.6～0.7K的蒸发器6内蒸发的气体接近纯^{3}He。这部分^{3}He气体被真空泵1抽出，经增压后，先经过液氮2和液氦3预冷，再经^{4}He液池冷凝器4冷却到0.8～1.2K；然后进入蒸发器6的盘管内，被蒸发器中蒸发的稀释溶液冷却到0.6～0.7K；再经热交换器7继续冷却到0.005～0.5K，进入混合器8上方的浓缩相Ⅰ。混合器下方的溶液为稀释相Ⅱ。混合器的底部用管道经热交换器7与蒸发器6底部相连通。由于管道中充满超流^{4}He，^{3}He通过它可无阻力扩散。当正流的^{3}He液体在蒸发器的管内被冷却时，蒸发器中的稀释溶液就吸收它放出的热量而蒸发。由于蒸发的几乎都是^{3}He，因此稀释溶液中的^{3}He摩尔分数下降。于是，混合器下部稀释相里的^{3}He通过连通管向蒸发器扩散，以补充蒸发器中的^{3}He。这样，混合器下部稀释相的^{3}He摩尔分数下降，破坏了混合器中原有的相平衡，致使混合器上方浓缩相的^{3}He越过两相分界面转移到稀释相，因而在混合器的界面发生制冷作用。上述的过程可连续进行，因此稀释制冷机能实现连续制冷。

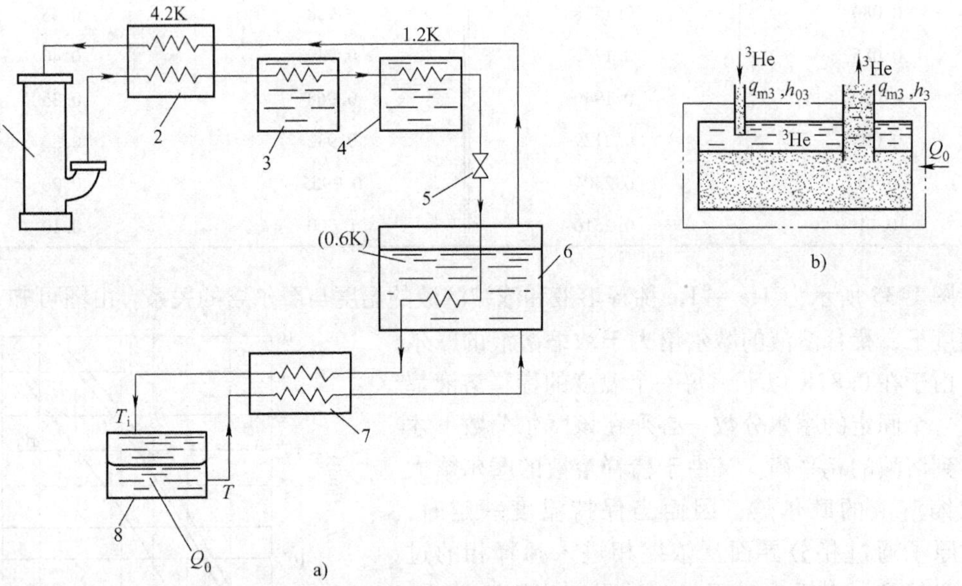

图1-36　稀释制冷机的流程图及混合室示意图

a）流程图　b）混合室示意图

1—真空泵　2—液氮　3—液氦　4—^{4}He液池冷凝器

5—限流器　6—蒸发器　7—热交换器　8—混合器

3. 稀释制冷机的计算

计算的目的是为了确定稀释制冷机的制冷量Φ_0。为此必须知道进入混合室的浓缩^{3}He

与稀释^3He之间的比焓差。稀释过程吸收的热量为

$$\Phi_0 = q_{m3}(h_3 - h_{03}) \tag{1-100}$$

式中，q_{m3}为^3He的质量流量。

纯^3He和它的稀释溶液的比焓都与其温度平方成正比，即

$$h_{03} = 12T_i^2, \quad h_3 = 94T^2 \tag{1-101}$$

根据式（1-100），稀释过程的制冷量为

$$\Phi_0 = q_{m3}(94T^2 - 12T_i^2) \tag{1-102}$$

如果图1-36中的热交换器7是高效的，则温差（$T_i - T$）很小，则有$T_i/T \approx 1$，此时，对应的单位热负荷最大，即

$$\frac{\Phi_0}{q_{m3}} = 82T^2 \tag{1-103}$$

由式（1-102）可发现，当$T_i/T = 0.36$时，$\Phi_0 = 0$。这意味着在此极限情况下，进入混合室的^3He温度能够被降低约1/3。因此，T/T_i的有效变化区间是1～0.36。正如已指出的那样，T_i和T之差取决于热交换器的效率。显然，T_i和T之差越大，有用的热负荷越小。在$T_i/T = 0.36$的极限情况下，且$T = 0.01K$时，$T_{imax} = 0.028K$，也即在热交换器冷端的最大温差$\Delta T_{max} = 0.018K$时，Φ_0趋于0。由此可得出结论：热交换器必须具有高效率，以确保在两股流之间有很小的温差。

影响稀释制冷过程效率的另一些损失是热交换器轴向导热、来自周围环境的漏热以及^3He流中的粘性摩擦热。由于这些损失，使其实际制冷能力小于理论值。当$T = 0.1K$时，实际制冷能力是理论值的1/3～1/5。

习　题

1-1　常用的制冷方法有哪些？它们是利用什么原理实现制冷的？除此之外，还有哪些制冷方法，你能再举一些制冷方法的例子吗？

1-2　说出气体绝热膨胀制冷三种方法的名称，并说明它们各自的优缺点。

1-3　举出一个α_s的数值小于零的例子，此时，等熵膨胀过程是一个升温过程。

1-4　画出逆卡诺循环、洛伦兹循环、蒸气机械压缩制冷循环、气体液化循环、斯特林制冷循环、G－M制冷循环等理想制冷循环的流程示意图。

1-5　说明理想循环与可逆循环的异同点，指出上述习题1-3中的循环哪些是不可逆循环？为什么？

1-6　说出蒸气机械压缩制冷循环中的四个过程，以及发生这些过程相应装置的名称。

1-7　为什么一些制冷工质经过节流阀膨胀后温度会降低？在节流过程中，哪个状态参数维持不变？

1-8　说明为什么在制冷工质离开蒸发器后直接冷凝它是不可行的。

1-9　说出在蒸气机械压缩制冷循环分析中采用$p-h$图的主要目的。

1-10　R-22从压缩机排出时的压力为2.0MPa，温度为90℃，试确定该制冷剂此时的比体积、比焓、比熵和过热度。

1-11　含有15%液体和85%蒸气的混合物氨，其温度为－10℃，确定其比焓和压力。

1-12　N_2的压力为101kPa，比焓为129kJ/kg。求两相混合物的干度。

1-13　在$p-h$图上标出制冷工质R-134a的压力为0.15MPa、比焓为500kJ/kg的点，并说明其处于什么状态？

1-14 用 $p-h$ 图求 R-22 在 30℃时的汽化热，并与查表求得的结果相比较。

1-15 试分析逆卡诺循环的制冷系数与温度的关系。

1-16 试说明蒸气机械压缩制冷循环与蒸气机械压缩热泵循环的异同点，并在 $T-s$ 图中把两循环表示出来。

1-17 一卡诺制冷循环，在 -12℃下吸热，在 40℃下放热。计算该制冷循环的制冷系数。如果此循环在温度 -12℃下吸热 15kW，其功率消耗是多少？

1-18 如果用一逆卡诺循环作热泵，在与习题 1-17 制冷循环相同的温度界限下工作，其性能系数为多少？如果该热泵在温度 -12℃吸热 15kW，在温度 40℃的放热速率是多少？

1-19 用两个卡诺制冷机在 0.1K 温度位制取 0.1W 的制冷量。第一个卡诺制冷机工作在 0.1~2K 温度之间，第二个卡诺制冷机则工作在 2~300K 高温位之间。试问用这样两个制冷机，把 0.1W 的能量从低温位移到高温位所需的功率为多少？若仅用一个卡诺制冷机，情况如何？

1-20 一个理想的制冷器，冷气体在 72~88K 之间等压吸热，并在 300K 等温排放热量。假设工作流体为理想气体，工质从 88K 压缩到 300K，以及从 300K 膨胀到 72K 均为等熵过程，等熵指数为 1.4。试求制冷器的制冷系数，并分别与如下温度位的卡诺制冷机相比较：（1）72K 与 300K，（2）88K 与 300K。

1-21 某理想热驱动制冷循环从温度为 70℃的太阳能集热器得到热能，在 15℃时制冷，在 35℃下将热量排入大气，求该系统的热力系数。

1-22 初始压力为 7.0MPa、温度为 40℃的干空气，经过节流膨胀阀后的压力为 0.1MPa。试求空气离开节流阀时的温度。如果上述的高压气体被预冷到 -70℃，再节流到同样的压力，则制冷效果有何变化？

1-23 压力为 7.0MPa、温度为 40℃的空气等熵膨胀。试求膨胀后空气的温度，以及输出的比功。

1-24 一工作于 1.0MPa 和 0.1MPa 高低压之间的 G-M 制冷机，工质为氦气，环境温度为 300K，膨胀前的气体温度为 80K，膨胀过程是绝热过程。假定压缩机和回热器效率为 100%，试求单位制冷量和性能系数。

1-25 在 $^3He-^4He$ 稀释制冷机中，^3He 浓混合液进入混合室的温度为 40×10^{-3}K，^3He 稀混合液离开混合室的温度为 25×10^{-3}K。若 ^3He 的流率为 1.5×10^{-4}mol/s，试求混合室单位时间从低温区域所能吸收的热量。

第二章　制冷与低温工质性质

第一节　概　述

一、制冷与低温工质的选用原则

在绪论中已经简单介绍了有关制冷与低温工质的情况。所谓工质就是制冷机中的工作介质，它在制冷机系统中循环流动，通过自身热力状态的变化与外界发生能量交换，从而实现制冷的目的。在蒸气压缩制冷中，制冷工质就是制冷剂；在蒸气吸收制冷中，制冷工质不仅包括制冷剂还包括吸收剂，在扩散吸收制冷中甚至还包括平衡气体。

蒸气制冷机中的制冷工质，在低温下汽化，从低温热源中吸取热量，再在高温下放热，向高温热源排放热量。所以，只有在工作温度范围内能够汽化的物质才有可能作为蒸气制冷机的制冷工质使用。多数制冷工质在大气压力和环境温度下呈气态。

制冷工质可以分为两大类：自然工质和合成工质。

在自然界本来就已经存在的物质被用来作为工质的，称为自然工质。例如，空气及其所包含的组分氧、氮、氩、二氧化碳、水、氨、丙烷、异丁烷等属于自然工质。由于自然工质来自于自然，因此，对自然环境破坏极少甚至不破坏。

用人工化学的方法合成的工质称为合成工质。所有的卤代烃类制冷剂都是人工合成的，属于合成工质。

卤代烃，美国杜邦化学公司使用的商标名称为氟利昂（Freon），是烃分子中的氢原子被卤素（氟、氯、溴、碘）取代后生成的化合物的总称，可根据烃基的不同分为饱和卤代烃、不饱和卤代烃和芳香卤代烃等。在18世纪后期，人们就已经知道了这类化合物的化学组成，但当做制冷工质使用是汤姆斯·米杰里（Thomes Midgley）于1929～1930年间首先提出来的。卤代烃制冷工质的种类很多，它们之间的热力性质有很大区别，但在物理、化学性质上又有许多共同的优点，所以，得到迅速推广，成为普冷范围主要的一类制冷工质。

但是，1974年美国加利福尼亚大学的莫利纳（M. J. Molina）和罗兰（F. S. Rowland）教授首先撰文指出，全卤代烃中的氯或溴原子会破坏大气臭氧层。在制冷工质中，R-11、R-12、R-13、R-14、R-113、R-114等都是全卤代烃，即在它们的分子中没有氢原子，这类卤代烃称氯氟烃，简称CFCs；如果分子中除了氯、氟、碳原子外，还有氢原子（如R-22），称氢氯氟烃，简称HCFCs；如果分子中没有氯原子，而有氢原子、氟原子和碳原子，称氢氟烃，简称HFCs。根据莫利纳和罗兰的理论，CFCs对大气臭氧层的破坏性最大。这就是著名的CFCs问题。联合国环境规划署于1987年在加拿大的蒙特利尔市召开会议，36个国家和10个国际组织共同签署了《关于消耗大气臭氧层物质的蒙特利尔议定书》，正式规定了逐步削减并最终禁止CFCs的生产与消费。迄今已经有194个国家和地区签署了该议定书。

从20世纪80年代后期开始，世界各国的科学家和技术专家就一直在寻找新的制冷工质。作为蒸气压缩制冷的制冷工质应该符合如下要求：

1. 热力性质方面

1）在工作温度范围内有合适的压力和压力比。即希望蒸发压力不低于大气压力，避免制冷系统的低压部分出现负压，使外界空气渗入系统，影响制冷工质的性质，或加剧对设备材料的腐蚀，或引起其他一些不良后果（如燃烧、爆炸等）；放热压力不要过高，以免设备过分笨重；放热压力与蒸发压力之比也不宜过大，以免压缩终了的温度过高或使往复活塞式制冷压缩机的输气系数过低。

2）通常希望单位制冷量 ϕ_0 和单位容积制冷量 ϕ_v 大。因为，对于总制冷量一定的装置，ϕ_0 大，可减少制冷工质的循环量；ϕ_v 大，可减少压缩机的容积输气量，缩小压缩机的尺寸。这对大型制冷装置是有意义的。但对于离心式压缩机，尺寸过小会带来制造上的困难，因此必须采用 ϕ_0 和 ϕ_v 稍小的制冷工质。

3）比功 w 和单位容积压缩功 w_v 小，循环效率高。

4）等熵压缩的终了温度 t_2 不太高，以免润滑条件恶化（润滑油粘性下降、结焦）或制冷工质自身在高温下分解。

2. 迁移性质方面

1）粘度、密度尽量小，这样可减少制冷工质在系统中的流动阻力以及制冷工质的充注量。

2）热导率大，这样可以提高热交换设备（如蒸发器、冷凝器、回热器等）的传热系数，减少传热面积，使系统结构紧凑。

3. 物理化学性质方面

1）无毒、不燃烧、不爆炸、使用安全。

2）化学稳定性和热稳定性好，制冷工质要经得起蒸发和冷凝的循环变化，使用中不变质，不与润滑油反应，不腐蚀制冷机构件，在压缩终了的高温下不分解。

3）对大气环境无破坏作用，即不破坏大气臭氧层，没有全球变暖效应。

4. 其他方面

原料来源充足，制造工艺简单，价格便宜。

当然，完全满足上述要求的制冷工质是不存在的。各种制冷工质总是在某些方面有其长处，另一些方面又有不足。使用要求、机器容量和使用条件不同，对制冷工质性质要求的侧重面就不同，应按主要要求选择相应的制冷工质。一旦选定制冷工质后，由于它本身性质上的特点，又反过来要求制冷系统在流程、结构设计及运行操作等方面与之相适应。这些都必须在充分掌握制冷工质性质的基础上恰当地加以处理。

由于低温工质主要为自然工质，非人工合成产品，不存在环境问题。但是，为了使低温制冷机效率更高，寻找合适的新的低温工质，仍然是低温领域研究的重要方向之一。对于制冷工质的有关选用原则，大部分适合低温工质。近年来，混合工质研究已成为低温工质研究的重要内容。

二、制冷与低温工质的命名

为了书写方便，国际上统一规定用字母“R”和它后面的一组数字或字母作为制冷工质的代号。字母“R”表示制冷工质，后面的数字或字母则根据制冷工质的分子组成按一定的规则编写。

1. 自然工质

（1）无机化合物　无机化合物的代号规定为 R-7（　）。括号代表一组数字，这组数字是该无机物相对分子质量的整数部分，对于相对分子质量整数部分相同的不同物质，则在其后加小写英文字母以示区别。例如：

	He-4	O-H_2	NH_3	H_2O	CO_2	N_2O
相对分子质量的整数部分分别为	4	2	17	18	44	44
代号表示为	R-704	R-702	R-717	R-718	R-744	R-744a

除非特别说明，本书 R-704 和 R-702 分别指 He-4 和正常氢。

（2）烷烃类　烷烃类化合物的分子通式为 C_mH_{2m+2}，它们的代符号规定为 R-$(m-1)(2m+3)0$，每个括号是一个数字，第一个数字数值为零时省去。环状分子在数字前面加大写字母 C。需要指出的是，正丁烷和异丁烷例外。它们分别用 R-600 和 R-600a 表示。

（3）不饱和烃类　它们的代号用字母“R-1”开头，其后的数字编写规则与烷烃类符号表示中的数字编写规则相同。

2. 合成工质

（1）饱和卤代烃类　这类合成工质的分子通式为 $C_mH_nF_wCl_xBr_yI_z(n+w+x+y+z=2m+2)$，它们的代号规定为 R-$(m-1)(n+1)(w)B(y)I(z)$，每个括号是一个数字，第一个数字数值为零时省去；同分异构体则在其最后加小写英文字母以示区别。

甲烷类没有同分异构体。

乙烷类同分异构体只要用一个小写英文字母，按相对分子质量分布的对称程度不同，依次标以 a，b，c，…，最对称的省去标英文字母，越后面的字母表示相对分子质量分布越不对称。

例如，R-134 表示 CHF_2CHF_2，R-134a 表示 CH_2CF_3F。

丙烷类同分异构体要加两个小写英文字母，第一个小写字母表示分子中间碳原子基团上的 H 被卤素取代的情况，按基团质量大小依次标以 a，b，c，…，越后面的字母表示基团质量越小。例如，基团 CCl_2 用 a 表示，基团 CClF 用 b 表示，…，基团 CHF 用 e 表示，基团 CH_2 用 f 表示。第二个小写字母表示分子两头碳原子基团质量分布的对称程度，依次标以 a，b，c，…，越后面的字母表示碳原子基团质量分布越不对称。环状分子省去第一个小写字母，以基团质量最大的为中心确定相对分子质量分布的对称性。

例如，R-227ea 表示 CF_3CHFCF_3，R-227ca 表示 $CF_3CF_2CHF_2$，R-236fa 表示 $CF_3CH_2CF_3$，R-236ea 表示 $CF_3CHFCHF_2$，R-236ca 表示 $CHF_2CF_2CHF_2$。

（2）不饱和卤代烃类　它们的代号用字母“R-1”开头，其后的数字编写规则与饱和卤代烃类符号表示中的数字编写规则相同。

乙烯类同分异构体只要加一个小写英文字母，按相对分子质量分布的对称程度不同，依次标以 a，b，…，最对称的省去标英文字母，越后面的字母表示相对分子质量分布越不对称。

丙烯类同分异构体要加两个小写英文字母，第一个小写字母表示分子中间碳原子基团上的H被卤素取代的情况，用x表示被Cl取代，用y表示被F取代，用z表示没有被取代。第二个小写字母表示分子另一个带双键的碳原子基团上的氢被卤素取代的情况，按基团质量大小依次标以a，b，c，…，越后面的字母表示基团质量越小。例如，基团CCl_2用a表示，基团CClF用b表示，…，基团CHF用e表示，基团CH_2用f表示。

例如，R-1234yf表示CH_2CFCF_3。

表2-1为一些合成工质符号举例。

表2-1　合成工质符号举例

化合物名称	分子式	*m*、*n*、*x*、*z*的值	代号
一氟三氯甲烷	$CFCl_3$	$m=1$，$n=0$，$x=1$	R-11
二氟二氯甲烷	CF_2Cl_2	$m=1$，$n=0$，$x=2$	R-12
三氟一溴甲烷	CF_3Br	$m=1$，$n=0$，$x=3$，$z=1$	R-13B1
二氟一氯甲烷	CHF_2Cl	$m=1$，$n=1$，$x=2$	R-22
二氟甲烷	CH_2F_2	$m=1$，$n=2$，$x=2$	R-32
三氟二氯乙烷	CHF_2CFCl_2	$m=2$，$n=1$，$x=3$	R-123a
五氟乙烷	C_2HF_5	$m=2$，$n=1$，$x=5$	R-125
四氟乙烷	CH_2FCF_3	$m=2$，$n=2$，$x=4$	R-134a
五氟丙烷	$CH_2FCF_2CHF_2$	$m=3$，$n=3$，$x=5$	R-245ca
二氟二氯乙烯	$CF_2=CCl_2$	$m=2$，$n=0$，$x=2$	R-1112a

3. 非共沸混合制冷工质

非共沸混合制冷工质的代号为R-4（　　）。括号代表一组数字，这组数字为该制冷工质命名的先后顺序号，从00开始。构成非共沸混合制冷工质的纯物质种类相同，但成分不同，则分别在最后加上大写英文字母以示区别。例如，最早命名的非共沸混合制冷工质写作R-400，以后命名的按先后次序分别用R-401、R-402、…、R-407A，R-407B，R-407C等表示。

4. 共沸混合制冷工质

共沸混合制冷工质的代号为R-5（　　）。括号代表一组数字，这组数字为该制冷工质命名的先后顺序号，从00开始。例如最早命名的共沸制冷工质写作R-500，以后命名的按先后次序分别用R-501、R-502、…、R-507表示。如果组分相同，但各组分比例不一样时，形成不同的共沸点，则分别用大写英文字母A、B、C、…，加在数字后面，以示区别。例如，用R-508A表示R-23/R-116(39.0/61.0)，用R-508B表示R-23/R-116(46.0/54.0)。

此外，有机氧化物、脂肪族胺，用R-6开头，其后的数字是任选的。例如，乙醚为R-610，甲酸甲酯为R-611，甲胺为R-630，乙胺为R-631。详细可从表2-2中查出。

表 2-2 制冷工质的标准符号表示

代号	化学名称	分子式
合成工质		
R-10	四氯化碳	CCl_4
R-11	一氟三氯甲烷	$CFCl_3$
R-12	二氟二氯甲烷	CF_2Cl_2
R-13	三氟一氯甲烷	CF_3Cl
R-13B1	三氟一溴甲烷	CF_3Br
R-14	四氟化碳	CF_4
R-20	氯仿	$CHCl_3$
R-21	一氟二氯甲烷	$CHFCl_2$
R-22	二氟一氯甲烷	CHF_2Cl
R-23	三氟甲烷	CHF_3
R-30	二氯甲烷	CH_2Cl_2
R-31	一氟一氯甲烷	CH_2FCl
R-32	二氟甲烷	CH_2F_2
R-40	氯甲烷	CH_3Cl
R-41	氟甲烷	CH_3F
R-110	六氯乙烷	CCl_3CCl_3
R-111	一氟五氯乙烷	CCl_3CFCl_2
R-112	二氟四氯乙烷	$CFCl_2CFCl_2$
R-112a	二氟四氯乙烷	CF_2ClCCl_3
R-113	三氟三氯乙烷	$CF_2ClCFCl_2$
R-113a	三氟三氯乙烷	CCl_3CF_3
R-114	四氟二氯乙烷	$CFCl_2CF_3$
R-114a	四氟二氯乙烷	CF_2ClCF_3
R-114B2	四氟二溴乙烷	CF_2BrCF_2Br
R-115	五氟一氯乙烷	CF_2ClCF_3
R-116	六氟乙烷	CF_3CF_3
R-120	五氯乙烷	$CHCl_2CCl_3$
R-123	三氟二氯乙烷	$CHCl_2CF_3$
R-124	四氟一氯乙烷	$CHFClCF_3$
R-124a	四氟一氯乙烷	CHF_2CF_2Cl
R-125	五氟乙烷	CHF_2CF_3
R-133a	三氟一氯乙烷	CH_2ClCF_3
R-134a	四氟乙烷	CH_2FCF_3
R-140a	三氯乙烷	CH_3CCl_3
R-142b	二氟一氯乙烷	CH_3CF_2Cl
R-143a	三氟乙烷	CH_3CF_3
R-150a	二氯乙烷	CH_3CHCl_2
R-152a	二氟乙烷	CH_3CHF_2
R-160	氯乙烷	CH_3CH_2Cl
R-218	八氟丙烷	$CF_3CF_2CF_3$
R-C316	六氟二氯环丁烷	$C_4F_6Cl_2$
R-C317	七氟一氯环丁烷	C_4F_7Cl
R-C318	八氟环丁烷	C_4F_8
R-1112a	二氟二氯乙烯	$CF_2=CCl_2$
R-1113	三氟一氯乙烯	$CFCl=CF_2$
R-1114	四氟乙烯	$CF_2=CF_2$
R-1120	三氯乙烯	$CHCl=CCl_2$
R-1130	二氯乙烯	$CHCl=CHCl$
R-1132a	二氟乙烯	$CH_2=CF_2$
R-1140	氯乙烯	$CH_2=CHCl$
R-1141	氟乙烯	$CH_2=CHF$

代号	化学名称	分子式
自然工质		
R-702	氢(正氢和仲氢)	H_2
R-704	氦	He
R-717	氨	NH_3
R-718	水	H_2O
R-720	氖	Ne
R-728	氮	N2
R-729	空气	$0.21O_2$, $0.78N_2$, 0.01Ar
R-732	氧	O_2
R-740	氩	Ar
R-744	二氧化碳	CO_2
R-744a	一氧化二氮	N_2O
R-764	二氧化硫	SO_2
R-50	甲烷	CH_4
R-170	乙烷	CH_3CH_3
R-290	丙烷	$CH_3CH_2CH_3$
R-600	丁烷	$CH_3CH_2CH_2CH_3$
R-600a	异丁烷	$CH(CH_3)_3$
R-1150	乙烯	$CH_2=CH_2$
R-1270	丙烯	$CH_3CH=CH_2$
非共沸混合制冷工质		
R-400	R-12/R-114(50/50)	
R-401A	R-22/R-152a/R-124(53/13/34)	
R-401B	R-22/R-152a/R-124(61/11/28)	
R-401C	R-22/R-152a/R-124(33/15/52)	
R-402A	R-125/R-290/R-22(60/2/38)	
R-402B	R-125/R-290/R-22(38/2/60)	
R-403A	R-290/R-22/R-218(5/75/20)	
R-403B	R-290/R-22/R-218(5/56/39)	
R-404A	R-125/R-143a/R-134a(44/52/4)	
R-405A	R-22/R-152a/R-142b/C318(45/7/5.5/42.5)	
R-406A	R-22/R-600a/R-142b(55/4/41)	
R-407A	R-32/R-125/R-134a(20/40/40)	
R-407B	R-32/R-125/R-134a(10/70/20)	
R-407C	R-32/R-125/R-134a(23/25/52)	
R-408A	R-125/R-143a/R-22(7/46/47)	
R-409A	R-22/R-124/R-142b(60/25/15)	
R-410A	R-32/R-125(50/50)	
R-411A	R-1270/R-22/R-152a(1.5/87.5/11)	
R-411B	R-1270/R-22/R-152a(3/94/3)	
共沸混合制冷工质		
R-500	R-12/R-152a(73.8/26.2)	
R-501	R-22/R-12(75/25)	
R-502	R-22/R-115(48.8/51.2)	
R-503	R-23/R-13(40.1/59.9)	
R-504	R-32/R-115(48.2/51.8)	
R-505	R-12/R-31(78.0/22.0)	
R-506	R-31/R-114(55.1/44.9)	
R-507	R-125/R-143a(50.0/50.0)	
脂肪族胺		
R-630	甲胺	CH_3NH_2
R-631	乙胺	$C_2H_5NH_3$

在大气臭氧层问题出来以后，为了能较简单地定性判别制冷工质对大气臭氧层的破坏能力，氯氟烃类物质代号中的 R 可表示为 CFC，氢氯氟烃类物质代号中的 R 可表示为 HCFC，氢氟烃类物质代号中的 R 可表示为 HFC，碳氢化合物代号中的 R 可表示为 HC，等等，数字编号不变。例如，R-12 可表示为 CFC-12，R-134a 可表示为 HFC-134a，R-290 可表示为 HC-290。

第二节 工质物性计算的热力学基础

一、基本热力学关系式

1. 状态方程式

状态方程式是描述物质 $p-v-T$ 关系的方程式。对于理想气体，可以用理想气体状态方程式 $pv=RT$ 来表达，但对于像制冷与低温工质这样的实际流体，其性质与理想气体相差甚远。这时需建立实际流体的状态方程式。建立方程式所追求的是状态方程的通用性与计算精度，即对于不同的物质，只需改变方程式中的参数或常数的数值，而不改变方程式的形式就能够适用。

（1）范德瓦耳斯（Van der Waals）状态方程　范德瓦耳斯状态方程（VDW 方程，简称范德瓦耳斯方程）是第一个最著名的实际气体解析型状态方程式，在《工程热力学》里曾经加以介绍，现简要回顾一下。其形式为

$$p=\frac{RT}{v-b}-\frac{a}{v^2} \tag{2-1}$$

式中，a、b 为常数。

根据范德瓦耳斯的限定条件，在临界点处

$$\left(\frac{\mathrm{d}p}{\mathrm{d}v}\right)_{T_c}=0,\quad \left(\frac{\mathrm{d}^2p}{\mathrm{d}v^2}\right)_{T_c}=0 \tag{2-2}$$

可以解得

$$a=\frac{27}{64}\frac{R^2T_c^2}{p_c},\qquad b=\frac{RT_c}{8p_c} \tag{2-3}$$

式中，R 为摩尔气体常数，以前也称通用气体常数或理想气体常数，它与气体的种类无关，采用不同单位，其值不同。采用 SI 制时，$R=8.314\mathrm{J/(mol\cdot K)}$。

式（2-1）可以将 p 看成两部分（等式右边），其中第一项是斥力项，由于与分子体积有关的常数 b 增大，斥力加大，使 p 增大；而第二项 $-a/v^2$ 为引力项，由于分子间引力的存在使 p 降低。

因为范德瓦耳斯方程将 a、b 看成是与 T 无关的常数，虽带来一定程度的简化，但其计算精度也有限，现已不多用。但尽管如此，范德瓦耳斯方程在状态方程发展的历史上具有重要的地位。范德瓦耳斯提出的临界点上的约束条件［式（2-2）］仍为一切状态方程所遵循的原则。以后许多成功的方程都是在范德瓦耳斯方程的基础上加以改进而得到的。

（2）马丁－侯（Martin－Hou）方程（MH 方程）　马丁－侯方程是 1955 年提出的，以后有过多次发展，但其基本通式不变，即

$$p=\sum_{i=1}^{5}\frac{f_i(T)}{(v-b)^i} \tag{2-4}$$

其中 $$f_i(T)=A_i+B_iT+C_ie^{-5.475/T_r}$$

把式（2-4）展开的话，式中的全部待定常数应该有 b、A_1、B_1、C_1、A_2、B_2、C_2、…、A_5、B_5、C_5 一共16个。根据马丁和侯在1955年发表的论文，选定：$A_1=C_1=B_4=C_4=A_5=C_5=0$，且 $B_1=R$（摩尔气体常数），故待定的“马丁－侯常数”除 b 外，有 A_2、B_2、C_2、A_3、B_3、C_3、A_4、B_5 和 b 共9个，该状态方程［式（2-4）］可以用于气相的热力性质计算，称为MH－55方程。1981年，由MH方程提出者之一——浙江大学侯虞钧院士对状态方程作了改进，开发使用了 B_4，从而使MH方程能用于液相。改进后的方程被称为MH－81方程。

为求得马丁－侯常数与物质性质的关系，马丁和侯提出了一系列热力学边界限制条件。这些限制条件中，既有在临界点的，有高温区和低温区的，也有考虑低压区的，还有考虑分子形状的，这样就保证了马丁－侯方程在较广的温度和压力范围内有较高的计算精度，并且适用于别的状态方程难以适应的极性物质（如 NH_3、H_2O 等）。MH－81方程又利用了气液平衡的约束条件，因此马丁－侯方程能成功地用于两相区。

马丁－侯方程的另一个优点是项数很整齐，具有规律性，它很简洁的通式（2-4）就说明了问题。它的各项的分母是（$v-b$）的简单的幂次项，易于微分和积分。因此，马丁－侯方程的展开式看上去虽然很复杂，但其实际计算并不困难。

由于物质的 $p-v-T$ 曲面异常复杂，要比较精确地描述物质的 $p-v-T$ 数据，要想在较大范围内拟合好实验数据，一般认为至少要5次方程和10个以上的常数。马丁－侯方程有较高的精度与通用性，不但在非极性或弱极性，而且在强极性物质的计算中也取得了较好的结果。

但是，直到目前为止还没有一种状态方程能对任何物质在很大范围内是通用的，特别对量子流体（H_2、He等）以及某些强极性物质（如HCN、HAc、N_2O_4 等），使用任何状态方程都还有困难。因此，目前的办法还是若干种状态方程同时并用，在不同场合选择最合适的方程使用。研究计算精度更高、适用范围更广的状态方程仍是人们所追求的目标。

值得一提的是，由于计算机技术的高速发展，计算的速度已经不是问题，因此现在更讲究的是方程的计算精度，不必再担心方程的项数和常数的多少，以后状态方程的发展趋势将是高精度方程。

2. 热力学函数

有了精确的状态方程，就可以利用热力学关系式来计算导出热力性质，如比焓和比熵。由热力学的余函数理论可知，只要求得了比亥姆霍兹自由能的余函数，其他余函数都可以从比亥姆霍兹自由能的余函数经过简单求导或加减运算得到。由状态方程计算比亥姆霍兹自由能的余函数公式为

$$a^*-a=\int_{\infty}^{v}\left(p-\frac{RT}{v}\right)dv+RT\ln Z \tag{2-5}$$

余比熵则可通过对比亥姆霍兹自由能余函数求微分得到

$$s^*-s=-\frac{\partial}{\partial T}(a^*-a) \tag{2-6}$$

余比焓、余比热力学能、余比吉布斯（Gibbs）自由能等均可通过余亥姆霍兹自由能和余比熵得到

$$
\begin{aligned}
h^{*}-h &= (a^{*}-a)+T(s^{*}-s)+RT(1-Z) \\
u^{*}-u &= (a^{*}-a)+T(s^{*}-s) \\
g^{*}-g &= (a^{*}-a)+RT(1-Z)
\end{aligned} \tag{2-7}
$$

将马丁－侯方程代入式（2-5）可以得到用马丁－侯方程计算余比亥姆霍兹自由能的表达式

$$a^{*}-a = RT\ln\frac{v-b}{v}-\sum_{i=2}^{5}\frac{f_i(T)}{(i-1)(v-b)^{i-1}}+RT\ln Z \tag{2-8}$$

同样地，将其他状态方程代入式（2-5）就可以得到用该状态方程计算余比亥姆霍兹自由能的表达式。

实际流体的性质 $M_{p,T}$（如比焓、比熵）应等于，假定流体为理想气体但处于系统状态下的性质 $M_{p,T}^{*}$与相应余函数 M_r 之差，即

$$M_{p,T} = M_{p,T}^{*} - M_r \tag{2-9}$$

$M_{p,T}^{*}$的计算方法与理想气体相同，例如

$$
\begin{aligned}
h_{p,T}^{*} &= \int c_p \mathrm{d}T + h_0 \\
s_{p,T}^{*} &= \int \frac{c_p}{T}\mathrm{d}T - R\ln p + s_0
\end{aligned} \tag{2-10}
$$

式中，h_0、s_0 是对基准态比焓和比熵值进行校正的常数，与基准态的取定及制冷工质的种类有关。

实际流体的比焓和比熵可由下列式子计算

$$
\begin{aligned}
h &= \int c_p \mathrm{d}T + h_0 - (h^{*}-h) \\
s &= \int \frac{c_p}{T}\mathrm{d}T - R\ln p + s_0 - (s^{*}-s)
\end{aligned} \tag{2-11}
$$

二、溶液热力学的基本概念与基本定律

（一）基本概念

1. 溶液、组成及溶解度

由两种及两种以上组分组成的稳定的均匀液体叫溶液。溶液可以由下述方法生成：①两液体混合；②固体溶解于液体；③气体溶解于液体。有时将溶液的组分区分为溶剂和溶质。习惯上将占较大比例的组分称为溶剂，占较小比例的组分称为溶质，但这种规定是不严格的。对水溶液，一般将水称为溶剂。当气体或固体溶解于液体中时，不管两者所占的比例如何，通常将气体或固体称为溶质。

根据溶液中组分的多少，可将溶液分为二元溶液与多元溶液。如果溶液是由两种物理性质和化学性质不同的物质组成，则称为二元溶液，如氨水溶液等。液化天然气及石油气等为多元溶液。常用以下主要方法表示溶液的组成：

（1）质量分数　分别用 w_1 和 w_2 表示二元溶液中两种组分的质量分数，m_1、m_2 是它们的质量，则

$$m_1 + m_2 = m$$

$$w_1 = \frac{m_1}{m} = \frac{m_1}{m_1+m_2},\qquad w_2 = \frac{m_2}{m} = \frac{m_2}{m_1+m_2} \tag{2-12}$$

$$w_1 + w_2 = 1$$

因而对于二元溶液只要知道其中一种组分的质量分数，就可以确定另一种组分的质量分数。为方便起见，可用 w 表示第二个组分的质量分数，则第一组分的质量分数即为 $1-w$。通常用 w 表示溶质的质量分数。

（2）摩尔分数　若以 M 表示摩尔质量，$n=\frac{m}{M}$表示物质的量，x 表示摩尔分数，则

$$n_1 + n_2 = n$$

$$x_1 = \frac{n_1}{n} = \frac{n_1}{n_1 + n_2}, \quad x_2 = \frac{n_2}{n} = \frac{n_2}{n_1 + n_2} \tag{2-13}$$

$$x_1 + x_2 = 1$$

类似于质量分数，用 x 表示第二个组分的摩尔分数，则第一组分的摩尔分数即为 $1-x$。质量分数与摩尔分数的换算关系为

$$x = \frac{\frac{w}{M_2}}{\frac{1-w}{M_1} + \frac{w}{M_2}}$$

和

$$w = \frac{xM_2}{(1-x)M_1 + xM_2} \tag{2-14}$$

对于多元溶液，第 i 组分质量分数与摩尔分数的换算关系为

$$x_i = \frac{\frac{w_i}{M_i}}{\frac{w_1}{M_1} + \frac{w_2}{M_2} + \cdots + \frac{w_n}{M_n}}$$

$$w_i = \frac{x_i M_i}{x_1 M_1 + x_2 M_2 + \cdots + x_n M_n} \tag{2-15}$$

按不同物质相互之间的溶解的难易程度，溶液可分为三类：①完全互溶；②部分互溶；③完全不互溶。例如，水与水银、水与苯是完全不互溶的例子；在常温下，石炭酸和水是部分互溶的两种液体，当温度高于 68.8℃时，它们转化为完全互溶的液体。液氧和液氮、水与酒精可以以任意比例溶解，形成均匀溶液。

部分互溶的物质，在单位时间里溶质扩散到溶液中的分子数与回到溶质表面的分子数相等时，溶液达到溶解平衡。在一定的温度下，达到溶解平衡的溶液叫饱和溶液。在一定的温度下，某溶质在一定量的溶剂里达到溶解平衡状态时所溶解的量，叫这种溶质在该溶剂里的溶解度。如果不指明溶剂，通常所说的溶解度就是溶质在水里的溶解度。一种物质在另一种物质中的可溶性随着物质的性质、温度与压力而变化。

2. 溶解热、溶液的比焓

溶解过程是一个伴随着热量变化的复杂物理化学过程。当两个组分溶解成溶液时，保持温度不变，此时加入或取出的热量称为溶解热。溶解热可以是正的，也可以是负的，溶解热是正的表示各组分在混合时是吸热的。

假如溶解前的压力和温度与溶解后的压力和温度相同，则单位质量溶液溶解过程所需加入的热量，等于溶液的比焓减去溶解前各组分的比焓之和，称为积分溶解热，简称溶解热，

用 q_t 表示。对于二元溶液，有

$$q_t = h - [(1-w)h_1^0 + wh_2^0] \tag{2-16}$$

式中，h 为溶液的比焓；h_1^0、h_2^0 分别为组分 1、2 在给定温度下的比焓。

如果已知溶解热，则可以直接确定溶液的比焓，即

$$h = q_t + [(1-w)h_1^0 + wh_2^0] \tag{2-17}$$

在恒温下 1kg 纯组分溶于大量溶液时，吸收或放出的热量叫微分溶解热。纯组分 1 及 2 的微分溶解热各以 q_1 及 q_2 表示。溶解热为温度和质量分数的函数。积分溶解热与微分溶解热存在的关系为

$$q_t = (1-w)q_1 + wq_2 \tag{2-18}$$

对于气体，如压力不太高时，溶解热很小，可略而不计。对于互相溶解的液体溶液，通常可忽略压力的影响，只考虑溶解热与温度的关系。

利用式（2-17）可以求出任意 w 时的 h 值。如果利用 $h-w$ 图（图 2-1），则求解更为方便。当没有溶解热时，则

$$h = (1-w)h_1^0 + wh_2^0 \tag{2-19}$$

这在图 2-1 中以直线 AB 表示。如果以此直线向上或向下截取积分溶解热 q_t（视 $q_t > 0$ 或 $q_t < 0$ 而定），得到 AB 曲线，即 $h=f(w)$ 的曲线。有了这条曲线，就可以求得任意 w 时的溶液的比焓 h 或积分溶解热 q_t。

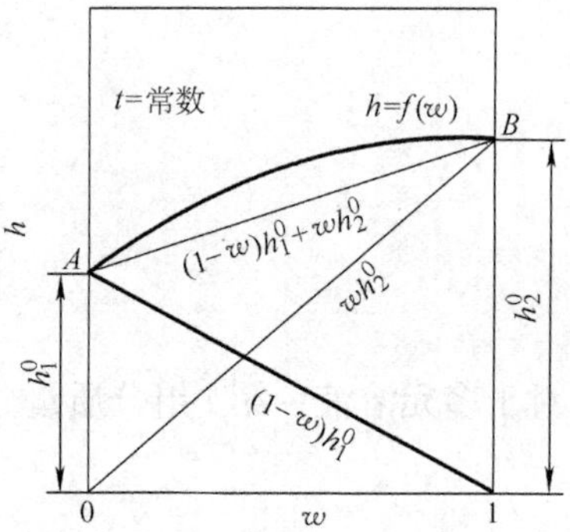

图 2-1　溶液的 $h-w$ 图

（二）溶液的基本定律

1. 理想溶液及拉乌尔定律

（1）理想溶液　理想溶液由性质相近的物质构成，两者分子间的相互作用力与纯物质分子间的相互作用力相同，因而混合成理想溶液时无热效应，也无容积变化。实际上理想溶液几乎没有，只有当溶液的摩尔分数很小时才接近于理想溶液。无限稀释的任何溶液都可看做理想溶液。

单组分液体和它的蒸气处于相平衡时，由液面蒸发的分子数和由气相回到液体的分子数是相等的，这时蒸气的压力即为该液体的饱和蒸气压。

（2）拉乌尔定律　在给定温度下，溶液液面上的蒸气混合物中每一个组分的分压，等于该组分呈纯净状态并在同一温度下的饱和蒸气压力与该组分在溶液中的摩尔分数的乘积，即

$$p_i = p_i^0 x_i \tag{2-20}$$

式中，x_i 为液相中第 i 组分的摩尔分数；p_i 为第 i 组分的蒸气压力；p_i^0 为同温度下第 i 纯组分的饱和蒸气压力。

对于不挥发溶质的溶液，气相中只有溶剂分子，其压力可表示为

$$p = p^0 x \tag{2-21}$$

式中，x 为溶液中溶剂的摩尔分数；p^0 为同温度下溶剂的饱和蒸气压力。

拉乌尔定律可以用于计算溶液的饱和蒸气压。如果溶质是不挥发性的，则按式（2-21）计算所得的压力即为溶液的饱和蒸气压。如果溶质是挥发性的，则溶液的饱和蒸气压为按

式（2-20）计算得到的各个分压力之和。如对二元溶液，其饱和蒸气压可表示为

$$p = p_1^0 x_1 + p_2^0 x_2 = p_1^0(1 - x_2) + p_2^0 x_2 \tag{2-22}$$

上式表明，在一定温度下，按拉乌尔定律计算的溶液饱和蒸气压与其液相中的摩尔分数成直线关系，如图2-2所示。由图可以看出，溶液蒸气压力的数值是在两种纯组分的压力值之间，当 $x_2 = 0$ 时，$p = p_1^0$；当 $x_2 = 1$ 时，$p = p_2^0$。

严格地说，拉乌尔定律只适用于理想溶液。苯与甲苯、甲醇与乙醇、正戊烷与正己烷等溶液，在整个温度范围内都符合拉乌尔定律。氧与氮溶液与理想溶液相近，故氧与氮的分压力可按拉乌尔定律近似求得，这在工程计算中有足够的精确度。

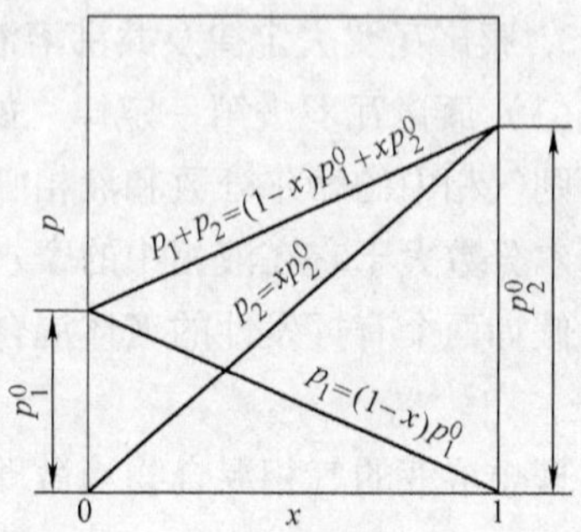

图2-2　理想溶液的 $p-x$ 图

实际溶液对拉乌尔定律存在偏差。这种偏差一般有两种情况：

1）各组分的分压力大于拉乌尔定律的计算值，称正偏差。

2）各组分的分压力小于拉乌尔定律的计算值，称负偏差；但也有少数溶液，在某一摩尔分数范围内为正偏差，在另一摩尔分数范围内为负偏差。

如果两个组分的蒸气压力对拉乌尔定律偏差（正或负）不大时，则溶液的蒸气压力曲线只是略高于（或略低于）理想溶液的蒸气压力曲线，其值仍介于两个纯组分的蒸气压力值之间，如图2-3a所示。氨水溶液即属于这种情况。如果各组分的蒸气压力对拉乌尔定律偏差相当大，则正偏差时，溶液的蒸气压力曲线有最高点（图2-3b），负偏差时，溶液的蒸气压力曲线有最低点（图2-3c）。

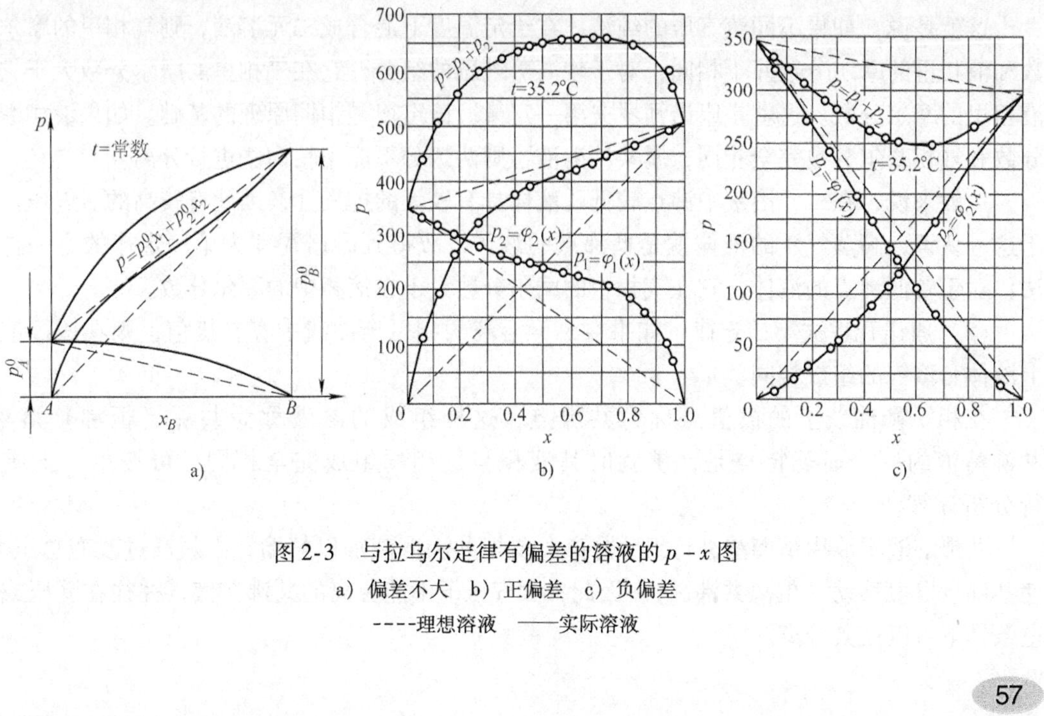

图2-3　与拉乌尔定律有偏差的溶液的 $p-x$ 图

a）偏差不大　b）正偏差　c）负偏差

----理想溶液　——实际溶液

2. 亨利定律（稀溶液定律） 它说明理想溶液中气体溶质分压力与溶液中该气体的摩尔分数关系的定律。该定律表示：在一定温度和平衡状态下，气体溶质的分压力与它在溶液中的摩尔分数成正比，即

$$p_i = Hx_i \tag{2-23}$$

式中，p_i 为气体溶质的分压力；x_i 为气体溶质的摩尔分数；H 为亨利常数，其值由实验确定。

3. 康诺瓦罗夫定律及共沸溶液

（1）康诺瓦罗夫第一定律 如果不同蒸气压的两种纯液体在给定温度下混合成二元溶液，则气相中的摩尔分数和液相中的摩尔分数并不相同。对较高蒸气压的组分，其在气相中的摩尔分数大于它在液相中的摩尔分数。

假如两个有挥发性的液体混合成理想溶液，每种液体的蒸气压都符合拉乌尔定律，即

$$p_A = p_A^0 x_A, \quad p_B = p_B^0 x_B \tag{2-24}$$

理想溶液的气相混合物当做理想气体混合物处理，根据道尔顿定律

$$y_A = \frac{p_A}{p} = \frac{p_A^0 x_A}{p}$$

$$y_B = \frac{p_B}{p} = \frac{p_B^0 x_B}{p} \tag{2-25}$$

$$\frac{y_A}{y_B} = \frac{p_A^0 x_A}{p_B^0 x_B}$$

式中，y_A 和 y_B 为气相中组分A和B的摩尔分数。

如果纯组分B的蒸气压大于纯组分A的蒸气压，即 $p_A^0 < p_B^0$，则

$$\frac{y_A}{y_B} < \frac{x_A}{x_B} \tag{2-26}$$

这就是说，如果不同蒸气压的纯液体在给定温度下混合成二元溶液，则气相里的摩尔分数和液相里的摩尔分数并不相同；对于较高蒸气压的组分，它在气相里的摩尔分数大于它在液相里的摩尔分数。这就是康诺瓦罗夫第一定律。该定律是精馏原理的基础。如果液相摩尔分数和气相摩尔分数完全相同，属共沸溶液，则两组分不能用精馏法进行分离。

一般来说，在二元溶液中沸点较低的液体具有较大的挥发性，因此有较高的蒸气压。基于这一认识，高蒸气压的液体就是低沸点的液体，故得到康诺瓦罗夫第一定律的另一种说法：对于较低沸点的液体，它在气相中的摩尔分数大于在液相中的摩尔分数。

（2）康诺瓦罗夫第二定律 如果在二元溶液的相平衡曲线中存在极值，则在该极值点上液体和蒸气的组成相同。

在相平衡曲线上的极值点称为共沸点，这样组成的溶液称为共沸（恒沸）溶液。共沸溶液的一个显著特点是，沸腾时其液相与气相的组成完全相同，可按单一工质进行分析计算。

共沸溶液不能用精馏法进行组分分离。要把共沸溶液加以精馏，必须通过改变总压力，使共沸点发生移动（偏离共沸区）。因此，大气压下不能分离的共沸溶液，往往在受压或真空条件下可以使其分离。

三、溶液相平衡

1. 溶液相平衡条件

热力学上将每种聚集态内部均匀的部分称为相。单组分工质（一元物系）的相平衡条件为：系统的吉布斯自由能最小，或物系中各相的化学势相等，即

$$\Delta\mu = 0，或 \mu_1 = \mu_2 \tag{2-27}$$

对由多个组分组成的溶液，其相平衡条件可叙述为：在温度和压力不变的情况下，溶液相平衡的条件是每种组分在各相中的化学势相等。例如，对于由二元溶液组成的两相体系，当达到相平衡时各参数间应具有如下关系，即

$$T_1 = T_2, \quad p_1 = p_2 \tag{2-28}$$

$$\mu_1^{(a)} = \mu_2^{(a)}, \quad \mu_1^{(b)} = \mu_2^{(b)}$$

式中，1、2 表示相，a、b 表示组分。

由此不难推知，对由 N_c 个组分组成的具有 N_p 个相的多相物系，当处于相平衡时，除各相的温度和压力相互一致外，还需具备以下条件，即

$$\begin{aligned} \mu_1^{(a)} &= \mu_2^{(a)} = \cdots = \mu_{N_p}^{(a)} \\ \mu_1^{(b)} &= \mu_2^{(b)} = \cdots = \mu_{N_p}^{(b)} \\ &\vdots \\ \mu_1^{(N_c)} &= \mu_2^{(N_c)} = \cdots = \mu_{N_p}^{(N_c)} \end{aligned} \tag{2-29}$$

即每种组分在各相中的化学势相等。

2. 吉布斯相律

一个多相多元物系达到平衡时，其独立变量数或自由度数由吉布斯相律来表示。吉布斯相律的文字描述为：只受到外界温度和压力等影响的物系处于相平衡时，其自由度数等于物系的组分数减去相数，再加上 2。它的数学表达式为

$$N_f = N_c - N_p + 2 \tag{2-30}$$

可以根据相平衡条件来推导出相律。要描述一个体系的平衡状态，必须知道体系中每一相的平衡状态；而要知道每一相的平衡状态，就须知道每一相中每一组分的平衡状态。每一组分的平衡状态用温度、压力和摩尔分数三个变量来描述。假定平衡体系中包含 N_c 个组分，这些组分分布在每一个相中，则每个相中都有 N_c 个组成变量。由于每个相中有摩尔分数总和等于 1 的关系存在，因此只有（N_c-1）个摩尔分数是独立变量，即只要知道（N_c-1）个摩尔分数数值，就可以求得剩下的一个未知摩尔分数。如果体系中有 N_p 相存在，则独立的摩尔分数变量应为 $N_p(N_c-1)$ 个；另外，体系处于平衡态时，各相的温度和压力是一致的，体系可以用统一的温度 T 和压力 p 来描述。

初步看来，要描述整个体系的平衡状态，需要知道 $N_p(N_c-1)$ 个摩尔分数变量和 T、p 两个热力学参数，即 $N_p(N_c-1)+2$ 个变量。然而，体系还受相平衡条件的制约，在一个达到相平衡的体系中，各组分在各相中的化学势必然相等，即符合式（2-29）。该式共有 $N_c(N_p-1)$ 个等式。因为吉布斯自由能是 T、p 及 x_i 的函数，因此有一个吉布斯自由能就相当于有一个 T、p 及 x_i 关系式。因此，原来要描述平衡体系所需的 $N_p(N_c-1)+2$ 个变量不是

完全独立的，应从中减去 $N_c(N_p-1)$ 后才是体系的独立变量数（即自由度），即

$$N_f=N_p(N_c-1)+2-N_c(N_p-1)=N_c-N_p+2 \tag{2-31}$$

由于推导相律时应用了平衡条件，所以相律只适用于平衡体系。体系中的每一组分不一定都存在于所有的相中，但这并不影响相律的结果。因为在某一相中少了一组分时，该相中也少了一个摩尔分数变数，而在平衡条件中也相应地少了一个吉布斯自由能等式，结果相互抵消。当讨论的平衡体系不包含气相时，称这种体系为凝聚体系。由于压力对这种平衡体系影响不大，可予以忽略，此时相律又可写成

$$N_f^*=N_c-N_p+1 \tag{2-32}$$

式中，N_f^* 称为条件自由度。

3. 平衡常数

在讨论分离系统时常用到比值 y_i/x_i，有时把该比值称做平衡常数 K_i 或组分 i 的分离因子。

对于理想溶液

$$K_i=\frac{y_i}{x_i}=\frac{p_i^0}{p} \tag{2-33}$$

式中，p_i^0 是组分 i 的在系统温度下的饱和蒸气压力，p 为系统总压力。

对气液平衡系统，总压力是常数，因此相同温度下平衡常数 K_i 只与饱和蒸气压力 p_i^0 有关。该值随温度的变化相当大，与温度的依赖关系相当复杂。

针对较易分离的二元混合物，引入相对挥发度的概念。相对挥发度定义为

$$\alpha_{12}=\frac{K_1}{K_2} \tag{2-34}$$

对于理想溶液，将式（2-33）代入式（2-34），得

$$\alpha_{12}=\frac{p_1^0/p}{p_2^0/p}=\frac{p_1^0}{p_2^0} \tag{2-35}$$

对于分离相似组分（如 O_2 和 N_2），其蒸气压力与温度有相似的函数关系，α_{12} 较之 K_i 有着小得多的温度依赖关系，因此相对挥发度 α_{12} 在分离计算中应用得更广些。

对一个二元系统，$x_1+x_2=1$ 和 $y_1+y_2=1$，所以有

$$\alpha_{12}=\frac{K_1}{K_2}=\frac{y_1/x_1}{y_2/x_2}=\frac{y_1(1-x_1)}{x_1(1-y_1)} \tag{2-36}$$

重新整理并解得 y_1

$$y_1=\frac{\alpha_{12}x_1}{1+(\alpha_{12}-1)x_1} \tag{2-37}$$

对于二元混合物，根据式（2-33）和式（2-37），y 值还可以用平衡常数 K_1 和 K_2 表示。

$$y_1=\frac{(K_1/K_2)x_1}{1+[(K_1/K_2)-1]x_1}=\frac{K_1(1-K_2)}{K_1-K_2} \tag{2-38}$$

从上述两个 y_1 的关系式可推导出

$$x_1=\frac{1-K_2}{K_1-K_2} \tag{2-39}$$

对于非理想的蒸气或液体混合物，必须用实验方法确定平衡常数。由于这时平衡常数是温度和压力的函数，所有的平衡常数数据表必须包括温度和压力两个参数。表 2-3 给出了在实用温度范围内三个压力条件下 N_2、O_2 和 Ar 系统的平衡常数。

表 2-3　三个压力条件下 N_2、O_2 和 Ar 系统的平衡常数

温度/K	压力								
	0.101MPa			0.202MPa			0.506MPa		
	N_2	O_2	Ar	N_2	O_2	Ar	N_2	O_2	Ar
78	1.0831	0.2627	0.4035	—	—	—	—	—	—
80	1.3553	0.3275	0.4888	—	—	—	—	—	—
82	1.6959	0.4082	0.5923	—	—	—	—	—	—
84	2.1344	0.5089	0.7176	1.0117	0.3165	0.3888	—	—	—
86	2.6554	0.6344	0.8694	1.2135	0.3698	0.4654	—	—	—
88	3.3228	0.7909	0.9494	1.5039	0.4321	0.5571	—	—	—
90	4.1574	0.9860	1.1503	1.8335	0.5049	0.6669	—	—	—
92	—	—	—	2.2315	0.5900	0.7983	—	—	—
94	—	—	—	2.7255	0.6893	0.9556	0.9426	0.3872	0.3473
96	—	—	—	3.3266	0.8055	1.1439	1.0967	0.4397	0.4160
98	—	—	—	—	—	—	1.2759	0.4993	0.4740
100	—	—	—	—	—	—	1.4845	0.5670	0.5678
102	—	—	—	—	—	—	1.7271	0.6439	0.6802
104	—	—	—	—	—	—	2.0095	0.7311	0.8147
106	—	—	—	—	—	—	2.3382	0.8303	0.9760
108	—	—	—	—	—	—	2.7204	0.9429	1.1690

例 2-1　假定液体为理想溶液，气体为理想气体。100K 时氧和氮的饱和蒸气压力分别为 0.2540MPa 和 0.7788MPa。求 100K 和 0.506MPa 条件下饱和氧、氮混合物的液体摩尔分数，并与表 2-3 中得到的氧和氮的平衡常数进行比较。

解　二元系统服从拉乌尔定律，假设 x_1 和 x_2 为液相中氮和氧的摩尔分数，则

$$p = p_1^0 x_1 + p_2^0 x_2 = p_1^0 x_1 + p_2^0 (1 - x_1)$$

代入已知值，得

$$0.506 = 0.7788 x_1 + 0.2540(1 - x_1)$$

解得

$$x_1 = 0.4802, \quad x_2 = 1 - x_1 = 0.5198$$

于是

$$y_1 = K_1 x_1 = \frac{0.7788}{0.506} \times 0.4802 = 0.7391$$

$$y_2 = 1 - y_1 = 0.2609$$

在 100K 和 0.506MPa 下由表 2-3 查得的氮和氧的平衡常数分别为 1.4845 和 0.5670。利用式（2-39）和式（2-33），得到 x_i 并乘以 K_i 得到气相中的摩尔分数 y_i。

$$x_1 = \frac{1 - K_2}{K_1 - K_2} = \frac{1 - 0.5670}{1.4845 - 0.5670} = 0.4719$$

$$x_2 = 0.5281$$

$$y_1 = K_1 x_1 = 1.4845 \times 0.4719 = 0.7006$$

$$y_2 = 0.2994$$

值得注意的是，对于液相用表2-3查得平衡常数求出的氮和氧的摩尔分数，与由假设液体性质是理想溶液而得到的值非常相似。然而气相的组成表明，氮和氧的摩尔分数的偏差达到5%和13%，即与理想气体的偏差很大，在对分离系统确定气液平衡常数时应注意这种偏差。

四、二元溶液的相平衡图

对于二元两相混合物，由吉布斯相律可知，该平衡系统的自由度为2，即只需要两个参数就可以确定混合物（系统）的状态，画出相应的相平衡图。例如，压力－摩尔分数（$p-x$）图，温度－摩尔分数（$T-x$）图，比焓－质量分数（$h-w$）图，摩尔焓－摩尔分数（H_m-x）图。由于$p-x$图与$T-x$图类似，下面仅介绍$T-x$图、$h-w$图和H_m-x图。

1. $T-x$图

二元混合物存在两种典型的$T-x$图，如图2-4所示。图2-4a是一种典型的混合物，其每种组分的临界压力都在图线的上部。例如，液态空气（液空）可以看做是O_2和N_2的混合物，它在很宽的压力范围内都属于这一类。如果混合物中各组分的临界压力低于系统的总压力，则混合物的$T-x$图变成图2-4b的形状，压力为2.0MPa的N_2-He混合物即属这一类。

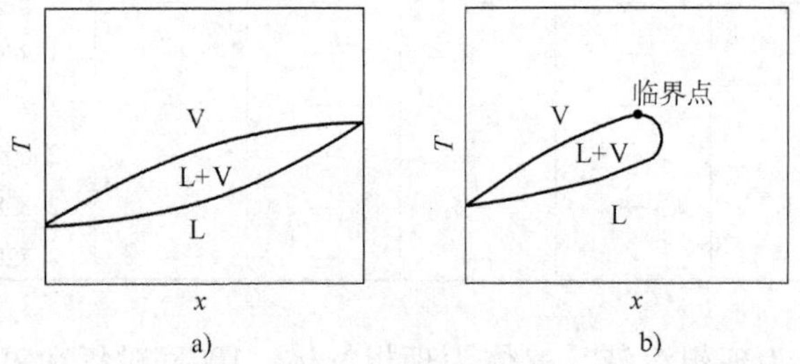

图2-4 典型二元混合物的$T-x$图（$p=$常数）

a）氮－氧混合物 b）氮－氦混合物

L—液体 V—蒸气

一种典型混合物的冷却与冷凝过程如图2-5所示。设想混合物开始时处于气体状态（点1），冷却混合物使其温度下降到上部的相分界线，该线称为露点线，它表示给定组成的蒸气由于冷却开始冷凝（出现第一滴液体）。继续冷却到了下部的相分界线，该线称为泡点线，它表示给定组成的液体由于加热开始蒸发（出现第一个气泡）。

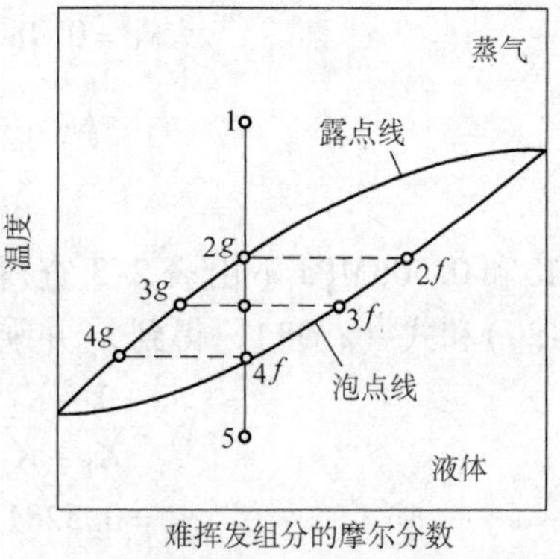

图2-5 二元混合物的冷却与冷凝过程

当混合物达到气液平衡时，气相中聚集较多的是易挥发的组分。两相区的液相组成由等温线与泡点线的交点确定，而气相组成由等温线与露点线的交点确定。混合物刚开始冷凝点的液相组成由点2f给出，而气相组成基本上是原混合物的组成。继续冷却，液相组成下移到点3f，而气相

组成下移到点 $3g$。当混合物全部冷凝时，液相组成基本上是原混合物的组成（点 $4f$），而最后一点蒸气的组成由点 $4g$ 给出。显然，混合物的冷凝（或蒸发）不是一个等温过程，这不同于纯流体，因为纯流体的蒸发或冷凝是一个等温过程。

$T-x$ 图的形状取决于混合物分子之间的相互作用力，对每一种二元系统，需由实验来确定 $T-x$ 图的形状。图 2-6、图 2-7 和图 2-8 分别给出了 N_2-O_2、N_2-Ar 和 O_2-Ar 混合物的 $T-x$ 图，从图中可以看出，压力对曲线的形状有较大的影响，不仅仅是混合物的泡点线与露点线随着压力的升高而上升，而且一般情况下液相与气相的摩尔分数差也减少了。

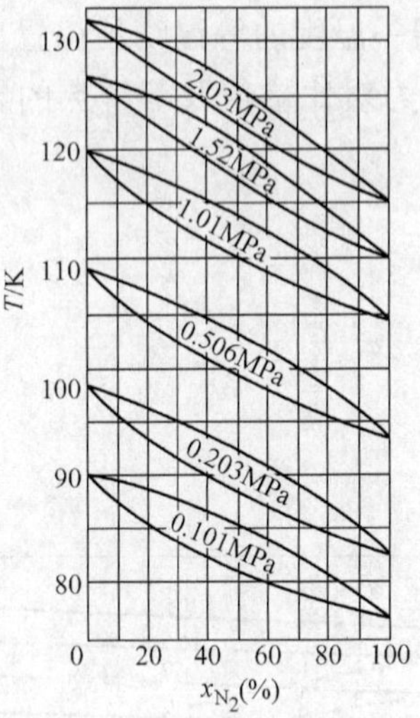

图 2-6　N_2-O_2 混合物的 $T-x$ 图

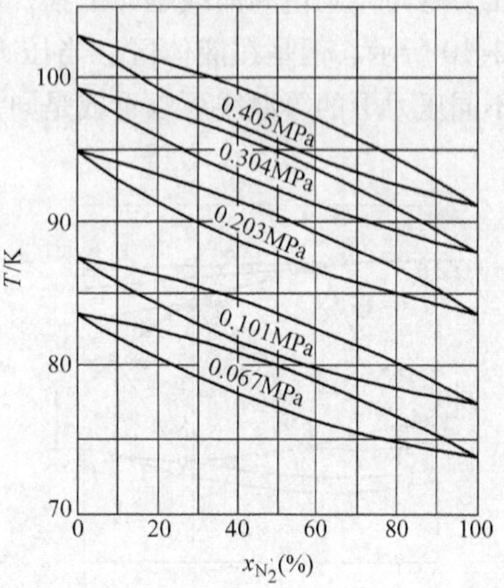

图 2-7　N_2-Ar 混合物的 $T-x$ 图

2. $h-w$ 图

在工程上当涉及热量交换的问题时，常用溶液的 $h-w$ 图进行分析与计算而使问题简化。溶液的 $h-w$ 图可以利用 $T-w$ 图及纯组分的气相和液相的比焓值来绘制，其绘制过程简述如下：

首先，将式（2-17）分别用于液相与气相，代入不同温度时的 q_t、h_1^0 及 h_2^0，在 $h-w$ 图上可以绘制两组等温线，如图 2-9 所示。对于过热蒸气，q_t 的数值很小，可以略而不计，故气相区的等温线为一组直线。然后，将溶液的 $T-w$ 图画在 $h-w$ 图的下方，对于选定的温度 T_A、T_B、T_C，从它们的饱和液体状态点和饱和蒸气状态点引铅垂线，分别同 $h-w$ 图上相应的等温线相交，便得出 $h-w$ 图上的饱和液体和饱和蒸气的状态点。将这两组点用光滑曲线连接起来，便得到 $h-w$ 图上的饱和液体线和饱和蒸

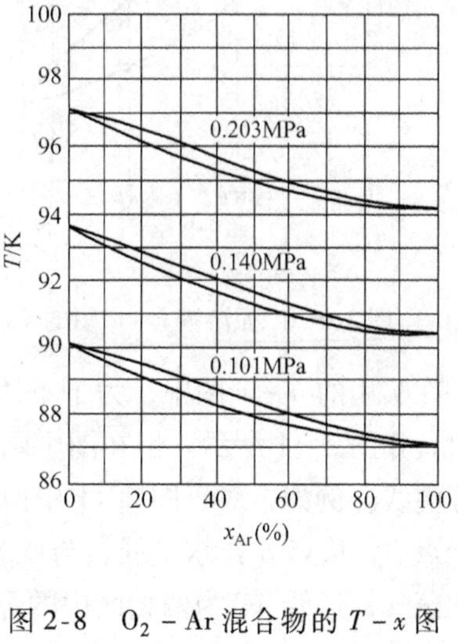

图 2-8　O_2-Ar 混合物的 $T-x$ 图

气线。这两条曲线也是将图面分成液体、两相和过热蒸气三个区域，而且将饱和曲线上相同温度的状态点用直线连接起来，便得到两相区内的等温线。

从图2-9可以看出 $h-w$ 图具有以下特性：

1）两条饱和曲线并不相交，在横坐标端点处蒸气和液体的比焓差，即分别为两个纯组分的汽化热。

2）两相区内的等温线互不平行，从 $w=0$ 起，等温线的斜率首先减小，然后增大，在横坐标的两个端点，等温线同纵坐标重合。

图2-9是对某一个压力而言的，当压力改变时，由于 q_t、h_1^0 及 h_2^0 均改变，因此溶液的液相与气相的比焓值都将随之而变。所以在 $h-w$ 图上，不同压力下饱和曲线的位置是不同的，压力越高，则饱和曲线越向上移；而且，两相区内同一温度的等温线的位置也不相同，如图2-10所示。但是在液体区，当压力不是很高时，压力对比焓值及溶解热的影响很小，所以不同压力下的等温线可以看成是同一组曲线。

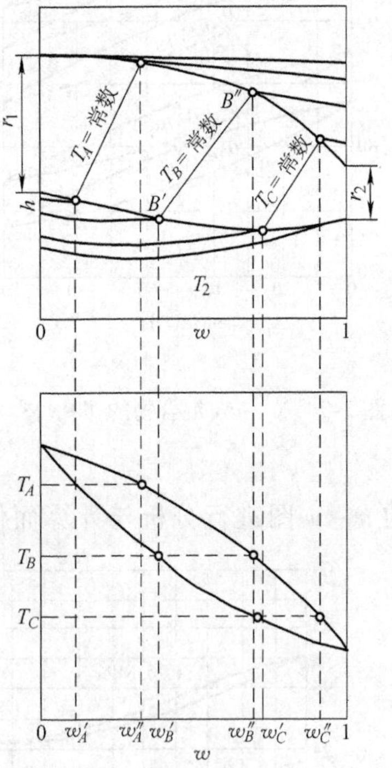

图2-9 二元溶液 $h-w$ 图的绘制

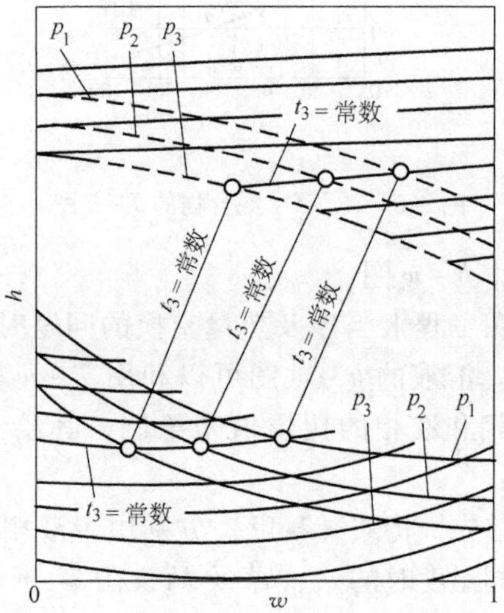

图2-10 不同压力下溶液的 $h-w$ 图

在实用的 $h-w$ 图中，为了不使图面模糊不清，两相区及过热蒸气区内的等温线一般不画出，如图2-11所示。但在图中画有一组辅助线，利用它可以很方便地找出上述两个区内的等温线。例如，对于图2-11中饱和液体点 A，从 A 点向上画垂线，与压力为 p_2 的辅助线交于点 B，从点 B 作水平线，与压力为 p_2 的饱和蒸气线交于点 C。点 C 就是对应于点 A 的饱和蒸气，连线 AC 为两相区内的等温线。

3. $H_m - x$ 图

可以由溶液摩尔焓的数据直接画出溶液的 $H_m - x$ 图。图 2-12 表示 $N_2 - O_2$ 混合物在 0.101MPa 压力下，按表 2-4 所给数据作出的 $H_m - x$ 图。图中露点线与泡点线分别由上部曲线和下部曲线来表示。随着混合物温度的降低，混合物开始冷凝。由于 $H_m - x$ 图与 $h - w$ 图仅单位不同，所以它们所反映的物理本质完全相同。

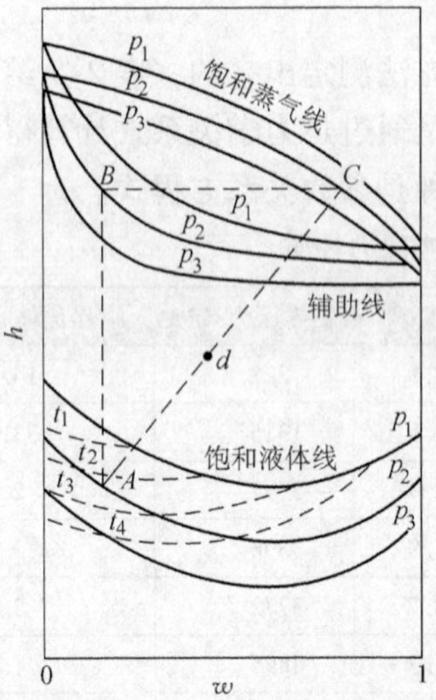

图 2-11 氨水溶液的 $h - w$ 图

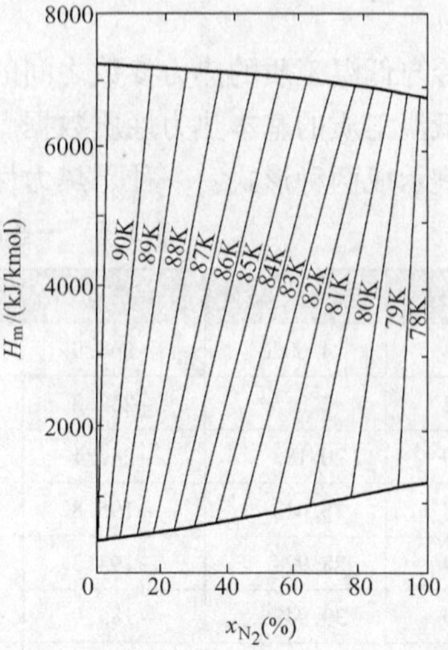

图 2-12 0.101MPa 时 $N_2 - O_2$ 混合物的 $H_m - x$ 图

表 2-4 $N_2 - O_2$ 混合物的摩尔焓

N_2 的摩尔分数	0.101MPa				0.506MPa			
	泡点温度/K	$H_{m,L}$/(J/mol)	露点温度/K	$H_{m,V}$/(J/mol)	泡点温度/K	$H_{m,L}$/(J/mol)	露点温度/K	$H_{m,V}$/(J/mol)
0.00	90.2	419	90.2	7252	108.9	1315	108.9	7536
0.10	87.7	461	89.5	7231	106.3	1403	107.9	7507
0.20	85.7	519	88.7	7210	104.2	1499	106.7	7478
0.30	84.1	599	87.7	7185	102.5	1591	105.6	7448
0.40	82.5	682	86.7	7151	100.9	1675	104.3	7415
0.50	81.3	779	85.6	7118	99.7	1758	103.0	7377
0.60	80.4	879	84.3	7084	98.5	1851	101.5	7339
0.70	79.6	984	83.1	7042	97.4	1947	100.0	7298
0.80	78.8	1084	81.5	6992	96.5	2052	98.4	7252
0.90	78.1	1181	79.7	6933	95.6	2152	96.6	7201
0.95	77.7	1232	78.6	6903	94.7	2200	95.4	7174
1.00	77.4	1273	77.4	6871	94.2	2248	94.2	7147

注：下标 L 和 V 表示饱和液体和饱和蒸气。

第三节 制冷与低温工质的热力性质及其计算方法

一、热力性质表示方法

制冷与低温工质的常用热力性质包括压力、温度、比体积、比热力学能、比焓、比熵、比热容、声速等，混合工质还包括组成，它们都是状态参数，彼此之间存在一定的函数关系。

制冷与低温工质的热力参数之间的关系是通过实验方法测定出来的，表2-5给出了一些制冷与低温工质的基本热力性质数据。导出热力学量则是通过热力学关系式计算得到的。它们常被表示成两种形式：一种是热力性质图和表，另一种是参数关系方程式。

表2-5 一些制冷与低温工质的基本热力性质

工质符号	相对分子质量	正常沸点/℃	凝固点/℃	临界温度/℃	临界压力/kPa	临界比体积/(L/kg)
R-704	4.0026	-268.9	—	-267.9	228.8	14.43
R-702	2.0159	-252.8	-259.2	-239.9	1315	33.21
R-720	20.183	-246.1	-248.6	-228.7	3397	2.070
R-728	28.013	-195.8	-210	-146.9	3396	3.179
R-729	28.97	-194.3	—	-140.7	3772	3.048
R-740	39.948	-185.9	-189.3	-122.3	4895	1.867
R-732	31.9988	-182.9	-218.8	-118.4	5077	2.341
R-50	16.04	-161.5	-182.2	-82.5	4638	6.181
R-14	88.01	-127.9	-184.9	-45.7	3741	1.598
R-1150	28.05	-103.7	-169	9.3	5114	4.37
R-503	87.5	-88.7	—	19.5	4182	2.035
R-170	30.07	-88.8	-183	32.2	4891	5.182
R-23	70.02	-82.1	-155	25.6	4833	1.942
R-13	104.47	-81.4	-181	28.8	3865	1.729
R-744	44.01	-78.4	-56.6	31.1	7372	2.135
R-13B1	148.93	-57.75	-168	67.0	3962	1.342
R-504	79.2	-57.2	—	66.4	4758	2.023
R-32	52.02	-51.2	-78.4	78.3	5808	2.326
R-125	120.02	-48.45	-103	60.1	3592	1.751
R-1270	42.09	-47.7	-185	91.8	4618	4.495
R-143a	84.04	-47.6	-111.3	73.1	3776	2.305
R-502	111.64	-45.4	—	82.2	4075	1.785
R-290	44.10	-42.07	-187.7	96.8	4254	4.545
R-22	86.48	-40.76	-160	96	4974	1.907
R-115	154.48	-39.1	-106	79.9	3153	1.629
R-717	17.03	-33.3	-77.9	133	11417	4.245

（续）

工质符号	相对分子质量	正常沸点/℃	凝固点/℃	临界温度/℃	临界压力/kPa	临界比体积/(L/kg)
R-500	99.31	-33.5	—	105.5	4423	2.016
R-12	120.93	-29.8	-158	112.0	4113	1.792
R-134a	102.03	-26.1	-96.6	101.1	4060	1.95
R-152a	66.05	-25.00	-117	113.5	4492	2.741
R-600a	58.13	-11.73	-160	135.0	3645	4.526
R-124	136.5	-10.95	-199	122.25	3614	1.770
R-764	64.07	-10.0	-75.5	157.5	7875	1.910
R-142b	100.5	-9.8	-131	137.1	4120	2.297
R-630	31.06	-6.7	-92.5	156.9	7455	—
R-C318	200.04	-5.8	-41.4	115.3	2781	1.611
R-600	58.13	-0.5	-138.5	152.0	3794	4.383
R-114	170.94	3.8	-94	145.7	3259	1.717
R-21	102.93	8.9	-135	178.5	5168	1.917
R-160	64.52	12.4	-138.3	187.2	5267	3.028
R-631	45.08	16.6	-80.6	183.0	5619	—
R-11	137.38	23.82	-111	198.0	4406	1.804
R-245ca	134.05	25.4	-73.4	178.5	3855	1.890
R-123	152.91	27.8	-107	184	3676	1.818
R-611	60.05	31.8	-99	214	5994	2.866
R-610	74.12	34.6	-116.3	194	3603	3.790
R-216	220.93	35.69	-125.4	180	2753	1.742
R-113	187.39	47.57	-35	214.1	3437	1.736
R-1130	96.95	47.8	-50	243.3	5478	—
R-1120	131.39	87.2	-73	271.1	5016	—
R-718	18.02	100.0	0	374.2	22103	3.128

常用的热力性质图有 $p-h$ 图和 $T-s$ 图，在普冷范围内，$p-h$ 图用得较广，因为它在制冷循环计算中查找过程变化参数比较方便。关于制冷与低温工质的热力性质表，目前一般只用饱和性质表。在低温范围内，$T-s$ 图应用较广。附录 B 给出了常用工质的热力性质表和图。

制冷工质的热力性质表与其他物质如水蒸气的热力性质表类似。在使用热力性质表和图时，应当注意焓和熵等一些导出热力性质基准值的选取。不同的图表由于基准值选取不同，使同一温度和压力下的比焓、比熵值不同。这一问题在同时联用几个图或表时需特别加以注意，要将读取的参数用基准值的差予以修正。

第一章已较详细地讨论了 $p-h$ 图的特点和用法，本节主要讨论参数关系方程式。首先讨论一些通用的参数关系式。

1. 压缩因子

对于制冷与低温工质过热蒸气，如引入压缩因子 Z，则其状态方程可表示为

$$p=\frac{ZRT}{v} \tag{2-40}$$

注意，在计算压缩因子以及对比温度、对比压力、对比比体积等对比参数时，温度单位必须用 K，而不能用℃。由该式可知，只要确定了 Z 值就可按上式计算过热蒸气的状态参数。

压缩因子 Z 为量纲一的量，它是温度和压力的函数。可用实验测定，也可用状态方程计算。

对于缺乏数据的制冷与低温工质，在低于临界密度的范围内，压缩因子可近似按式（2-41）计算

$$Z=1+\left(187.64-\frac{475.8}{T_r}-\frac{50}{T_r^3}\right)\times10^{-3}\times\frac{\rho}{\rho_c^*}+\left(-7.192+\frac{53.62}{T_r^3}\right)\times10^{-3}\times\left(\frac{\rho}{\rho_c^*}\right)^2+\frac{0.36\times10^{-3}}{T_r^3}\left(\frac{\rho}{\rho_c^*}\right)^3 \tag{2-41}$$

式中，$T_r=\frac{T}{T_c}$是对比温度，$\rho_c^*=\frac{p_c}{RT_c}$是按理想气体状态计算的临界密度，根据临界参数 p_c 和 T_c 计算得到；ρ 是密度，单位同 ρ_c^*。

2. 饱和蒸气压

在没有精确的饱和蒸气压公式可用时，可采用近似式（2-42）计算饱和蒸气压。

$$\ln p_r=f^{(0)}(T_r)+\omega f^{(1)}(T_r) \tag{2-42}$$

式中，p_r 是对比压力；T_r 是对比温度；ω 是偏心因子，由下式计算

$$\omega=\frac{3}{7}\ \frac{T_{br}}{1-T_{br}}\lg\frac{p_c/\text{MPa}}{0.10133}-1 \tag{2-43}$$

式中，p_c 是临界压力（MPa）；T_{br}是对比正常沸点，$T_{br}=T_b/T_c$。$f^{(0)}(T_r)$ 和 $f^{(1)}(T_r)$ 分别由下列式子计算

$$f^{(0)}=5.92714-\frac{6.09648}{T_r}-1.28862\ln T_r+0.169347T_r^6 \tag{2-44}$$

$$f^{(1)}=15.2518-\frac{15.6875}{T_r}-13.4721\ln T_r+0.43577T_r^6 \tag{2-45}$$

3. 汽化热

制冷工质的汽化热直接影响单位制冷量。汽化热大，则单位制冷量也大。制冷工质的汽化热可用下式计算

$$r=r_s\left(\frac{1-T_r}{1-T_{br}}\right)^{0.38} \tag{2-46}$$

式中，r_s 是正常沸点时的汽化热；T_{br}是对比正常沸点，$T_{br}=T_b/T_c$。

4. 比热容

制冷与低温工质在理想气体状态下的比热容一般由实验测得，然后拟合成如下关系式

$$c_p^0=d_0+d_1T+d_2T^2+d_3T^3 \tag{2-47}$$

式中，T 为温度（K）；c_p^0 为比定压热容 [J/(mol·K)]；d_0、d_1、d_2、d_3 为常数，表 2-6 给出部分常用制冷与低温工质的这些数值。

表 2-6　常用制冷与低温工质式（2-47）常数

工质符号	R-704	R-702	R-728	R-22	R-717	R-134a	R-600a	R-123
d_0	20.8156	27.139	31.15	18.636	26.18	−5.416	−1.390	6.021
d_1	0	9.274×10^{-3}	-5.679×10^{-2}	0.14433	0.0238	0.3438	0.3847	5.052×10^{-1}
d_2	0	-13.81×10^{-6}	26.8×10^{-6}	-3.117×10^{-5}	1.707×10^{-5}	-2.535×10^{-4}	-1.846×10^{-4}	-7.632×10^{-4}
d_3	0	7.645×10^{-9}	-11.68×10^{-9}	-6.665×10^{-8}	-1.18×10^{-8}	6.654×10^{-8}	2.895×10^{-8}	5.183×10^{-7}

5. 液体的密度

由于液体可压缩性很小，可认为过冷液体的密度等于饱和液体的密度。饱和液体的密度与温度有关，可按下式计算

$$\rho_s=\rho_c Z_c^{-(1-T_r)^\tau} \tag{2-48}$$

其中 $\tau=-\dfrac{\ln\left[\dfrac{\ln(\rho_b/\rho_c)}{\ln Z_c}\right]}{\ln(1-T_{br})}$

式中，ρ_c为临界密度；ρ_b为正常沸点时的密度；Z_c为临界压缩因子，T_r为对比温度；T_{br}为对比正常沸点。

二、热力性质的计算机计算

随着计算机技术的飞速发展以及计算精度要求的不断提高，用计算机对制冷系统进行高精度的计算显得越来越重要。这一部分将着重介绍用计算机进行热物理性质参数（热物性参数）的计算方法。

1. 气相热力性质计算

MH 方程，是一个多参数的状态方程，但它又是一个通用状态方程，将它用于制冷与低温工质热力性质计算具有相当高的精度。下面以 MH 方程为例介绍热力性质的计算机计算方法。

MH 方程的形式见式（2-4）或下式

$$p=\frac{RT}{v-b}+\sum_{i=2}^{5}\frac{f_i(T)}{(v-b)^i} \tag{2-49}$$

式中，$f_i(T)$ 为温度函数；b 为方程常数。

$$f_i(T)=A_i+B_iT+C_i\mathrm{e}^{-kT_r} \tag{2-50}$$

式中，A_i、B_i、C_i、k 为方程常数，其中 $k=5.475$，$B_4=0$，$C_4=0$，其余常数可通过制冷工质的临界参数及正常沸点计算得到。

在确定状态方程之后，就可以根据已知的状态参数来计算未知的状态参数。例如，已知 T 和 v 求 p，可以直接由式（2-49）计算得到。已知 p 和 T 求 v 或已知 p 和 v 求 T，则要根据式（2-49）迭代求解得到。

在已知 p、v 和 T 后，就可以根据余函数理论由式（2-5）~式（2-11）计算其他热力参数。

2. 液相热力性质计算

如果状态方程能适用于液相，则上述方法就可用于液相的热力性质计算。但遗憾的是到现在为止，除非是一些相当复杂的专用状态方程，一般状态方程对液相的计算精度都不是很

高，很难达到制冷系统性能计算的要求。因此，液相热力性质可采用一些简单的但又具有较高精度的经验公式进行计算。

实践证明，式（2-48）对饱和液体密度计算具有较高的精度。饱和液体的比焓等于饱和蒸气的比焓减去汽化热，饱和液体的比熵等于饱和蒸气的比熵减去汽化热与绝对温度的商，饱和蒸气的热力性质可通过上述介绍的状态方程计算得到。

过冷液体的比焓和比熵可近似取与饱和液体相等的值，如果压力远高于饱和压力或计算精度要求很高的话，则可用下述式子近似计算

$$h^l = h_s^l - (p - p_s)v_s$$
$$s^l = s_s^l - \frac{(p - p_s)v_s}{T} \tag{2-51}$$

式中，下标 s 为系统温度时饱和液体的热力性质；p 为系统实际压力。

例 2-2　请用计算机计算制冷工质 R-134a 在温度为 −20℃ 时饱和蒸气、饱和液体的比焓和比熵。

解　计算步骤如下：

1）查表 2-6，可得

$$T_b = 247.1\text{K},\ T_c = 374.3\text{K},\ p_c = 4.06\text{MPa}$$

计算对比参数，得

$$T_r = \frac{T}{T_c} = 0.6764 \qquad T_{br} = \frac{T_b}{T_c} = 0.6601$$

由式（2-44）、式（2-45）计算得到

$$f^{(0)}(T_r) = -2.566,\ f^{(1)}(T_r) = -2.632$$

由式（2-43）计算偏心因子，得

$$\omega = 0.3341$$

由式（2-42）计算，得饱和蒸气压为

$$p_s = 0.1295\text{MPa}$$

查附录 B 表 B－5 得蒸气压为 0.13282MPa，可见用饱和蒸气压公式（2-42）计算，误差仅为 2.48%。

2）计算 R-134a 的 MH 方程常数，结果如下：

	2	3	4	5
A	-1.104659×10^7	7.413261×10^8	-6.286719×10^{10}	6.581672×10^{11}
B	9793.478	171709.0	0	3.999015×10^{10}
C	-3.574172×10^8	8.602646×10^{10}	0	-5.745074×10^{14}
b	37.880390			

注：上述常数适用压力单位为 atm（1atm = 0.1013MPa），比体积单位为 cm^3/mol，温度单位为 K，摩尔气体常数为 8.314J/(mol·K)。

3）将温度和压力代入 MH 方程，计算饱和蒸气比体积值。

由式（2-50），可以求得

$$f_2 = -1.738\times10^7,\ f_3 = 2.906\times10^9,\ f_4 = -6.287\times10^{10},\ f_5 = -3.381\times10^{12}$$

将上述温度函数值代入式（2-49），可得关于比体积 v 的 5 次型方程，求根时只能采用数值

的方法。计算结果为 $v=15413\mathrm{cm}^3/\mathrm{mol}=0.1511\mathrm{m}^3/\mathrm{kg}$。查附录 B 表 B-5 得 $v=0.14735\mathrm{m}^3/\mathrm{kg}$，可见误差仅为 2.5%。如果计算是用查表得到的压力 0.13282MPa 代入计算，可得 $v=15006\mathrm{cm}^3/\mathrm{mol}=0.14707\mathrm{m}^3/\mathrm{kg}$，误差仅为 0.19%，可见 MH 方程本身的误差很小。

4）将温度、压力、比体积、理想气体比热容公式（2-47）及其常数（表 2-6）、MH 方程常数等代入有关公式，即式（2-5）～式（2-11），就可以得到饱和蒸气比焓和比熵的数据。

对于参考态为 0℃ 的饱和液体，比焓为 200kJ/kg、比熵为 1.000kJ/(kg·K) 时，计算结果为 $h_s^v=384.7\mathrm{kJ/kg}$，$s_s^v=1.7347\mathrm{kJ/(kg\cdot K)}$

5）采用式（2-46）计算汽化热。查附录 B 表 B-5 得正常沸点时的汽化热 $r_s=217.02\mathrm{kJ/kg}$，计算结果为 $r=217.0\mathrm{kJ/kg}$。饱和液体的比焓等于饱和蒸气的比焓减去汽化热，饱和液体的比熵等于饱和蒸气的比熵减去汽化热与绝对温度的商。计算结果为 $h_s^l=167.6\mathrm{kJ/kg}$，$s_s^l=0.8775\mathrm{kJ/(kg\cdot K)}$。

从这一例题可以看出，用计算机计算热力参数似乎有点烦琐，如果仅为了一个或少数几个热力性质数据而去编制一个程序，得不偿失。但实际上，不管是作制冷系统的设计还是作优化分析研究，都经常地反复地要查找大量的热力性质数据，这时，用计算机就显得非常的方便。

三、热力性质计算商用软件

美国国家标准与技术研究院（NIST）Lemmon 等人开发的 REFPROP 软件，是目前在用的功能最全、制冷工质种类最多的一个软件，它几乎涵盖所有在用的制冷与低温工质，不仅可用于计算纯工质，还可以用于计算混合工质。

1）典型的天然气组分。甲烷、乙烷、丙烷、丁烷、异丁烷、戊烷、异戊烷、己烷、异己烷、庚烷、辛烷等。

2）空气主要组分。氮、氧、氩。

3）低温工质。正氢、仲氢、氘、氦、氩、氖、氪、氙等。

4）HFCs 制冷工质。R-23、R-32、R-41、R-125、R-134a、R-143a、R-152a、R-227ea、R-236ea、R-236fa、R-245ca、R-245fa、R-365mfc 等。

5）HCFCs 制冷工质。R-21、R-22、R-123、R-124、R-141b、R-142b 等。

6）传统 CFCs 制冷工质。R-11、R-12、R-13、R-113、R-114、R-115 等。

7）全氟化制冷工质。R-14、R-116、R-218、C_4F_{10}、C_5F_{12}、R-C318 等。

8）自然制冷工质。R-717，R-718、R-744、R-290、R-600a、R-1270 等。

9）55 种混合物。例如，R-407C、R-410A、空气，包括使用者自己定义的多达 20 元的混合物。

10）氨水溶液。

由于该软件采用精确的状态方程为基本模型，因此计算精度高，准确性好。本书以后在例题中所需的热力性质数据，除了特别说明的之外，都由这个软件计算求得。

第四节　制冷与低温工质的物理化学性质

在选用制冷与低温工质时，除了要考虑热力性质外，还需要考虑工质的物理化学性质，例如，毒性、燃烧性、爆炸性，与金属材料的作用，与润滑油的作用，与大气环境的“友好性”等。有时这些因素可能是考虑选择工质的主要因素。

一、安全性

安全性对操作人员是非常重要的，尤其是在制冷机长期连续运转的情况下。制冷与低温工质的毒性、燃烧性和爆炸性都是评价制冷与低温工质安全程度的指标，各国都规定了最低安全程度的标准，如ANSI/ASHRAE 34—1992等。

1. 毒性

毒性通常是根据对动物的试验和对人的影响的资料来确定的。美国工业与环境卫生专家大会用TLVs（Threshold Limit Values，最高允许含量）指标作为毒性标准，它反映了人们在较长时间内接触制冷与低温工质而不至于产生不良反应。如果这些指标的数值为1000或1000以上，则可认为这种制冷与低温工质是无毒的。表2-7给出了一些常用制冷与低温工质的TLVs值。值得指出的是，虽然一些卤代烃工质的毒性都较低，但含氯卤代烃在高温或火焰的作用下会分解出极毒的光气，这一点在使用时要特别注意。此外，除氧以外的所有工质几乎都可以引起窒息，在进行有关操作时要保持比较好的通风条件。

表2-7　一些常用制冷与低温工质的毒性指标

工质代号	TLVs或AEL	工质代号	TLVs或AEL	工质代号	TLVs或AEL	工质代号	TLVs或AEL
R-22	1000	R-124	1000	R-152a	1000	R-704	1000
R-23	1000	R-125	1000	R-290	1000	R-717	25
R-32	1000	R-134a	1000	R-502	1000	R-718	1000
R-50	1000	R-142b	1000	R-600a	800	R-728	1000
R-123	50	R-143a	1000	R-702	1000	R-744	2500

2. 燃烧性和爆炸性

各种制冷与低温工质的燃烧性和爆炸性差别很大。易燃的制冷与低温工质在空气中的含量达到一定范围时，遇明火就会产生燃烧或爆炸。因此，在使用易燃和易爆的工质时，必须要有防火防爆安全措施。一些易燃制冷与低温工质的爆炸特性见表2-8。表中，None表示不燃烧，na表示未知，爆炸极限表示在空气中发生燃烧或爆炸的体积分数的范围。这一范围的下限值越小，表示越易燃；下限值相同，则范围越宽越易燃。

表2-8　一些制冷与低温工质的爆炸特性

工质代号	爆炸极限体积分数（%）	工质代号	爆炸极限体积分数（%）	工质代号	爆炸极限体积分数（%）	工质代号	爆炸极限体积分数（%）
R-22	None	R-124	None	R-152a	3.9~16.9	R-704	None
R-23	None	R-125	None	R-290	2.1~7.3	R-717	15.0~25.0
R-32	14~31	R-134a	None	R-502	None	R-718	None
R-50	4.8~16.3	R-142b	6.0~14.9	R-600a	1.8~8.4	R-728	None
R-123	None	R-143a	7.0~na	R-702	4.0~75.0	R-744	None

3. 安全分类

以前对制冷与低温工质的安全性分别以毒性和可燃性作出规定，近来国际标准ISO 5149—1993和美国标准ANSI/ASHRAE34—2007对制冷与低温工质的安全分类作了较大的调整，将毒性与可燃性合在一起，规定了6个安全等级，表2-9给出了这6个等级的划分定义。表2-10给出了一些制冷与低温工质的安全分类。

表2-9　ASHRAE34—2007以毒性和可燃性为界限的安全分类

条　件	可燃性	TLVs值确定或一定的系数，工质体积分数≥4×10⁻⁴	TLVs值确定或一定的系数，工质体积分数<4×10⁻⁴
无火焰传播	不燃	A1	B1
工质LFL>0.1kg/m³，燃烧热<19000kJ/kg	低度可燃性	A2	B2
工质LFL≤0.1kg/m³，燃烧热≥19000kJ/kg	高度可燃性	A3	B3
毒性		低毒性	高毒性

注：1. LFL为燃烧下限，在指定的实验条件下，能够在工质和空气组成的均匀混合物中传播火焰的工质最小密度（kg/m^3）。

2. A为低毒性，B为高毒性，其后的数字表示可燃性，数字越大越可燃。

表2-10　一些制冷与低温工质的安全分类

工质代号	安全分类	工质代号	安全分类	工质代号	安全分类	工质代号	安全分类
R-22	A1	R-124	A1	R-152a	A2	R-704	A1
R-23	A1	R-125	A1	R-290	A3	R-717	B2
R-32	A2	R-134a	A1	R-502	A1	R-718	A1
R-50	A3	R-142b	A2	R-600a	A3	R-728	A1
R-123	B1	R-143a	A2	R-702	A3	R-744	A1

二、热稳定性

通常，制冷与低温工质因受热而发生化学分解的温度大大高于其工作温度，因此在正常运转条件下制冷与低温工质是不会发生裂解的。但在温度较高又有油、钢铁、铜存在时，长时间使用会发生变质甚至热解。例如：当温度超过250℃时，氨分解成氮和氢；当含有氧气时，丙烷在460℃时开始分解，660℃时分解43%，830℃时完全分解；R-22在与铁相接触时，550℃开始分解。

三、对材料的作用

氢、氦、氮及其他惰性气体工质、碳氢化合物工质等对金属无腐蚀作用。

在正常情况下，卤代烃工质与大多数常用金属材料不起作用。但在某种情况下，一些材料将会和工质发生作用，例如水解作用、分解作用等。卤代烃工质与金属材料接触时，发生分解作用强弱程度的次序（从弱到强）是铬镍铁耐热合金、不锈钢、镍、纯铜、铝、青铜、锌、银（分解作用最大）。

镁的质量分数超过约2%的镁锌铝合金不能用在卤代烃工质的制冷机中，因为当有微量水分存在时就会引起腐蚀。有水分存在时，卤代烃工质水解成酸性物质，对金属有腐蚀作用。卤代烃工质与润滑油的混合物能够水解铜。所以，当工质在系统中与铜或铜合金部件接触时，铜便溶解到混合物中；当和钢或铸铁部件接触时，被溶解的铜离子又会析出，并沉浸在钢铁部件上，形成一层铜膜，这就是所谓的“镀铜”现象。这种现象对制冷机的运行极为不利，因此，制冷系统中应尽量避免有水分存在。

氨制冷机中不能用黄铜、纯铜和其他铜合金，因为有水分时会引起腐蚀。但磷青铜与氨不起作用。

某些非金属材料，如一般的橡胶、塑料等，与卤代烃工质会起作用。橡胶与卤代烃工质相接触时，会发生溶解；而对塑料等高分子化合物则会起“膨润”作用（变软、膨胀和起泡），在制冷系统中要选用特殊的橡胶或塑料。

四、对润滑油的互溶性

在大多数制冷机里，工质与润滑油相互接触是不可避免的。各种工质与润滑油之间的溶解程度不同。有的完全互溶，有的几乎不溶解，而有的是部分溶解。若工质与油不相溶解，可以从冷凝器或贮液器中将油分离出来，避免油被带入蒸发器中，降低传热效果。工质与油溶解会使润滑油变稀，影响润滑作用，且油会被带入蒸发器中，影响到传热效果。有关制冷系统与润滑油特性的详细内容将在本章第七节中作进一步介绍。

五、对水的溶解性

不同制冷与低温工质溶解水的能力不同。氨可以溶解比它本身大许多倍的水，生成的溶液冰点比水的冰点低。因此，在运转的制冷系统中不会引起结冰而堵塞管道通路，但会对金属材料引起腐蚀。卤代烃工质很难与水溶解，烃类制冷与低温工质也难溶解于水。例如，25℃时水在R-134a液体中只能溶解0.11%（质量百分比）。当水的含量超过0.11%时就会有纯水存在。当温度降到0℃以下时，水就会结成冰，堵塞节流阀或毛细管的通道，形成“冰堵”，致使制冷机不能正常工作。表2-11给出了水分在25℃和常压下在一些制冷与低温工质中的溶解度。

表2-11　水分在一些制冷与低温工质中的溶解度（25℃）

工质代号	溶解度（质量百分比）(%)	工质代号	溶解度（质量百分比）(%)	工质代号	溶解度（质量百分比）(%)	工质代号	溶解度（质量百分比）(%)
R-22	0.13	R-124	0.07	R-152a	0.17	R-704	0.016
R-23	0.15	R-125	0.07	R-290	0.0067	R-717	0.07
R-32	0.12	R-134a	0.11	R-502	0.06	R-718	100
R-50	0.0023	R-142b	0.05	R-600a	0.0054	R-728	0.14
R-123	0.08	R-143a	0.08	R-702	0.008	R-744	0.15

前面已经提到，水溶解工质后会发生水解作用，生成酸性产物，腐蚀金属材料。含有氯原子的工质会水解并生成盐酸，不但会腐蚀金属材料，而且还会降低电绝缘性能。因此，制冷系统中不允许有游离的水存在。

六、泄漏性

制冷机工作时不允许有工质向系统外泄漏，因此需要经常在设备、管道的接合面处检查有无工质漏出。

氨有强烈的臭味，人们依靠嗅觉就容易判别是否有泄漏。由于氨极易溶于水，因此不能用肥皂水检漏。通常用酚酞试剂和试纸检漏，如有泄漏，试剂或试纸会变成红色。

卤代烃工质是无色无臭的物质，泄漏时不易发觉。检漏的方法有卤素喷灯和电子检漏仪两种。卤素喷灯是通过燃烧酒精去加热一块纯铜，空气被吸入喷灯，当空气内含有卤代烃工质时，气流与纯铜接触就会发生分解，并使燃烧的火焰变成黄绿色（当泄漏量小时）或紫色（当泄漏量大时）。

用电子检漏仪检漏是一种较精密的方法。仪器中有一对铂电极，空气由风机吸入并流过电极，当含有卤代烃工质时电极之间的电导率会发生变化，通过电流计可以反映出来。

氦气具有很强的渗漏性，在使用氦作工质时要进行特别仔细的检漏。氦质谱检漏仪是一种精度很高的检漏仪器，得到了广泛的应用。

七、与大气环境的友好性

在本章第一节中已经指出，卤代烃类工质中，凡分子内含有氯或溴原子的工质对大气臭氧层有潜在的消耗能力。为描述对臭氧的消耗特征及其强度分布，通常使用 ODP（Ozone Depletion Potential，消耗臭氧潜能）值的大小来表示。ODP 以 R-11（CFC-11）作为基准值，其值被人为地规定为 1.0。ODP 值越大，则该物质对大气臭氧层消耗的能力越大。表 2-12 给出了一些工质的 ODP 值。

表 2-12　一些制冷与低温工质的 ODP 值和 GWP 值

工质代号	ODP	GWP（CO_2 = 1.0）	工质代号	ODP	GWP（CO_2 = 1.0）	工质代号	ODP	GWP（CO_2 = 1.0）
R-11	1.0	4750	R-125	0	3500	R-500	0.75	8100
R-12	1.0	10890	R-134a	0	1430	R-502	0.23	4700
R-22	0.055	1810	R-142b	0.065	2310	R-600a	0	~20
R-23	0	14760	R-143a	0	4470	R-702	0	0
R-32	0	675	R-152a	0	124	R-704	0	0
R-50	0	23	R-290	0	~20	R-717	0	<1
R-123	0.02	77	R-407C	0	1800	R-718	0	<1
R-124	0.022	609	R-410A	0	2100	R-744	0	1

这类工质不仅会破坏大气臭氧层，还具有全球变暖潜能（Global Warming Potential，GWP）。具有全球变暖效应的气体称为温室气体。人们选用二氧化碳作为基准，规定二氧化碳的 GWP 值为 1.0。GWP 值越大，则该物质对全球变暖的影响就越大。表 2-12 给出了一些工质的 GWP 值。

GWP 值虽然反映了温室气体进入大气以后所直接造成的全球变暖效应，但它却不能反映由于这些气体带来化石燃料能源消耗，而引起的二氧化碳量排放增加所导致的间接全球变暖效应。考虑到这一因素，人们提出用“总等效温室效应（Total Equivalent Warming Impact，TEWI）”来描述温室气体的全球变暖效应。TEWI 包括两部分：第一部分是直接温室效应（Direct Warming Impact），它是指温室气体的排放、泄漏以及系统维修或报废时进入大气后对大气温室效应的影响，可以表示为温室气体的 GWP 值与排放总和的乘积；第二部分是间接温室效应（Indirect Warming Impact），它是指使用这些温室气体（主要是制冷工质）的装置耗能（主要指电能和燃烧化石燃料）引起的二氧化碳排放所带来的温室效应。由此可以看出，TEWI 是一个评价温室效应的综合指标，它不仅包括排放总量的影响，而且包括装置用能效率（例如 COP）、化石燃料转化为电能或机械能的效率对温室效应的间接影响。TEWI 不单是温室气体物性的函数，因此，无法给出某一温室气体的 TEWI 值。

从上述讨论可以看出，传统工质 R-11、R-12 不仅 ODP 值很高，而且 GWP 值也很高，是大气环境极不友好的工质，因此要被禁止使用。作为替代 R-12 的新工质 R-134a，虽然其

ODP值已经是0，但仍有较高的GWP值，会造成全球变暖效应。一些自然工质如R-50、R-600a、R-290、R-702、R-704、R-717、R-728等，它们既不破坏大气臭氧层，又不导致或很小导致全球变暖，是环境“友好”的制冷与低温工质。

第五节　常用制冷与低温工质

一、自然工质

1. 氨

氨是应用较广的中温制冷工质。沸点为-33.3℃，凝固点为-77.9℃。氨具有较好的热力性质和热物理性质，在常温和普通低温范围内压力比较适中。单位容积制冷量大，粘性小，流动阻力小，传热性能好，但排气温度较高。

氨对人体有较大的毒性，它有一定的可燃性，安全分类为B2。氨蒸气无色，具有强烈的刺激性臭味。它可以刺激人的眼睛及呼吸器官。氨液飞溅到皮肤上时会引起肿胀甚至冻伤。当氨蒸气在空气中体积分数达到0.5%～0.6%时，人在其中停留半小时即可中毒。氨可以引起燃烧和爆炸，当空气中氨的体积分数达到16%～25%时，可引起爆炸。空气中氨的体积分数达到11%～14%时，即可点燃（燃烧时呈黄色火焰）。因此，车间内的工作区里氨蒸气的质量浓度不得超过0.02mg/L。若系统中氨所分离的游离氢积累到一定程度，遇空气会引起强烈爆炸。

氨能以任意比例与水相互溶解，组成氨水溶液，在低温时水也不会从溶液中析出而冻结成冰。所以，氨系统里不必设置干燥器。但氨系统中有水分时会加剧对金属的腐蚀，同时使制冷量减小。所以一般限制氨中的水的质量分数不得超过0.2%。

氨在矿物润滑油中的溶解度很小，因此氨制冷工质管道及热交换器的传热表面上会积有油膜，影响传热效果。氨液的密度比矿物润滑油小，在贮液筒和蒸发器中，油会沉积在下部，需要定期放出。

氨对钢铁不起腐蚀作用，但当含有水分时将会腐蚀锌、铜、青铜及其他铜合金。只有磷青铜不被腐蚀。因此，在氨制冷机中不用铜和铜合金（磷青铜除外）材料，只有那些连杆衬套、密封环等零件才允许使用高锡磷青铜。

目前氨用于蒸发温度在-65℃以上的大型或中型单级、双级往复活塞式及螺杆式制冷机中，也有应用于大容量离心式制冷机中。

2. 二氧化碳

二氧化碳是一种古老的制冷工质，又是一种新兴的自然工质。干冰是固体二氧化碳的习惯叫法。干冰的三相点参数为：三相点温度-56.6℃，三相点压力520kPa。因此，在大气压力下，二氧化碳为固态或气态，不存在液态。干冰在大气压力下的升华热为573.6kJ/kg，升华温度为-78.5℃。

自19世纪80年代至20世纪30年代，二氧化碳作为制冷工质被广泛地应用于制冷空调系统中，与氨制冷工质一样，是当时最为常用的制冷工质。卤代烃类制冷工质被广泛应用后，二氧化碳迅速被取代。作为一种已经使用过且已证明对环境无害的制冷工质，二氧化碳近几年又引起了人们的重视。在几种常用的自然工质中，可以说二氧化碳最具竞争力，在可燃性和毒性有严格限制的场合，二氧化碳是最理想的。

二氧化碳作为制冷工质有许多独特的优势，从对环境的影响来看，除水和空气以外，二氧化碳是与环境最为友好的制冷工质。除此以外，二氧化碳还具有下列特点：

1）良好的安全性和化学稳定性。二氧化碳安全无毒，不可燃，适应各种润滑油常用机械零部件材料，即便在高温下也不分解产生有害气体。

2）与制冷循环和设备相适应的热物理性质。单位容积制冷量相当高，运动粘度低。

3）优良的流动和传热特性。可显著减小压缩机与系统的尺寸，使整个系统非常紧凑，而且运行维护也比较简单，具有良好的经济性能。

4）二氧化碳制冷循环的压力比要比常规工质制冷循环低，压缩机的容积效率可维持在较高的水平。

二氧化碳由于其临界温度较低，所以用于夏季制冷工况时，宜采用跨临界循环的方式，排热过程是在超临界工况下进行。相应于二氧化碳跨临界循环的运行工况，二氧化碳在超临界状态下具有优越的流动传热性能，因而气体冷却器的结构可更为紧凑。由于工质的放热过程在超临界区进行，整个放热过程没有相变现象的产生。压缩机的排气温度较高（可达到100℃以上），并且放热过程为一变温过程，有较大的温度滑移。这种温度滑移正好与所需的变温热源相匹配。用于热回收和热泵系统时，通过调整压缩机的排气压力可得到所需要的热源温度，并且具有较高的放热效率。对于二氧化碳跨临界循环，当蒸发温度一定时，循环效率主要受气体冷却器出口温度和排气压力的影响。当气体冷却器出口温度保持不变时，随着高压侧压力的变化，循环系统制冷系数存在最大值点，对应于该点的压力，称为最优高压侧压力。就典型工况而言，最优高压侧压力一般为10MPa左右。二氧化碳作为制冷工质的主要缺点是运行压力较高和循环效率较低。理论分析和实验研究证实，二氧化碳单级压缩跨临界循环的制冷系数要低于R-22、R-134a等传统工质的制冷系数。

二氧化碳作为制冷工质可以应用于制冷空调系统的大部分领域，就目前发展现状而言，在汽车空调、热泵和复叠式循环等领域应用前景良好。二氧化碳跨临界循环由于排气温度高、气体冷却器的换热性能好，因此比较适合汽车空调这种恶劣的工作环境。除此以外，二氧化碳系统在热泵方面的特殊优越性，可以解决现代汽车冬天不能向车厢提供足够热量的问题。二氧化碳跨临界循环气体冷却器所具有的较高排气温度和较大的温度滑移与冷却介质的温升过程相匹配，使其在热泵循环方面具有独特的优势。通过调整循环的排气压力，可使气体冷却器的排热过程较好地适应外部热源的温度和温升需要。用于热泵系统时可使被加热流体的温升从15~20℃直至30~40℃，甚至更高，因而可较好地满足采暖、空调和生活热水的加热要求。二氧化碳作为制冷工质的另一个较有前途的应用方式，就是在复叠式制冷系统中用做低温级制冷工质。与其他低压制冷工质相比，即使处在低温，二氧化碳的粘度也非常小，传热性能良好。与NH_3两级压缩系统相比，低温级采用二氧化碳，其压缩机体积减小到原来的1/10，二氧化碳环路可达到-45~-50℃的低温，而且通过干冰粉末作用可降低到-80℃。

3. R-600a

R-600a（异丁烷，$i-C_4H_{10}$）的沸点为-11.73℃，凝固点为-160℃，曾在1920~1930年作为小型制冷装置的制冷工质，后由于可燃性等原因，被卤代烃制冷工质取代了。在CFCs制冷工质会破坏大气臭氧层的问题出来后，作为自然制冷工质的R-600a又重新得到重视。R-600a作为曾经广为应用的传统制冷工质R-12的替代制冷工质而提出。由于R-12 对臭氧层的破坏能力很大，已经在许多国家禁止使用，因此，这里不再详细介绍。许多人提倡在制冷温度较低场合（如电冰箱）用 R-600a 作为 R-12 的永久替代物。

R-600a 的临界压力比 R-12 低，临界温度及临界比体积均比 R-12 高，正常沸点高于 R-12 约 18℃，饱和蒸气压比 R-12 低。在一般情况下，R-600a 的压比要高于 R-12，且容积制冷量要小于 R-12。为了使制冷系统能达到与 R-12 相近的制冷能力，应选用排气量较大的制冷压缩机。但 R-600a 的排气温度比 R-12 低，对压缩机工作更有利。R-600a 与 R-12 的粘性相差不大。

R-600a 的毒性非常低，但在空气中可燃，因此安全类别为 A3，在使用 R-600a 的场合要注意防火防爆。当制冷温度较低（低于 -11.7℃）时，制冷系统的低压侧处于负压状态，外界空气有可能要渗漏进去。因此，使用 R-600a 作为制冷工质的系统，其电器绝缘要求较一般系统要高，以免产生电火花引起爆炸。

R-600a 与矿物润滑油能很好互溶，不需价格昂贵的合成润滑油。除可燃外，R-600a 与其他物质的化学相溶性很好，而与水的溶解性很差，这对制冷系统很有利。但为了防止"冰堵"现象，制冷工质允许含水量较低，对除水要求相对较高。此外，R-600a 不能用传统的检漏仪检漏，而应该用专门适合于 R-600a 的检漏仪检漏。

4. R-290

R-290（丙烷，C_3H_8）除了沸点和凝固点比 R-600a 低，蒸气压较高和单位容积制冷量比 R-600a 大以外，其他制冷特性及安全特性均与 R-600a 相似，且同样工况下制冷系数比 R-600a 小。所以，除了一些大制冷量等特殊场合外，一般情况不用纯质 R-290 作为制冷工质，但它经常被用作混合物制冷工质的一个组分，如 R-402A、R-402B、R-403A、R-403B 等。

5. R-50

R-50（甲烷，CH_4）是一种常用的较低温区的制冷工质，它的沸点为 -161.5℃，凝固点为 -182.2℃，临界温度为 -82.5℃。R-50 通常被用来制取 -160℃以上的低温，但由于它的临界温度较低，环境温度下已经是超临界状态，因此，它往往被用于复叠制冷的低温级制冷系统中。与其他碳氢化合物一样，R-50 具有很强的可燃性，在使用时要特别注意。

6. 氧

氧是常用的低温气体，正常沸点为 -182.9℃，凝固点为 -218.8℃。液氧略带蓝色，在沸点下液体密度为 1141kg/m^3。液态时，有时氧分子会生成聚合体或长链分子 O_4，这是液氧和固氧呈现蓝色的原因。

与其他不带磁性的低温流体相比较，液氧略带磁性，所以用磁体能吸引液氧。这一特性使得液氧在失重条件下也能将液相和气相进行分离。此外，用少量液氧进行磁化率的测定可以检测出液氧混合物中其他气体的含量。磁氧分析仪就是利用氧的这一特性制成的。

气态或液态氧与碳氢化物接触时会发生化学反应。由于氧的高度活性，使得氧的存在会带来安全问题，如氧与碳氢化物润滑油结合会引起爆炸。虽然在 -183℃的低温时，化学反应速率很小，但是当在一个含有液氧和与之能进行化学反应的物质存在的系统中加入少许能量时，也可能会发生爆炸。

为了防止发生不该发生的化学反应，使用液氧的系统应清除任何有害杂质。在氧压缩机和抽氧真空泵中利用常规的碳氢化物润滑油是危险的。

液氧设备必须防止采用爆燃材料或会发生强烈氧化的材料制造，只有少数几种合成材料才适用于制造液氧设备。因为，有许多合成材料与氧在有机械冲击的情况下会发生强烈的反应，此外，使用钛或铝等活性金属时应特别小心，因这些金属有潜在爆炸的危险。例如，一种铝管一旦与氧结合可能会迅速、猛烈地燃烧。然而若进行合理的设计，则液氧系统可以安全地操作。

7. 氮

在低温工程中，氮是一种非常重要的制冷工质，因为它在使用时很安全，在氢和氦液化循环中，液氮是一种非常理想的预冷剂。

氮的正常沸点为 -195.8℃，凝固点为 -210℃。液氮是无色透明的液体，在沸点下液体密度为 806kg/m^3。液氮的汽化热很小，仅为 199.2kJ/kg。

液氮输送中的一个潜在危险是，它的管外可能会冷凝 50% 的富氧空气，并引起氧化燃爆。人们在氮气氛中作业时，应防止窒息致死。

8. 空气

当空气液化时，通常都已去除了 CO_2、水分等杂质，于是液空中仅含有约 78%（摩尔分数，下同）的氮，21% 氧和 1% 氩，其他的杂质可忽略不计。有时为了计算方便，把液空看成是 79% 的氮和 21% 的氧。由于氩的沸点位于氧和氮之间，这一假设对于某些场合是可行的。

液空曾广泛地用做低温工程的制冷工质，但是由于用空分法很易获得液氮，现在已很少直接使用液空。而且液空基本上是氮和氧的混合物，因此在使用期间，液空的沸点会发生变化。随着不断汽化，液体中氧成分不断富集，沸点升高，富氧液体有危险性，特别是将液空抽空，有可能使泵体发生爆炸。

9. 氢

氢也是一种重要的低温气体。它的正常沸点为 -252.8℃，凝固点为 -259.2℃。液氢无色无味，沸点下液体密度为 70.79kg/m^3，是最轻的液体。氢单独存在时，它不会燃烧和爆炸；但氧或空气存在时，氢是非常容易燃烧和爆炸的。与其他物质相比，氢由两种不同的分子形态组成：正氢和仲氢，分别用 $O-H_2$ 和 $P-H_2$ 表示。在室温下的正常氢（$n-H_2$），它的体积分数为 75% 的 $O-H_2$ 和 25% 的 $P-H_2$。正氢和仲氢相对含量是温度的函数，在给定温度下的平衡组成称平衡氢（$e-H_2$），正常沸点时的平衡氢中含有 99.79% 的 $P-H_2$ 和 0.21% 的 $O-H_2$。

两种氢分子形态上的差别表现在构成氢分子的原子自旋方向不同，氢分子由两个质子和两个电子组成。两个质子拥有自旋，并使核子角动量增加，当核子自旋方向相同时，两个质子的角动量矢量方向相同，这种氢称为正氢。当核子自旋方向相反时，角动量矢量方向相反，这种氢称为仲氢。正氢和仲氢在一定条件下是要相互转化的，但正氢、仲氢的非催化转化速度非常慢，这就给氢的液化和储存带来严重问题。正如上面指出，室温下平衡氢由体积分数为 75% 的 $O-H_2$ 和 25% 的 $P-H_2$ 组成，然而在 20.39K 时，平衡体积分数为 99.789% 的 $P-H_2$。若刚液化的液氢中 $O-H_2$ 与 $P-H_2$ 的比例与室温下相同，则液态 $O-H_2$ 就会慢慢地转化成液态 $P-H_2$。因为 $P-H_2$ 的能态比 $O-H_2$ 低得多，所以转化时放出热量，并使部分液氢汽化，当达到平衡液氢时，大约有 70% 的液氢被汽化。表 2-13 给出了氢在不同温度转化时摩尔转化热。由表2-13可以看出，在常温下转化要比在低温下转化省能得多。所以，需要储存一定时间的液氢，应在较高温度下进行催化转化。

表2-13　氢的正仲摩尔转化热

温度/K	摩尔转化热/(J/mol)	温度/K	摩尔转化热/(J/mol)
14	1416.90	80	1381.41
20	1416.90	90	1345.99
20.39	1416.90	100	1294.70
30	1416.90	120	1148.40
33.1	1416.90	150	866.82
40	1416.85	200	440.16
50	1416.12	250	189.58
60	1412.56	298.16	76.78
70	1402.48	300	74.09

当液氢抽空降温到三相点时，可以生成一种称之为氢浆（Slush hydrogen）的固/液混合氢。由于它的密度增加15%，制冷能力增加18%，在空间技术中使用氢浆有很大的优点。

10. 氦

氦是一种极其重要的低温工质，它的沸点为－268.936℃，是所有气体中沸点最低的，是最难液化的气体。氦在大气中含量极低，其体积分数只有5×10^{-6}左右，现代工业用氦主要从天然气中提取。

氦具有许多常规气体所没有的特殊性质。它由两种稳定同位素^3He和^4He组成。正常的氦气里^3He的体积分数仅为$1.3\times10^{-6}\%$，因此，除非特别说明，所讲的氦气或液氦均指^4He。^4He没有核磁性，但^3He有核磁性，由于这个根本差别，致使在低温下两者的物性差异很大。例如，在1K时，^3He的饱和蒸气压要比^4He大80倍；在0.5K时，则相差10000倍。又如，^4He在2.172K以下，具有超流动性；而^3He的超流动性，要将温度降到0.003K时才显示出来。利用液^3He和液^4He的抽空减压可分别获得的下限温度为0.2K和0.5K。^3He的基本性质服从量子统计力学理论。在极低温下液体^3He和^4He混合时具有吸热效应，故可用在稀释制冷机中（见第一章）。

^4He是一种仅次于H_2的高比热容、高热扩散率和低密度的气体，因此^4He成了低温研究中一种最理想的制冷工质。

液体^4He具有与其他低温液体不同的奇异性，它的第一个特性是在常压下永远不会凝固，不存在气、液、固三相点，在压力低于2.5MPa和$T\to0$时，仍能保持液态，其相图与其他气体不同。由图2-13可见，液氦有两种状态，当温度下降到2.172K和压力为0.005036MPa(37.89mmHg)时，液体的状态发生变化，称之为无潜热释放的第二类相变，该温度称为λ点温度。从这点到正常沸点的液体为He－Ⅰ，λ点以下的液体为He－Ⅱ或称超流氦，图上表示两种性质明显不同的液体分界线称为λ线。在λ相变过程中，焓、熵、亥姆霍兹自由能及p、

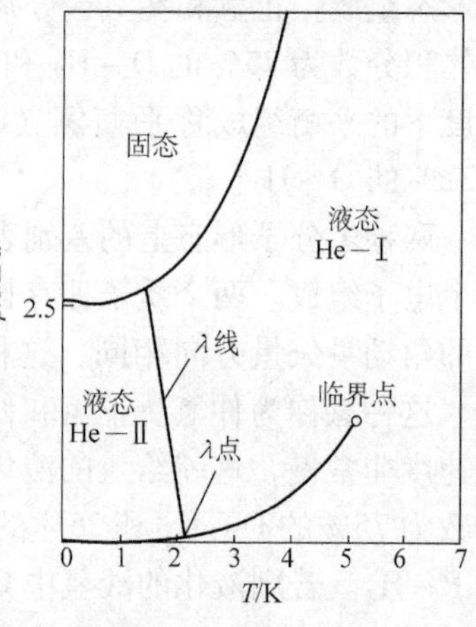

图2-13　^4He的状态

T均保持不变，而比热容和密度都发生异常变化。图上还显示，只有在加压下（超过2.5MPa）进行冷却，才能使氦固化。蒸气压曲线向右延伸终止于氦的临界点，λ线与熔化曲线的交点也可称为不同相态的“三相点”。氦没有平衡的升华曲线，这表明固态和气态不可能在任何条件下平衡共存，固态只能与液态平衡共存。

液体^4He的第二个特性是宏观上显示“量子性质”，由于存在相态变化的“λ”点和He－Ⅱ的超流动性，把液氦称之为“量子液体”。液氦是流动性极好的无色液体。He－Ⅱ的热导率非常大（He－Ⅱ的热导率比He－Ⅰ大10^6倍，比铜大10^4倍），因此在超流液氦中不可能形成温度梯度。He－Ⅱ的粘度很小，仅为10^{-12}Pa·s左右。液氦表面张力极小，为正常氢的1/20，折射率只有1.02，和气体差不多。因此，装在容器中的液氦不容易看见。

液氦的汽化热很小，只有水的1/110，密度仅为水的1/8。氦的这些特性，使它不仅广泛地应用于低温，还可用于特殊的焊接技术、空间探索、色谱分析、大气控制和潜海作业等领域。

二、合成工质

1. R-134a

R-134a（1，3－四氟乙烷，CH_2FCF_3）也是作为曾经广为应用的传统制冷工质R-12的替代制冷工质而提出。R-134a的许多特性与R-12很接近。R-134a主要用于家用冰箱、汽车空调等中小型制冷装置中，但近来R-134a也被用于离心式制冷机中，作为曾经广为应用的传统制冷工质R-11的替代制冷工质。

表2-5给出了R-134a的一些基本热力性质数据。

R-134a的排气温度不高，毒性非常低且不可燃，安全类别为A1，是很安全的制冷工质。

R-134a具有优良的迁移性质，其液体及气体的热导率较高。研究表明，在蒸发器和冷凝器中，R-134a的传热系数比R-12分别要高35%～40%和25%～35%。

R-134a与矿物润滑油不相溶，但在温度较高时，能完全溶解于多元烷基醇类（Polyalkylene Glycol，PAG）和多元醇酯类（Polyol Ester，POE）合成润滑油；在温度较低时，只能溶解于POE合成润滑油。

R-134a的化学稳定性很好，然而它的溶水性较好，除水困难，这对制冷系统很不利。即使少量水分存在，在润滑油等的一起作用下，将产生酸、CO或CO_2，会对金属产生腐蚀作用，或产生“镀铜”现象。因此，R-134a对系统的干燥和清洁性要求更高。而且，必须用与R-134a相容的干燥剂，如XH－7或XH－9型分子筛。R-134a对钢、铁、铜、铝等金属均未发现有相互化学反应的现象，仅对锌有轻微的作用。R-134a对塑料无显著影响，除了对聚苯乙烯稍有影响外，其他的大多可用。和塑料相比，合成橡胶受R-134a的影响略大，特别是氟橡胶。

与其他HFC类制冷工质一样，R-134a分子中不存在氯原子，不能用传统卤素电子检漏仪检漏，而应该用专门适合于R-134a的检漏仪检漏。

2. R-22

R-22（二氟一氯甲烷，CHF_2Cl）也是较常用的中温制冷工质，在相同的蒸发温度和冷凝温度下，R-22比R-12的压力要高65%左右。R-22的沸点为－40.8℃，凝固点－160℃。它在常温下的冷凝压力和单位容积制冷量与氨差不多，排气温度介于氨和R-134a之间，能制取的最低蒸发温度为 -80℃左右。

R-22 无色、无味，不燃烧、不爆炸，毒性低，是安全的制冷工质，安全分类为 A1。它的溶水性差，属于不溶于水的物质。对 R-22，含水量仍然限制在 0.001%（体积分数）以内。同时，系统内应装设干燥器。

R-22 化学性质稳定，但它对某些有机物存在膨润作用，密封材料可采用氯乙醇橡胶。

R-22 能够部分地与矿物润滑油相互溶解，而且其溶解度随着矿物润滑油的种类及温度而变。矿物润滑油在 R-22 制冷系统各部分中产生不同的影响。在冷凝器中，矿物润滑油将溶解于 R-22 液体中，不易在传热表面形成油膜而影响传热。在贮液器中，R-22 液体与油形成基本上是均匀的溶液而不会出现分层现象，因而不可能从贮液器中将油分离出来。矿物润滑油与 R-22 一同进入到蒸发器后，对于满液式蒸发器来说，随着 R-22 的不断蒸发，矿物润滑油在其中越积越多，使蒸发温度提高，传热系数降低。因此，在卤代烃制冷机中，一般采用蛇管式蒸发器（或管内蒸发的壳管式蒸发器），而且液体从上面供入，蒸气从下边引出，使矿物润滑油与 R-22 蒸气一同返回压缩机中。在压缩机的曲轴箱里，油会溶解 R-22。机器停用时，曲轴箱内压力升高，油中的 R-22 溶解量增多。当压缩机起动时，曲轴箱内的压力降低到蒸发压力，油中的 R-22 会大量蒸发出来，使油起泡，这将影响油泵的工作。所以较大容量的 R-22 制冷机在起动前需先对曲轴箱内的油加热，让 R-22 先蒸发掉。

R-22 属于 HCFC 类制冷工质，将要被限制和禁止使用。

三、混合工质

混合工质是由两种或两种以上的纯制冷工质以一定的比例混合而成的。按照混合后的溶液是否具有共沸的性质，分为共沸制冷工质和非共沸制冷工质两类。

1. 共沸制冷工质

表 2-14 列出了目前使用的几种共沸制冷工质的组成和沸点。

表 2-14 几种共沸制冷工质的组成和沸点

代号	组分	质量比	相对分子质量	沸点/℃	共沸温度/℃	各组分的沸点/℃
R-500	R-12/R-152a	73.8/26.2	99.3	-33.5	0	-29.8/-25
R-501	R-22/R-12	84.5/15.5	93.1	-41.5	-41	-40.8/-29.8
R-502	R-22/R-115	48.8/51.2	111.6	-45.4	19	-40.8/-38
R-503	R-23/R-13	40.1/59.9	87.6	-88.0	88	-82.2/-81.5
R-504	R-32/R-115	48.2/51.8	79.2	-59.2	17	-51.2/-38
R-505	R-12/R-31	78.0/22.0	103.5	-30	115	-29.8/-9.8
R-506	R-31/R-114	55.1/44.9	93.7	-12.5	18	-9.8/3.5
R-507	R-125/R-143a	50.0/50.0	98.9	-46.7	—	-48.8/-47.7
R-508A	R-23/R-116	39.0/61.0	100.1	-87.6	—	-82.0/-78.1

共沸制冷工质有下列特点：

1）在一定的蒸发压力下蒸发时，具有几乎不变的蒸发温度，而且蒸发温度一般比组成它的单组分的蒸发温度低。这里所指的几乎不变是指在偏离共沸点时，泡点温度和露点温度（泡点和露点的概念见下面“非共沸制冷工质”部分）虽有差别，但非常接近，而在共沸温度时则泡点和露点温度完全相等，表现出与纯制冷工质相同的恒沸性质，即在蒸发过程中，蒸发压力不变，蒸发温度也不变。要注意共沸温度与沸点的差别。

2）在一定的蒸发温度下，共沸制冷工质的单位容积制冷量比组成它的单一制冷工质的容积制冷量要大。这是因为在相同的蒸发温度和吸气温度下，共沸制冷工质比组成它的单一制冷工质的压力高、比体积小的缘故；此外，共沸制冷工质由于各组元间具有较强的相互作用，因此，汽化热也相应要增大。

3）共沸制冷工质的化学稳定性较组成它的单一制冷工质好。

4）在全封闭和半封闭压缩机中，采用共沸制冷工质可使电动机得到更好的冷却，电动机绕组温升减小。试验表明，在由制冷工质吸气冷却电动机的半封闭式压缩机中，采用R-502后电动机的温升比R-22降低10～20℃，这是由于R-502的质量流量和比热容较R-22大的缘故。

由于上述特点，在一定的情况下，采用共沸制冷工质可使能耗减少。例如，R-502在低温范围内（蒸发温度在－60～－30℃），能耗较R-22低；而在高温范围内（蒸发温度－10～10℃），能耗较R-22高。因此，通常R-502用在低温冷藏冷冻中，而R-22用在空调中。

在表2-14中，除R-507和R-508A之外，其余共沸制冷工质由于都对大气臭氧层有破坏作用，已经被禁止使用。

2. 非共沸制冷工质

非共沸制冷工质没有共沸点。在定压下蒸发或凝结时，气相和液相的成分不同，温度也在不断变化。图2-14所示为非共沸制冷工质的温度－质量分数（$T-w$）图。由图可见，在一定的压力下，当溶液加热时，首先到达饱和液体点A，此时所对应的状态称为泡点，其温度称为泡点温度。若再加热到达点B，即进入两相区，并分为饱和液体（点B_L）和饱和蒸气（点B_V）两部分，其质量分数分别为w_{bL}和w_{bV}。继续加热到点C时，全部蒸发完，成为饱和蒸气，此时所对应的状态称为露点，其温度称为露点温度。泡点温度和露点温度的温差称之为温度滑移（Temperature Glide）。在露点时，若再加热即成为过热蒸气。

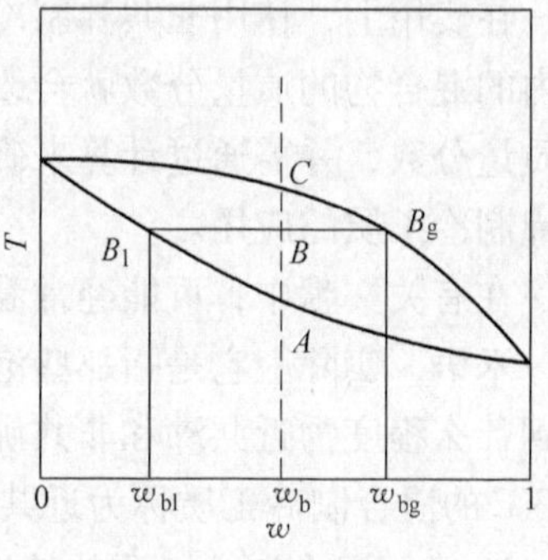

图2-14 非共沸制冷工质的$T-w$图

可以看出，非共沸制冷工质在定压相变时其温度要发生变化，定压蒸发时温度从泡点温度变化到露点温度，定压凝结则相反。非共沸制冷工质的这一特性被广泛用在变温热源的温差匹配场合，实现近似的洛伦兹循环，以达到节能的目的。

与其他混合物一样，混合制冷工质具有各纯质制冷工质性质近似加权平均的性质。可以利用混合制冷工质的这一特性，实现各纯质制冷工质的优势互补。例如，有些纯质制冷工质除了可燃性以外，其他性质都较好，就可以在这一纯质制冷工质中加入一定量的不可燃制冷工质，构成混合制冷工质，使可燃性降低。又例如，有些纯质制冷工质制冷系数大，但单位容积制冷量太小，为了提高单位容积制冷量，就可以在这一纯质制冷工质中加入一定量的单位容积制冷量大的制冷工质，构成混合制冷工质，使单位容积制冷量增大。此外，还可以利用混合制冷工质的特性，找到在一定的压力下具有所需要的相变温度的混合制冷工质。混合制冷工质所有这些特性，使得它们在传统制冷工质替代物的研究中得到了广泛的应用。目前，应用较多的非共沸制冷工质的种类及组成见表2-15。

表 2-15 一些非共沸制冷工质

代号	组 分	质量比	泡点温度/℃	露点温度/℃	ODP	GWP（CO_2=1）	主要应用
R-401A	R-22/R-152a/R-124	53/13/34	-32.5	-26.8	0.03	1025	替代 R-12
R-401B	R-22/R-152a/R-124	61/11/28	-35.5	-30.7	0.04	1120	替代 R-12
R-402A	R-22/R-290/R-125	38/2/60	-49.2	-47.6	0.02	2650	替代 R-502
R-402B	R-22/R-290/R-125	60/2/38	-47.4	-46.1	0.03	2250	替代 R-502
R-403A	R-22/R-218/R-290	74/20/6	-48.0	-47.0	0.037	2170	替代 R-502
R-403B	R-22/R-218/R-290	55/39/6	-50.2	-49.0	0.028	2790	替代 R-502
R-404A	R-125/R-143a/R-134a	44/4/52	-46.5	-46.0	0	3520	替代 R-502
R-407A	R-32/R-125/R-134a	20/40/40	-45.8	-39.2	0	1960	替代 R-502
R-407B	R-32/R-125/R-134a	10/70/20	-47.4	-43.0	0	2680	替代 R-502
R-407C	R-32/R-125/R-134a	30/10/60	-43.4	-36.1	0	1600	替代 R-22
R-408A	R-22/R-143a	45/55	-44.5	-44.0	0.03	2740	替代 R-502
R-410A	R-32/R-125	50/50	-52.5	-52.3	0	2020	替代 R-22

注：表中的泡点和露点温度是指压力为标准大气压（101.325kPa）时的饱和温度。

在实用上，使用非共沸制冷工质的麻烦是当制冷装置中发生制冷工质泄漏时，剩余在系统内的混合物的质量分数就会改变。因此，需要向系统中补充制冷工质使其达到原来的数量和质量分数，并需通过计算来确定两种制冷工质的充灌量。这一特点在一定程度上限制了非共沸制冷工质的应用。

在有关文献中，可能经常看到“近共沸制冷工质（Near Azeotropic Mixture Refrigerant）”这一术语，实际上它是指那些泡点温度与露点温度很接近的非共沸混合制冷工质，但到底接近到什么程度为近共沸和非共沸的分界点，还没有一个明确的规定，通常将泡、露点温差小于3℃的混合制冷工质称为近共沸制冷工质。

3. 常用混合制冷工质的特性

（1）共沸制冷工质 R-507　R-507 是一种新的制冷工质，是作为 R-502 的替代物提出来的。其 ODP 值为零。它的沸点为 -46.7℃，与 R-502 的沸点非常接近。相同工况下，制冷系数比 R-502 略低，单位容积制冷量比 R-502 略高，压缩机排气温度比 R-502 略低，冷凝压力比 R-502 略高，压比略高于 R-502。它不溶于矿物润滑油，但能溶于聚酯类润滑油。凡是用 R-502 的场合，都可以 R-507 来替代。

（2）非共沸制冷工质 R-407C　R-407C 是一种三元非共沸制冷工质，它是作为R-22 的替代物而提出的。在压力为 1atm（101.325kPa）时，其泡点温度为 -43.4℃，露点温度为 -36.1℃，与 R-22 的沸点较接近。与其他 HFC 制冷工质一样，R-407C 也不能与矿物润滑油互溶，但能溶解于聚酯类合成润滑油。研究表明，在空调工况（蒸发温度≈7℃）下，R-407C 的单位容积制冷量以及制冷系数比 R-22 略低（约 5%）。因此，将 R-22 的空调系统换成 R-407C，只要将润滑油和制冷工质改换就可以了，而不需要更换制冷压缩机，这是 R-407C 作为 R-22 替代物的最大优点。但在低温工况（蒸发温度 < -30℃）下，虽然其制冷系数比 R-22 低得不多，但它的单位容积制冷量比 R-22 要低得多（约 20%），这一点在使用时要特别注意。此外，由于 R-407C 的泡露点温差较大，在使用时最好将热交换器作成逆流形式，以充分发挥非共沸制冷工质的优势。

(3) 非共沸制冷工质 R-410A　R-410A 是一种两元混合制冷工质，它的泡、露点温差仅为0.2℃，是近共沸制冷工质。与其他 HFC 制冷工质一样，R-410A 也不能与矿物润滑油互溶，但能溶解于聚酯类合成润滑油。它也是作为 R-22 的替代物提出来的。虽然在一定的温度下，它的饱和蒸气压比 R-22 和 R-407C 均要高一些，但它的其他性能比 R-407C 要优越。它具有与共沸制冷工质类似的优点，在低温工况时，它的单位容积制冷量比R-22 还要高约60%，制冷系数也比 R-22 高约5%。在空调工况时，它的单位容积制冷量和制冷系数均比 R-22 大一些。与 R-407C 相比较，尤其是在低温工况，使用 R-410A 的制冷系统具有更小的体积（单位容积制冷量大），更高的能量利用率。但 R-410A 不能直接用来替换 R-22 的制冷系统，在使用 R-410A 时要用专门的制冷压缩机，而不能用 R-22 的制冷压缩机。此外，由于 R-410A 工作压力比 R-22 要高，因此其他方面例如热交换器、管路等也要重新设计。

第六节　载　冷　剂

一、载冷剂的作用及选用原则

在间接冷却的制冷装置中，被冷却物体或空间中的热量是通过一种中间介质传给制冷工质。这种中间介质在制冷工程中称之为载冷剂或第二制冷工质。

采用载冷剂的优点是可使制冷系统集中在较小的场所，因而可以减小制冷机系统的容积及制冷工质的充灌量；且因载冷剂的比热容大，被冷却对象的温度易于保持恒定。其缺点是系统比不用载冷剂时复杂，且增大了被冷却物和制冷工质间的温差，需要较低的制冷机蒸发温度。

选择载冷剂时，应考虑下列一些因素：

1）载冷剂在工作温度下应处于液体状态，其凝固温度应低于工作温度，沸点应高于工作温度。

2）比热容要大。在传递一定的冷量时，可使流量减小，因而可以提高循环的经济性，或减少输送载冷剂的泵功率消耗和管道的材料消耗。

3）密度小。载冷剂的密度小可使循环泵的功率减小。

4）粘度小。采用粘度小的载冷剂可使流动阻力减小，因而循环泵功率减小。

5）化学的稳定性好。载冷剂应在工作温度下不分解，不与空气中的氧气起化学反应，不发生物理化学性质的变化。

6）不腐蚀设备和管道。

7）不燃烧、不爆炸，无毒，对人体无害。

8）价格低廉，便于获得。

载冷剂的种类很多，常用的有下列三类：

第一类为水。水可用来作为蒸发温度高于0℃的制冷装置中的载冷剂。由于水价格低廉，易于获得，传热性能较好，因此在空调装置及某些0℃以上的冷却过程中广泛地用作载冷剂。它的缺点是不能用于0℃以下的系统。

第二类为盐类溶液。如氯化钠、氯化钙等的水溶液，称为盐水。盐水的冰点比纯水低，因此在蒸发温度低于0℃的制冷装置中可用作载冷剂。它的主要缺点是对一些金属材料会产生腐蚀。

第三类为有机化合物及其水溶液。某些有机化合物，如乙二醇水溶液、二氯甲烷、三氯乙烯等，具有较低的凝固温度，可用作温度较低场合的载冷剂。它们的主要缺点是相对水而言比热容较小，某些化合物还有一定的毒性。

此外，在低温系统中，有时也使用载冷剂，但这些载冷剂通常就是另一种低温流体，如氦、氢、氮、氧、空气、甲烷等，本章第五节已经介绍了这些流体的性质，因此，下面仅介绍普通冷冻温度以上使用的载冷剂的有关知识。

二、常用载冷剂

1. 盐水

常用的载冷剂盐水是氯化钙水溶液，有时也使用氯化镁或氯化钠水溶液。这些溶液的共晶点是：氯化钙 -55℃，氯化镁 -17℃，氯化钠 -21℃。盐水溶液实际上使用的温度应比共晶温度略高。例如，对氯化钙溶液，使用的最低温度应不低于 -40℃。

图2-15所示为盐水溶液的温度 - 质量分数图。如果盐水的质量分数 w_a 比共晶质量分数低，使其从常温冷却到固液平衡线上的点 B 时，开始有水析出，继而冻结成冰。此时的温度称为溶液的起始凝固温度。当冷却到点 C 时，溶液中析出一定量的冰，而剩余溶液中溶质的质量分数增大，在图中用点 C_1 表示。在这样的混合物中，浓盐水和冰的质量之比等于 l_1 与 l_2 之比。当继续被冷却到点 D 时，则变成 m_1 的共晶溶液和 m_2 的冰。再进一步冷却到更低温度时，m_1 的共晶溶液即变成为固溶体。

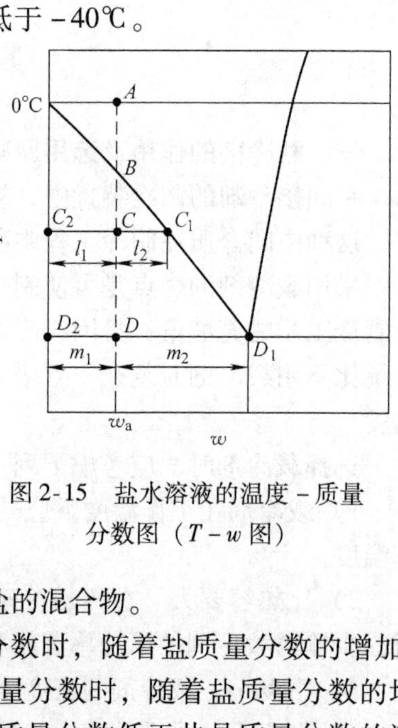

图2-15 盐水溶液的温度 - 质量分数图（$T-w$ 图）

如果盐水在初始时盐的质量分数大于共晶质量分数，则首先冻结成固体的是盐而不是水结成的冰。当这样的盐水被冷却到共晶温度时，即变成为共晶溶液与固体盐的混合物。

由图2-15可见，盐的质量分数低于共晶溶液的质量分数时，随着盐质量分数的增加，起始凝固温度不断降低；盐的质量分数高于共晶溶液的质量分数时，随着盐质量分数的增加，起始凝固温度不断升高。因此，实用上总是使用盐的质量分数低于共晶质量分数的溶液。通常是按照起始凝固温度比蒸发温度低5~8℃来确定溶液中盐的质量分数。

附录C表C-1和表C-2列出了氯化钙和氯化钠盐水的物理性质。

氯化钙和氯化钠对金属材料有腐蚀作用，因此在使用时应加缓蚀剂，调整溶液的pH值至7.0~8.5。重铬酸钠（$Na_2Cr_2O_7 \cdot 2H_2O$）具有缓蚀作用，通常是在每1m³氯化钙溶液里加2kg重铬酸钠，在每1m³氯化钠溶液里加3.2kg重铬酸钠。

2. 有机载冷剂

乙二醇、丙二醇、丙三醇的水溶液都是性能较好的低温载冷剂。这些水溶液的冰点都比水的冰点低，对管道、容器等金属材料无腐蚀作用。其中，乙二醇水溶液是使用最为广泛的有机载冷剂。附录C表C-3给出了不同乙二醇质量分数时水溶液的热物理性质。

许多卤代烃可以作为低温载冷剂使用，它们具有凝固点低、粘度较小、不燃烧和化学稳定性好的特点。在选用它们作为低温载冷剂时，应考虑管道的承压能力和密封要求，此外还要考虑对环境的友好性。

三氯乙烯虽然也是不燃烧的温度较低场合使用的载冷剂，但它对金属、橡胶、有机物均有腐蚀作用，特别是在吸收水分后会水解出盐酸，对不锈钢也有腐蚀作用。此外，三氯乙烯还会挥发出气体，对人体肝脏有影响，甚至会致癌，因此，目前以尽量避免采用为好。由乙二醇（质量分数为40%）、乙醇（质量分数为20%）和水（质量分数为40%）组成的三元溶液（俗称不冻液）可以代替三氯乙烯使用。在上述配比下，这种三元溶液的沸点为98℃，冰点为－64℃，密度为1kg/L，比热容为3.14kJ/(kg·K)，闪点为80℃。

附录C列出了几种常用载冷剂的热物理性质数据。

第七节 冷冻机用润滑油

一、润滑油的作用及选用原则

1. 润滑油的作用

在制冷装置中，润滑油保证压缩机正常运转，对压缩机各个运动部件起润滑与冷却作用，在保证压缩机运行的可靠性和使用寿命中起着极其重要的作用。具体地说，润滑油的作用有：

1）由油泵将润滑油输送到各运动部件的摩擦面，形成一层油膜，降低压缩机的摩擦功和带走摩擦热，减少运动零件的摩擦，提高压缩机的可靠性和延长机器的使用寿命。

2）由于润滑油带走摩擦热，不至于使摩擦面的温升太高，因而可防止运动零件因发热而“卡死”。

3）对于开启式压缩机，在密封件的摩擦面间隙中充满润滑油，不仅起到润滑作用，而且还可防止制冷工质气体的泄漏。

4）润滑油流经润滑面时，可带走各种机械杂质和油污，起到清洗作用。

5）润滑油能在各零件表面形成油膜保护层，防止零件的锈蚀。

2. 润滑油的选用原则

在制冷系统中，制冷工质与润滑油直接接触，不可避免地有一部分润滑油与制冷工质一起在系统中流动，温度变化较大。因此，为了实现润滑油的上述功效，润滑油应满足如下基本要求：

1）在运行状态下，润滑油应有适当的粘度。粘度过小达不到润滑的目的，粘度过大，摩擦阻力过大，压缩机功耗增大。因为制冷压缩机在工作中有高压排出的高温气，所以油的粘度不要降得过小；又有低压侧吸入的低温气，此时粘度不致过大。因此，对制冷用的润滑油还要求粘度随温度变化尽量小。一般情况下，温度较低的冷冻范围使用低粘度的润滑油，空调高温范围使用高粘度的润滑油。有时也使用添加剂提高润滑油的粘度特性。

2）凝固点要低，在低温时有良好的流动性。表示润滑油在低温环境中的流动特征的指标为润滑油的流动点。作为制冷用润滑油，希望流动点达到－60℃以下。虽然一般的润滑油的流动点都在－45℃以上，但当油中溶解了制冷工质时，在低于－60℃时仍有流动性。但应注意，当制冷工质的溶解量处于临界溶解温度以下时，油便分为两层，油的粘度将会急剧增大。因此，在低温系统中，不能有任何润滑油进入系统的低温部分，即在制冷工质进入低温部分之前，必须将润滑油去除掉，否则，润滑油将堵塞系统管路，造成系统瘫痪。

3）不含水分、不凝性气体和石蜡。冷冻机润滑油中含有水分时，易引起系统冰堵，降低油的热稳定性和化学稳定性以及引起电器绝缘性能的降低，应引起足够的重视。

与水分一样，油中溶解有空气等不凝性气体时，将引起冷凝压力升高而使压缩机排气温度升高，降低制冷能力。在实际工作中，充灌润滑油时应采用小桶封装，拆封后应尽快用完。采用大桶油时应进行加热脱气和真空干燥处理，含水量应在 $50\times10^{-4}\%$ 以下。

在石蜡型润滑油中，低温下石蜡要分离析出，析出时的温度称为絮凝点。石蜡析出将引起制冷系统中的滤网和膨胀阀（或毛细管）堵塞，妨碍制冷工质流动，因此，絮凝点和凝固点一样，低一点为好。

4）对制冷工质有良好的兼容性，本身应具有较好的热稳定性和化学稳定性。润滑油在制冷系统中经常与制冷工质接触，因此要求它们具有良好的兼容性。除了本章第三节提到的互溶性要求外，润滑油与制冷工质不应有任何化学反应等作用。

与制冷工质一样，润滑油是在从高温到低温非常广泛的温度范围内工作的。在高温下，油分解产生积炭，这些堆积物会妨碍压缩机阀片等部件的运动，使制冷效率降低。闪点和高温易挥发性是衡量润滑油热稳定性的指标之一。制冷用润滑油要求闪点和挥发性越低越好。

化学稳定性一般不指其抗氧化能力，而是指其抵抗与制冷工质的反应以及与压缩机零部件材料反应的能力。在制冷工质-油-金属的共存体系中，高温时润滑油易发生化学反应产生腐蚀性酸，而润滑油缓慢劣化易生成弱酸。这些反应生成物不仅腐蚀金属，还将侵蚀电动机漆包线的涂层，可以引起电动机烧坏、镀铜现象、积炭、生成焦油状物质等。各国对冷冻机用润滑油的酸性（用中和值表示）有严格的规定。我国的冷冻机用润滑油标准 GB/T 16630—1996《冷冻机油》中规定中和值为 0.08 ~ 0.05mg(KOH)/g 以下。

5）绝缘耐电压要高。在封闭式压缩机中，冷冻机油与电动机一起装在封闭壳内，润滑油应有绝缘的特性。一般地说，制冷工质都具有优良的电器特性，然而，油与制冷工质合成混合液后，其电器特性有降低的倾向。油的绝缘耐电压是重要指标，在我国的 GB/T 16630—1996 中没有要求，但在日本的 JKSK-83 中为 25kV。

6）价格低廉，容易获得。

二、分类与特性

冷冻机润滑油按制造工艺可分成两大类：

（1）天然矿物油　简称矿物油，即从石油中提取的润滑油。作为石油的馏分，矿物油通常具有较小的极性，它们只能溶解在极性较弱或非极性的制冷工质中，如：R-600a、R-12 等。

（2）人工合成油　简称合成油，即按照特定制冷工质的要求，用人工化学的方法合成的润滑油。合成油主要是为了弥补矿物油难以与极性制冷工质互溶的缺陷而提出的，因此，合成油通常都有较强的极性，它们能溶解在极性较强的制冷工质中，如：R-134a、R-410A 等。人工合成油主要有：聚醇类、聚酯类、极性合成碳氢化合物等。

制冷系统润滑油的特性，不仅受溶解在里面的制冷工质的影响，而且，还受温度的影响。图 2-16 所示为一种多元聚酯类润滑油与 R-134a 的混合物的性能曲线。从图中可以看出，随着温度的提高或制冷工质含量的增大，其粘度明显下降。因此，在高温下工作的制冷系统或制冷工质与润滑油互溶性较好的系统，宜选用粘度较大的润滑油。

在制冷系统中，制冷工质不可避免地要混入一些润滑油，从而给制冷工质的性能带来较大的影响，进而影响整个系统的制冷性能。图 2-17 所示为含油制冷工质（R-134a）的饱和蒸气压曲线。由图可以看出，随着油含量的增加，制冷工质的饱和蒸气压大大降低。

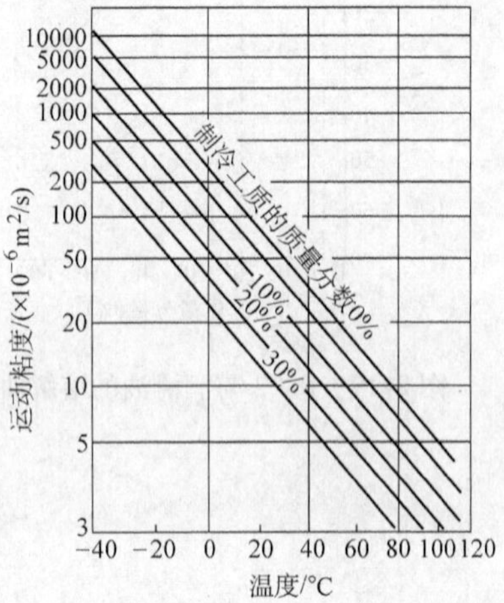

图 2-16　润滑油与 R-134a 混合物的性能曲线

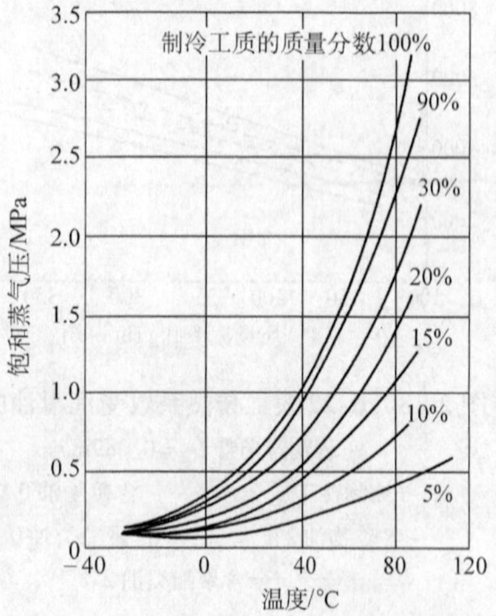

图 2-17　含油制冷工质的饱和蒸气压曲线

润滑油的选择主要取决于制冷工质的种类、压缩机形式和运转工况（蒸发温度、冷凝温度）等，一般是使用制冷机制造厂推荐的牌号。选择润滑油时，首先要考虑的是该润滑油的低温性能和对制冷工质的相溶性。从压缩机出来随制冷工质一起进入蒸发器的润滑油由于温度的降低，如果制冷工质对润滑油的溶解性能不好的话，则润滑油要在蒸发器传热管壁面上形成一层油膜，从而增加热阻，降低系统性能。图 2-18 所示为 R-22 在蒸发器中管外传热系数受润滑油的影响。从图中可以看出，由于润滑油的存在，R-22 的表面传热系数明显比纯制冷工质的表面传热系数要低；此外，由于 R-22 对矿物油的溶解能力大于聚酯类油，因此，聚酯类油对 R-22 的传热性能影响更大。从传热角度看，对于制冷温度较高的普通空调或冷冻系统，应该选取与制冷工质互溶性好的润滑油；但对低温系统，由于不存在润滑油进入系统的低温部分，因此尽量选取与制冷工质互溶性差的润滑油，使润滑油与制冷工质较容易分离，而且也可以避免由于制冷工质的溶解进入使润滑油粘度降低的弊病。按制冷工质与润滑油的溶解性大小可将润滑油分为三类：完全溶油，部分溶油和难溶或微溶油，见表 2-16。几乎完全不溶于矿物油的制冷与低温工质有 R-702、R-704、R-717、R-728、CO_2、R-134a、R-32、R-152a、R-143a、R-23 等。卤代烃制冷工质同润滑油的溶解关系是随卤代烃制冷工质的种类及温度而变的。卤代烃制冷工质中所含的氟原子越多，则在矿物油中的溶解度越小。图 2-19 所示为由实验确定的 R-22 与润滑油的溶解曲线。实验结果表明，对卤代烃制冷工质而言存在一个溶解临界温度，即溶解曲线最高点的温度。当高于临界温度时，卤代烃制冷工质同矿物油是互溶的，不会出现分层现象。当低于临界温度时则为部分溶解，此时溶液将分为两层：贫油层和富油层。例如，图中点 A 表示的 R-22 同矿物油的溶解将分为点 A_1 表示的贫油层及点 A_2 表示的富油层，且其质量分数与至点 A 的距离成反比。

由图 2-19 还可看出，R-22 制冷机的高压贮液器中是不会出现富油层的，但在低压贮液器及蒸发器中则会出现。

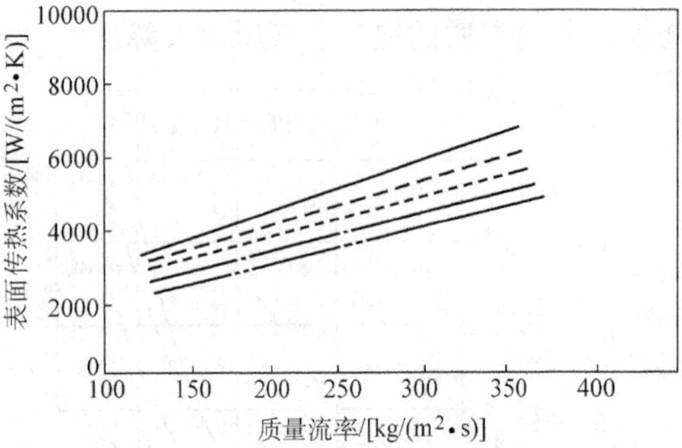

图 2-18　R-22 表面传热系数受润滑油的影响

（蒸发器光管 D_0 = 0.089m）

——纯制冷工质　- - - - 含矿物油 0.2%

- - - - 含矿物油 2%　— — — 含聚酯类油 0.2%

— — — 含聚酯类油 2%

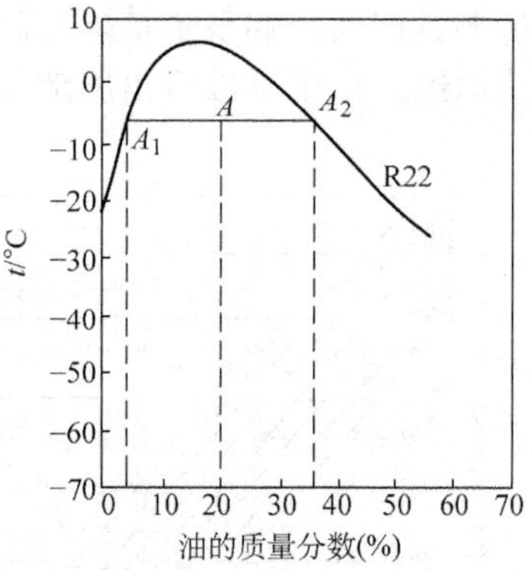

图 2-19　R-22 与润滑油的溶解曲线

表 2-16　制冷工质与润滑油的互溶性

润滑油名称	完 全 溶 油	部 分 溶 油	难溶或微溶油
矿物油	R-11，R-12，R-600a	R-22，R-502	R-717，R-134a，R-407C
聚酯类油	R-134a，R-407C	R-22，R-502	R-11，R-12，R-600a
聚醇类油	R-717	R-134a，R-407C	R-11，R-12，R-600a
极性合成碳氢化合物油	R-134a，R-407C	R-22，R-502	R-11，R-12，R-600a

值得指出的是，虽然那些不含氯的卤代烃制冷工质难以溶解于矿物油，但它们却能很好地溶解于合成油。

极性润滑油如聚酯类油和聚醇类油都具有很强的吸水性，这一特性对制冷系统极其不利，在使用时要加以特别注意。极性合成碳氢化合物油，虽然对极性制冷工质的溶解性没有聚酯类油好，但由于在这些油里加入了一定的添加剂，使该类润滑油能溶于极性制冷工质但又不太吸收水分，可以避免因吸水而引起的一系列问题。

习　题

2-1　蒸气压缩制冷理想的制冷工质应具有哪些特性？

2-2　蒸气压缩制冷制冷工质的哪些物理性质可对系统性能产生影响？

2-3　在选用制冷工质时，需要考虑的安全特性有哪些？

2-4　写出下列制冷工质的分子式：R-702，R-704，R-728，R-50，R-23，R-32，R-125，R-22，R-134a，R-600a，R-123。

2-5　什么是共沸制冷工质？请举出 3 种共沸制冷工质的例子。

2-6　解释术语“制冷剂”和“载冷剂”，并说明载冷剂的主要作用。

2-7　试说明润滑油对制冷系统的正面作用和负面作用。

2-8　试说明矿物油和聚酯类油分别用于哪些制冷工质？

2-9　讨论对臭氧层有破坏作用或由较大全球变暖潜能值的制冷工质替代研究的意义，以及需解决的主要问题。

2-10　试证明焦－汤系数 μ_J 可用下列方程表示

$$\mu_J = \frac{1}{c_p}\left[T\left(\frac{\partial v}{\partial T}\right)_p - v\right] = \frac{RT^2}{pc_p}\left(\frac{\partial Z}{\partial T}\right)_p$$

请算出在4.05MPa压力下，氧的转化温度。

其中　$v = \frac{1}{A + Bp}$，$A = a + bT + cT^2$，$B = d + eT$

式中，常数 $a = 1.5656$，$b = -4.896 \times 10^{-3}$，$c = 2.136 \times 10^{-6}$，$d = -5.3327 \times 10^{-4}$，$e = 0.2824 \times 10^{-4}$；$v$ 为比体积（cm^3/g）；T 为温度（K）；p 为压力（MPa）。

2-11　试推导MH方程的余比亥姆霍兹自由能、余比焓和余比熵的表达式。

2-12　请用计算机高级语言编一个MH方程计算气相热力学状态参数的程序，用所编程序计算出制冷工质R-134a在压力为0.1MPa、温度为0℃时的比体积、比焓和比熵，并与查图所得的结果相比较。

2-13　用 $p-h$ 图以及用式（2-46）来求R-22在－20℃时的冷凝热，并与查表得到的结果相比较。

2-14　假设由甲烷、乙烷、丙烷和丁烷组成的天然气处于两相状态，试问需要有几个参数才能描述混合物的状态？试给出三种典型的参数组合来描述混合物的同一状态。

2-15　试分析氧和氩的混合气体，在0.101MPa和90K下达到平衡状态时，蒸气和液体组成。假设蒸气为理想气体，液体为理想溶液。

2-16　由50%氧气和50%氮气组成的混合气体，当压力为0.506MPa时，若气相与液相中的物质的量相同，试问混合物的温度为多少？

2-17　当0.101MPa的空气同一根内有90K液氧的未绝热输送管接触时，空气会冷凝吗？假如未绝热输送管内流动的是77K的液氮，冷凝层会出现吗？在上述情况下，凝结在管外的液体成分是怎么样的？

2-18　利用氩和氧的平衡常数，求出这两种气体的混合物在压力为0.506MPa、温度为108K下达到平衡状态时的气相及液相的组成。

2-19　含体积分数79%氮气和21%氧气的空气，在压力为0.101MPa下冷却到80K。试求混合物的冷凝百分数和氮在气、液相中的摩尔分数（用两种气体的平衡常数计算）。

2-20　一股摩尔分数为30%的氢、10%的氮、40%的甲烷和20%的乙烷的加工气流，被冷却到某一温度，在此温度下它们的平衡常数分别为10、2、0.5和0.1。试求最终的组分的和气液相的量，按100mol加入气体量来计算。

2-21　求100L的正常氢在它的正常沸点下转化成平衡氢时的放热量。若此转化热全部用来使氢蒸发，则会蒸发多少液氢？

第三章　蒸气制冷循环

第一节　单级机械压缩制冷循环

蒸气机械压缩制冷机是目前应用最广泛的一种制冷机。这类制冷机设备比较紧凑，可以制成大、中、小型，以适应不同场合的需要，能达到的制冷温度范围比较宽广，且在普通制冷温度范围内具有较高的循环效率。因此，它广泛用于国民经济各部门及人民生活的各个领域。

单级蒸气机械压缩制冷机是指将制冷剂经过一级压缩，从蒸发压力压缩到放热压力的制冷机。空调器、电冰箱、热泵热水器以及中央空调用的冷水机组大都采用这种制冷机，它的制冷温度通常为 -40℃以上。

一、理想循环

为了能应用热力学理论对蒸气机械压缩制冷实际过程进行分析，先提出一种简化的循环，称为理想循环。理想循环忽略了制冷机在实际运转中的一些复杂因素，将循环加以抽象，以便于分析几个基本参数对循环的影响。这样的循环也将作为以后研究制冷机实际循环的基础。

（一）简单理想循环

简单理想循环制冷机的流程图与图 1-10 相同，包括四个部件：压缩机、冷凝器、节流机构和蒸发器。简单理想循环是建立在以下一些假设的基础上的：

1）压缩过程为等熵过程，即在压缩过程中不存在任何不可逆损失。

2）在冷凝器和蒸发器中，制冷剂的冷凝温度等于冷却介质的温度，蒸发温度等于被冷却介质的温度，且冷凝温度和蒸发温度都是定值。

3）离开蒸发器和进入压缩机的制冷剂蒸气为蒸发压力下的饱和蒸气，离开冷凝器和进入膨胀阀的液体为冷凝压力下的饱和液体。

4）制冷剂在管道内流动时，没有流动阻力损失，忽略动能变化，除了蒸发器和冷凝器内的管子外，制冷剂与管外介质之间没有热交换。

5）制冷剂在流过节流机构时，流速变化很小，可以忽略不计，且与外界环境没有热交换。

图 3-1 为上述简单理想循环在温 - 熵图和压 - 焓图上的表示。压缩机吸入的是以点 1 表示的饱和蒸气，1 - 2 表示制冷剂在压缩机中的等熵压缩过程。2 - 3 - 4 表示制冷剂在冷凝器中的冷却和冷凝过程，在冷却过程（2-3）中制冷剂与环境介质有温差，在冷凝过程（3-4）中制冷剂与环境介质无温差，在冷却和冷凝过程中制冷剂压力保持不变，且等于冷凝温度 T_k 下的饱和蒸气压力 p_k。4 - 5 表示节流过程。制冷剂在节流过程中压力和温度都降低，但焓值保持不变，且进入两相区。5 - 1 表示制冷剂在蒸发器中的蒸发过程，制冷剂在温度 T_0、饱和压力 p_0 保持不变的情况下蒸发，而被冷却物体或载冷剂的热量被制冷剂带走。制冷剂的蒸发温度与被冷却物体间无温差。

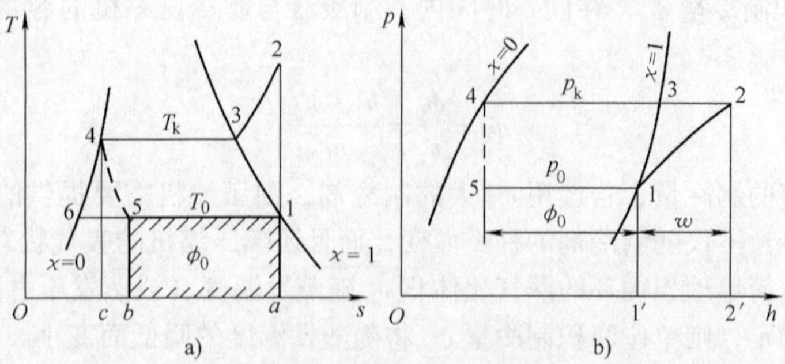

图 3-1 简单理想循环

a) $T-s$ 图 b) $p-h$ 图

假定制冷剂质量流量为1kg/s，按照热力学第一定律，对于在控制容积中进行的状态变化存在如下关系，即

$$\delta\phi = \mathrm{d}h - \delta w \tag{3-1}$$

这里，把自外界输入的比功作为负值。对上式积分可以得到整个过程的表达式，即

$$\phi = \Delta h - w \tag{3-2}$$

按照式（3-1）和式（3-2），单级蒸气压缩简单理想循环的各个过程有如下关系：

（1）压缩过程 $\delta\phi = 0$，因而 $\delta w = \mathrm{d}h$，则

$$w_0 = h_2 - h_1 \tag{3-3}$$

式中，w_0 为理论比功，在 $T-s$ 图上用面积 $1-2-3-4-c-b-5-1$ 表示，在 $p-h$ 图上以横坐标轴上的线段 $1'-2'$的长度来表示。

（2）冷凝过程 $\delta w = 0$，因而 $\delta\phi = \mathrm{d}h$，则

$$\phi_k = h_2 - h_4 \tag{3-4}$$

式中，ϕ_k 为单位冷凝热，在 $T-s$ 图上用面积 $a-2-3-4-c-a$ 代表，在 $p-h$ 图上以线段长度 $2-4$ 表示。

（3）节流过程 节流过程为一不可逆过程，不能用微分符号表示，但对整个节流过程前后可用积分式表示，即 $w=0$，$\phi=0$，因而 $\Delta h=0$，则

$$h_4 = h_5 \tag{3-5}$$

这就是说节流过程前后比焓值相等，4、5 两点在等焓线上。

（4）蒸发过程 $\delta w = 0$，因而 $\delta\phi = \mathrm{d}h$，则

$$\phi_0 = h_1 - h_5 = h_1 - h_4 \tag{3-6}$$

式中，ϕ_0 为单位制冷量，习惯上取为正值，在 $T-s$ 图上用面积 $1-5-b-a-1$ 代表，而在 $p-h$ 图上则用线段 $5-1$ 表示。

为了说明单级蒸气机械压缩简单理想循环的性能，采用下列一些性能指标，这些性能指标均可通过循环各点的状态参数计算出来。

（1）单位制冷量 ϕ_0 单位质量流量的制冷剂在制冷系统中所产生的制冷量，称为单位制冷量。简单理想循环单位制冷量可按式（3-6）计算。单位制冷量也可以表示成汽化热 r_0 和节流后的干度 x_5 的函数，即

$$\phi_0 = r_0(1 - x_5) \tag{3-7}$$

由式（3-7）可知，制冷剂的汽化热越大，或节流所形成的蒸气越少（x_5 越小），则循环的单位制冷量就越大。

（2）单位容积制冷量 ϕ_v 在同一时间内，制冷量与制冷压缩机的容积输气量之比。根据式（1-42），得

$$\phi_v = \frac{\phi_0}{v_1} = \frac{h_1 - h_4}{v_1} \tag{3-8}$$

为了制取一定的制冷量，若选用 ϕ_v 大的制冷剂，则压缩机需要提供的输气量就小。循环的单位容积制冷量不仅随制冷剂的种类而变，而且还随压缩机的吸气状态而变。对某一具体的制冷剂来说，简单理想循环的蒸气比体积 v_1 随蒸发温度（或蒸发压力）的降低而增大，若冷凝温度已经确定，则单位容积制冷量 ϕ_v 将随蒸发温度的降低而变小。

（3）理论比功 w_0 简单理想循环中制冷压缩机输送单位质量（1kg）制冷剂所消耗的功称为理论比功。由于制冷剂在节流过程中不做外功，因此，压缩机所消耗的理论比功即等于循环的理论比功。理论比功可表示为

$$w_0 = h_2 - h_1 \tag{3-9}$$

单级蒸气机械压缩制冷理论比功也是随制冷剂的种类和制冷循环的工作温度而变的。

（4）单位冷凝热 ϕ_k 单位质量（1kg）制冷剂蒸气在冷凝器中放出的热量，称为单位冷凝热。单位冷凝热包括显热和潜热两部分

$$\phi_k = (h_2 - h_3) + (h_3 - h_4) = h_2 - h_4 \tag{3-10}$$

比较式（3-6）、式（3-9）和式（3-10），可以看出

$$\phi_k = \phi_0 + w_0 \tag{3-11}$$

这和用热力学第一定律分析循环时得出的结论完全一致。

（5）制冷系数 ε_0 对于单级蒸气机械压缩简单理想循环，制冷系数为

$$\varepsilon_0 = \frac{\phi_0}{w_0} = \frac{h_1 - h_4}{h_2 - h_1} \tag{3-12}$$

在冷凝温度和蒸发温度给定的情况下，制冷系数越大，表示循环的运行经济性越好。由于 ϕ_0 和 w_0 都随循环的工作温度而变，冷凝温度越高，蒸发温度越低，则制冷系数越小。

（6）热力完善度 η 根据单级蒸气机械压缩简单理想循环的假设条件，其热力完善度按定义可表示为

$$\eta = \frac{\varepsilon_0}{\varepsilon_k} = \frac{h_1 - h_4}{h_2 - h_1}\ \frac{T_4 - T_0}{T_0} \tag{3-13}$$

这里 ε_k 为在蒸发温度（T_0）和冷凝温度（T_4）之间工作的逆卡诺循环的制冷系数。简单理想循环是工作在两个恒温热源之间的循环，它除了节流过程引起不可逆损失外，还存在高温高压制冷剂气体由温差冷却传热引起的不可逆损失。因此，它的热力完善度比1要小得多。

例 3-1 一台单级蒸气机械压缩制冷机工作在高温热源温度为40℃、低温热源温度为−20℃下。试求分别用R-134a、R-22和R-717工作时简单理想循环的性能指标。

解 循环的 $T-s$ 图和 $p-h$ 图如图3-1所示，各点参数根据附录B查图表或用计算机计算得到，下表为用商用软件REFPROP计算得到的结果。

状态点	参数	单位	R-134a	R-22	R-717
1	p_1	kPa	132.7	244.9	189.6
	t_1	℃	−20	−20	−20
	v_1	m³/kg	0.1472	0.09213	0.6232
	h_1	kJ/kg	384.70	396.46	475.0

（续）

状态点	参数	单位	R-134a	R-22	R-717
2	t_2	℃	48.4	67.6	135.2
	p_2	kPa	1016.4	1533.6	1555.5
	h_2	kJ/kg	427.31	443.06	794.0
4	t_4	℃	40	40	40
	p_4	kPa	1016.4	1533.6	1555.5
	h_4	kJ/kg	256.2	249.44	-571.7
5	h_5	kJ/kg	256.2	249.44	-571.7

设制冷剂质量流量为1kg/s，按式（3-6）、式（3-8）、式（3-9）、式（3-10）和式（3-12）计算循环性能指标，见下表。

项目	计算公式	单位	R-134a	R-22	R-717
单位制冷量	$\phi_0 = h_1 - h_4$	kJ/kg	128.5	147.0	1043.1
单位容积制冷量	$\phi_v = \frac{\phi_0}{v_1}$	kJ/m³	872.9	1595.9	1673.9
理论比功	$w_0 = h_2 - h_1$	kJ/kg	42.60	46.59	319.90
单位冷凝热	$\phi_k = h_2 - h_4$	kJ/kg	171.10	193.62	1363.03
制冷系数	$\varepsilon_0 = \frac{\phi_0}{w_0}$	1	3.016	3.155	3.261
卡诺循环制冷系数	$\varepsilon_k = \frac{T_0}{T_4 - T_0}$	1	4.219	4.219	4.219
热力完善度	$\eta = \frac{\varepsilon}{\varepsilon_k}$	1	0.715	0.748	0.773

分析计算结果可以看出：

1）在相同工作条件下，R-22、R-717的单位容积制冷量较接近，而R-134a的单位容积制冷量则小得多（约小45%）。

2）三种制冷剂的制冷系数及热力完善度相差不大。

（二）液体过冷、吸气过热及回热循环

上面所述的循环，是单级蒸气机械压缩制冷基本循环，也是最简单的循环。在实用上，根据实际条件对循环往往要作一些改进，以便提高循环的性能以及实用性。在单级制冷循环中，这一改进主要有液体过冷、吸气过热及由此而产生的回热循环。

1. 液体过冷

将节流前的制冷剂液体冷却到低于冷凝温度的状态，称为液体过冷。带有液体过冷过程的循环，叫做液体过冷循环。

由制冷剂的热力状态图可知，在给定冷凝温度和蒸发温度后，节流前液体的过冷度越大，则节流后的干度 x 就越小，循环的单位制冷量就越大，节流过程的不可逆熵增就越小。因此，与具有相同冷凝温度和蒸发温度的简单理想循环相比，采用液体过冷循环对提高单位制冷量和制冷系数都是有利的。图3-2所示为过冷循环 $1-2-3-4-4'-5'-1$ 的 $T-s$ 图和 $p-h$ 图。图中 $4-4'$ 为制冷剂液体在过冷器中的过冷过程。过冷器实际上就是一个热交换

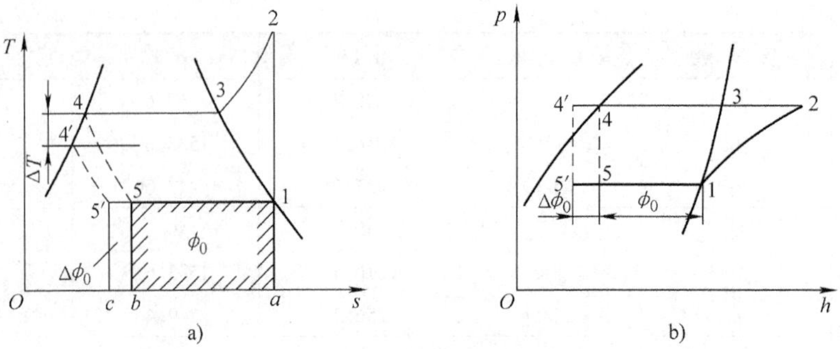

图3-2 过冷循环

a) $T-s$ 图 b) $p-h$ 图

器，来自冷凝器的饱和液体经过过冷器再放出热量给冷却介质，使自己成为过冷状态。4′－5′为节流过程，其余过程与所对应的简单理想循环相同。

与所对应的简单理想循环1－2－3－4－5－1相比，过冷循环的单位制冷量的增加量为

$$\Delta\phi_0 = h_5 - h_5' = h_4 - h_4' \tag{3-14}$$

在图3-2a中，$\Delta\phi_0$ 以面积5′－5－b－c－5′表示，在图3-2b中，$\Delta\phi_0$ 以线段5′－5表示。因两个循环的理论比功 w_0 相同，过冷循环的制冷系数 ε' 比无过冷循环的制冷系数 ε 要大。

$$\varepsilon' = \frac{(h_1 - h_4) + (h_4 - h_4')}{h_2 - h_1} = \varepsilon_0 + \frac{c'\Delta t}{h_2 - h_1} \tag{3-15}$$

式中，c' 为制冷剂液体的平均比热容；Δt 为过冷度。

由式（3-15）可知，与简单理想循环比较，过冷度越大，循环的制冷系数提高得越多。此外，一定的过冷度还可以防止制冷剂进入节流装置前，处于两相状态，使节流机构工作稳定。

制冷剂液体的过冷过程一般是在过冷器中实现：当冷凝器用空气冷却时，过冷器中需用冷却水冷却；而当冷凝器用冷却水冷却时，过冷器需用深井水来冷却。总之，用于冷却过冷器的介质温度通常要比冷却冷凝器的介质温度要低。冷凝器如果采用蛇管式或逆流套管式，则冷凝器的尾部（即充满液体的部分）也可起过冷器的作用。当过冷器单独设置时，要增加冷却水或深井水设施，水泵还要消耗功，在这种情况下采用过冷循环在经济上是否有利，需经技术经济分析才能确定。

必须指出，在计算过冷循环的相对卡诺效率时，所对应的逆卡诺循环的高温热源温度必须取高压制冷剂液体的过冷温度。基于这一考虑，虽然过冷循环与所对应的简单理想循环相比制冷系数提高了，但它所对应的逆卡诺循环的制冷系数也提高了，可以证明，循环的相对卡诺效率与对应的简单理想循环相比是增大还是减小，取决于简单理想循环节流后制冷剂的干度 x_5。如果 x_5 小于等于某一定值（约为0.5），则过冷使相对卡诺效率减小；若 x_5 大于这个数值，则随着过冷度的增大，相对卡诺效率表现为先增加后减小的趋势。

2. 吸气过热

压缩机吸入前的制冷剂蒸气的温度高于吸气压力下制冷剂的饱和温度时，称为吸气过热。具有吸气过热过程的循环，称为吸气过热循环。

图3-3所示为吸气过热循环1－1′－2′－3－4－5－1的 $T-s$ 图和 $p-h$ 图。图中1－1′是吸气的过热过程，其余与简单理想循环相同。

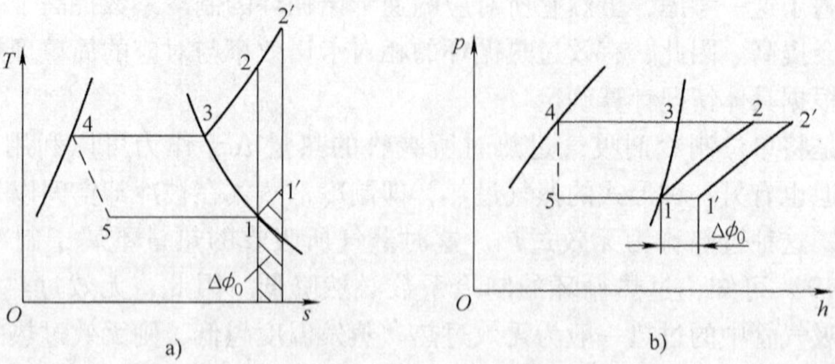

图 3-3　吸气过热循环

a) $T-s$ 图　b) $p-h$ 图

如果吸入蒸气的过热发生在蒸发器的后部，或者发生在安装于被冷却空间内的吸气管道上，或者发生在两者皆有的情况下，那么由于过热而吸收的热量来自被冷却的空间，因而产生了有用的制冷效果，这种过热称为有效过热。与简单理想循环相比，有效过热循环的单位制冷量增大了，即

$$\Delta\phi_0 = h_{1'} - h_1 \tag{3-16}$$

而循环的理论比功也增大了，即

$$\Delta w_0 = (h_{2'} - h_{1'}) - (h_2 - h_1) \tag{3-17}$$

因而有效过热循环的制冷系数可表示为

$$\varepsilon' = \frac{\phi_0'}{w'} = \frac{\phi_0 + \Delta\phi_0}{w_0 + \Delta w_0} \tag{3-18}$$

由制冷剂的 $p-h$ 图可知，在过热区，过热度越大，其等熵线的斜率越小，根据式（3-17），得

$$\Delta w_0 > 0 \tag{3-19}$$

可以看出，虽然有效过热的循环制冷量增大了，但耗功量也增大了，因此，有效过热循环的制冷系数 ε' 可能大于或小于等于简单理想循环的制冷系数 $\varepsilon_0\left(=\frac{\phi_0}{w_0}\right)$。如果 $\varepsilon' > \varepsilon_0$，则过热有利，否则过热不利。在过热度相同时，有效过热是否有利，取决于制冷剂的种类，可以通过计算不同制冷剂在不同过热度条件下，制冷系数的变化情况来定量分析上述结论。图 3-4 所示为当蒸发温度为 0℃、冷凝温度为 40℃、无过冷时，计算得到的结果。由该图可知，制冷系数是增加还是减少仅仅与制冷剂的种类有关，而改变量的相对值几乎与过热度成正比。用同样的方法分析有效过热对单位容积制冷量的影响，会得到与图 3-4 非常相似的结果。

必须指出，在计算有效过热循环的相对卡诺效率时，所对应的逆卡诺循环的低温热源温度必须取低压制冷剂蒸气

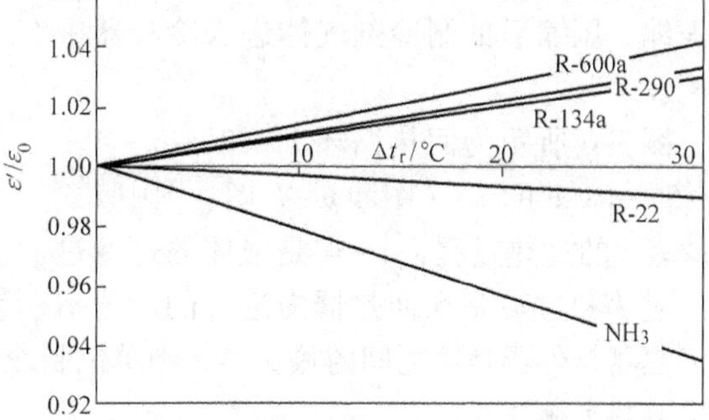

图 3-4　有效过热的过热度对制冷系数的影响

的过热温度。基于这一考虑，虽然它所对应的逆卡诺循环的制冷系数提高了，但它本身的制冷系数也可能会提高。因此，有效过热循环的相对卡诺效率与对应的简单理想循环相比是提高还是降低要根据具体情况计算确定。

上述分析是将单位制冷剂吸气过热时所吸收的热量 Δq_0 作为可以利用的单位制冷量，即有效过热。但也有另一种形式的蒸气过热，即制冷剂蒸气在被冷却空间以外吸取外界环境的热量而过热，这种过热称为无效过热。这时蒸气所吸收的热量不属于制冷量，由式（3-16）~式（3-19）可知，过热循环的制冷系数必然降低。因此，无效过热也称有害过热。制冷剂蒸气在吸气管中的过热一般为无效过热。蒸发温度越低，则无效过热的影响越大。为了减轻无效过热，吸气管需包扎绝热材料，但仍无法完全消除。

此外，不管是有效过热还是无效过热，虽然一定的过热度对容积式压缩机的吸气效果会有所改善，也可避免吸入气体可能带液所导致的不利后果，但是，过热都将引起压缩机排气温度的增加，这一点对压缩机的工作是不利的。在实际操作过程中，即使采用像 R-600a 这样的制冷剂，也不要使过热度太大。表 3-1 给出了蒸发温度为 0℃、冷凝温度为 40℃时，不同制冷剂在过热度分别为 0℃和 30℃时压缩机的排气温度计算结果。

表 3-1 过热度对排气温度的影响 （单位：℃）

过热度/℃	R-600a	R-290	R-134a	R-22	NH_3
0	37.4	44.4	44.1	55.9	93.0
30	65.7	72.1	72.9	86.3	131.5

事实上，无效过热增加了循环内部的不可逆性，因此，循环的热力完善度必然减小，相对卡诺效率也必然减小。

3. 回热

液体过冷对提高循环性能指标有好处，但要实现液体过冷，需要有温度更低的冷却介质。利用回热使节流前的制冷剂液体与压缩机吸入前的制冷剂蒸气进行热交换，使液体过冷、蒸气过热，称之为回热。具有回热的制冷循环，称为回热循环。利用回热循环是实现较大回热要求的有效措施，这一措施在低温领域得到更广泛的应用。

回热循环的流程图如图 3-5 所示。制冷剂液体在回热器中被低压蒸气冷却，然后经节流阀进入蒸发器。从蒸发器流出的低压蒸气进入回热器，在其中被加热后再进入压缩机压缩，压缩后的制冷剂气体进入冷凝器中冷凝。

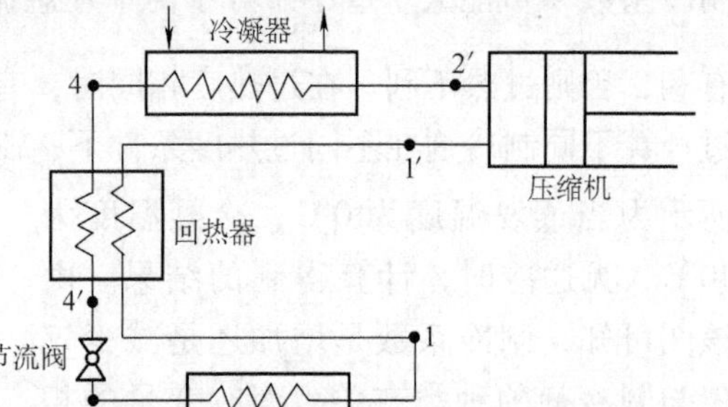

图 3-5 单级蒸气机械压缩制冷回热循环的流程图

图 3-6 所示为回热循环 1′–2′–3–4–4′–5′–1–1′的 $T-s$ 图和 $p-h$ 图。图中 1–1′是蒸气的过热过程，4–4′是液体的过冷过程。过热和过冷是在回热器内进行的。若不计回热器与外界环境之间的热交换，则单位制冷剂液体过冷的放热量等于使蒸气过热的吸热量，其热平衡式为

$$h_4 - h_{4'} = h_{1'} - h_1 \tag{3-20}$$

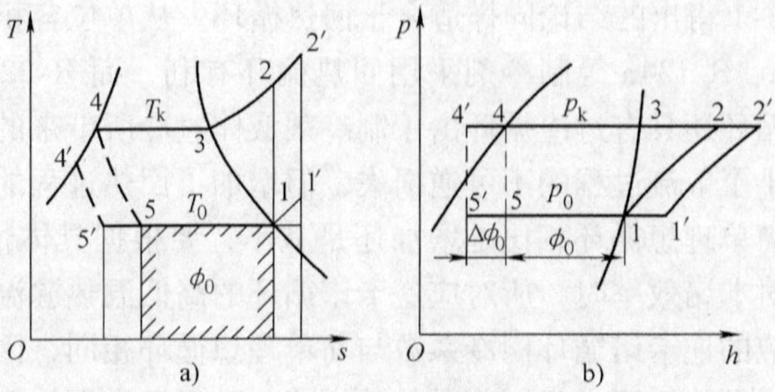

图 3-6　回热循环

a) $T-s$ 图　b) $p-h$ 图

或写成

$$c'_p(t_k - t_{4'}) = c_{p0}(t_{1'} - t_0) \tag{3-21}$$

式中，c'_p 是液体的平均比定压热容；c_{p0} 是低压蒸气的平均比定压热容。

由式（3-21）可以求出

$$t_{4'} = t_k - \frac{c_{p0}}{c'_p}(t_{1'} - t_0) \tag{3-22}$$

当选定 $t_{1'}$ 之后即可由式（3-22）求出 $t_{4'}$，当然也可由式（3-20）求解得到 $t_{4'}$。由于需要传热温差，液体通过回热器不可能被冷却到蒸发温度 t_0，即 $t_{4'} > t_0$。

回热循环的性能指标如下：

单位制冷量

$$\phi_0' = h_1 - h_{4'} = h_{1'} - h_4 \tag{3-23}$$

单位容积制冷量

$$\phi_v' = \frac{\phi_0'}{v_{1'}} \tag{3-24}$$

比功

$$w' = h_{2'} - h_{1'} \tag{3-25}$$

制冷系数

$$\varepsilon' = \frac{\phi_0'}{w'} = \frac{h_1 - h_{4'}}{h_{2'} - h_{1'}} \tag{3-26}$$

由图 3-6 可知，与无回热循环 1－2－3－4－5－1 相比较，回热循环的单位制冷量增大了，即

$$\Delta\phi_0 = h_4 - h_{4'} = h_{1'} - h_1 \tag{3-27}$$

但比功也增大了

$$\Delta w_0 = w' - w_0 = (h_2' - h_1') - (h_2 - h_1) \tag{3-28}$$

吸气比体积增大到 $v_{1'}$。

事实上，回热循环制冷量的增加来自低压低温制冷剂蒸气的过热，如果回热器出口的过热度与相对应的有效过热循环的过热度相等，则回热循环的单位制冷量增大的量与相应的有效过热循环制冷量增加的量相同；同样，回热循环的耗功量的增加也与相应的有效过热循环制冷量增加的量相同。因此，有效过热循环关于制冷系数增加或减小的结论也适用于回热循

环，即由图 3-4 和表 3-1 得出的结论同样适合于回热循环。从单位容积制冷量和制冷系数角度看，R-290、R-600a、R-134a 等制冷剂采用回热循环有利，而 R-22、R-717 采用回热循环不利。此外，回热循环还具有过冷循环由于制冷剂液体过冷所带来的优点。

由于回热循环减小了节流过程的不可逆损失，但增加了回热过程的传热不可逆损失，其热力完善度与对应的简单理想循环相比是增加还是减小，要根据具体情况计算确定。显然，在计算回热循环的相对卡诺效率时，所对应逆卡诺循环的高低温热源温度与简单理想循环相同。由于回热循环对应的逆卡诺循环制冷系数与简单理想循环相同，因此，回热循环的相对卡诺效率的增减取决于回热循环本身制冷系数的增减。已经知道回热循环制冷系数的变化规律与有效过热循环相同，取决于制冷剂种类。因此，对 R-290、R-600a、R-134a 等制冷剂采用回热循环，其相对卡诺效率将增加；而对于 R-22、R-717 等制冷剂采用回热循环，其相对卡诺效率将减小。

显然，如果回热过程的冷量是来自低温液体的汽化热，而不是来自过热蒸气，由上面的讨论可知，循环的相对卡诺效率始终与对应的简单理想循环相同。这个结论仅适用于纯质制冷剂或共沸制冷剂。

在实用上是否采用回热循环，除了考虑单位容积制冷量、制冷系数及热力完善度是否提高以外，还应考虑下列一些因素：

1）采用回热后，使节流前制冷剂成为过冷状态，可以减少节流过程中制冷剂液体的汽化，使节流机构工作稳定。

2）采用回热后，压缩机排气温度将升高，对压缩机工作不利。

3）采用回热后，由于回热器存在阻力，因而增大了压缩机的压力比，引起压缩功的增大。因此，究竟在什么情况下采用回热循环，要综合上述因素，具体分析。

还应指出，对于有些制冷剂，它们在 $T-s$ 图上的饱和蒸气曲线向左下方倾斜，当压缩机吸入的是饱和蒸气时其等熵压缩过程线将进入两相区内，而压缩机在湿压缩区通常是不宜工作的。因此，应该采用回热循环等措施，以提高压缩机吸气温度。

（三）非共沸混合制冷剂循环

在第一章中已经指出，对于变温热源，洛伦兹循环具有最高的效率。在工程应用中，大部分载冷剂（如空气、水、乙二醇等）都是利用显热携带热量。这种载冷剂的特点是，随着携带热量的变化，它们的温度要发生变化。这就是说，制冷系统的高低温热源大部分为变温热源。因此，如何在工程实际中实现洛伦兹循环，对于节约能源具有非常重要的意义。

人们虽然可以利用制冷剂的显热来吸收或释放热量以实现与热源温度的匹配，例如，空气制冷机，但是，一般显热比潜热要小得多，即用显热制冷的制冷机其容积制冷量都很小，难以满足实际应用的要求。要实现相变制冷，同时又要实现等压吸热或放热时制冷剂温度要发生变化，来满足洛伦兹循环的要求，纯质制冷剂和共沸制冷剂都难以实现。用非共沸混合制冷剂来近似实现洛伦兹循环是非共沸混合制冷剂的一大优点。很多研究表明，利用非共沸混合制冷剂的特点，结合采用逆流式热交换器，可以在制冷或热泵装置中取得显著的节能效果。此外，用非共沸混合制冷剂还可以实现用单级压缩获得较低的蒸发温度。

1. 单级压缩基本循环

图 3-7 和图 3-8 分别为非共沸混合制冷剂基本循环的系统图和 $T-s$ 图。它同纯质制冷剂循环基本一样，只是由于非共沸混合制冷剂在等压相变时温度会发生变化，为了充分利用

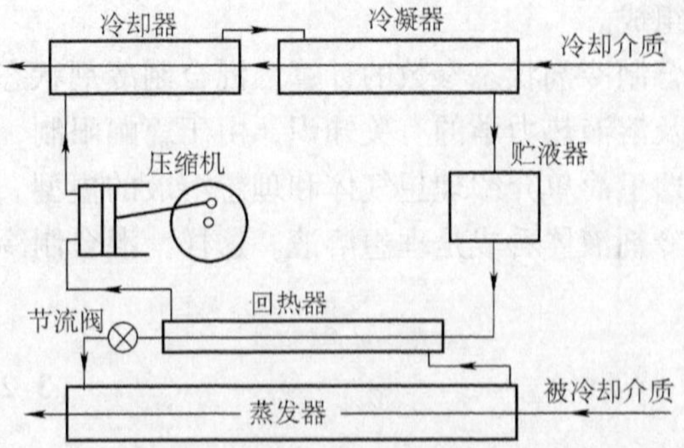

图 3-7 回热式非共沸混合制冷剂基本循环的系统图

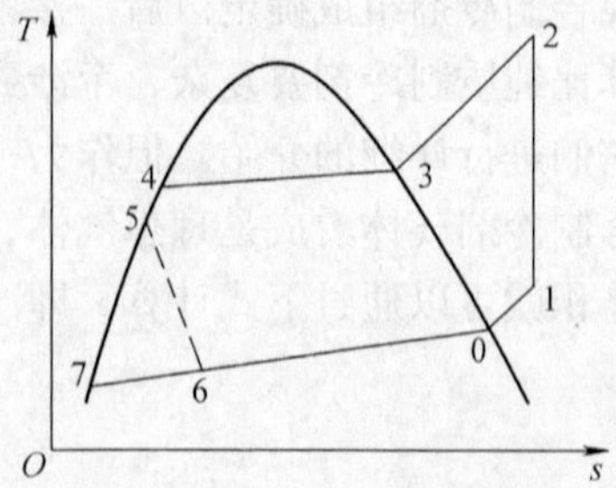

图 3-8 非共沸混合制冷剂基本循环的 $T-s$ 图

这一优势，将蒸发器和冷凝器做成逆流式，并采用回热器，其工作原理由图可清楚看出，这里不再讨论。

非共沸混合制冷剂循环的工作参数选择，较纯质制冷剂要复杂些。制冷剂的冷却冷凝过程可在 $T-w$ 图上表示出来，如图 3-9 所示。压缩机出来的高压制冷剂气体，其质量分数为 w，温度为 T_2，进入冷却器被冷却成饱和蒸气（即露点，温度为 T_3）后再进入冷凝器，制冷剂在冷凝器里放热冷凝成为饱和液体（即泡点，温度为 T_4），然后进入节流阀节流降压。T_3 和 T_4 的选择，是根据冷却介质的温度变化情况并考虑一定的传热温差而确定的。选定 T_3 和 T_4 后，根据压缩机的排气压力实际情况，确定混合制冷剂的质量分数 w。这里的混合制冷剂质量分数的确定仅考虑冷凝过程的泡、露点温度匹配因素，实际上，还必须考虑蒸发过程的温度匹配问题。蒸发过程在 $T-w$ 图上的表示如图 3-10。从节流阀里出来的制冷剂为两相状态（点 6），压力为蒸发压力，温度为 T_6，对应液相的质量分数为 $w_{6'}$，气相质量分数为 $w_{6''}$。这些两相的制冷剂在蒸发器里吸热蒸发到露点状态（点 0），此时温度为蒸发压力下的露点温度 T_0。然后，它们经回热器回热后，回到制冷压缩机。T_0 和 T_6 的选择，是根据被冷却介质的温度变化情况，同时考虑一定的传热温差而确定的。在 T_0 和 T_6 确定后，再根据蒸发压力来决定混合制冷剂的质量分数 w。这里得到的 w 仅考虑蒸发温度的匹配情况，它与根据冷凝过程温度匹配得到的 w 通常是不一样的。最终选择哪一个 w，要综合考虑各方面的因素而最后确定。

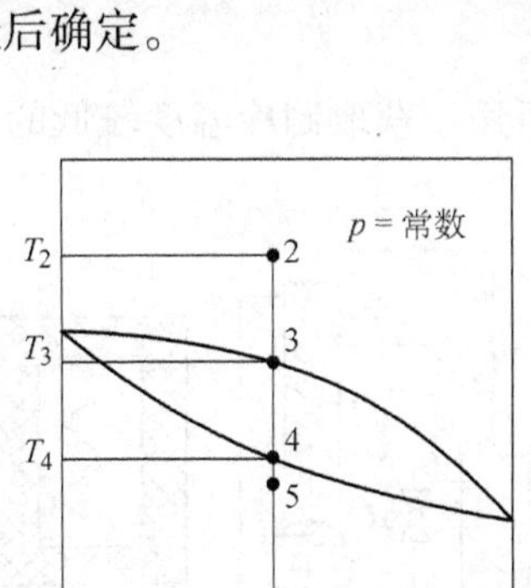

图 3-9 冷凝过程在 $T-w$ 图上的表示

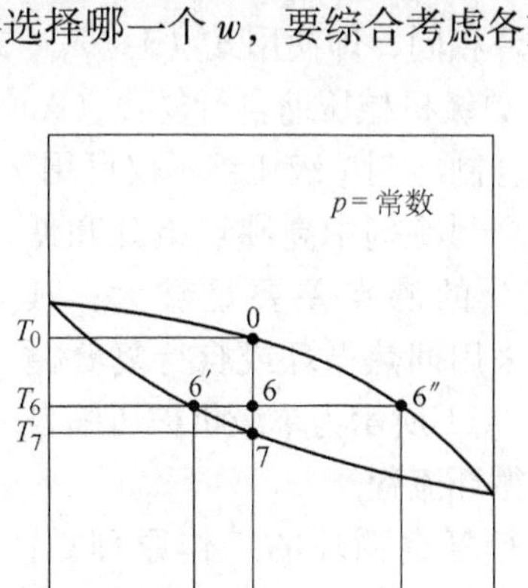

图 3-10 蒸发过程在 $T-w$ 图上的表示

用于确定混合制冷剂的最佳组成的方法很多，最好的方法应该是用综合经济指标作目标函数，用最优化的方法确定混合制冷剂的最佳组成。

混合制冷剂组成确定以后，接下来进行混合制冷剂状态参数的计算。混合制冷剂状态参数计算比纯质制冷剂要复杂，牵涉到混合物以及溶液热力学的有关知识，由于篇幅限制，不能对它们进行详细的介绍。但作为一种近似，这里简单介绍理想气体和理想溶液的模型。即把混合制冷剂气体看成是理想气体，把混合制冷剂液体看成是理想溶液。这样，混合制冷剂的比体积就可以通过下式计算，即

$$v = \sum_{i=1}^{n} v_i^0 w_i \tag{3-29}$$

式中，v_i^0 为第 i 组分纯质制冷剂在系统压力和温度下的比体积，它们可以用第二章介绍的方法进行计算或查图表得到；w_i 为第 i 组分纯质制冷剂的质量分数。

混合制冷剂的比焓和比熵可用下列式子计算，即

$$h = \sum_{i=1}^{n} h_i^0 w_i \tag{3-30}$$

$$s = \sum_{i=1}^{n} s_i^0 w_i \tag{3-31}$$

式中，h_i^0 和 s_i^0 分别为第 i 组分纯质制冷剂在系统压力和温度下的比焓和比熵，它们可以用第二章介绍的方法进行计算或查图表得到；w_i 为第 i 组分纯质制冷剂的质量分数。

当处于相平衡时，混合制冷剂的饱和蒸气压可以由下式计算，即

$$p = \sum_{i=1}^{n} p_i^0 x_i \tag{3-32}$$

式中，p_i^0 为第 i 组分纯质制冷剂在系统温度下的饱和蒸气压，它们可以用第二章介绍的方法进行计算或查图表得到；x_i 为第 i 组分纯质制冷剂的摩尔分数。

混合制冷剂的热力性质也可采用美国国家标准与技术研究院（NIST）开发的 REFPROP 等商用软件进行计算。

在确定了各状态点的热力参数之后，就可对循环进行热力计算，计算方法与纯质制冷剂制冷循环相同，即使用式（3-7）~式（3-13）等进行计算。

2. 单级机械压缩自行复叠（Auto－cascade）循环

混合制冷剂单级压缩不仅可用于常规制冷，而且还可用于获取制冷温度较低的场合，这时，混合制冷剂中高沸点组分和低沸点组分的沸点差要足够大；其次，要采用回热循环或自行复叠循环。图3-11所示为单级机械压缩自行复叠循环流程。

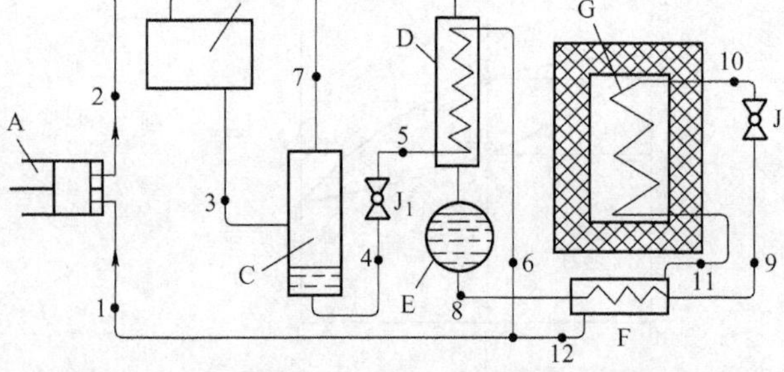

图3-11　单级机械压缩自行复叠循环流程

A—压缩机　B—冷凝器　C—气液分离器　D—冷凝蒸发器　E—贮液器　F—回热器　G—蒸发器　J_1、J_2—节流阀

自行复叠循环的工作原理是：压缩机A将气态混合制冷剂压缩为高压状态，经冷凝器B冷却及部分冷凝后进入气液分离器C。在气液分离器中，混合制冷剂被分离成富含高沸点组分的液体和富含低沸点

组分的气体两部分。来自气液分离器中的液体经节流阀 J_1 节流降压降温后，进入冷凝蒸发器 D 中吸热蒸发成为气态；来自气液分离器中的气体进入冷凝蒸发器中放热冷凝成为液态，经贮液器 E、回热器 F 后进入节流阀 J_2，在这里降压降温后进入蒸发器 G 吸热蒸发，从而产生制冷效果。从蒸发器出来的低温流体在回热器 F 中回热后，与来自冷凝蒸发器的制冷剂蒸气汇合一起回到压缩机，从而完成一个循环。

从上述原理可以看出，在蒸发器里蒸发的是富含低沸点组分的制冷剂液体，在相同的蒸发压力下，低沸点制冷剂往往具有更低的蒸发温度，从而实现较低的制冷温度。如果采用单一低沸点制冷剂单级压缩循环，则冷凝压力将非常高，通常难以实现。在自行复叠循环中，低沸点制冷剂的冷凝是由高沸点制冷剂的蒸发来实现的，因而无需很高的压力。自行复叠循环的这一优点，为单级压缩实现较低的制冷温度提供了一条有效的途径。

（四）跨临界循环

有些制冷剂的临界温度较低，例如，R-744（二氧化碳）的临界温度只有31.1℃。这些制冷剂在向外界放热时，它的放热温度通常高于它的临界温度，整个等压放热过程没有发生冷凝这样的相变过程，等压放热的压力也高于临界压力。但是，它们在吸热制冷时的温度又往往低于临界温度。把这类放热温度高于临界温度、吸热温度低于临界温度的蒸气机械压缩制冷循环，称为跨临界蒸气机械压缩制冷循环，图 3-12 所示为跨临界蒸气机械压缩制冷循环。图中，1－2 为等熵压缩过程，2－3 为等压冷却放热过程，3－4 为节流过程，4－1 为等压（等温）吸热蒸发过程。从图中可以看出，这个循环与一般的蒸气机械压缩制冷循环的区别仅在于高压等压放热过程，在这里放热过程中没有冷凝发生，因此，也就没有等温冷凝过程，习惯上也就把用于冷却高压高温制冷剂的热交换器称为气体冷却器，而不称为冷凝器，以示区别。

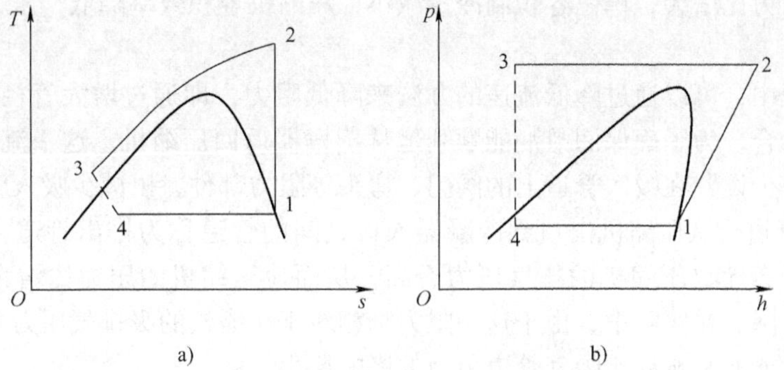

图 3-12　跨临界蒸气机械压缩制冷循环

a）$T-s$ 图　b）$p-h$ 图

通常，把温度高于临界温度且压力高于临界压力的流体称为稠密气体，把温度低于临界温度且压力高于所对应的饱和压力的流体称为过冷液体。如果从气体冷却器出来的流体温度高于临界温度，则属于稠密气体；如果从气体冷却器出来的流体温度低于临界温度，则属于过冷液体。值得指出的是，稠密气体和过冷液体没有明确的分界线，它们物性变化都是连续的，不像常规气体和液体之间有跳跃性变化。

跨临界循环的计算分析方法与简单理想循环相同，但与简单理想循环比较，跨临界制冷循环具有如下特点：

1）放热过程的温度是连续不断变化的，具有较大的温度滑移。如果用于加热变温热源，则能较好地实现和高温热源的温差匹配，有利于减小传热过程的不可逆损失。此外，它在温度较高时就能放出较多热量。这一点在用做制冷机时有利于实现热回收，在用做热泵时，有利于制取温度较高的热量。

2）循环性能不仅取决于冷却器出口制冷剂的温度，而且还取决于高压压力。在简单理想循环相变放热过程中，高压压力取决于相变温度；而在跨临界循环中，高压压力是独立变量。研究结果表明，在其他参数不变的条件下，存在最佳高压压力，使得循环制冷系数最大。

3）对于通常的制冷剂，临界压力都较高，而蒸发温度所对应的压力通常都较低，因此，跨临界循环的高低压差较大，从而导致节流损失较大。

为了弥补上述第3点的缺点，产生许多改进的跨临界循环。其中的一个改进方法是将循环中的节流膨胀改为膨胀机膨胀以回收膨胀功。考虑膨胀机结构复杂，而且膨胀终了存在液体，给膨胀机制造带来一定困难，因此，也有研究者提出用引射器代替节流装置。此外，降低节流前的流体温度，也可以减少节流过程的不可逆损失，例如采用回热循环。

二、实际循环

（一）实际循环的特点

实际循环和理想循环有许多不同之处，除了压缩机中的工作过程以外，主要还有下列一些差别：

1. 流动过程存在阻力

（1）吸入管道　从蒸发器出口到压缩机吸气入口之间的管道称为吸入管道。制冷剂从吸入管道中流过时必定存在流动阻力。这一阻力损失引起的压力降，直接造成压缩机吸气压力的降低，对实际循环的性能有重大影响。这种影响表现为压缩机吸入口的吸气比体积增大，压缩机的压力比增大，单位容积制冷量减小，压缩机容积效率降低，压力比功增大，制冷系数下降。

在实际工程中，可以通过降低流速的办法来降低阻力，即通过增大管径来降低压力降。但考虑到有些场合，为了确保润滑油能顺利地从蒸发器返回压缩机，这一流速又不能太低。此外，应尽量减少设置在吸入管道上的阀门、弯头等阻力部件，以减少吸入管道的阻力。

（2）排出管道　从压缩机出口到冷凝器入口之间的管道称为排出管道。同样地，排出管道上的压力降会导致压缩机的排气压力升高，从而使压缩机的压力比增大，容积效率降低，制冷系数下降。在实际中，由于这一阻力降相对于压缩机的吸排气压力差要小得多，因此，它对系统性能的影响要比吸气管道阻力的影响要小。

（3）液体管道　从冷凝器出口到节流装置入口之间的管路称为液体管道。由于液体流速较气体要小得多，因而阻力相对较小。但在许多场合下，冷凝器出口与节流装置入口不在同一高度上，若前者的位置比后者低，由于静液柱的存在，高度差要导致压力降。该压力降对于具有足够过冷度的制冷系统，系统性能不会受其影响。但如果从冷凝器里出来的制冷剂为饱和状态或过冷度不大，则液体管道的压力降将导致管路内部的制冷剂汽化，从而使进入节流装置的制冷剂处于两相状态，这将增加节流过程的压力降，对系统性能产生不利的影响，同时，对系统的稳定运行也产生不利影响。为了避免这些影响，在设计制冷系统时，要注意冷凝器与节流装置的相对位置，同时，要降低节流前管路的阻力损失。

（4）两相管道　从节流装置到蒸发器之间的管道中流动着两相的制冷剂，称之为两相管道。通常这一管道的距离是较短的，而且，由它引起的阻力降对系统性能几乎没有影响。因为，对于给定的蒸发温度而言，制冷剂进入蒸发器之前，压力必须降低到蒸发压力，这一压力的降低不管是发生在节流装置内还是发生在两相管道上是无关紧要的。但是，如果系统中有多个蒸发器共用一个节流装置，则要尽量保证从液体分配器到各个蒸发器之间的阻力降相等，否则将出现分液不均匀现象，影响制冷效果。

（5）蒸发器　在讨论蒸发器中的压降对循环性能的影响时，必须注意到它的比较条件。如果不改变制冷剂出蒸发器时的状态，为了克服蒸发器中的流动阻力，必须提高制冷剂进蒸发器时的压力，即提高开始蒸发时的温度。由于节流前后焓值相等，又因为压缩机的吸入状态没有变化，故制冷系统的性能没受到什么影响。它仅使蒸发器中的传热温差减小，要求传热面积增大而已。如果假定不改变蒸发过程中的平均传热温差，那么，出蒸发器的制冷剂压力稍有降低，其结果与吸入管道阻力引起的结果一样。

（6）冷凝器　假定出冷凝器的压力不变，为克服冷凝器中的流动阻力，必须提高进冷凝器时的压力，其结果与排气管道阻力引起的结果一样。

2. 系统与环境间存在漏热

无论是制冷系统的高温部分还是低温部分，它们与环境之间总存在温差，因而不可避免地要与环境进行热交换，产生漏热。除压缩机、排气管道、冷凝器和液体管道这些高温部分的漏热对于制冷系统无坏的影响外（对于热泵系统，这些漏热也是损失），其余漏热对系统性能都将产生不利的影响。显然，两相管道和蒸发器的漏热是制冷量的直接损失，使系统的制冷量降低，能耗提高，而吸入管道的漏热产生的后果，与已经讨论过的无效过热的后果一样。因此，在实际系统中，应该尽量减小这些漏热。

图3-13所示为实际循环的 $T-s$ 图和 $p-h$ 图。图中5－6为实际蒸发过程，它与被冷却物质之间存在温差。同时，由于换热器中有流动损失，使制冷剂在蒸发器内有压力降，因此，5－6是一条向右下方倾斜的直线。$6-1_s$ 是蒸发器至压缩机开始压缩前这一过程中的压力和温度变化。为了表示清楚起见，把 $6-1_s$ 过程看做制冷剂先由点6等压过热至状态点 a，然后等焓节流至 1_s。压缩过程 1_s-2_s 是在气缸内进行的，压缩终了的气体状态为 2_s。由气缸内的点 2_s 排到冷凝器时的过程，也是一个有压力降低和温度降低的过程，图中 2_s-b 表示排气过程的冷却情况，bc 表示排气管道中的压降。$c-3-4$ 表示在冷凝器中的冷却及冷凝过

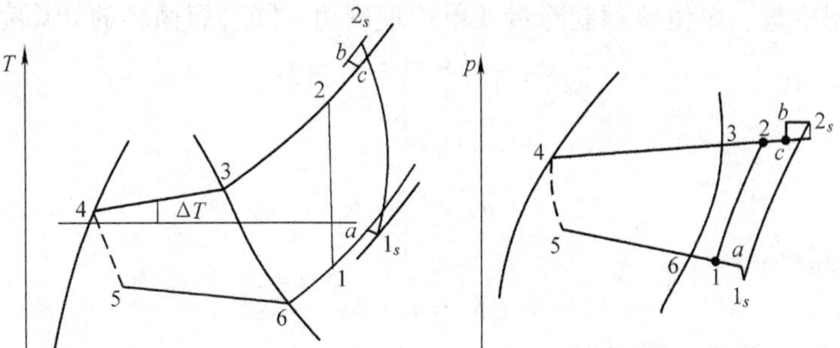

图3-13　实际循环
a）$T-s$ 图　b）$p-h$ 图

程。在这一过程中由于有流动阻力损失，因此压力是渐渐降低的，冷凝温度 T_k 也是变化的，同时，与冷却介质（如水、空气）之间存在着变化的温差 ΔT。4－5 是实际的节流过程。它也是一个同环境介质有热交换的过程，过程前后焓值也稍有变化。

（二）实际循环的性能指标及热力计算

如图 3-13 所示的循环，显然很难用手算法进行热力计算。因此，在工程设计中常常是对它作一些简化。简化的途径是：

1）忽略冷凝器及蒸发器中的微小压力变化，即以压缩机出口压力作为冷凝压力（在大型装置中，压缩机排气管道较长，应从排气压力减去这一段管道压力损失后作为冷凝压力），以压缩机进口压力作为蒸发压力（在大型装置中尚需加上吸气管道的压力损失），同时认为冷凝温度和蒸发温度均为定值。

2）将压缩机内部过程简化成一个从吸气压力到排气压力的有损失的简单压缩过程。

3）节流过程仍认为是前后焓相等的过程。

经过上述简化，实际循环可表示为图 3-14 中的 0－1－2－3－4－5－0，1－2 是实际的压缩过程。经过这样的简化之后，即可直接利用 $p-h$ 图进行循环的性能指标的计算，且由此而产生的误差也不会很大。

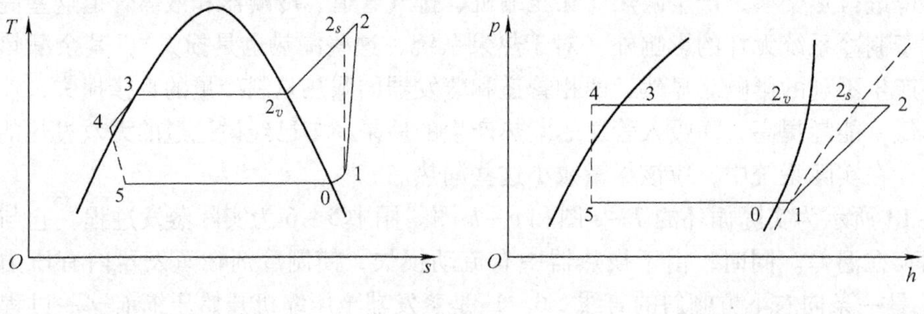

图 3-14 简化后实际循环

a) $T-s$ 图 b) $p-h$ 图

下面介绍简化后的循环性能指标表达式，各下标对应于图 3-14 所示的状态点。

（1）单位制冷量、单位容积制冷量及单位理论功 同理想循环的计算完全一样。

$$\phi_0 = h_1 - h_5 = h_1 - h_4$$

$$\phi_v = \frac{\phi_0}{v_1}$$

$$w_0 = h_{2_s} - h_1 \tag{3-33}$$

（2）单位冷凝热

$$\phi_k = h_2 - h_4 \tag{3-34}$$

上式中点 2 状态的比焓值计算式为

$$h_2 = \frac{h_{2_s} - h_1}{\eta_i + h_1} \tag{3-35}$$

式中，η_i 为压缩机的指示效率，它被定义为等熵压缩过程耗功量与实际压缩过程耗功量之比。

（3）制冷剂的循环流量

$$q_m = \frac{\Phi_0}{\phi_0} \tag{3-36}$$

式中，Φ_0 为制冷量，通常由设计任务给出。

（4）压缩机的理论功率和指示功率

理论功率
$$P_0 = q_m w_0 \tag{3-37}$$

指示功率
$$P_{\mathrm{i}} = \frac{P_0}{\eta_{\mathrm{i}}} \tag{3-38}$$

（5）实际制冷系数

$$\varepsilon_{\mathrm{s}} = \frac{\Phi_0}{(P_{\mathrm{i}}/\eta_{\mathrm{m}})} \tag{3-39}$$

式中，η_{m} 为压缩机的机械效率。

（6）冷凝器的热负荷

$$\Phi_{\mathrm{k}} = q_m \phi_{\mathrm{k}} \tag{3-40}$$

三、循环性能数值计算

利用计算机进行制冷剂的热力性质计算，不仅可以避免查阅热力性质图表的麻烦，而且可以对实际制冷系统性能进行模拟分析，以减轻甚至取代制冷系统性能分析的实验研究工作量。这方面的研究是当今制冷界科学研究的热门课题之一。这里简要介绍利用计算机进行单级蒸气机械压缩制冷循环热力性能方面计算的有关内容，而且假设实际循环可简化为如图3-14所示的循环。

一般说来，低温热源温度 t_{c} 由设计任务书给出，高温热源温度 t_{h} 由环境温度决定，环境温度取决于当地的气候条件，因此高温热源温度也为已知参数。设计者的任务之一是根据实际情况选定蒸发器传热温差 Δt_0 和冷凝器传热温差 Δt_{k}、吸气温度 t_1、液体温度 t_4、压缩机的指示效率 η_{i} 和机械效率 η_{m}。

有了上述这些参数，就可以进行热力计算。步骤如下：

1）计算蒸发温度 t_0 和冷凝温度 t_{k}。

$$t_0 = t_{\mathrm{c}} - \Delta t_0$$
$$t_{\mathrm{k}} = t_{\mathrm{h}} + \Delta t_{\mathrm{k}}$$

2）由饱和蒸气压计算公式［如式（2-42）］计算蒸发压力 p_0 和冷凝压力 p_{k}，也可由商用软件计算，通常，商用软件都具有与常用计算机语言对接的功能。

3）由（t_0，p_0）和（t_{k}，p_{k}）通过状态方程的比焓计算公式（2-11）计算饱和蒸气（0）和（2_v）的比焓 h_0、h_{2_v}；通过汽化热的计算公式（2-46）以及饱和蒸气点（2_v）的比焓 h_{2_v} 计算饱和液体点（3）的比焓 h_3；通过过冷液体比焓计算公式（2-51）计算过冷液体点（4）的比焓值 h_4。当然，这些比焓也可由商用软件计算。

4）由（t_1，p_0）通过状态方程及其比焓、比熵计算公式（2-11）计算状态点（1）的比体积 v_1、比焓 h_1 和 s_1。

5）状态点（2_s）的状态参数必须根据该点压力及等熵条件迭代求得。例如，给定点（2_s）的温度初值为

$$t_{2_s} = (t_1 + 273.15)\left(\frac{p_{\mathrm{k}}}{p_0}\right)^{\frac{\kappa-1}{\kappa}} - 273.15$$

式中 κ 可取 1.1 左右。

6）由(t_{2_s}，p_k)通过比熵计算公式(2-11)计算点(2_s)的比熵 S_{2_s}，判断 $\| s_{2_s}-s_1 \|$ 是否足够小。若否，调整 t_{2_s}值，重新执行该步，直到满意为止。调整方法可采用数值计算的有关方法。

7）由第6步求得的 t_{2_s} 以及 p_k 计算点(2_s)的比焓 h_{2_s}。

8）由压缩机的指示效率 η_i 通过式（3-35）计算点（2）的比焓 h_2。

9）由式(3-33)～式(3-40)计算循环的各性能指标。

例3-2　一台制冷量为50kW的活塞式制冷机，工作在高温热源温度 t_H 为32℃，低温热源温度 t_L 为 −18℃，制冷剂为R-134a，采用回热循环，压缩机的吸气温度为0℃，试进行循环的热力计算。

解　循环的 $p-h$ 图如图3-14所示，取冷凝温度比高温热源高8℃，蒸发温度比低温热源低5℃，压缩机的指示效率为0.75，压缩机的机械效率为0.92，可确定循环各点的状态参数如下表。

状态点	参数	单位	数值	备注
0	p_0	MPa	0.116	
	t_0	℃	−23	$t_0=t_L-5=-18-5=-23$
	h_0	kJ/kg	382.9	
1	p_1	MPa	0.116	
	t_1	℃	0	
	v_1	m^3/kg	0.185	
	h_1	kJ/kg	401.6	
2_s	p_2	MPa	1.016	
	t_{2_s}	℃	71.5	迭代得到（也可查图）
	h_{2_s}	kJ/kg	452.1	
3	p_3	MPa	1.016	
	t_3	℃	40	$t_3=t_H+8=32+8=40$
	h_3	kJ/kg	256.2	
4	p_4	MPa	1.016	
	t_4	℃	27.3	由热平衡式（3-20）计算 h_4，再根据 p_4、h_4 迭代（或查图）求得
	h_4	kJ/kg	237.5	

循环的热力计算如下：

1）点1状态的确定。根据回热器的热平衡 $h_3-h_4=h_1-h_0$，得

$$h_4=h_3-(h_1-h_0)=[256.2-(401.6-382.9)]\text{kJ/kg}=237.5\text{kJ/kg}$$

根据 p_4、h_4 迭代（或查图）求得 $t_4=27.3$℃。

2）单位质量制冷量、单位容积制冷量及单位理论功。

$$\phi_0=h_0-h_4=(382.9-237.5)\text{kJ/kg}=145.4\text{kJ/kg}$$

$$\phi_v=\frac{\phi_0}{v_1}=\frac{145.4}{0.185}\text{kJ/m}^3=785.9\text{kJ/m}^3$$

$$w_0 = h_{2_s} - h_1 = (452.1 - 401.6)\,\mathrm{kJ/kg} = 50.5\,\mathrm{kJ/kg}$$

3）制冷剂质量流量。

$$q_m = \frac{\Phi_0}{\phi_0} = \frac{50}{145.4}\,\mathrm{kg/s} = 0.344\,\mathrm{kg/s}$$

4）压缩机理论功率。

$$P_0 = q_m w_0 = 0.344 \times 50.5\,\mathrm{kW} = 17.4\,\mathrm{kW}$$

5）压缩机的指示功率。

$$P_{\mathrm{i}} = \frac{P_0}{\eta_{\mathrm{i}}} = \frac{17.4}{0.75}\,\mathrm{kW} = 23.2\,\mathrm{kW}$$

6）制冷系数及热力完善度。

$$\varepsilon_0 = \frac{\phi_0}{w_0} = \frac{145.4}{50.5} = 2.879$$

$$\varepsilon_s = \frac{\Phi_0}{P_{\mathrm{i}}/\eta_{\mathrm{m}}} = \frac{50}{23.2/0.92} = 1.983$$

对应逆卡诺循环的制冷系数为

$$\varepsilon_{\mathrm{k}} = \frac{t_{\mathrm{L}} + 273.15}{t_{\mathrm{H}} - t_{\mathrm{L}}} = \frac{255.15}{305.15 - 255.15} = 5.103$$

故热力完善度

$$\eta = \frac{\varepsilon_s}{\varepsilon_{\mathrm{k}}} = \frac{1.983}{5.103} = 0.389$$

7）冷凝器热负荷。由式（3-35），得

$$h_2 = h_1 + \frac{h_{2a} - h_1}{\eta_{\mathrm{i}}} = \left(401.6 + \frac{452.1 - 401.6}{0.75}\right)\mathrm{kJ/kg} = 468.9\,\mathrm{kJ/kg}$$

故 $$\Phi_{\mathrm{k}} = q_m(h_2 - h_3) = 0.344 \times (468.9 - 256.2)\,\mathrm{kW} = 73.2\,\mathrm{kW}$$

8）回热器的热负荷。

$$\Phi_{\mathrm{R}} = q_m(h_1 - h_0) = 0.344 \times (401.6 - 382.9)\,\mathrm{kW} = 6.43\,\mathrm{kW}$$

四、循环特性分析与制冷机工况

在前面几节中对单级制冷循环的分析和计算，是针对给定被冷却对象的温度 T_{L} 和给定放热环境的温度 T_{H} 的情况。在这种情况下，循环的蒸发温度 T_0 及冷凝温度 T_{k} 都可以看做定值。在制冷机及制冷装置的设计中，根据用户给出的要求所进行的计算即属这种情况。而本节所要讨论的问题，是对于一台已经在运行的制冷机，当它的运转条件变化时，制冷机的性能发生怎样的变化？因此，在本节中，讨论的前提是制冷机和制冷剂都已给定。在这个前提下，当被冷却对象的温度 T_{L} 和放热环境的温度 T_{H} 发生变化而导致制冷机的蒸发温度 T_0 及冷凝温度 T_{k} 发生变化时，讨论制冷机性能的变化。

为了分析方便起见，本节着重讨论纯质制冷剂、单级压缩简单理想循环。

1. T_{k} 变化时制冷机的性能

根据前面介绍的方法，假设过冷度相同，可以用计算机计算当蒸发温度 T_0 不变冷凝温度 T_{k} 变化时，循环状态参数的变化情形，结果如图 3-15 所示。若冷凝温度由 T_{k} 升高到 T_{k}'，则 1－2－3－4－5－6－1 变化为 1－2′－3′－4′－5′－6′－1。比较这两个循环可知，其性能指标发生了下列的变化：

1）单位制冷量由 ϕ_0 减小到 ϕ_0'。

2）单位压缩功由 w_0 增大到 w_0'。

3）吸入状态的比体积 v_1 不变。若忽略压缩机输气系数 λ 的变化，则制冷剂的质量流量不变。

4）由于 q_m 不变，ϕ_0 减小到 ϕ_0'。w_0 增大到 w_0'，因而制冷机的制冷量由 Φ_0 减小到 Φ_0'，而理论功率将由 P_a 增大到 P_a'。

5）由于 ϕ_0 减小至 ϕ_0'，而 v_1 不变，因此 ϕ_v 将减小到 ϕ_v'。

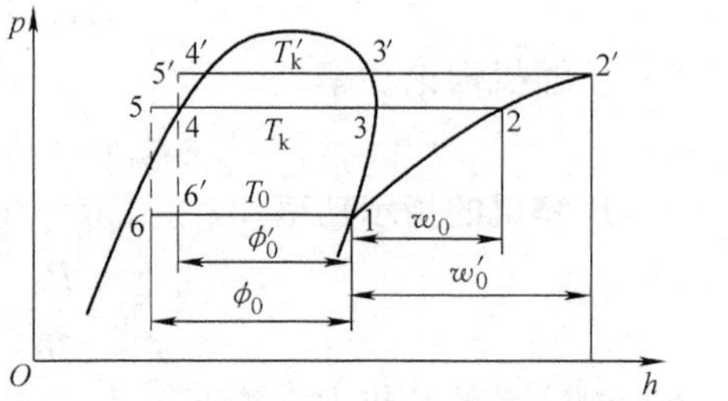

图 3-15　冷凝温度变化时循环状态参数变化情形

由此可得出结论，当蒸发温度 T_0 不变而冷凝温度 T_k 升高时，对于同一台制冷机来说，它的制冷量将要减小，而消耗的功率将要增大。因而，制冷系数将要降低。

当 T_0 不变而 T_k 降低时，对于同一台制冷机来说，其变化的情况正好相反。

2. T_0 变化时制冷机的性能

类似地，假设过热度相同，可以计算当冷凝温度 T_k 不变蒸发温度 T_0 变化时，循环状态参数的变化情形，结果如图 3-16 所示。由图 3-16 可以看出，当冷凝温度 T_k 不变而蒸发温度由 T_0 降低到 T_0' 时，制冷循环由 1－2－3－4－5－6－1 变为 1′－2′－3－4－5－6′－1′，蒸发压力相应地由 p_0 降低到 p_0'。这时，两个理想循环的性能发生了下列变化：

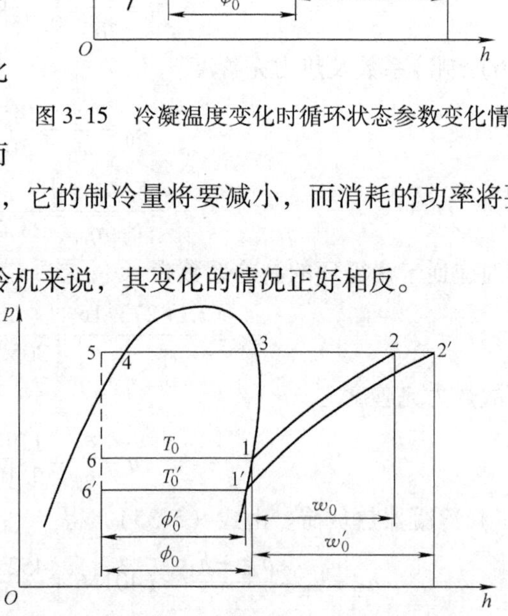

图 3-16　蒸发温度变化时循环状态参数变化情形

1）单位制冷量由 ϕ_0 降低到 ϕ_0'。

2）吸气比体积由 v_1 增大到 v_1'，流过制冷机的制冷剂流量由 q_m 减小到 q_m'，因而制冷量由 Φ_0 减小到 Φ_0'。

3）单位压缩功由 w_0 增大到 w_0'，但由于制冷剂的循环量减小，因此不能直接看出制冷机的功率 P 是增大还是减小。为了分析这一情况，可把制冷剂看做理想气体，因而其理论压缩功率可表示为

$$P=q_V\frac{\kappa}{\kappa-1}p_0\left[\left(\frac{p_k}{p_0}\right)^{\frac{\kappa-1}{\kappa}}-1\right] \tag{3-41}$$

式中，q_V 为压缩机排气量。

由式（3-41）可以看出，当 $p_0=p_k$ 及 $p_0=0$ 时，P 都等于零，因此当蒸发压力 p_0 由 p_k 变化到零时 P 必然存在一个最大值。将式（3-41）对 p_0 求导并令其偏导数等于零，可以求出理论功率为极大值时的压力比为

$$\left(\frac{p_k}{p_0}\right)_{P_a=\max}=\kappa^{\frac{\kappa}{\kappa-1}} \tag{3-42}$$

式中，κ 为制冷剂气体的等熵指数。

4）随着 T_0 的降低，循环的制冷系数必然减小。

由上述分析可知，当 T_k 不变而 T_0 降低时，制冷机的制冷量、制冷剂流量及制冷系数都是降低的，而压缩机的功率是增大还是减小，与变化前后的压力比值有关。当 T_0 由 T_k 开始逐渐降低时，压缩机的功率有一最大值。这一情况会出现在压缩机的起动过程中。

值得注意的是：对不同的制冷剂来说，$(p_k/p_0)_{P_a=\max}$ 的数值大致相等，为 3 左右。由此可见，对于大多数制冷剂而言，当其压力比大约等于 3 时，制冷机的功率最大。

图 3-17 所示为一台实际的制冷机当 T_0 不变而 T_k 变化时制冷机的特性。图 3-18 所示为一台实际的制冷机当 T_k 不变而 T_0 变化时制冷机的特性。图 3-19 所示为一台实际的制冷机实际制冷量 Φ_0、功率 P 随蒸发温度 t_0 和冷凝温度 t_k 变化的情况。从这些图可以看出，其变化的规律和理想循环是一致的。这样的图通常是根据实验数据绘制的，称为制冷机的性能曲线图。

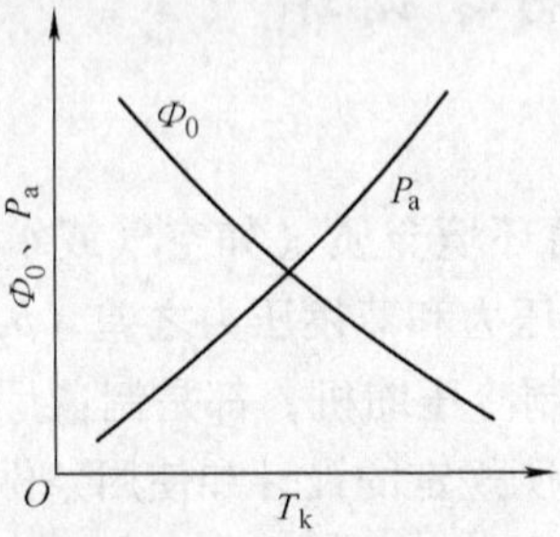

图 3-17　T_0 不变而 T_k 变化时制冷机的特性

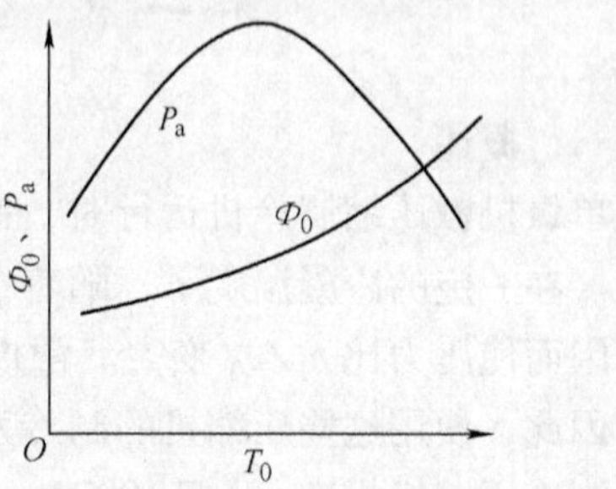

图 3-18　T_k 不变 T_0 变化时制冷机的特性

3. 单级压缩制冷机的工况

由于被冷却对象的温度 T_L 和放热环境的温度 T_H 发生变化时，制冷机的制冷量以及输入功率都要发生变化，故在说明一台制冷机的性能时，必须同时说明在什么工作条件下取得的性能参数。

一方面，在实用上，制冷机在试制定型之后，要进行性能测试，以便能标定名义制冷量和输入功率，需要有一个公共约定的工作条件。另一方面，对制冷机的使用者来说，在比较和评价制冷机的容量及其他性能指标时，也需要有一个共同的比较基准。这些公共约定的工作条件就称为制冷机的工况，通常以国际标准或国家标准的形式予以规定，以作为比较制冷机性能指标的基础。依据工作条件不同，需要规定制冷机的不同工况。例如，我国国家标准 GB/T 18430—2008《蒸气压缩循环冷水（热泵）机组》规定“户用及类似用途的冷水（热泵）机组的工况参数见表 3-2，表中规定了名义工况、最大负荷工况、低温工况、融霜工况。

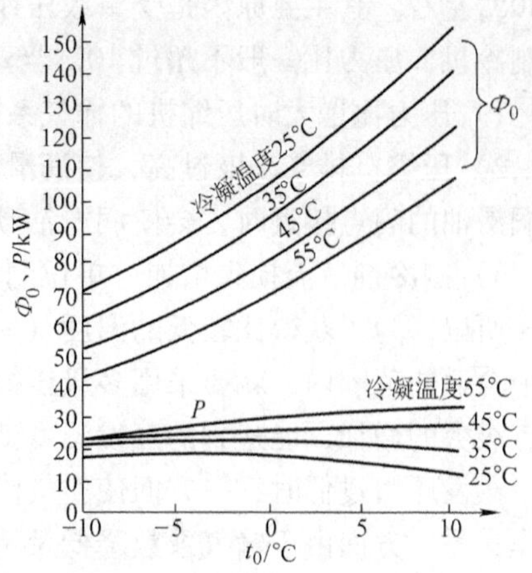

图 3-19　制冷机的性能曲线

一般说来，名义工况是所有工况中最重要的，制冷机的铭牌上给出的性能参数通常是指名义工况下的性能参数。

表 3-2 户用及类似用途的冷水（热泵）机组工况

项目		使用侧		热源侧（或放热侧）			
		冷、热水		水冷式		风冷式	
		水流量/[m^3/(h·kW)]	出口水温/℃	进口水温/℃	水流量/[m^3/(h·kW)]	干球温度/℃	湿球温度/℃
制冷	名义工况	0.172	7	30	0.215	35	—
	最大负荷工况		15	33		43	
	低温工况		5	19		21	
热泵制热	名义工况		45	15	0.134	7	6
	最大负荷工况		50	21		21	15.5
	融霜工况		45	—	—	2	1

第二节 两级机械压缩制冷循环

一、概述

单级机械压缩制冷机运行时，制冷剂的冷凝压力是由环境介质（如空气或水）温度所决定。在一定的冷凝温度下，随着蒸发温度的降低，冷凝压力和蒸发压力之差（$p_k - p_0$）增大，因而使压力比 p_k/p_0 变大。常规制冷系统里所使用的制冷压缩机，都是制造厂定型生产的。因此，使用这些压缩机的制冷系统，必须满足压缩机所规定的设计和使用条件。我国活塞式制冷压缩机标准 GB/T 10079—2001 中，规定了不同压缩机使用温度在高温、中温和低温的不同温度范围。单级压缩循环所能达到的最低制冷温度是有限的。通常，最低只能达到 -40℃左右。其主要原因是受单级压缩机的极限使用条件的限制。例如，单级蒸气压缩活塞式制冷机，压力比一般不超过 10。当蒸发温度过低，超出极限使用条件时会带来如下问题：

1）压力比增大时压缩机的输气系数 λ 大为降低，压缩机的输气量及效率显著下降。

2）压缩机排气温度过高，使润滑油的粘度急剧下降，影响压缩机的润滑。当排气温度与润滑油的闪点接近时，会使润滑油碳化，以致在阀片上产生结炭现象。

3）制冷剂节流损失增加，单位制冷量及单位容积制冷量下降过大，经济性下降。

所以，为了获得比较低的温度（-40～-70℃），同时又能使压缩机的工作压力控制在一个合适的范围内，就要采用多级压缩循环。从理论上讲，只要制冷剂的凝固温度足够低，随着级数的增加，能达到的蒸发温度就更低。但是，当蒸发温度很低时，蒸发压力也相应很低，蒸发压力过低时，一方面使空气渗漏入制冷系统内的可能性增加，不利于制冷机的正常工作；另一方面由于输气系数降低及蒸气比体积增大，使压缩机气缸尺寸增大，运行经济性降低。因此，多级压缩制冷机的蒸发温度也不可能很低。例如，对于 R-134a 及 R-22 等，当 $t_0 = -80$℃时蒸发压力已在 10kPa 以下，而氨在 $t_0 = -77.7$℃时已经凝固。在实际应用中，三级压缩制冷循环的蒸发温度与两级压缩循环相差不大。所以，现代制冷机中，三级压缩循环应用很少，目前多应用于制造干冰的高压系统。

为了获得更低的温度，采用单一制冷剂的多级压缩循环将受到蒸发压力过低的限制，如果采用低温制冷剂，例如，采用乙烷作为低温制冷剂，虽然在比较低的蒸发温度下，如 $t_0 = -100$℃时，其蒸发压力（$p_0 = 542$kPa）也不会过低，但其冷凝压力也大大提高，在 $t_k =$

30℃时，其冷凝压力 $p_k=4860\text{kPa}$，已经接近临界状态。在接近临界状态时循环的节流损失大大增加。因此，制取比两级压缩制冷循环更低的温度时，往往选用复叠式或混合制冷剂自行复叠制冷循环。

两级压缩制冷机可用两台压缩机串联起来，制冷剂在系统中要进行两次压缩。一台压缩机称为低压级，另一台称高压级，每台压缩机的压力比控制在一定范围以内。系统的总压力比是两台压缩机压力比的乘积。

不同形式的压缩机，其极限使用条件有所差异。螺杆式制冷机因采用喷油冷却，单级排气温度一般不超过100℃，因此，合理使用的最大压差和最大压力比都比活塞式制冷压缩机大一些。故单级能达到的最低蒸发温度也比活塞式制冷机低。

离心式制冷机每一级能达到的压力比要比活塞式小。因此，除了在冷凝温度不太高的空调系统中采用卤代烃单级制冷循环外，其他场合都需采用多级或复叠式制冷循环。

二、两级压缩制冷循环

（一）流程的组织形式

两级压缩制冷机可以按照节流级数分为一级节流和二级节流两种。一级节流是由冷凝压力 p_k 直接节流到蒸发压力 p_0；而二级节流是指制冷剂液体先由冷凝压力 p_k 节流到中间压力 p_m，再由中间压力节流到蒸发压力 p_0。同时又可根据液体和蒸气中间冷却方式的不同分为中间完全冷却和中间不完全冷却以及无中间冷却循环。所谓中间完全冷却，是指将低压级的排气冷却成中压下的干饱和蒸气，如果只降低了温度而并未达到饱和状态时，则称为中间不完全冷却；而无中间冷却的两级压缩循环，实际上与一个单级压缩循环没有多大的区别，只不过是压缩过程分高、低压两级来完成，这一循环常用于为了尽量简化设备的冷藏运输制冷装置中。

1. 一级节流两级压缩制冷循环

（1）一级节流、中间完全冷却的两级压缩制冷循环　其流程图和 $p-h$ 图如图 3-20 所示。

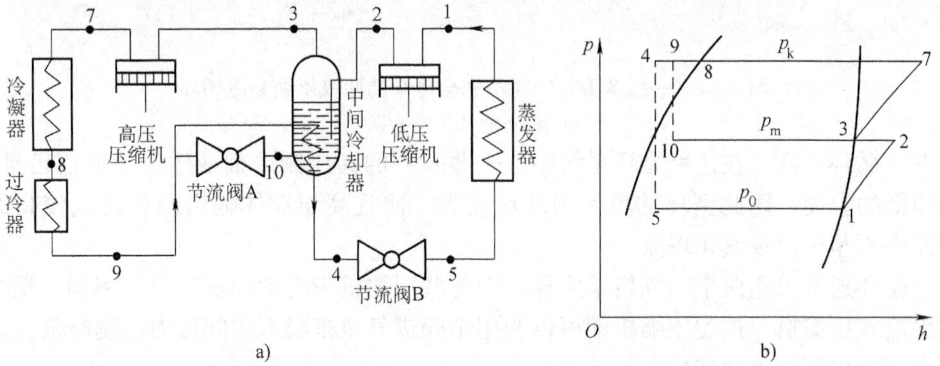

图 3-20　一级节流、中间完全冷却的两级压缩制冷循环

a）流程图　b）$p-h$ 图

在这个流程中，自冷凝器出来并经过中间冷却器过冷的高压液体，通过一个节流阀 B 直接节流到蒸发压力。由低压压缩机排出的气体，在中间冷却器里被冷却到中间压力下的饱

和状态。

两级循环和单级循环的不同之处，在于流经高压级压缩机的制冷剂流量 q_{mH} 和流经低压级压缩机的制冷剂流量 q_{mL} 不同。由图3-20可以看出，由高压压缩机排出并经冷凝器和过冷器流出的制冷剂液体分为两部分：一部分经节流阀A进入中间冷却器，与低压压缩机排出的气体进行热、质交换而成为中间压力下的饱和气体，再去高压压缩机；另一部分流经中间冷却器被过冷，然后经过节流阀B流入蒸发器，蒸发后的气体流入低压压缩机。这种循环虽然使高压压缩机的流量增加，但高压压缩机所吸入的不再是过热蒸气，而是饱和蒸气，因此，高压压缩机的排气温度不致过高，这对等熵指数较大的制冷剂（如氨）是有利的。这种循环的中间冷却器内有可能会积聚大量的润滑油，在实际应用中必须避免这个问题的发生，例如，采用制冷剂与润滑油不接触的离心式压缩机。

（2）一级节流、中间不完全冷却的两级压缩制冷循环　这是一种对于等熵指数较低的制冷剂（如R-134a）常用的两级压缩制冷循环。其流程图和 $p-h$ 图如图3-21所示。经低压级压缩机压缩的制冷剂蒸气与中间冷却器出来的状态3的中间温度蒸气混合，成为过热状态6后，进入高压级压缩机，压缩后的制冷剂在冷凝器中冷凝成液体。依靠一部分冷凝后液体经节流阀A进入中间冷却器蒸发吸热，使另一部分冷凝后液体制冷剂流过中间冷却器后达到过冷状态4，并经节流阀B流入蒸发器蒸发制冷。蒸发后的低压气体进入低压级压缩机压缩。

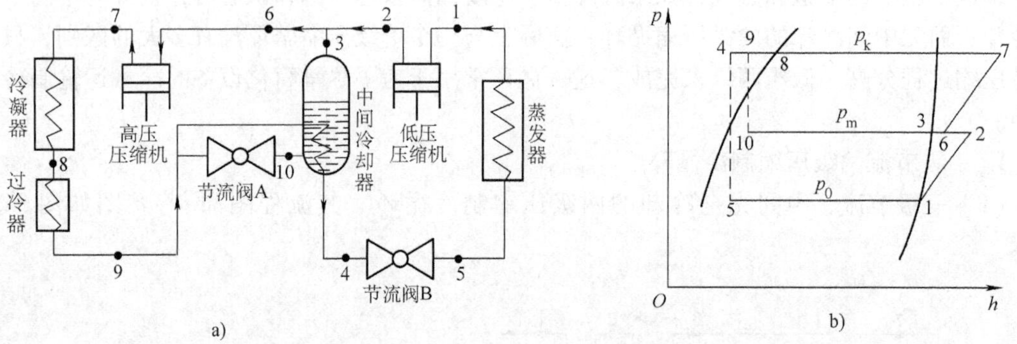

图3-21　一级节流、中间不完全冷却的两级压缩制冷循环

a）流程图　b）$p-h$ 图

与前一循环一样，在这种循环系统中，去蒸发器的高压制冷剂液体在节流前已经过冷，达到相当低的温度，因此循环的单位制冷量较大，而且高压液体输送到较远或较高的地方时，管路中不至于出现汽化现象。

这个循环通常采用两个压缩机来实现。但有些压缩机带有中间进气口。例如，螺杆式压缩机和涡旋式压缩机，这类压缩机就可以利用中间进气口来吸入中间压力的制冷剂，以避免采用两台压缩机所带来的麻烦。

由于一级节流两级压缩制冷循环中，部分制冷剂只需从中间压力压缩到高压压力，减小了压缩机的耗功量，此外，中间冷却后再压缩也可以减小压缩功耗，而制冷量却没有变化，因此，一级节流两级压缩制冷循环较单级压缩单级节流具有更高的效率。近年来，在有些制冷温度不是很低的场合，也利用这一优点来实现节能高效的目的，例如，带经济器的螺杆式冷水机组、变制冷剂流量的空调机组等。

2. 两级节流两级压缩制冷循环

（1）两级节流、中间完全冷却的两级压缩制冷循环　进入蒸发器的制冷剂先由节流阀 A 节流到中间压力，并进入中间冷却器，然后从中间冷却器出来再经过节流阀 B 节流到蒸发压力，进入高压级压缩机的制冷剂蒸气系由中间冷却器出来的饱和蒸气（状态 3），如图 3-22 所示。

（2）两级节流、中间不完全冷却的两级压缩制冷循环　进入蒸发器的制冷剂先由节流阀 A 节流到状态 10，再由节流阀 B 节流到状态 5。进入高压级压缩机的制冷剂蒸气，是由中间冷却器出来的（状态 3）制冷剂和低压级压缩机排出的（状态 2）过热蒸气混合而成的，其状态 6 为中间压力下的过热蒸气，如图 3-23 所示。

（3）两级节流、具有中温蒸发器的中间完全冷却两级压缩制冷循环　这种循环可以同时制取两种蒸发温度下的制冷量。例如，应用于冷库系统中同时提供冷藏间和冻结间的冷量，如图 3-24 所示。

两级节流的优点是可以消除一级节流中间冷却器的传热温差。因此，在其他参数相同时，两级节流循环的制冷系数比一级节流略高。它的缺点是当高压压缩机排气中含油时，会通过中间冷却器而进入低压循环系统，使高压压缩机润滑油越来越少，在实际应用中应避免这个现象的发生，例如，采用制冷剂与润滑油不接触的离心式压缩机。

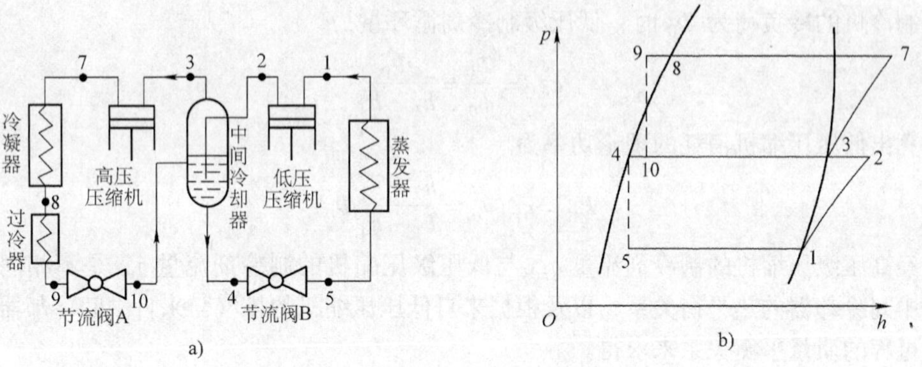

图 3-22　两级节流、中间完全冷却的两级压缩制冷循环

a）流程图　b）$p-h$ 图

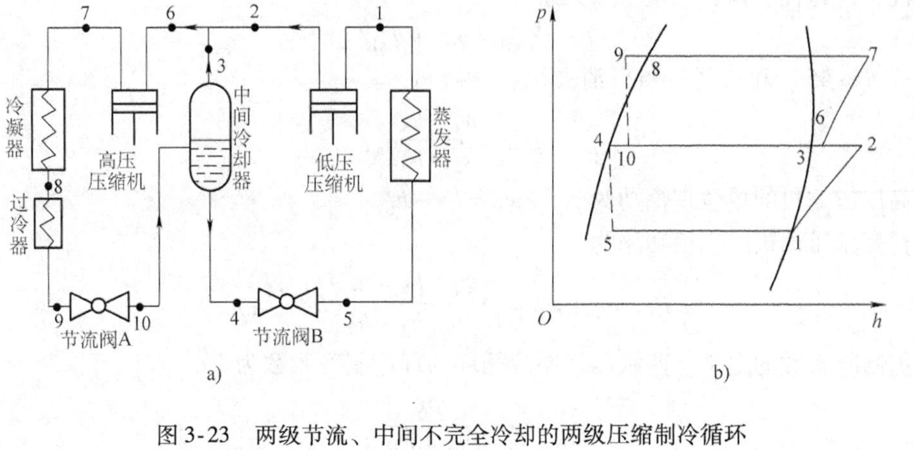

图 3-23　两级节流、中间不完全冷却的两级压缩制冷循环

a）流程图　b）$p-h$ 图

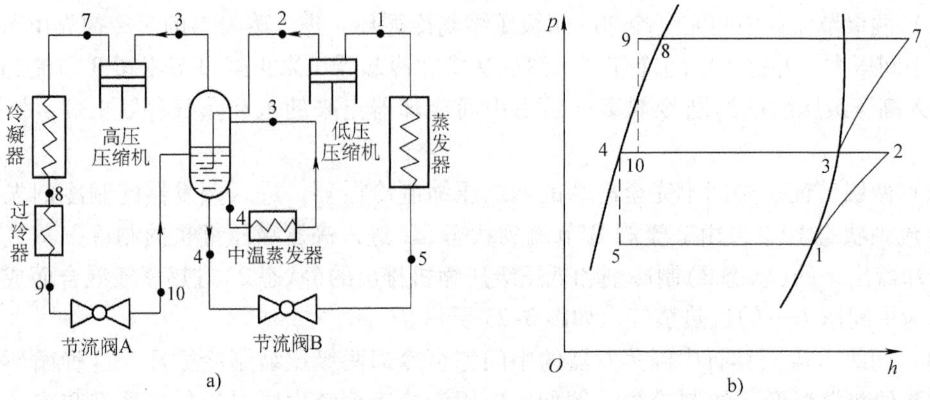

图 3-24　两级节流、具有中温蒸发器的中间完全冷却两级压缩制冷循环

a）流程图　b）$p-h$ 图

（二）热力计算

上述五种两级压缩制冷循环的热力计算有许多共同之处，下面以一级节流、中间不完全冷却的两级压缩制冷循环为例，介绍热力计算方法。

当制冷机的冷负荷为 Φ_0 时，低压级制冷剂循环量为

$$q_{mL}=\frac{\Phi_0}{\phi_0}=\frac{\Phi_0}{h_1-h_4} \tag{3-43}$$

从而可算出低压压缩机消耗的理论功率为

$$P_{tL}=q_{mL}w_L=\frac{h_2-h_1}{h_1-h_4}\Phi_0 \tag{3-44}$$

流经高压级压缩机的制冷剂流量 q_{mH} 与低压级压缩机的制冷剂流量 q_{mL} 是不相同的，需要根据中间冷却器的热平衡关系，以及根据来自低压压缩机的排气与来自中间冷却器的制冷剂混合过程的质量平衡关系来求得。

取中间冷却器为控制体，忽略它对四周环境的热交换，则

$$q_{mH}h_9=q_{m3}h_3+q_{mL}h_4 \tag{3-45}$$

取混合器为控制体，质量平衡关系为

$$q_{mH}=q_{m3}+q_{mL} \tag{3-46}$$

由式（3-45）和式（3-46）消去 q_{m3}，得

$$q_{mH}=\frac{h_3-h_4}{h_3-h_9}q_{mL} \tag{3-47}$$

因高压压缩机的单位理论功为　　$w_H=h_7-h_6$

由此可得高压压缩机的理论功率为

$$P_{tH}=q_{mH}w_H=\frac{\Phi_0}{h_1-h_4}\frac{h_7-h_6}{h_3-h_9}(h_3-h_4) \tag{3-48}$$

根据制冷系数的定义，两级压缩制冷循环的理论制冷系数为

$$\varepsilon=\frac{\Phi_0}{P_{tH}+P_{tL}} \tag{3-49}$$

对于实际循环的热力计算和分析方法与单级压缩制冷循环相同，即在理论计算的基础上，在确定出压缩机的输气系数和效率之后，进一步计算压缩机的理论输气量、轴功率、及实际循环的性能指标。但需要注意的是，在计算中间冷却器的热平衡及高低压级的流量和冷凝器热负荷时，都需要用压缩机实际过程的排气焓值。

通过计算，便可根据计算出的压缩机输气量和功率选配压缩机及电动机，根据制冷量 Φ_0 及冷凝器热负荷 Φ_k 选配蒸发器及冷凝器。

（三）两级压缩制冷循环中间压力的确定

在进行两级压缩制冷循环计算时，首先要确定中间压力。正确而合理地选择中间压力，可以使所设计的循环具有高的经济性。在选择确定中间压力之前，应先选定循环的形式和使用的制冷剂。然后，根据设计任务中规定的蒸发温度、冷凝温度和制冷量的数值，确定出中间压力，并根据中间压力确定高压级和低压级压缩机的理论输气量。

对于有中间温度蒸发器的制冷系统，中间压力只能根据中间温度蒸发器的蒸发温度要求确定中间压力，即中间蒸发温度所对应的饱和压力。

在其他情况下，中间压力须按“制冷系数最大”这一原则去确定。首先，需要选定两级压缩制冷循环的形式，然后，根据给定的 p_k、p_0 值及其他已知的循环参数，以制冷系数最大为目标函数，以中间温度为优化变量，求取最佳中间温度，该温度所对应的饱和压力就是最佳中间压力。这是一个非常简单的单变量优化问题，很容易通过计算机来实现。

在很多情况下，由于制冷压缩机的生产已经系列化，即压缩机的理论输气量是系列化的，因此，会经常遇到已知低压级和高压级压缩机的理论输气量及蒸发温度和冷凝温度，求相应的中间压力。在这种情况下，只能通过循环计算来求出符合压缩机输气量要求的中间压力。当然，这时所求得的中间压力不一定是最佳中间压力。具体步骤通过下述例题予以说明。

例 3-3 试计算工作温度 $t_k=38℃$、$t_0=-33.33℃$ 的一级节流、中间完全冷却、两级压缩氨制冷循环的中间压力 p_m。其中

低压级压缩机 理论排气量 $q_{VtL}=566\text{m}^3/\text{h}$ 一台

高压级压缩机 理论排气量 $q_{VtH}=283\text{m}^3/\text{h}$ 一台

解 蒸发温度 -33.33℃，通常低压级吸气温度取 -21℃；取高压氨液从中间冷却器出来的温度较中间温度高 5℃，高压级压缩机吸气管路漏冷损失折算成温度升高为 5℃，高低压级压缩机的输气系数 λ_H 和 λ_L 分别为 0.7 和 0.8。假设压缩过程为等熵，冷凝器出口为饱和液体，中间冷却器壳体与外界无热交换。

参照图 3-20，列出中间冷却器的能量守恒方程，即

$$q_{mH}h_9+q_{mL}h_2=q_{mH}h_3+q_{mL}h_4 \tag{3-50}$$

其中

$$q_{mH}=\frac{q_{VtH}\lambda_H}{v_3},\quad q_{mL}=\frac{q_{VtL}\lambda_L}{v_1}$$

式中，v_3 和 v_1 分别为高压级和低压级吸入状态时制冷剂的比体积。

设中间冷却器的温度为 t_m，有关状态参数计算方法及结果见下表，热物理性质由商用软件 REFPROP 计算得到。根据下表，编制计算机软件，求解式（3-50），就可以得到 $t_m=-7.81℃$，所对应的饱和压力为 0.3177MPa。

状态参数	依据	结果
t_1/℃	选定	-21
p_1/MPa	由蒸发温度-33.33℃对应的饱和蒸气压	0.1013
h_1/(kJ/kg)	根据 p_1 和 t_1 得到	483.9
v_1/(m^3/kg)	根据 p_1 和 t_1 得到	1.189
s_1/[kJ/(kg·K)]	根据 p_1 和 t_1 得到	10.93
p_2/MPa	与中间压力相等，t_m 所对应的饱和压力	0.3177
s_2/[kJ/(kg·K)]	按等熵压缩计算 $s_2=s_1$	10.93
t_2/℃	根据 p_2 和 s_2 得到	55.83
h_2/(kJ/kg)	根据 p_2 和 t_2 得到	641.7
t_3/℃	$t_3=t_m+5$	-2.81
p_3/MPa	$p_3=p_2$	0.3177
h_3/(kJ/kg)	根据 p_3 和 t_3 得到	503.8
v_3/(m^3/kg)	根据 p_3 和 t_3 得到	0.3939
t_4/℃	$t_4=t_m+5$	-2.81
p_4/MPa	$p_4=p_2$	0.3177
h_4/(kJ/kg)	根据 p_4 和 t_4 得到	-774.5
t_9/℃	冷凝温度	38
p_9/MPa	由冷凝温度38℃对应的饱和蒸气压	1.467
h_9/(kJ/kg)	根据 p_9 和 t_9 得到	-581.6
t_{10}/℃	$t_{10}=t_m$	-7.81
p_{10}/MPa	$p_{10}=p_2$	0.3177
h_{10}/(kJ/kg)	根据 p_{10} 和 t_{10} 得到	490.5

第三节　复叠式制冷循环

一、系统的组成

复叠式制冷循环通常是由两个（或数个）不同制冷剂工作的单级（也可以是多级）制冷系统组合而成。通常在高温系统里使用沸点较高的制冷剂，而在低温系统里使用沸点较低的制冷剂，各自成为一个使用单一制冷剂的制冷系统。其中，高温部分系统中制冷剂的蒸发，是用来冷凝低温部分系统中的制冷剂，而只有低温部分系统中的制冷剂，在蒸发时向被冷却对象吸热（制取冷量）。因而它既能满足在较低蒸发温度下具有合适的蒸发压力，又能满足在环境温度下适中的冷凝压力。高温系统的蒸发器和低温系统的冷凝器合成一个设备，称为冷凝蒸发器。在冷凝蒸发器里，依靠高温系统制冷剂的蒸发，将低温系统的制冷剂冷凝成液体，高温部分系统中制冷剂再将热量传给环境介质（空气或水）。

复叠式制冷机可制取的低温范围是相当广泛的，至于是采用由两个单级压缩循环的组合或由一个单级压缩循环和一个两级压缩循环的组合，还是由三个单级压缩循环的组合，主要取决于所需的制冷温度。不同组合的复叠式制冷循环所能制取的低温见表3-3。

表 3-3　复叠式制冷循环的组合形式与制冷温度和制冷剂种类的关系

最低蒸发温度/℃	制　冷　剂	制冷循环形式
-80	R-22/R-23	(R-22 单级或两级压缩) + (R-23 单级压缩)
	R-507/R-23	(R-507 单级或两级压缩) + (R-23 单级压缩)
	R-290/R-23	(R-290 两级压缩) + (R-23 单级压缩)
-100	R-22/R-23	(R-22 两级压缩) + (R-23 单级或两级压缩)
	R-507/R-23	(R-507 两级压缩) + (R-23 单级或两级压缩)
	R-22/R-1150	(R-22 两级压缩) + (R-1150 单级压缩)
	R-507/R-1150	(R-507 两级压缩) + (R-1150 单级压缩)
-120	R-22/R-1150	(R-22 两级压缩) + (R-1150 两级压缩)
	R-507/R-1150	(R-507 两级压缩) + (R-1150 两级压缩)
	R-22/R-23/R-50	(R-22 单级压缩) + (R-23 单级压缩) + (R-50 单级压缩)
	R-507/R-23/R-50	(R-507 单级压缩) + (R-23 单级压缩) + (R-50 单级压缩)

1. 两个单级压缩循环组成的复叠式制冷机

图 3-25 所示为两个单级压缩系统组成的复叠式制冷机。低温系统中工作的制冷剂是 R-23，高温系统中工作的制冷剂是 R-22。高温系统由高温压缩机、冷凝器、节流阀和冷凝蒸发器组成。低温系统由低温压缩机、冷凝蒸发器、回热器、节流阀、蒸发器和膨胀容器组成。这种复叠式系统的最低蒸发温度可达到 -90℃。在 $T-s$ 图中可以看出循环的工作过程：低温部分（R-23）循环由 1-1′-2-3-4-4′-5-1 组成；高温部分（R-22）循环由 6-7-8-9-10-6 组成。由于 R-22 的蒸发和 R-23 的冷凝是在同一个冷凝蒸发器内完成，并且在实际制冷系统中，这个设备和环境是隔热的，因此，R-22 蒸发的吸热量应等于 R-23 冷凝的放热量，且 R-22 的蒸发温度低于 R-23 的冷凝温度，其温差为冷凝蒸发器的传热温差，在图中以 Δt 表示。

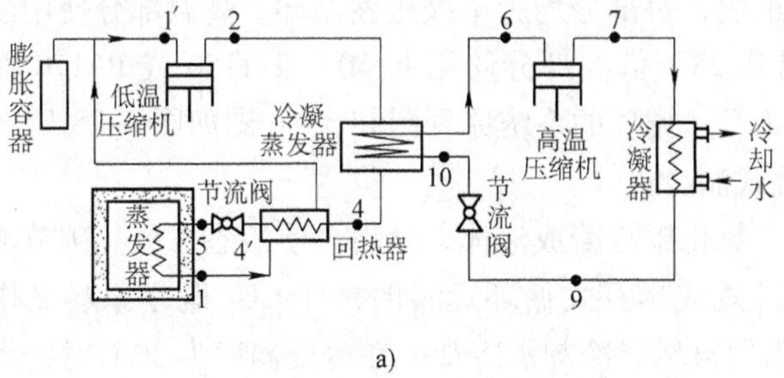

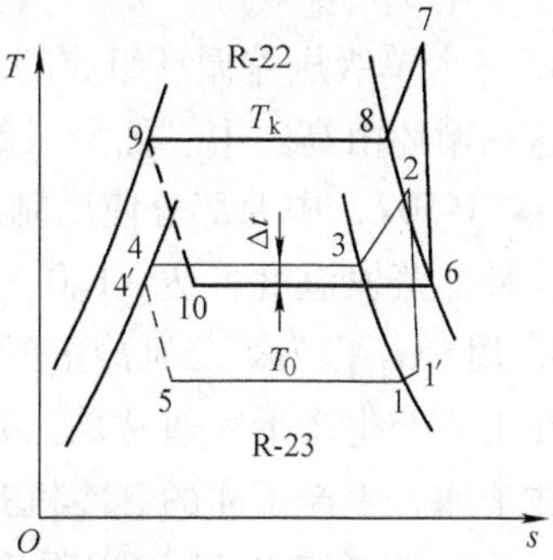

图 3-25　两个单级压缩系统组成的复叠式制冷机

a）流程图　b）$T-s$ 图

2. 一个两级压缩循环和一个单级压缩循环组成的复叠式制冷机

这一循环的高温部分为一级节流、中间不完全冷却、节流前液体过冷、带回热的两级压缩循环，采用制冷剂 R-22 或 R-507；低温部分为带回热的单级压缩循环，采用制冷剂R-23或R-1150。最低蒸发温度可达 -110℃。循环的系统原理图如图 3-26 所示，压焓图如图3-27所示。

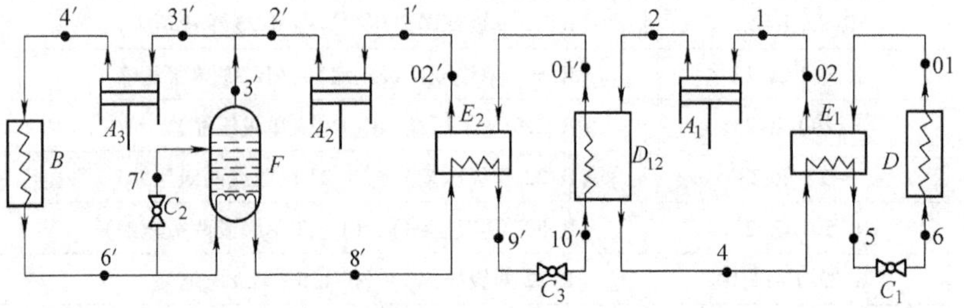

图 3-26 一个两级压缩循环和一个单级压缩循环组成的复叠式制冷机原理图

A_1—低温部分压缩机 A_2—高温部分低压级压缩机 A_3—高温部分高压级压缩机

B—冷凝器 C_1、C_2、C_3—节流阀 D—蒸发器 D_{12}—冷凝蒸发器

E_1—低温部分回热器 E_2—高温部分回热器 F—高温部分中间冷却器

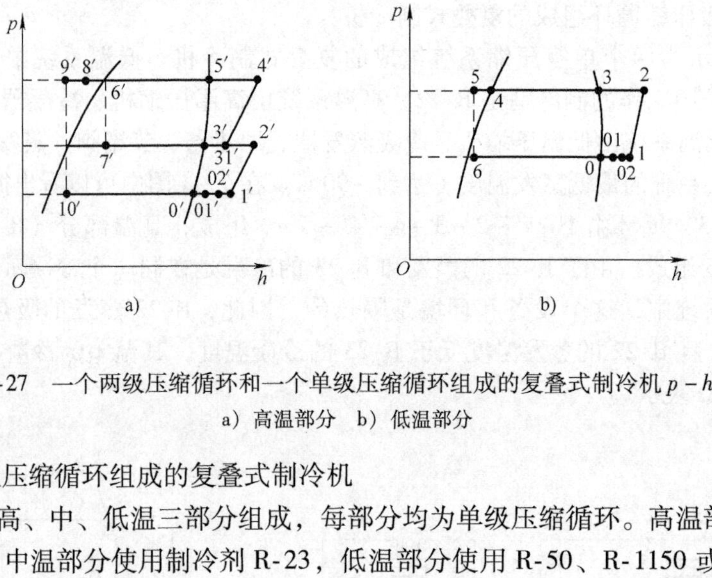

图 3-27 一个两级压缩循环和一个单级压缩循环组成的复叠式制冷机 $p-h$ 图

a）高温部分 b）低温部分

3. 三个单级压缩循环组成的复叠式制冷机

这一循环由高、中、低温三部分组成，每部分均为单级压缩循环。高温部分使用制冷剂 R-22 或 R-507，中温部分使用制冷剂 R-23，低温部分使用 R-50、R-1150 或 R-170 作为制冷剂。最低蒸发温度可达 -120 ~ -140℃。循环的系统原理图和 $p-h$ 图如图 3-28 所示。

4. 用 CO_2 作为第二制冷剂的复叠式制冷机

在工业上生产干冰通常是，先将二氧化碳冷凝成液体，然后再使液态二氧化碳节流降压后变成干冰。生产干冰的制冷机是以开式或半开式循环运转的，即 CO_2 既是原料又作为制冷剂。从附录 B 表 B-14 可以看出，当用自然界冷却水冷却，在冷凝温度为 30℃时，就需要将气体二氧化碳压缩到高达 7.214MPa 的压力。为了降低二氧化碳的冷凝压力，可以用制冷机来使二氧化碳冷凝，这就是生产干冰的复叠式制冷机。图 3-29 所示为生产干冰的复叠式循环，图中高温部分制冷机的制冷剂为 NH_3，即 R-717。当干冰生产量为 $q_m{}'$时，理论上它应等于每小时二氧化碳的补充量 q_m。由图 3-29 可以看出这一循环中各部分二氧化碳的流量关系为

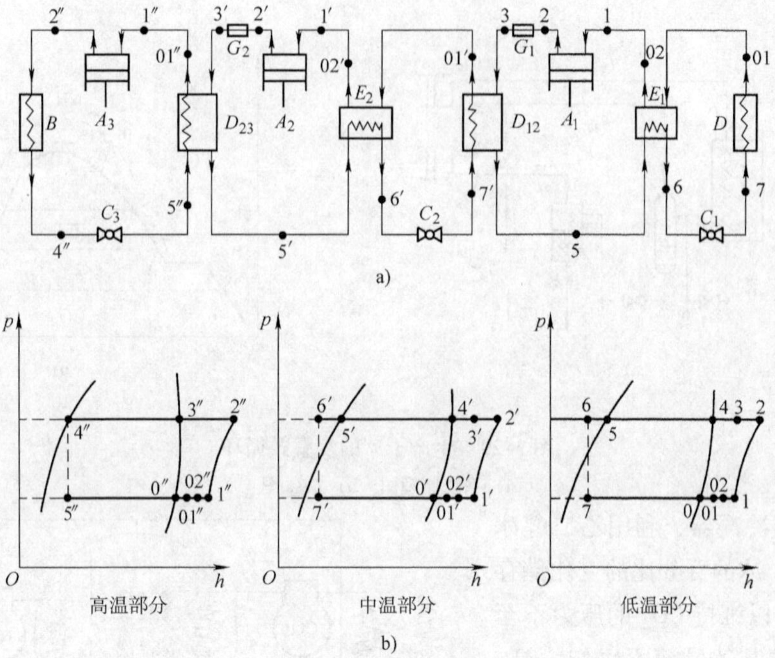

图 3-28 三个单级压缩循环组成的复叠式制冷机

a) 系统原理图 b) $p-h$ 图

A_1—低温部分压缩机 A_2—中温部分压缩机 A_3—高温部分压缩机

B—冷凝器 C_1、C_2、C_3—节流阀 D—蒸发器 D_{12}、D_{23}—冷凝蒸发器

E_1—低温部分回热器 E_2—中温部分回热器 G_1、G_2—水冷却器

$$\begin{cases} q'_{m0} = q_m \dfrac{x_8}{1-x_8} \\ q_{m1} = q_m + q'_{m0} = \dfrac{q_m}{1-x_8} \\ q'_{m1} = \dfrac{q_m x_6}{(1-x_8)(1-x_6)} \\ q_{m2} = q_{m1} + q'_{m1} = \dfrac{q_m}{(1-x_8)(1-x_6)} \end{cases} \tag{3-51}$$

根据这些流量值，即可计算出压缩机各级容积流量及其所需功率。同样也可算出二氧化碳冷凝器的热负荷，即

$$\Phi_k = q_{m2}(h_4 - h_5)$$

二氧化碳冷凝器也即高温部分制冷机的蒸发器，因此，Φ_k 的数值也即是高温部分制冷机的制冷量。

近年来基于对环境保护的考虑，采用二氧化碳作为制冷剂重新又受到重视和开发应用。图 3-30 所示为由 DTI（丹麦技术研究所）研制开发的一种带蓄冰桶的商用复叠式制冷系统。该系统中间采用氨作为高温部分的制冷剂，用以冷凝低温部分的二氧化碳制冷剂。低温部分的液态 CO_2 蒸发用于超市食品的冻结。为了防止停机时低温部分的压力过高，采用蓄冰桶

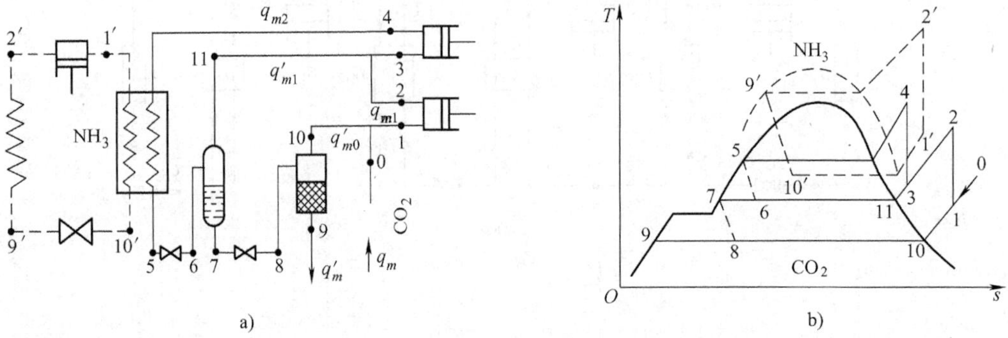

图3-29　生产干冰的复叠式循环

a）系统原理图　b）$T-s$图

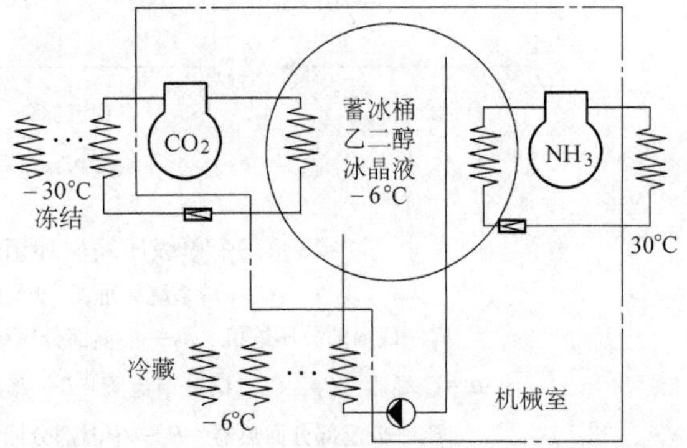

图3-30　带蓄冰桶的商用复叠式制冷系统

作为二氧化碳冷凝器，利用乙二醇冰晶液（两相）冰的百分比的变化储存和释放冷量，以维持CO_2的压力不至于过高。乙醇基冰晶液不仅作为高、低温部分之间传热的介质，而且可以用泵输送到温度较高的冷藏场合，以提供冷藏用冷量。

二、性能指标计算

1. 复叠式制冷循环的热力计算

从前面的分析知道复叠式制冷循环是由单级或两级压缩制冷循环组成的，在制冷机循环中除个别兼供中温冷量的循环外，制取冷量的均是低温部分的蒸发过程（图3-25），其单位制冷量为

$$q_{0L}=h_1-h_5 \tag{3-52}$$

低温部分消耗的单位理论功

$$w_L=h_2-h_1' \tag{3-53}$$

低温部分的制冷量为Φ_{0L}时，则其循环制冷剂流量为

$$q_{mL}=\frac{\Phi_{0L}}{q_{0L}}=\frac{\Phi_{0L}}{h_1-h_5} \tag{3-54}$$

低温部分压缩机的功率为

$$P_L=q_{mL}\frac{w_L}{\eta_{iL}} \tag{3-55}$$

式中，η_{iL}为低温部分压缩机的指示效率。

低温部分压缩机的理论输气量为

$$q_{VtL}=\frac{q_{mL}v_1'}{\lambda_L}=\frac{\Phi_{0L}}{h_1-h_5}\frac{v_1'}{\lambda_L} \tag{3-56}$$

式中，λ_L 为低温部分压缩机的输气系数。

为低温部分提供冷却的高温部分制冷量，等于低温部分的冷凝负荷 Φ_{kL} 加上冷凝蒸发器及连接管路的冷量损失 $\Delta\Phi_H$

$$\Phi_{0H} = \Phi_{kL} + \Delta\Phi_H = \Phi_{0L} + P_L + \Delta\Phi_H$$

因此，高温部分循环制冷剂流量为

$$q_{mH} = \frac{\Phi_{0H}}{q_{0H}} = \frac{\Phi_{0H}}{h_6 - h_{10}} \tag{3-57}$$

高温部分压缩机的理论输气量为

$$q_{V\text{tH}} = \frac{q_{mH} v_6}{\lambda_H} \tag{3-58}$$

式中，λ_H 为高温部分压缩机的输气系数。

根据上述计算，即可求出高温部分压缩机的功率 P_H 及冷凝器的热负荷 Q_{kH}

$$P_H = q_{mH} \frac{h_7 - h_6}{\eta_{iL}\eta_{mH}} = \frac{\Phi_{0H}}{h_6 - h_{10}} \frac{h_7 - h_6}{\eta_{iH}} \tag{3-59}$$

$$\Phi_{kH} = P_H + P_L + \Phi_0 + \Delta\Phi_H \tag{3-60}$$

式中，η_{iH} 为高温部分压缩机的指示效率。

2. 复叠式制冷循环中间温度的确定

复叠式制冷循环两个部分衔接的中间温度，即冷凝蒸发器内蒸发器侧制冷剂工作温度的合理确定，对制冷机的经济性具有很重要的意义。前面介绍的两级压缩中间温度的确定方法，原则上可以用于复叠式制冷循环中间温度的确定，也可以按各部分每个压缩级的压力比大致相等的原则来确定。如高温部分为两级压缩制冷系统时，则低温部分的压力比可与高温部分的低压级压缩机的压力比相等。一般要求每个压缩级的压力比不超过压缩机规定的要求。总的来说，复叠式制冷循环中间温度的确定，既应考虑能量利用情况，同时应考虑压缩机的利用率。

例 3-4 采用 R-22 两级压缩和 R-23 单级压缩组成的复叠式制冷机，高温部分冷凝温度为 35℃，低温部分蒸发温度为 -86℃，低温部分冷凝温度为 -50℃。为了改善低温部分制冷压缩机的运行状况，在 R-23 制冷系统中加装一个气液回热器，使低压制冷剂蒸气温度升高 Δt_{0-1} = 30℃，用于过冷高压制冷剂液体。为了提高整个循环效率，减轻冷凝蒸发器的热负荷，使用水冷冷却器，将低温部分压缩机的排气温度 t_3 冷却到 $t_{3'}$ = 40℃；再加装一个气气回热器，使低压制冷剂蒸气温度再升高 Δt_{1-2} = 30℃，用于冷却水冷冷却器的出口气体。试确定制冷机低温部分循环的各状态点比焓，以及当用户所需低温冷量为 4000kW 时，高温部分循环最少应向低温部分提供多少冷量？

解 低温部分循环状态点在 $p-h$ 图上的表示见下表中图。

由气液回热器热平衡，得 $h_6 = h_5 - (h_1 - h_0) = [128.06 - (343 - 325.98)]\text{kJ/kg} = 111.04\text{kJ/kg}$

由气气回热器热平衡，得 $h_4 = h_{3'} - (h_2 - h_1) = [406 - (363 - 343)]\text{kJ/kg} = 386\text{kJ/kg}$

低温部分制冷循环各状态点参数，可由热力学图表查取或商用软件计算得到。下表是用商用软件 REFPROP 计算得到的数据。

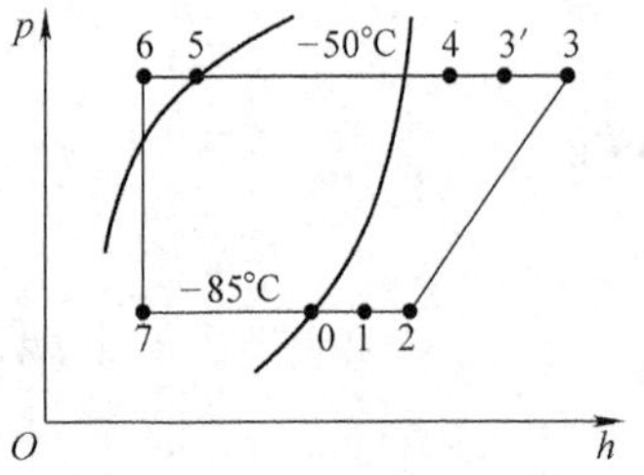

R-23 低温部分制冷循环图

参数 状态点	比焓/ (kJ/kg)	温度/ ℃
0	325.98	-85
1	343	-55
2	363	-25
3	426	65
3′	406	40
4	386	-14
5	128.06	-50
6	111.04	-61.2
7	111.04	-85

若不考虑实际使用中冷量损失，则低温部分压缩机的制冷剂流量为

$$q_{mL}=\frac{\Phi_0}{h_0-h_7}=\frac{4000}{325.98-111.04}\text{kg/s}=18.61\text{kg/s}$$

高温部分制冷循环最少应向低温部分提供的制冷量为

$$\Phi_{0H}=q_{mL}(h_4-h_5)=18.61\times(386-128.06)\text{kW}=4800\text{kW}$$

三、系统的运行特性分析

1. 循环形式及工作参数

当蒸发温度较低（-80 ~ -100℃），对于用卤代烃作为工质的复叠式循环，一般在高温部分用两级压缩，此时低温部分的压力比可与高温部分低压压缩机的压力比相近，这样各压缩机的制冷系数较大，并能在较有利的工况下工作。当蒸发温度更低（低于-100℃）时，可在低温部分用两级压缩，它与高温部分两级压缩、低温部分单级压缩的复叠系统比较，降低了各压缩机的压力比，增大了输气系数，减小了压缩机容量及摩擦功率，使经济性提高。

图3-31是根据㶲效率对某个复叠机组进行分析计算绘出的㶲效率随中间温度 t_m 变化的关系曲线。㶲效率的定义式为（详见第六章）

$$\eta_E=1-\frac{\Delta E_L}{W_L+W_H} \tag{3-61}$$

式中，W_L、W_H 分别为循环低、高温部分压缩机耗功；ΔE_L 为循环的总㶲损失。

从图3-31中可以看出：当低温部分制冷温度 t_0 和高温部分冷凝温度 t_2 为一定时，㶲效率随中间温度 t_m 以及冷凝蒸发器换热温差 Δt 而变。在不同 Δt 条件下，最高循环㶲效率 $\eta_{E\max}$ 近似落在一条直线 AB 上。不同的制冷温度具有不同的曲线组及其 AB 线。图中这些最大值表明，复叠式制冷循环有一最佳中间温度 $t_{m,opt}$，此时循环㶲效率最高。但 η_E 在最大㶲效率附近较平坦，因此，当 t_m 偏离 $t_{m,opt}$ 较小时，循环㶲效率降低不多。但是温差 Δt 的变化却对㶲效率 η_E 有强烈的影响。制冷工质蒸发温度越低

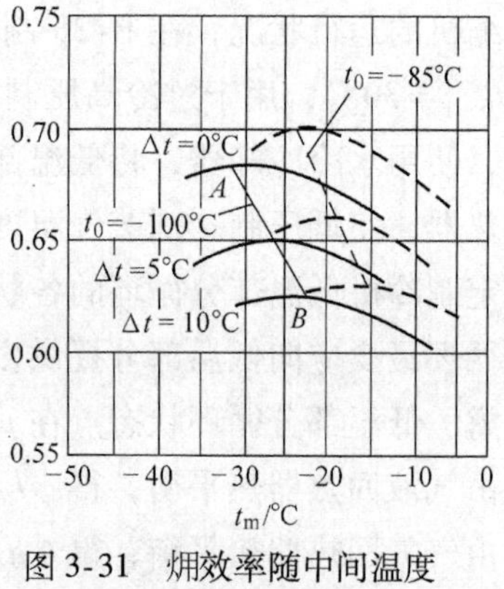

图3-31　㶲效率随中间温度变化的关系（t_2=25℃）

——t_0=-100℃　----t_0=-85℃

时，传热温差的不可逆损失越大，即温差的有害影响越严重。因此，冷凝蒸发器传热温差的大小，不仅影响其传热面积和冷量损耗，而且也影响到整个制冷机的经济性。故低温复叠式制冷机，其冷凝蒸发器的传热温差应取较小值，最好不要大于5℃。

为了提高复叠式制冷循环的性能指标，或改善压缩机的工作条件，常在复叠式制冷系统中使用一些热交换器，如：

（1）水冷或风冷冷却器　用于低温部分压缩机的排气温度较高时，将气体冷却到30～45℃再进入冷凝蒸发器，以减轻冷凝蒸发器的热负荷，提高循环的㶲效率。使用水冷或风冷冷却之后，按其蒸发温度及制冷剂组合的不同，制冷系数可提高7%～18%，而压缩机总容量可减小6%～12%。

（2）气气回热器　用于低温部分提高压缩机吸入蒸气的温度，降低进入冷凝蒸发器制冷剂的温度，不仅改善压缩机的工作条件，同时也起到减少冷凝蒸发器热负荷的作用。

（3）气液回热器　它是用从蒸发器出发的低温蒸气过冷节流阀前制冷剂液体。液体过冷增加了单位制冷量，吸气过热改善了压缩机的工作条件。回热器在复叠式制冷机高温部分也可应用，但单级氨制冷系统中则是有害的。

在制冷系统中使用上述一些热交换器虽然能达到不同的目的，但却使系统变得复杂，流动阻力和泄漏的可能性增大，产生冷损的地方增多。因此，在设计中可根据容量大小及使用条件尽量简化。特别是对于小型制冷机以及用混合工质运行的制冷机，甚至可不用上述任何一种热交换器。

2. 膨胀容器

复叠式制冷系统在停机时，由于内部温度升高到环境温度，低温制冷剂液体蒸发，系统内的压力将升高。因此，为使低温系统的压力不致过度升高，复叠式制冷机的低温系统中大多设有膨胀容器。工作时和停机时都与低温制冷剂的低压系统连通，停机时大部分低温制冷剂进入膨胀容器，工作时返回制冷系统。膨胀容器是一个具有规定容积的承压容器，其允许承受的最高压力应与停机时系统内的最高压力相同。

连接在吸气管上的膨胀容器的容积 V_p 按以下方法计算：

将膨胀容器内的制冷剂质量看做由 m_1 和 m_2 两部分组成，m_1 表示工作状态下膨胀容器中制冷剂的质量；m_2 表示停机时进入膨胀容器中制冷剂质量，则

$$m_1 = \frac{V_p}{v_x}$$

$$m_2 = \frac{m_x v_p - V_{dx}}{v_p}$$

式中，V_p 为膨胀容器的容积（m^3）；V_{dx} 为低温系统（不包括膨胀容器）的总容积（m^3）；v_p 为在环境温度及平衡压力时制冷剂的比体积（m^3/kg）；v_x 为在环境温度及吸气压力时制冷剂的比体积（m^3/kg）；m_x 为低温系统中（不包括膨胀容器）在工作状态时制冷剂的充灌量（kg）。

知道 m_1、m_2 和 v_p 后，可按下式算出膨胀容器的容积，即

$$V_p = (m_x v_p - V_{dx}) \frac{v_x}{v_x - v_p} \tag{3-62}$$

增加膨胀容器后低温工质总的充灌量为

$$m_z = m_x + \frac{V_p}{v_x} \tag{3-63}$$

由式中可以看出，当 m_z 一定时，m_x 的数值是随 v_x 而变化，即随吸气压力而变化，对于蒸发温度需要调节的制冷机，如果 m_z 的数值较小，则当蒸发温度升高时，v_x 减小，系统内就有工质不足之感。因此，设计这种制冷机时，应按蒸发温度调节上限来确定膨胀容器容积；同时，为了能在运转中调节 m_z 的数值，应将膨胀容器与高低压侧都用管道连接起来，并安装手动阀门。

第四节 吸收制冷循环

一、概述

吸收制冷和机械压缩制冷都是利用制冷剂蒸发吸收潜热来实现制冷的，前者以热能为动力，后者以机械能作动力。如图3-32所示，机械压缩制冷利用压缩机将来自蒸发器的低压蒸气转化为高压气体；蒸气吸收制冷利用一种合适的溶液来吸收低压蒸气，把制冷剂蒸气转变成液体，然后利用溶液泵升压，最后用加热的方法使蒸气从吸收溶液中放出，从而完成低压蒸气向高压气体的转化。一般的吸收制冷也要消耗一定的机械能来驱动溶液泵，但是单位制冷量所消耗的机械能远远小于机械压缩制冷循环。

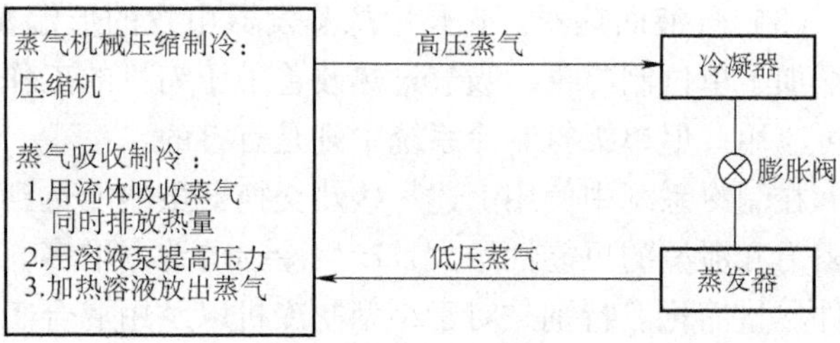

图3-32 吸收制冷与机械压缩制冷的关系

基本的蒸气吸收制冷循环如图3-33所示，从蒸发器中产生的制冷剂蒸气被吸收器中的溶液吸收。吸收过程可以被看做蒸气冷凝以及溶解到溶液中去两个过程的组合，因此，要释放出相变潜热以及溶解热。吸收过程产生的热量通过冷却介质（水或空气）排放到大气中去，利用溶液泵将来自吸收器的低压溶液增压，送入发生器中。在发生器中，利用高温热源的热量，使溶液中的制冷剂蒸气放出来，溶液通过溶液减压阀回到吸收器。从发生器中产生的高压蒸气在冷凝器中液化冷凝，通过膨胀阀进入蒸发器蒸发，冷凝器通过冷却介质向大气环境排放热量，蒸发器中制冷剂液体蒸发吸收潜热达到制冷目的。进出吸收制冷循环四个热换部件的热能品位各不相同，其中进入发生器的为高温位热能，被冷却介质带入蒸发器的是低温位热能，从吸收器和冷凝器中排出的热量的温度位介于前述两者之间，约高于大气环境温度。

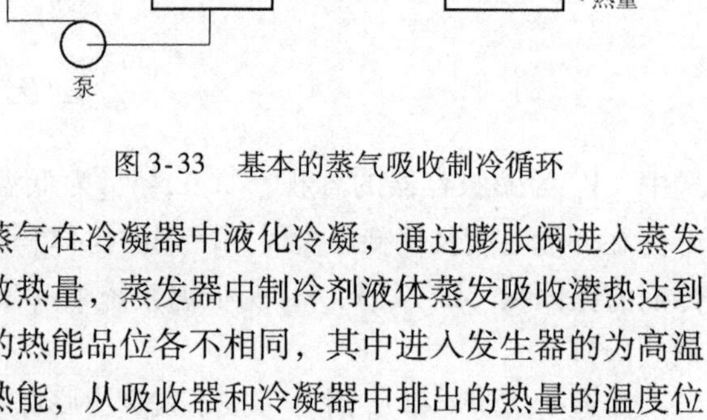

图3-33 基本的蒸气吸收制冷循环

吸收制冷主要采用二元溶液作为工质，低沸点组分称为制冷剂，高沸点组分称为吸收剂。对制冷剂性能的要求，同压缩式制冷所用的制冷剂，在第二章已作详细介绍。对于液体吸收剂，应具有以下特性：

1）具有较强吸收制冷剂的能力。

2）在相同压力下，沸腾温度远高于制冷剂沸腾温度。

3）无爆炸、燃烧的危险，且对人体和环境无害。

4）对金属材料的腐蚀性小。

5）价格低廉，易于获得。

目前，$H_2O/LiBr$ 和 NH_3/H_2O 工质对已获得了广泛的应用，前者通常应用于空调系统（制冷温度高于0℃），后者通常应用于低温系统（制冷温度低于0℃）。表 3-4 列出了已研究过的部分制冷剂/吸收剂工质对。

表 3-4　吸收制冷工质对

制冷剂	工质对	
水 H_2O	二元	$H_2O/LiBr$，$H_2O/LiCl$，H_2O/LiI，$H_2O/LiSCN$，$H_2O/CaCl_2$，H_2O/CsF，H_2O/RbF，$H_2O/CsBr$，$H_2O/NaOH$，H_2O/H_2SO_4
	三元	$H_2O/LiBr/LiCl$，$H_2O/LiBr/ZnCl_2$，$H_2O/LiBr/ZnBr_2$，$H_2O/LiBr/LiSCN$，$H_2O/LiBr/C_2H_6O_2$，$H_2O/LiBr/C_3H_8O_2$，$H_2O/LiBr/NaSCN$，$H_2O/LiBr/CaCl_2$，$H_2O/LiCl/CaCl_2$
	四元	$H_2O/LiCl/CaCl_2/ZnCl_2$，$H_2O/LiCl/CaCl_2/MgCl_2$
	五元	$H_2O/LiBr/LiI/LiCl/LiNO_3$
氨 NH_3	NH_3/H_2O，$NH_3/LiSCN$，$NH_3/NaSCN$，$NH_3/LiNO_3$	
甲胺 CH_3NH_2	CH_3NH_2/H_2O	
乙胺 $C_2H_5NH_2$	$C_2H_5NH_2/H_2O$	
甲醇 CH_3OH	二元	$CH_3OH/LiBr$，CH_3OH/LiI，$C_2H_5OH/LiBr$，C_2H_5OH/LiI
乙醇 C_2H_5OH		TFE/NMP，TFE/TEGME
三氟乙烷	三元	$CH_3OH/LiBr/ZnBr_2$，$CH_3OH/LiI/ZnBr_2$
TEF（$C_2F_3H_2OH$）		$C_2H_5OH/LiBr/ZnBr_2$，$CH_5OH/LiI/ZnBr_2$
卤代烃 $C_mH_nF_xCl_yBr_z$	R-22/DBP，R-22/DMA，R-22/DMF，R-22/DEGDMF，R-22/IBA，R-22/TEGDME	
	R-21/DMF，R-21/DEGDME，R-21/TEGDME	
	R-123/ETFE，R-134a/DMA，R-125/R123 + DMA，R-134a/R-123 + DMA，R-142b/DMF，R-152a/DMF，R-152a/R-123 + DMF，R-125/R-152a/R-123 + DMF，R-23/R-123/R-32 + DMA	
烷烃 HC_8	R-290/戊烷，R-290/R600a + 戊烷	

二、蒸汽单效吸收制冷

图 3-34 所示为蒸汽型单效 $H_2O/LiBr$ 吸收式冷水机组。蒸汽型单效 $H_2O/LiBr$ 制冷循环主要由制冷剂回路、溶液回路、热源回路、冷却水回路和冷媒水回路构成。

制冷剂回路由蒸发器和冷凝器等构成；溶液回路由发生器、吸收器和溶液热交换器，以及溶液泵等构成；热源回路由发生器、蒸汽锅炉、疏水器、凝水箱、凝水泵等构成；冷却水回路由吸收器、冷凝器、冷却水泵、冷却塔等构成；冷媒水回路由蒸发器、空调器、冷媒水泵等构成。

与图 3-33 比较，蒸汽型单效 $H_2O/LiBr$ 吸收制冷循环主要增加了一个溶液热交换器，该

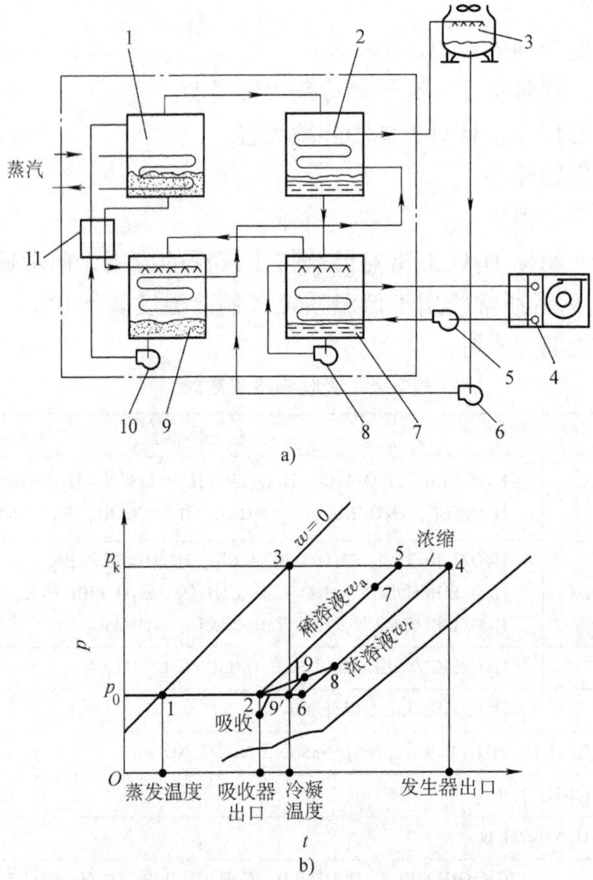

图3-34 蒸汽型单效 H_2O/LiBr 吸收式冷水机组

a）工作原理 b）$p-t$ 图

1—发生器 2—冷凝器 3—冷却塔 4—空调器

5—冷媒水泵 6—冷却水泵 7—蒸发器 8—冷剂泵

9—吸收器 10—溶液泵 11—溶液热交换器

热交换器使来自吸收器的溶液加热，同时又使来自发生器的溶液冷却，达到提高制冷循环热利用效率的目的。忽略制冷剂蒸汽的流动阻力，冷凝压力 p_k 等于发生压力 p_g，吸收压力 p_a 等于蒸发压力 p_0。如图3-34b，制冷循环由等质量分数线 w_r、w_a，与等压线 p_k、p_0 组成，主要过程如下：

1）稀溶液（以LiBr的质量分数高低区分浓溶液和稀溶液）经溶液热交换器的升温过程（2－7）。状态点2表示吸收器出口的稀溶液，经溶液泵升压进入溶液热交换器被加热，温度由 t_2 上升至 t_7，溶液质量分数维持不变，称为等质量分数加热过程。

2）稀溶液在发生器中的发生过程（7－5－4）。处于过冷状态点7的稀溶液进入发生器，被热源加热到气液相平衡状态点5分离出制冷剂蒸汽，溶液在冷凝压力 p_k 下等压沸腾，过程终了状态点为4，溶液质量分数提高。

3）浓溶液经溶液热交换器的冷却过程（4－8）。溶液质量分数不变，称为等质量分数冷却过程。

4）稀浓溶液混合过程（2－8－9）。为了保证吸收器中传热管簇完全被溶液覆盖，通常将浓溶液与一部分稀溶液混合后，再喷淋到吸收器管簇。状态点 9 表示状态点 2 与 8 的混合溶液状态。若采用浓溶液直接喷淋，则无此过程。

5）混合溶液吸收过程（9－9′－2）。状态点 9 的混合溶液进入吸收器，由于压力降低为吸收压力 p_a，有一小部分水蒸气闪发，使溶液温度下降，质量分数提高，达到状态 9′。9－9′表示闪发过程。状态 9′的溶液由于吸收来自蒸发器的制冷剂蒸汽，且被冷却水冷却，温度、质量分数下降，成为状态点 2 的稀溶液。9′－2 表示等压吸收过程。

图 3-34 中状态点 3 表示冷凝状态，状态点 1 表示蒸发状态，由于 $w=0$ 线无法区分气液相，因此无法用它表示过热状态、冷凝过程和蒸发过程。

实际应用的单效 H_2O/LiBr 吸收式冷水机组流程如图 3-35 所示。发生器和冷凝器工作压力较高，通常密封在一个筒体内，称为高压筒；吸收器和蒸发器工作压力较低，密封在另一筒内，称为低压筒。高压筒和低压筒通过 U 形管或其他节流装置连接，以维持两筒间的压差。发生器中的热源通常是 0.13～0.25MPa 低压饱和蒸汽或 85～150℃的热水。为了防止溶液发生结晶，发生器中的浓溶液质量分数不能过高。因此，发生器中溶液允许达到的温度受到限制（通常不超过 110℃），加热热源的温度也不能过高。

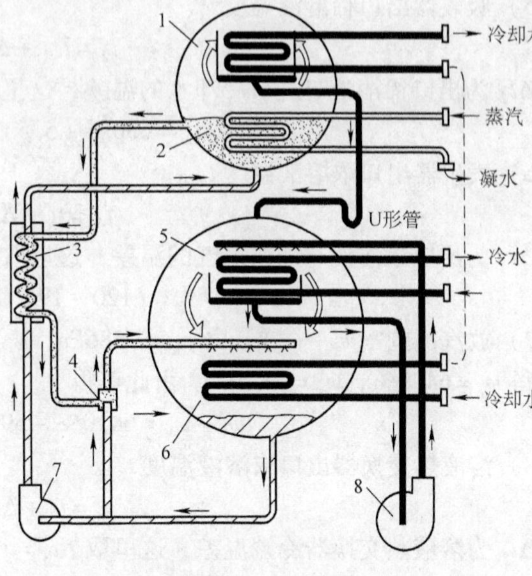

图 3-35　单效 H_2O/LiBr 吸收式冷水机组流程

1—冷凝器　2—发生器　3—溶液热交换器　4—引射器　5—蒸发器　6—吸收器　7—溶液泵　8—冷剂泵

下面通过例 3-5 介绍单效溴化锂吸收制冷机的热力计算。

例 3-5　已知参数：制冷量 $\Phi_0=3489\text{kW}$，冷媒水进口温度 $t_{c1}=12℃$，冷媒水出口温度 $t_{c2}=7℃$，冷却水进口温度 $t_w=32℃$，加热蒸汽饱和温度 $t_h=120℃$。

解　计算步骤如下：

（1）设计参数的选定

1）蒸发温度 t_0 及蒸发压力 p_0。

$$t_0=t_{c2}-\Delta t_0$$

Δt_0 为蒸发器冷端温差，这里取 2℃，故 $t_0=(7-2)℃=5℃$。查饱和水蒸气表得，$p_0=872\text{Pa}$。

2）吸收器压力 p_a。

$$p_a=p_0-\Delta p_a$$

Δp_a 为蒸发压力与吸收压力的差值，取 $\Delta p_a=72\text{Pa}$，则 $p_a=(872-72)\text{Pa}=800\text{Pa}$

3）吸收器出口冷却水温度 t_{w1} 和冷凝器出口冷却水温度 t_{w2}。取冷却水的总温升 $\Delta t_w=8℃$，采用串联流动方式，冷却水先进入吸收器，再进入冷凝器。根据单效机组吸收器和冷凝器热负荷之比，一般为1.3∶1，取$\Delta t_{w1}=4.5℃$，$\Delta t_{w2}=3.5℃$，则

$$t_{w1}=(32+4.5)℃=36.5℃,\ t_{w2}=(36.5+3.5)℃=40℃$$

Δt_{w1}和Δt_{w2}的选取是否合适，最后还要由吸收器和冷凝器热负荷计算出来的冷却水量是否相近来确定。

4）冷凝温度和冷凝压力。

$$t_k=t_{w2}+\Delta t_k$$

Δt_k为冷凝器热端温差，取$\Delta t_k=5℃$，则

$$t_k=(40+5)℃=45℃$$

查饱和水蒸气表得，$p_k=9586\text{Pa}$。

5）吸收器出口稀溶液温度t_2。

$$t_2=t_{w1}+\Delta t_2$$

Δt_2为出口稀溶液与进口冷却水的温差，这里取$\Delta t_2=5.5℃$，则

$$t_2=(36.5+5.5)℃=42℃$$

6）发生器出口浓溶液温度t_4。

$$t_4=t_h-\Delta t_4$$

Δt_4为出口浓溶液与加热蒸气的温差，这里取$\Delta t_4=19℃$，则

$$t_2=(120-19)℃=101℃$$

7）放汽范围（w_r-w_a）。由$p_k=9586\text{Pa}$，$t_4=101℃$，$p_a=800\text{Pa}$，$t_2=42℃$，查$h-w$图可得$w_r=64.0\%$，$w_a=59.5\%$。由此可得

$$w_r-w_a=64.0\%-59.5\%=4.5\%$$

8）溶液热交换器出口浓溶液温度t_8。

$$t_8=t_2+\Delta t_8$$

Δt_8为溶液热交换器冷端温差，这里取$\Delta t_8=15℃$，则

$$t_8=(42+15)℃=57℃$$

由$w_r=64.0\%$，查溴化锂溶液的结晶曲线，其结晶温度t_s约为40℃。则

$$t_8-t_s=(57-40)℃=17℃$$

因此，选取$\Delta t_8=15℃$是可行的。

（2）各状态点参数值　根据上述所选取的参数，查溴化锂溶液的$h-w$图，可确定制冷循环中各状态点的比焓值以及温度、压力和质量分数，也可通过溴化锂溶液的物性计算公式[18]计算求得。

下面有关数据是公式计算的结果。

1）蒸发器出口冷剂蒸汽（点1′）。由$w=0$，$p_a=800\text{Pa}$，得$h_{1'}=2929\text{kJ/kg}$。

2）蒸发器中冷剂水（点1）。由$w=0$，$p_a=800\text{Pa}$，得$h_1=440\text{kJ/kg}$。

3）吸收器出口稀溶液（点2）。根据$t_2=42℃$，$p_a=800\text{Pa}$，查液相等压线，得$h_2=279\text{kJ/kg}$。

4）冷凝器出口冷剂水（点3）。由$w=0$，$p_k=9586\text{Pa}$，得$h_3=607\text{kJ/kg}$。

5）冷凝器进口冷剂蒸汽（点3′）。由$w=0$，$p_k=9586\text{Pa}$，得$h_{3'}=3098\text{kJ/kg}$。

6）发生器出口浓溶液（点4）。由$w_r=64\%$，$p_k=9586\text{Pa}$，得$h_4=391\text{kJ/kg}$。

7）发生器中开始沸腾溶液（点5）。由$w_a=59.5\%$，$p_k=9586\text{Pa}$，得$h_5=372\text{kJ/kg}$。

8）溶液热交换器出口浓溶液（点8）。由 $w_r = 64\%$，$t_8 = 57℃$，得 $h_8 = 312\text{kJ/kg}$。

9）溶液热交换器出口稀溶液（点7）。由溶液热交换器的能量平衡，得

$$(a-1)(h_4 - h_8) = a(h_7 - h_2)$$

所以

$$h_7 = \frac{a-1}{a}(h_4 - h_8) + h_2$$

式中，a 为循环倍率。

$$a = \frac{w_r}{w_r - w_a} = \frac{64}{64 - 59.5} = 14.2$$

将 h_2、h_4、h_8 的值代入上式可得

$$h_7 = \left[\frac{14.2-1}{14.2} \times (391 - 312) + 279\right]\text{kJ/kg} = 353\text{kJ/kg}$$

由 $w_a = 59.5\%$，$h_7 = 353\text{kJ/kg}$，得 $t_7 = 82.9℃$。

10）吸收器喷淋溶液（点9′）。取吸收器的再循环倍率 $f_a = 17.2$，则据吸收器的能量和质量平衡，得

$$h_9 = \frac{f_a h_2 + (a-1)h_8}{f_a + a - 1} = \frac{17.2 \times 279 + (14.2-1) \times 312}{17.2 + 14.2 - 1}\text{kJ/kg} = 293\text{kJ/kg}$$

$$w_9 = \frac{f_a w_a + (a-1)w_r}{f_a + a - 1} = \frac{17.2 \times 59.5 + (14.2-1) \times 64}{17.2 + 14.2 - 1} = 61.5\%$$

由 h_9 和 w_9，得 $t_9 = 48.5℃$。

将上述各状态点的参数值列表，见表3-5。

表3-5　各状态点参数值

序号	名　称	状态点号	温度/℃	压力/kPa	质量分数（%）	比焓/(kJ/kg)
1	蒸发器中冷剂水	1	5	0.87	0	440
2	蒸发器中冷剂蒸汽	1′	5	0.87	0	2929
3	吸收器出口稀溶液	2	42	0.8	59.5	279
4	冷凝器中冷剂水	3	45	9.6	0	607
5	冷凝器中冷剂蒸汽	3′	96	9.6	0	3098
6	发生器出口浓溶液	4	101	9.6	64	391
7	发生器中开始沸腾溶液	5	90.9	9.6	59.5	372
8	吸收器进口浓溶液	6	51	0.8	64	301
9	溶液热交换器出口稀溶液	7	82.9	—	59.5	353
10	溶液热交换器出口浓溶液	8	57	—	64	312
11	吸收器中喷淋溶液	9	48.5	—	61.5	293

（3）质量流量为1kg/s时各换热设备的热负荷计算

1）发生器的单位热负荷。

$\phi_g = h_{3'} + (a-1)h_4 - ah_7 = [3098 + (14.2-1) \times 391 - 14.2 \times 353]\text{kJ/kg} = 3235\text{kJ/kg}$

2）冷凝器的单位热负荷。

$$\phi_k = h_{3'} - h_3 = (3098 - 607)\text{kJ/kg} = 2491\text{kJ/kg}$$

3）蒸发器的单位热负荷。

$$\phi_0 = h_{1'} - h_3 = (2929 - 607)\text{kJ/kg} = 2322\text{kJ/kg}$$

4）吸收器的单位热负荷。

$\phi_a = (a-1)h_8 + h_1' - ah_2 = [(14.2-1) \times 312 + 2929 - 14.2 \times 279]\text{kJ/kg} = 3075\text{kJ/kg}$

5）溶液热交换器的单位热负荷。

$$\phi_t = a(h_7 - h_2) = [14.2 \times (353 - 279)]\text{kJ/kg} = 1045\text{kJ/kg}$$

（4）热平衡计算

$$\phi_g + \phi_0 = (3235 + 2322)\text{kJ/kg} = 5557\text{kJ/kg}$$

$$\phi_k + \phi_a = (2491 + 3075)\text{kJ/kg} = 5566\text{kJ/kg}$$

$$\frac{5566 - 5557}{5566} = 0.0017 < 1\%$$

（5）热力系数ζ计算

$$\zeta = \frac{\phi_0}{\phi_g} = \frac{2322}{3235} = 0.72$$

（6）换热设备负荷计算　由蒸发器的单位热负荷ϕ_0，可求得冷剂水的循环量为

$$q_m = \frac{\Phi_0}{\phi_0} = \frac{3489}{2322} = 1.503\text{kg/s}$$

1）发生器的热负荷。

$$\Phi_g = q_m\phi_g = 1.503 \times 3235\text{kW} = 4862\text{kW}$$

2）冷凝器的热负荷。

$$\Phi_k = q_m\phi_k = 1.503 \times 2491\text{kW} = 3744\text{kW}$$

3）吸收器的热负荷。

$$\Phi_a = q_m\phi_a = 1.503 \times 3075\text{kW} = 4621\text{kW}$$

4）蒸发器的热负荷。

$$\Phi_0 = q_m\phi_0 = 1.503 \times 2322\text{kW} = 3490\text{kW}$$

5）溶液热交换器的热负荷。

$$\Phi_t = q_m\phi_t = 1.503 \times 1045\text{kW} = 1571\text{kW}$$

（7）各工作介质的流量计算

1）加热蒸汽流量。

$$q_{mg} = 1.05\frac{\Phi_g}{r} = 1.05 \times \frac{4862}{2202.68}\text{kg/s} = 2.318\text{kg/s}$$

式中，r为120°C饱和蒸汽的汽化热，$r = 2202.68\text{kJ/kg}$；1.05为裕度系数。

2）冷媒水流量。

$$q_{Va} = \frac{\Phi_0}{1000 \times 4.186(t_{c1} - t_{c2})} = \frac{3490}{1000 \times 4.186 \times (12-7)}\text{m}^3/\text{s} = 0.167\text{m}^3/\text{s}$$

3）冷却水流量。吸收器冷却水量为

$$q_{Vw1}=\frac{\Phi_a}{1000\times4.186(t_{w1}-t_w)}=\frac{4622}{1000\times4.186\times(36.5-32)}m^3/s=0.245m^3/s$$

冷凝器冷却水量为

$$q_{Vw2}=\frac{\Phi_k}{1000\times4.186(t_{w2}-t_{w1})}=\frac{3744}{1000\times4.186\times(40-36.5)}m^3/s=0.256m^3/s$$

q_{Vw1}与q_{Vw2}相差不大，说明上述冷却水温升的分配是合适的。

4）稀溶液循环量。

$$q_{Vg}=\frac{aq_m}{\rho_a}=\frac{14.2\times1.503}{1.7\times10^3}m^3/s=1.255\times10^{-2}m^3/s$$

式中，ρ_a为稀溶液的密度，由$w_a=59.5\%$，$t_2=42℃$，得$\rho_a=1.7\times10^3kg/m^3$。

5）吸收器喷淋溶液量。

$$q_{Vp}=\frac{(f_a+a-1)q_m}{\rho_p}=\frac{(17.2+14.2-1)\times1.503}{1.728\times10^3}m^3/s=2.644\times10^{-2}m^3/s$$

式中，ρ_p为喷淋溶液的密度，由$w_9=61.5\%$，$t_9=48.5℃$，得$\rho_p=1.728\times10^3kg/m^3$；$f_a$为吸收器的再循环倍数，取$f_a=17.2$。

6）溶液泵流量。

$$q_{Vs}=q_{Vg}+\frac{f_a\times1.503}{1.728\times10^3}m^3/s=2.752\times10^{-2}m^3/s$$

7）蒸发器冷剂水喷淋量（冷剂泵流量）。为了增强冷媒水蒸发传热传质能力，通过冷剂泵将蒸发器底部的冷剂水喷淋到冷媒水盘管上，有

$$q_{V0}=\frac{f_0q_m}{1000}=\frac{10\times1.503}{1000}m^3/s=1.503\times10^{-2}m^3/s$$

式中，f_0为蒸发器的再循环倍数，取$f_0=10$。

三、蒸汽双效吸收制冷

在单效H_2O/LiBr吸收制冷机组中，如果工作蒸汽温度偏高，可能导致发生终了溶液太浓以致被换热器冷却降温后产生结晶。因此，需要将工作蒸汽降温后才能使用，从而造成能量的浪费。为了充分利用高品位的能源，应采用双效H_2O/LiBr吸收制冷循环流程。与单效机组相比，双效机组热力系数高达1.1～1.4（而单效机组热力系数为0.5～0.8），需要较高温度的热源，通常为0.25～0.8MPa（表压）的饱和蒸汽或150℃以上的热水；为确保安全，运行时高压发生器的压力控制在大气压以下；制取相同制冷量时冷却负荷可减少1/3左右。

在双效H_2O/LiBr吸收制冷机组中，由于有两个发生器、两个溶液热交换器和一个凝水热交换器，循环流程比单效机组复杂得多。根据稀溶液进入高低压发生器的不同方式，目前有三种循环流程：串联流程、并联流程和串并联流程。稀溶液流出吸收器后，先后进入高、低压发生器被称为串联流程。稀溶液流出吸收器后分成两路，分别进入高、低压发生器被称为并联流程。串并联流程为：稀溶液流出吸收器后分成两路进入两个发生器，从高压发生器流出的浓溶液先进入低压发生器，与其中的溶液一起流回吸收器。各种流程各有特点：串联流程操作方便，调节稳定；并联流程热力系数较高；串并联流程介于两者之间。根据热源的不同特点，合理选择循环流程，对于提高机组效率、降低成本有着重要意义。

1. 并联流程

图 3-36 所示为并联流程双效 $H_2O/LiBr$ 吸收式冷水机组。在高压发生器中，稀溶液被热源加热。在较高的发生压力 p_g 下产生制冷剂蒸汽，因制冷剂蒸汽具有较高的饱和温度，进入低压发生器作为热源，加热低压发生器中的溶液，使之在冷凝压力 p_k 下产生制冷剂蒸汽。低压发生器相当于高压发生器在 p_g 压力下的冷凝器。热源的能量在高压发生器和低压发生器中得到了两次利用，所以称之为双效循环。显然，与单效循环相比，产生相同制冷量所需的热源加热量减少，即双效机组热效率提高。

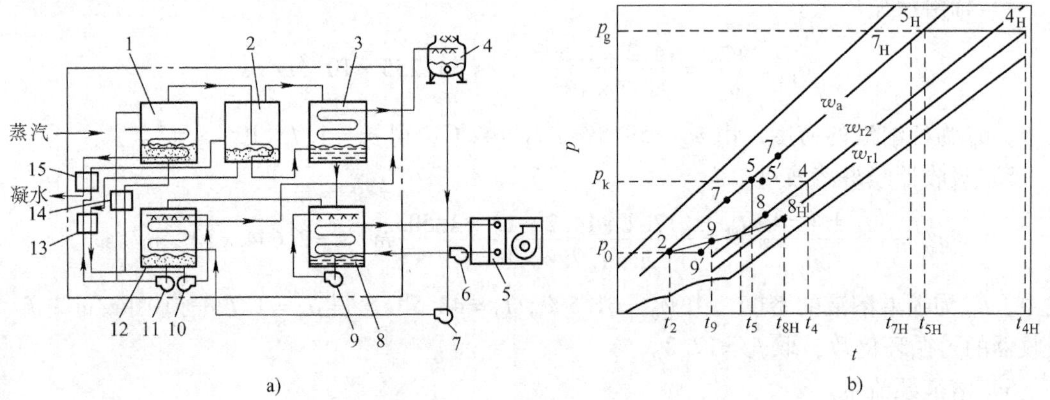

图 3-36　并联流程双效 $H_2O/LiBr$ 吸收式冷水机组

a）工作原理　b）$p-t$ 图

1—高压发生器　2—低压发生器　3—冷凝器　4—冷却塔　5—空调器
6—冷水泵　7—冷却水泵　8—蒸发器　9—冷剂泵　10、11—溶液泵
12—吸收器　13—低温溶液热交换器　14—高温溶液热交换器　15—凝水热交换器

高压发生器中产生的制冷剂蒸汽，在低压发生器中加热溶液后，凝结成制冷剂液体，经节流减压后进入冷凝器，与低压发生器中产生的制冷剂蒸汽一起被冷凝器的冷却水冷却成为制冷剂液体。与单效循环相比，双效循环减少了冷凝器的冷却负荷。冷凝器中的制冷剂液体节流后进入蒸发器，经制冷剂泵输送，喷淋在蒸发器管簇上，吸收管内冷媒水的热量，在蒸发压力 p_0 下蒸发，达到制冷的目的。蒸发器中产生的制冷剂蒸气进入吸收器，完成制冷剂回路。

溶液回路按并联方式工作。自高压发生器和低压发生器流出的浓溶液，分别进入高温溶液热交换器和低温溶液热交换器，温度降低后与吸收器中的稀溶液混合成中间质量分数的溶液，经溶液泵输送，喷淋在吸收器管簇上，吸收来自蒸发器的制冷剂蒸汽。从而维持蒸发器中较低的蒸发压力，使制冷过程连续进行。中间质量分数的溶液吸收制冷剂蒸汽，放出的热量由冷却水带走，然后使温度和质量分数降低，成为稀溶液。流出吸收器的稀溶液由溶液泵升压，按并联分成两路，一路经高温溶液热交换器送往高压发生器，另一路经低温溶液热交换器和凝水热交换器送往低压发生器。从而完成了双效制冷循环的溶液回路。设置凝水热交换器可以充分利用高压加热蒸汽的高温凝水的显热，减少蒸汽消耗。

图 3-36b 为上述循环在 $H_2O/LiBr$ 溶液 $p-t$ 图上的表示。与单效循环相比，双效并联循环在 p_g、p_k、p_0 三个压力下工作。

双效并联循环的另一种方式，是稀溶液经低温溶液热交换器后分流的双效制冷循环，如

图 3-37 所示。图 3-38 所示为并联流程双效 H_2O/LiBr 吸收制冷循环的 $h-w$ 图。

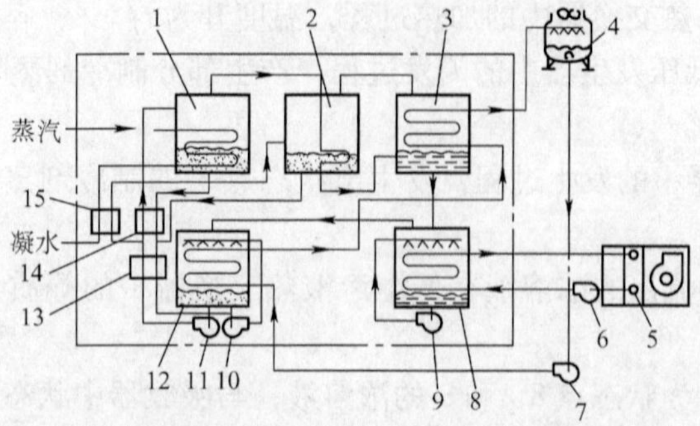

图 3-37 并联流程的双效 H_2O/LiBr 吸收制冷循环

1—高压发生器 2—低压发生器 3—冷凝器 4—冷却塔
5—空调器 6—冷水泵 7—冷却水泵 8—蒸发器 9—冷剂泵
10、11—溶液泵 12—吸收器 13—低温溶液热交换器
14—高温溶液热交换器 15—凝水热交换器

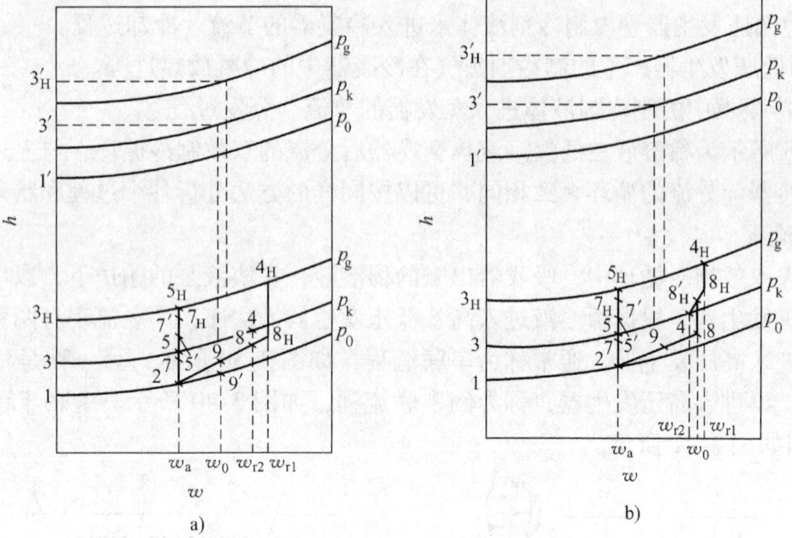

图 3-38 并联流程的双效 H_2O/LiBr 吸收制冷循环的 $h-w$ 图

a）稀溶液在低温溶液热交换器前分流 b）稀溶液在低温溶液热交换器后分流

稀溶液在低温溶液热交换器前分流的循环过程（图 3-38a）：

$2-7_H$⊖为稀溶液在高温溶液热交换器中的加热过程，溶液温度由 t_2 升高到 t_{7_H}，质量分数不变。

7_H-5_H 为稀溶液在高压发生器中的加热过程。稀溶液进入高压发生器，先被加热升温，达到高压发生压力 p_g 下的气液相平衡状态。

5_H-4_H 为高压发生器发生过程。达到气液相平衡的稀溶液继续被加热，溶液沸腾，产生状态点 $3'_H$ 的制冷剂蒸气，溶液的温度、质量分数升高，达到状态点 4_H。

4_H-8_H 为浓溶液在高温溶液热交换器中的等质量分数冷却过程，温度降为 t_{8_H}。

⊖下标 H 表示高压状态，下同。

2－7 为稀溶液在低温溶液热交换器中的加热过程，温度升为 t_7。

7－7′稀溶液在凝水热交换器中的加热过程，温度升为 t_7'。

7′－5′为稀溶液在低压发生器中的闪发过程，产生部分制冷剂蒸气，温度降低到 t_5'，质量分数略有提高。

5′－4 为低压发生器中的发生过程，发生出状态点 3′的制冷剂蒸气，溶液温度、质量分数升高。

4－8 为低压发生器流出的浓溶液在低温溶液热交换器中的等质量分数冷却过程，温度降为 t_8。

2/8_H－9 和 2/8－9 为状态点 8_H 和 8 的浓溶液，与吸收器中状态点 2 的稀溶液的混合过程，终了状态点为 9。

9－9′为混合溶液在吸收器中的闪发过程，溶液温度降低，质量分数略有增加。

9′－2 为混合溶液在吸收器中的冷却吸收过程，吸收制冷剂蒸气（状态点 1′）后，溶液的温度、质量分数降低。

$3_H'$－3_H 为高压发生器产生的制冷剂蒸气在低压发生器中的冷凝放热过程。

3_H－3 为低压发生器管内制冷剂液体水进入冷凝器的节流、冷却过程。

3′－3 为低压发生器产生的制冷剂蒸气在冷凝器中的冷凝放热过程。

3－1′为冷凝器中的制冷剂液体进入蒸发器的节流、蒸发过程。

图 3-38b 所示为稀溶液在低温溶液热交换器后分流的双效制冷循环，与上述稀溶液在低温溶液热交换器前分流的循环大致相同，可以按同样的方法分析各个过程和状态点。

2. 串联流程

串联流程双效制冷循环中，吸收器出来的稀溶液，在溶液泵的输送下，以串联方式先后进入高、低压发生器。根据稀溶液进入高、低压发生器的次序，串联流程有两种形式：一种是稀溶液先进入高压发生器，通常称为串联流程，如图 3-39 所示；另一种是稀溶液先进入低压发生器，再进入高压发生器，称为倒串联流程，如图 3-40 所示。串联流程与倒串联流程的 $h-w$ 图如图 3-41 所示。

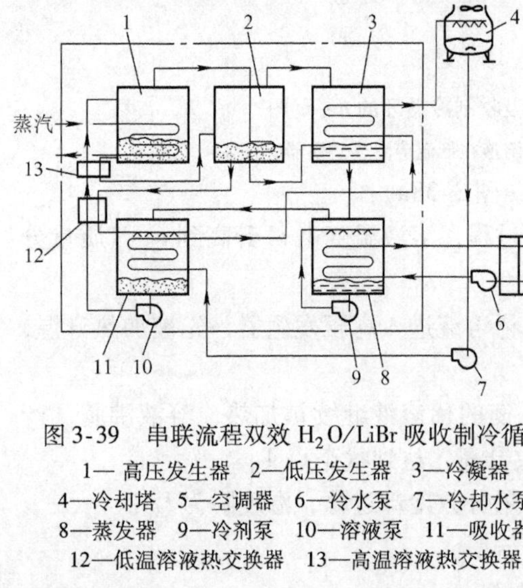

图 3-39 串联流程双效 H_2O/LiBr 吸收制冷循环
1— 高压发生器 2—低压发生器 3—冷凝器
4—冷却塔 5—空调器 6—冷水泵 7—冷却水泵
8—蒸发器 9—冷剂泵 10—溶液泵 11—吸收器
12—低温溶液热交换器 13—高温溶液热交换器

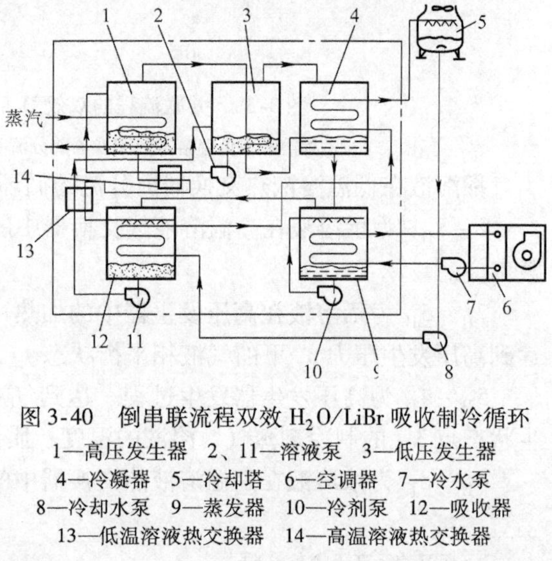

图 3-40 倒串联流程双效 H_2O/LiBr 吸收制冷循环
1—高压发生器 2、11—溶液泵 3—低压发生器
4—冷凝器 5—冷却塔 6—空调器 7—冷水泵
8—冷却水泵 9—蒸发器 10—冷剂泵 12—吸收器
13—低温溶液热交换器 14—高温溶液热交换器

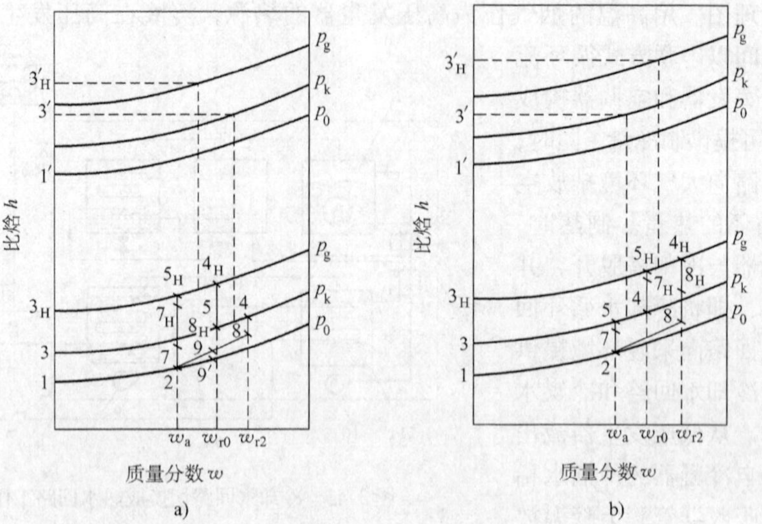

图 3-41 串联流程与倒串联流程的 $h-w$ 图

a）串联流程 b）倒串联流程

值得注意的是，为实现倒串联流程，需设置一台高温溶液泵。

3. 串并联流程

串并联流程结合了串联流程和并联流程两者的特点，如图 3-42 所示。

四、直燃吸收制冷

直燃 $H_2O/LiBr$ 吸收制冷，以燃气或燃油为动力，以产生高温烟气为热源，工作原理与蒸气吸收制冷循环相同。直燃吸收制冷机组燃烧效率高，对大气环境污染小，结构紧凑，占地小，既可用于夏季供冷又可用于冬季采暖，必要时还可以提供生活用热水。

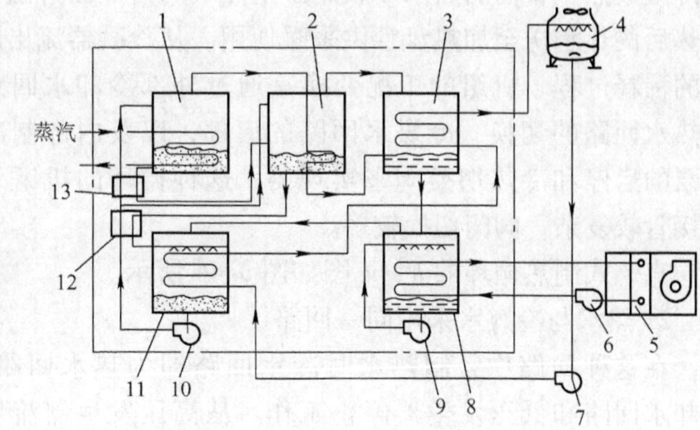

图 3-42 串并联流程双效机组的工作原理

1—高压发生器 2—低压发生器 3—冷凝器 4—冷却塔 5—空调器 6—冷水泵 7—冷却水泵 8—蒸发器 9—冷剂泵 10—溶液泵 11—吸收器 12—低温溶液热交换器 13—高温溶液热交换器

由于热源温度较高，直燃式通常采用双效吸收制冷。与蒸气双效机组相同，直燃式双效机组溶液回路也有串联流程和并联流程两种形式。但在提供热水时，通常由下述三种方式构成热水回路：

1）将冷却水回路切换成热水回路。

2）热水与冷媒水采用同一回路。

3）专设热水回路。

1. 冷却水回路切换成热水回路

在这种方式中，空调器既可制冷也可采暖，冷却水泵兼作热水泵，通过切换阀实现工况的交换，夏季获得冷水作空调用，冬季制热水供采暖用。图 3-43 为冷却水回路切换成热水回路的工作原理图。用高温的烟气作为高压发生器的热源，溶液在高压发生器、低压发生器、吸收器之间以串联方式循环流动。制冷时，蒸发器和空调器构成的冷媒水回路可提供制冷量。同时，通过冷却水回路向大气环境排放空调热负荷和循环的热量。制热时，吸收器、冷凝器与冷却塔脱开，并和空调器连接，即将冷却水循环回路切换成热水回路向采暖环境提供热量。同时，冷却水回路和冷媒水回路停止工作。从低压发生器流出的溶液，被来自冷凝器的冷剂水稀释后，喷淋在吸收器管簇上降温放热，管内的热水吸收溶液的显热而升温，实现第一次加热。来自低压发生器的制冷剂蒸气在冷凝器管簇上冷凝放热，管内的热水吸收制冷剂蒸气的潜热而升温，实现第二次升温加热。被两次升温加热后的热水送至加热盘管供采暖使用。从冷凝器流出的制冷剂液体流入低压发生器完成溶液的稀释过程。机组的工况变换是通过外部冷却水回路和热水回路的切换、冷媒水回路的启停，以及内部制冷剂泵的启停和冷热切换阀来实现的。这种循环的机组外部接管较复杂，阀门切换较多。

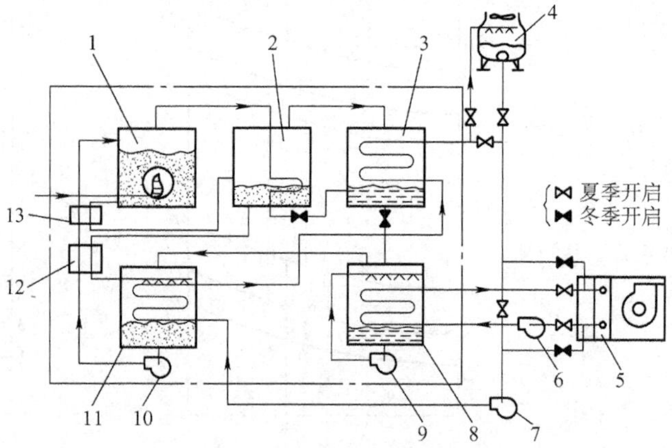

图 3-43 冷却水回路切换成热水回路工作原理
1—高压发生器 2—低压发生器 3—冷凝器 4—冷却塔
5—空调器 6—冷水泵 7—冷却水（热水）泵
8—蒸发器 9—冷剂泵 10—溶液泵 11—吸收器
12—低温溶液热交换器 13—高温溶液热交换器

直燃式制热循环的 $h-w$ 图如图 3-44 所示。

2. 热水与冷媒水采用同一回路

在这种回路中，制热水时冷水回路即为热水回路，冷却水回路和低压发生器停止工作。从高压发生器流出的制冷剂蒸气在蒸发器盘管上冷凝放热，管内的热水被加热而升温。在蒸发器中冷凝的制冷剂水流入吸收器使浓溶液稀释成稀溶液，完成溶液循环。机组的工况变换是通过将高压发生器的制冷剂蒸气通入蒸发器实现的，此时蒸发器的液囊与吸收器连通。与热水和冷却水采用同一回路的机组相比，这种变换比较简单，结构紧凑。工作原理如图 3-45 所示，在 $h-w$ 图上的表示如图 3-46 所示。

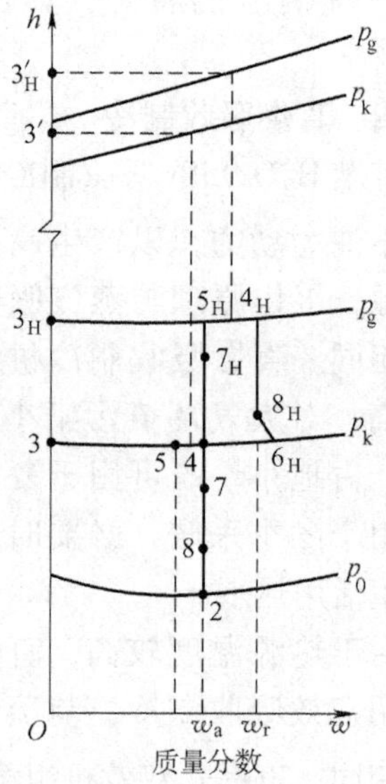

图 3-44 直燃式制热循环的 $h-w$ 图

3. 专设热水回路

这种循环专设热水器、加热盘管和热水泵构成专用的热水回路。这样，可以同时制取冷水和热水，也可以通过工况变换交替制取冷水和热水。

同时制取冷水和热水的直燃式冷水机组原理如图 3-47 所示。高压发生器流出的制冷剂蒸气分成两路：一路用于制冷水；另一路用于制热水，在热水器管簇上冷凝放热，管内的热水被加热而升温，冷凝后的制冷剂水依靠液位高度差自动返回高压发生器，在高压发生器中维持稳定的质量分数。这种机组运转简便，但多设置了一个热水器，提高了制造成本，增加了外形体积。这种机组高压发生器的容量和能耗大，除制冷部分外还要考虑制热部分。还有一种循环方式如图 3-48 所示，热水器流出的制冷剂水进入冷凝器用于制冷，这部分制冷剂水流经一个热泵循环，因此可以减小高压发生器的容量和能耗。

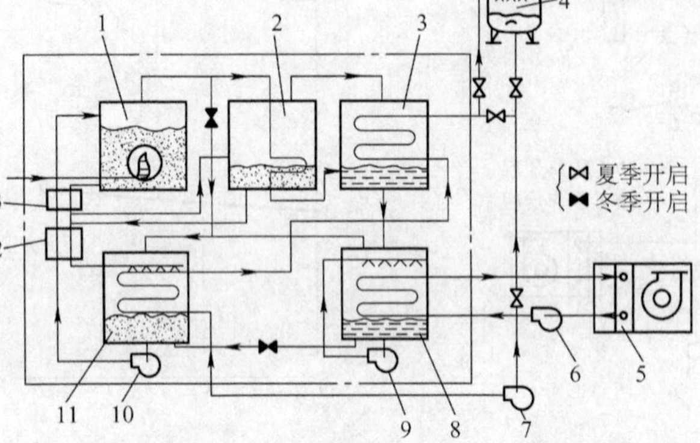

图 3-45 热水与冷媒水采用同一回路
1—高压发生器 2—低压发生器 3—冷凝器
4—冷却塔 5—空调器 6—冷水（热水）泵
7—冷却水泵 8—蒸发器 9—冷剂泵 10—溶液泵
11—吸收器 12—低温溶液热交换器 13—高温溶液热交换器

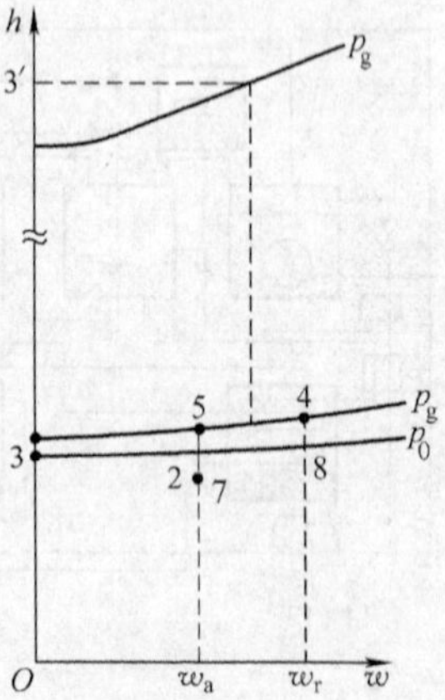

图 3-46 热水与冷媒水采用同一回路的制热循环的 $h-w$ 图

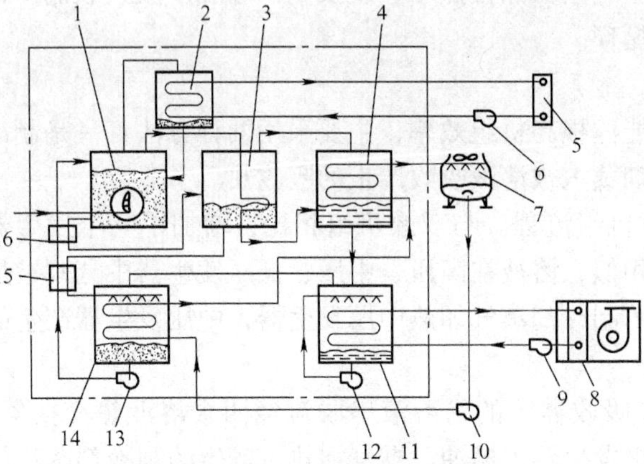

图 3-47 同时制取冷水和热水的机组工作原理
1—高压发生器 2—热水器 3—低压发生器
4—冷凝器 5—空调器（制热） 6—热水泵
7—冷却塔 8—空调器（制冷） 9—冷水泵
10—冷却水泵 11—蒸发器 12—冷剂泵
13—溶液泵 14—吸收器 15—低温溶液热交换器
16—高温溶液热交换器

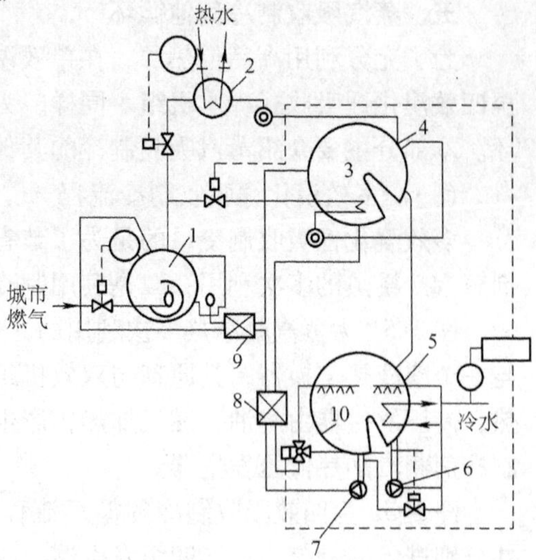

图 3-48 同时制冷水和热水的经济型循环机组
1—高压发生器 2—热水器 3—低压发生器
4—冷凝器 5—蒸发器 6—冷剂泵
7—溶液泵 8—低温溶液热交换器
9—高温溶液热交换器 10—吸收器

交替制取冷水和热水的工作原理如图3-49所示。制热水时，高压发生器和热水回路工作，其他部分停止工作。工况的变换是通过制冷部分的开启和停用来实现的。这种形式运转简便，在制热水时溶液泵和制冷剂泵不工作，但是多设置了一只热水器而且外部接管复杂。这种循环流程在 $h-w$ 图上表示如图3-50所示。

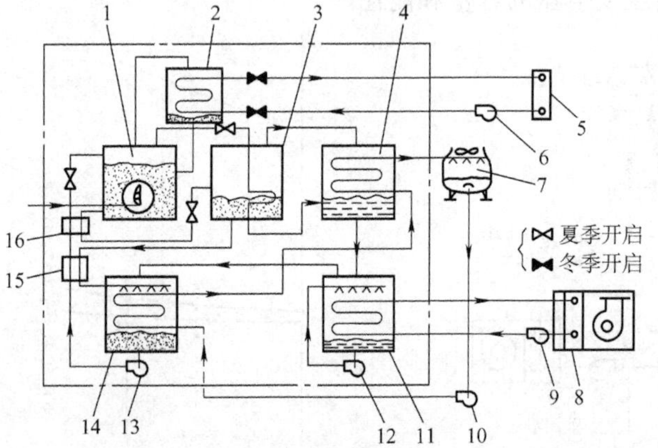

图3-49 交替制取冷水和热水的工作原理

1—高压发生器 2—热水器 3—低压发生器 4—冷凝器 5—空调器（制热） 6—热水泵 7—冷却塔 8—空调器（制冷） 9—冷水泵 10—冷却水泵 11—蒸发器 12—冷剂泵 13—溶液泵 14—吸收器 15—低温溶液热交换器 16—高温溶液热交换器

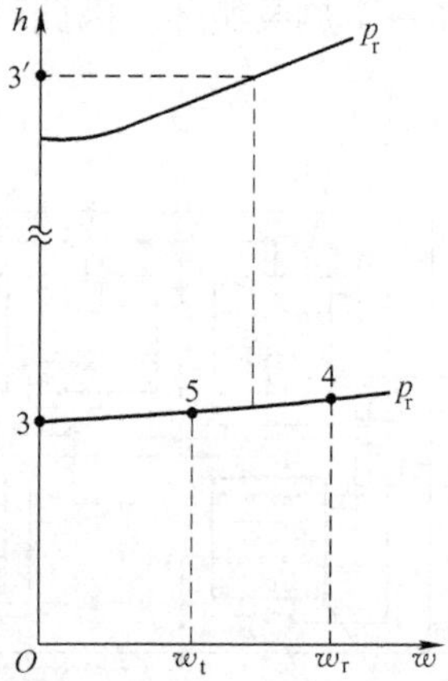

图3-50 交替制取冷水和热水循环的 $h-w$ 图

五、蒸汽吸收制冷其他循环

为了充分利用高品位热源，在单效溴化锂吸收式冷水机组的基础上发展了双效、三效甚至四效溴化锂吸收式冷水机组。同样，为了利用低品位热源，发展了两级和多级吸收制冷循环。本部分主要介绍蒸汽吸收制冷的其他循环。

（一）多效溴化锂吸收制冷流程

多效溴化锂吸收制冷目的是为了节省能源提高机组效率，主要采用两种方法：一是制冷剂蒸汽冷凝热的多次利用，二是利用制冷剂蒸汽被溶液吸收产生的吸收热。

图3-51为蒸汽凝结热多次利用的三效机组流程。与双效机组相比，增加了一个发生器与一个溶液热交换器，其原理与双效机组相似，溶液在高压、中压、低压发生器中分别被加热，高压发生器由燃油、燃气加热，产生的制冷剂蒸气加热中压发生器，中压发生器产生的制冷剂蒸汽加热低压发生器。

图3-52为四效吸收制冷的循环流程，吸收器中的稀溶液串联流经四个溶液热交换器，并分别进入一、二、三、四级发生器，四级发生器由燃油、燃气加热，产生的制冷剂蒸汽加热三级发生器，再依次加热。

图3-53为机组出水温度为7℃时多效 $H_2O/LiBr$ 吸收制冷性能曲线。双效机组的性能系数为1～1.3，热源温度范围150～180℃；三效机组的性能系数为1.67～1.72，热源温度范围200～230℃；四效机组的性能系数为1.93～2.0，热源温度范围250～280℃。因此，高温 $H_2O/LiBr$ 溶液物性的研究、缓蚀剂的研究，以及机组轻量化等均是开发多效吸收制冷应解决的主要问题。

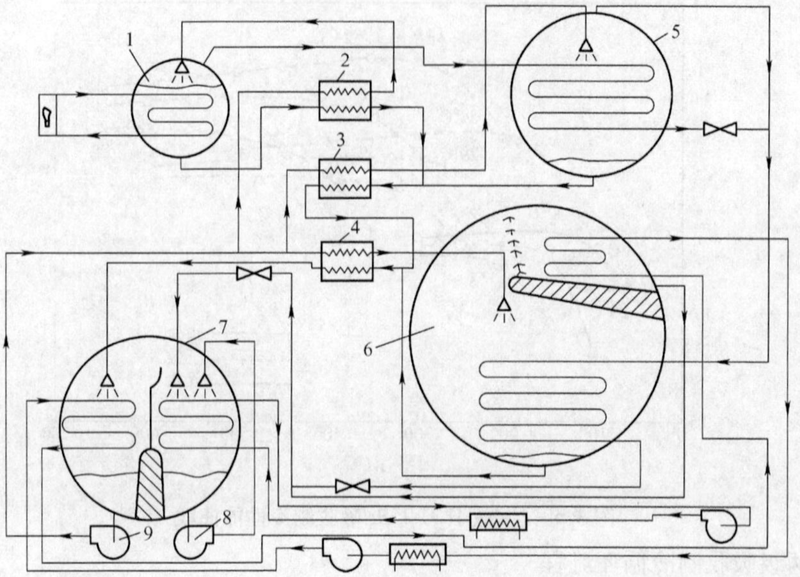

图 3-51　三效机组流程

1—高压发生器　2—中温热交换器　3—中压发生器

4—中温热交换器　5—低温热交换器　6—发生-冷凝器

7—蒸发-吸收器　8—冷剂泵　9—溶液泵

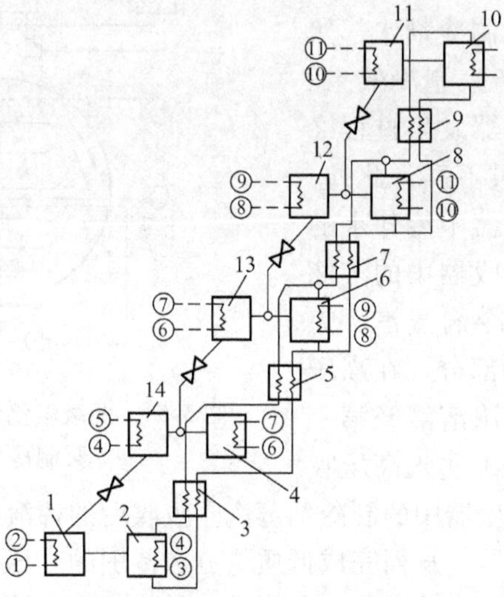

图 3-52　四效吸收制冷的循环流程

1—蒸发器　2—吸收器　3—一级热交换器　4—一级发生器

5—二级热交换器　6—二级发生器　7—三级热交换器　8—三级发生器

9—四级热交换器　10—四级发生器　11—四级冷凝器

12—三级冷凝器　13—二级冷凝器　14—一级冷凝器

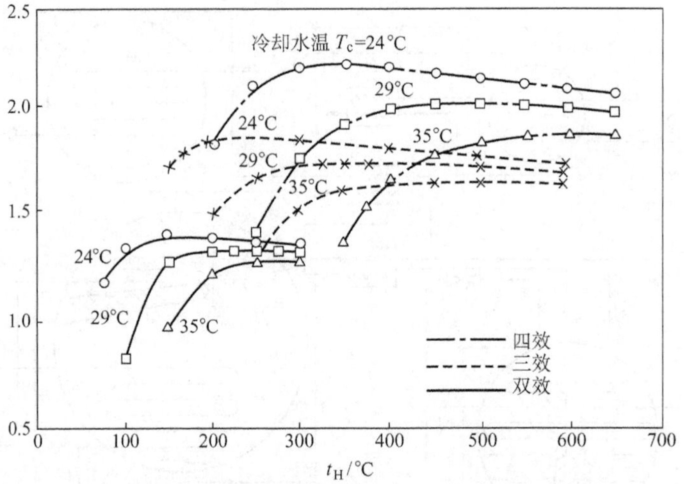

图 3-53 多效 H_2O/LiBr 吸收制冷性能曲线

（二）两级吸收制冷循环流程

两级溴化锂冷水机组可使用低于100℃的热源作为动力，对低品位热源的利用具有重要意义，是一种节能型机组。图 3-54 为其工作原理图。与单效溴化锂吸收制冷循环流程相比，发生器、吸收器、溶液热交换器各有两套，溶液泵也相应增加。高压发生器中的稀溶液在热源的加热下产生制冷剂蒸气，进入冷凝器冷凝成制冷剂水，然后节流进入蒸发器吸热，产生制冷效果。由于热源温度低，高压发生器发生过程终了状态点的浓溶液质量分数不高；此外，由于受环境温度限制，吸收器中冷却水的温度不可能太低，因此，吸收器中的溶液很难吸收来自蒸发器的制冷剂蒸汽。为此，将循环分成高、低压两部分。在高压循环中，高压发生器出口的浓溶液经第一溶液热交换器后，由溶液泵 1 送入高压吸收器，吸收来自低压循环发生器中的制冷剂蒸汽。吸收后的稀溶液由溶液泵 2 经第一溶液热交换器加热后送入高压发生器，从而完成低质量分数范围的高压循环。蒸发器中生成的制冷剂蒸汽进入低压吸收器，被浓溶液吸收，所形成的稀溶液由溶液泵 4 经第二溶液热交换器加热后送入低压发生器。发生终了浓溶液经第二溶液热交换器由溶液泵 3 送回低压吸收器，从而完成高质量分数范围的低压循环。低压发生器生成的制冷剂蒸汽进入高压吸收器被来自高压发生器的浓溶液吸收，使制冷剂水在高压发生器和低压发生器中形成循环。溶液在高低压发生器、高低压吸收器分别经历两次发生过程和两次吸收过程，故称为两级吸收制冷循环。它与单效溴化锂吸收式冷水机组比较，热力系数更低，仅为 0.3～0.4 左右，冷却水耗量为单效机的两倍，而且设备成本大大增加。

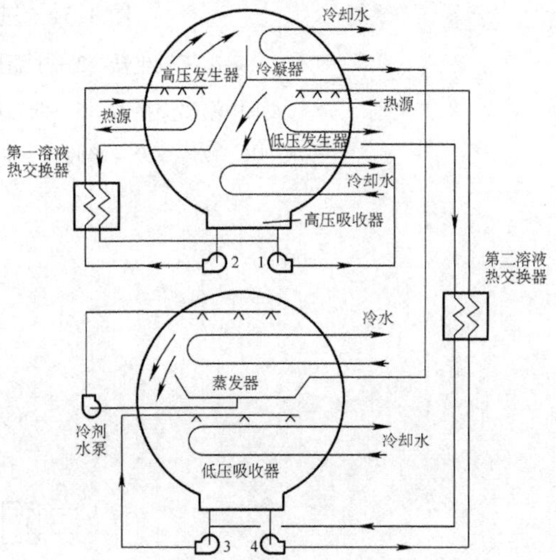

图 3-54 两级溴化锂吸收 1、2、3、4—溶液泵制冷机组工作原理

在 $H_2O/LiBr$ 吸收制冷中，由于制冷剂水本身物性的限制不能制取低于0℃的制冷温度。在 NH_3/H_2O 吸收式制冷循环中，以 NH_3 为制冷剂、水为吸收剂，可以获得低于0℃的制冷温度。单级 NH_3/H_2O 吸收制冷循环与 $H_2O/LiBr$ 吸收制冷循环相似，但由于 NH_3/H_2O 沸点差不大，所以必须设精馏装置。单级 NH_3/H_2O 吸收制冷适用于蒸发温度高于 -20℃的工况，当要求蒸发温度低于 -20℃，要求热源温度较高，应选用两级吸收制冷。

目前常用的两级 NH_3/H_2O 吸收制冷流程如图3-55所示。蒸发器制冷后的氨气流出过冷却器后，先进入低压吸收器，被低压溶液热交换器出来经节流后的低压稀溶液（状态点3，在 NH_3/H_2O 吸收式制冷中，习惯以制冷剂 NH_3 的质量分数高低来说明溶液的浓与稀，下同）吸收，获得浓溶液（状态点4），由低压泵经低压溶液热交换器与低压精馏塔底稀溶液（状态点2）换热至接近饱和状态点 1_a，进入低压精馏塔。低压精馏塔顶出来的氨气（状态点5）再进入高压吸收器，被高压溶液热交换器出来的经节流后的高压稀溶液（状态点 3_0）吸收，获得浓溶液（状态点 4_0），经高压泵进入高压溶液热交换器，与高压精馏塔底稀溶液（状态点 2_0）换热至接近高压饱和状态（1_{a0}），进入高压精馏塔。高压精馏塔顶出来的氨气（5_0）进入冷凝器冷凝，经过冷器节流后送入蒸发器。

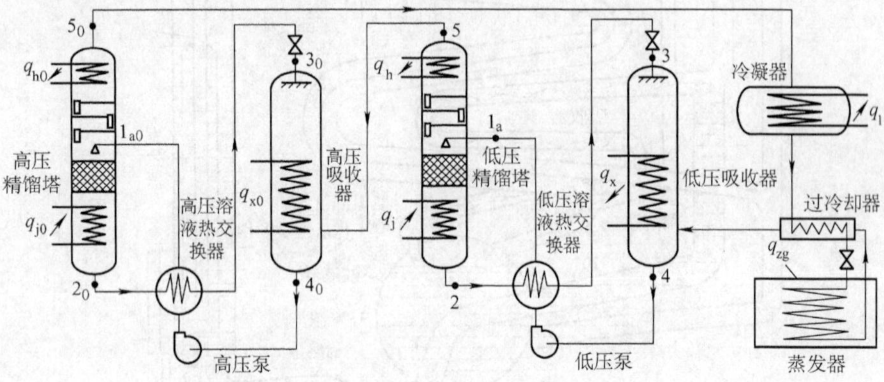

图3-55 两级 NH_3/H_2O 吸收制冷流程

两级 NH_3/H_2O 吸收制冷不仅可以利用低品位热源，而且可以获得较低的制冷温度。

（三）扩散吸收制冷

家用冷冻冷藏箱或医用冰箱等也采用三元工质的扩散吸收制冷循环。常用三元工质为 $NH_3/H_2O/H_2$，其中氨为制冷剂，水为吸收剂，氢气为平衡气体。整个系统处于相同压力下工作，没有溶液泵和膨胀阀，也无任何运动部件和阀门，因此系统运转平衡、无噪声和振动，不泄漏、寿命长、成本低。系统压力平衡是通过向吸收器和蒸发器导入氢气来实现的。由于蒸发器中的总压力大于蒸发温度下氨的饱和压力，因此蒸发器中的液氨不会沸腾。但是，如果氢气未达到饱和，便有氨汽化，扩散进入氢气中。系统中工质的运动完全依赖密度的差异、位置高低及分压力的不同而实现流动扩散，因此各设备之间的相对位置及管道的倾斜度均有严格要求，否则将影响制冷效果，甚至丧失制冷能力。

图3-56为 $NH_3/H_2O/H_2$ 扩散吸收制冷系统示意图，流动及状态变化如下：

1. 氨水溶液循环

从贮液器出来的浓溶液经溶液热交换器到达发生器，在发生器中被加热，一部分氨气从溶液中排出，蒸气形成气泡将液柱推向气泡泵的泵管。由于气泡产生和溶液被加热，引起垂

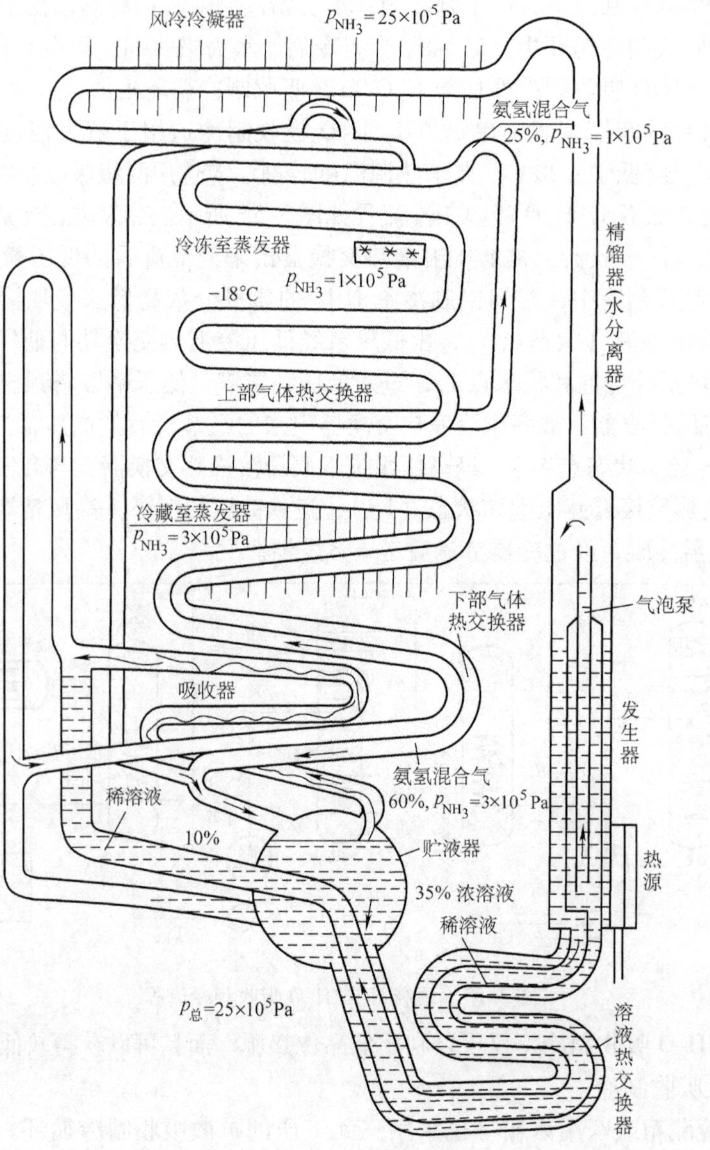

图 3-56 $NH_3/H_2O/H_2$ 扩散吸收制冷系统示意图

直方向出口的浓溶液密度下降，借助于贮液器中溶液的静压头，使溶液及气泡从气泡泵顶部流出。溶液流出泵管后，被进一步加热，溶液温度进一步上升，使更多的氨蒸气从溶液中排出，溶液进一步变稀。从发生器出来的稀溶液，借助于发生器与吸收器之间的高度差，经溶液热交换器进入吸收器上端，与从贮液器顶部出来的逆流而上的氢、氨混合气体接触，吸收了其中的氨气，使溶液质量分数增加，出吸收器后进入贮液器。

2. 氨氢气体循环

从气泡泵出来的氨气含有较多水分，在精馏器内液滴回流。质量分数较高的氨蒸气出精馏器后进入风冷冷凝器，氨气凝结成液体，依靠冷凝器的倾斜度，液氨流经过冷器后进入蒸发器，在其入口处与氢气相遇，由于氢气分压高，因而液氨迅速向氢气中蒸发扩散，同时吸收热量，达到制冷目的。随着氨气不断地蒸发与扩散，混合气体中氨气分压上升，蒸发温度随之升高。由于质量分数较大的气体组分密度较大，经下部气体热交换器进入贮液器。然后从吸收器底部上升，氨气不断被稀溶液吸收。氢气因密度小，因而从吸收器顶部上升，经气体热交换器进入蒸发器入口，完成气体循环。

扩散吸收制冷系统性能系数较低，通常为0.2～0.4，因而它的应用受到限制。

（四）GAX 吸收循环

对于某些具有较大溶液质量分数工作范围的吸收循环，有可能实现内部热回收，在发生器与吸收器之间存在部分温度重叠，以致有可能从吸收器回收部分吸收热用于加热发生器，以获得较高的性能系数。基于发生－吸收热交换器（Generator－Absorber heat eXchange，GAX）原理的吸收制冷系统，是利用吸收热的一个典型例子。这种系统具有较高的热力系数，并能用于热泵供暖。

近几年来的研究表明，以 NH_3/H_2O 为工质对的 GAX 吸收循环是适用于家用及小型商业用途的直燃式吸收式热泵循环。

为了实现吸收器与发生器间的温度重叠，GAX 吸收循环要求工质的温度、质量分数范围很广，NH_3/H_2O 工质对基本满足要求。采用三元甚至四元混合工质（NH_3/H_2O＋盐），可以增大溶液的质量分数范围，允许更高的发生温度，使部件之间的热交换加强。研究表明，在 NH_3/H_2O 中添加溴化锂后，机组的 COP 可以提高21%，精馏负荷降低50%，其他各热交换器的负荷均有不同程度的降低。但是，NH_3/H_2O＋LiBr 三元工质的缺点是系统腐蚀比 NH_3/H_2O 系统更加严重。

基本的 GAX 吸收热泵循环如图3-57所示，图中冷凝器、预冷器和蒸发器与基本的吸收制冷循环（图3-33）类似，另外还包括发生器、精馏器、三段式吸收器和溶液泵。与传统的氨水吸收循环相同，发生器中包括外部热能输入和内部热回收的换热过程。以 NH_3/H_2O 为工质对的 GAX 吸收热泵循环的 $p-t$ 图如图3-58所示。

三段式吸收器包括水冷式吸收器 HCA、吸收器热交换器 AHE 和发生－吸收热交换器 GAX，其中 AHE 和 GAX 用于循环内部的热回收。如图3-58所示，t_4 高于 t_2，因此浓溶液从2－2a 的发生过程所需要的热量，由稀溶液从4－4a 的吸收过程放出的热量提供。GAX 吸收循环正因这一吸收－发生－热交换过程的耦合而得名。GAX 中所回收的热量不仅与溶液的温度、质量分数和流量有关，而且与 GAX 本身结构和系统其他部件结构等因素有关。

为了进一步提高 GAX 吸收循环机

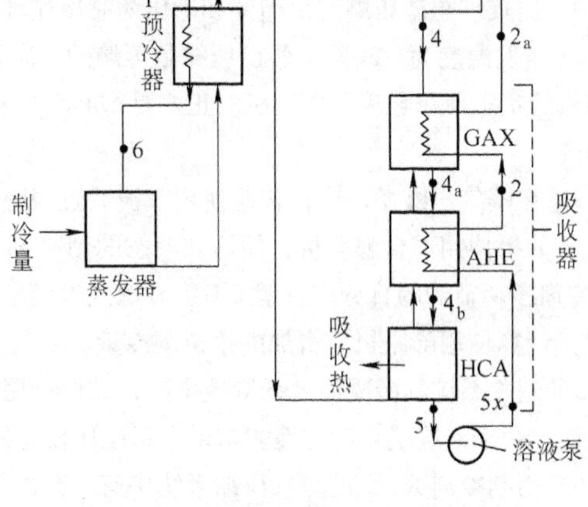

图3-57　基本的 GAX 吸收热泵循环

AHE—吸收热交换器　HCA—水冷吸收器

GAX—发生－吸收热交换器

组的性能和可靠性，在工质性能、添加剂性能，循环改进、换热结构方面有待进一步研究。

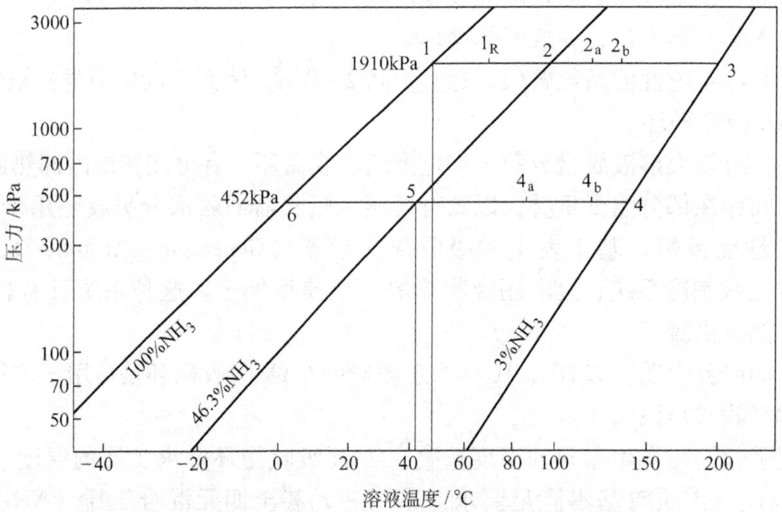

图3-58　GAX吸收热泵循环的 $p-t$ 图

习　题

3-1　简单蒸气压缩理想制冷循环，用R-22作为制冷剂，蒸发温度为－5℃，冷凝温度为30℃，在压－焓图上画出该循环示意图，并计算：①单位压缩功；②单位制冷量；③单位冷凝热；④制冷系数。

3-2　某制冷系统的制冷剂为R-22，产冷量为80kW。采用简单蒸气压缩理想循环。蒸发温度为－10℃，冷凝温度为42℃。试计算：

(1) 求压缩机进口处的制冷剂体积流量（单位为 m^3/s）。

(2) 压缩机的功率。

(3) 蒸发器入口处混合物中的蒸气分数，分别以质量分数和体积分数表示。

3-3　比较理想湿压缩制冷循环和干压缩制冷循环的制冷系数。两循环均采用氨作为制冷剂，冷凝温度为30℃，蒸发温度为－20℃，假设压缩是等熵的，离开冷凝器的是饱和液体。在湿压缩循环中，制冷剂进入压缩机的状态使得它离开压缩机时正好是饱和蒸气；在干压缩循环中，制冷剂进入压缩机的状态正好是饱和蒸气。

3-4　在蒸气压缩循环中，普遍使用节流装置来降低液体制冷剂的压力。

(1) 如果使用一台膨胀机，使饱和液态的制冷剂R-22从35℃等熵膨胀到0℃蒸发温度，求循环中每1kg制冷剂净功节约的百分率（设0℃饱和蒸气等熵压缩到对应于35℃的冷凝器压力）。

(2) 计算使用膨胀机后增加的单位制冷量。

3-5　制冷系统的冷凝温度低则效率高，试评价用另外一个制冷系统来冷却该制冷系统冷凝器的冷却水的可能性。两个系统组合后的性能与单个系统比较是好、相同或者差？为什么？

3-6　用制冷剂R-22的蒸气压缩系统中有一台回热器，在该回热器中利用30℃的冷凝液体，把来自蒸发器的饱和蒸气从－10℃加热到5℃。假设压缩过程是等熵的。

(1) 计算没有回热器系统的制冷系数，其冷凝温度为30℃，蒸发温度为－10℃。

(2) 计算装有回热器系统的制冷系数。

（3）如果在压缩机入口处测得的吸气能力为 12.0L/s，没有回热器的系统的产冷量是多少？

（4）一个系统的压缩机容量与（3）相同，但装有回热器，其制冷量是多少？

3-7　试用计算机高级语言编一个用马丁－侯状态方程计算气相热力学状态参数，用第二章提供的有关公式计算液相热力学状态参数，在此基础上编一个计算简单蒸气压缩理想循环性能的计算机程序，用所编程序重新计算习题 3-1，并与常规计算所得的结果相比较。

3-8　一级节流、中间完全冷却的两级氨压缩制冷系统如图 3-20 所示，冷凝温度为 40℃，中间冷却器的传热温差 $\Delta t=5$℃，蒸发器的蒸发温度为 －40℃。求高、低压级压缩机气缸的容积比。

3-9　图 3-24 所示为两级节流、具有中温蒸发器两级压缩 R-22 系统，高、低压级压缩机的理论输气量之比 $w=0.5$，冷凝温度为 40℃，节流前温度为 35℃，冻结间低温蒸发温度为 －30℃，制冷量为 50kW，冷藏间蒸发温度为 0℃，在满足冻结间制冷量的条件下，还有多少制冷量（不考虑各种损失）可以供给冷藏间？

3-10　有一低温复叠式制冷机，低温系统的蒸发压力为 0.1MPa，低温系统中（不包括膨胀容器）须充注 R-23 制冷剂 2.4kg，如欲使制冷系统在环境温度为 40℃时允许 1.0MPa 的平衡压力，停机时进入膨胀容器中的制冷剂占充注量的 60%，试求膨胀容器的容积。

3-11　阐述双效溴化锂吸收制冷和两级溴化锂吸收制冷工作原理的异同点，并在 $p-t$ 图上分别表示循环状态参数。

3-12　直燃式双效溴化锂吸收制冷冷水机组与蒸汽型双效溴化锂吸收制冷冷水机组相比有哪些异同点？

3-13　试比较吸收式系统和电动蒸气压缩装置的运行成本。某天然气的成本以热量计为 4.2 元/10^9J，作为锅炉燃料时，其燃烧效率为 75%。用从该锅炉得到的蒸汽工作的吸收式装置的热力系数为 0.73，蒸气压缩装置制冷系数为 3.4，电动机效率为 85%。试计算电的价格是多少时，两种制冷装置的操作成本相等。

第四章 气体制冷和液化循环

在低温领域中，需要通过采用某种气体制冷或液化循环的制冷机或液化器来获得低温。气体液化循环以获取液化气体为目的。要使气体液化，就得将气体的温度降低到其临界点以下。由于所有低温工质的临界温度都远低于环境温度，需采用一系列必要的热力过程。处于环境温度下的气体首先经压缩，然后进入给定的系统，将气态工质逐步冷却到要求的低温，应用节流或等熵膨胀等方法达到液化的目的。在气体液化循环中，气体工质既起制冷剂的作用，本身又被液化，部分或全部地作为液态产品从液化器中输出。显然，气体液化循环是一个开式循环过程。

除开式循环外，仅利用液化气体来冷却某些装置或器件，即仅是利用低温液体的汽化热来冷却部件和补偿外界的漏热，称之为低温液体制冷机。在这些情况下，低温液体蒸发后蒸气的显热如不加以利用，是不经济的。在有些场合，例如在空间飞行器上的电子元件的冷却等，使用低温液体不方便。因此，人们设计了在一定温度下得到一定冷量但并不生产低温液体的制冷机，用它来直接冷却需要保持在低温的部件。因此，对于那些以制取冷量为目的的制冷循环，没有液态产品从制冷机中输出，称之为低温气体制冷机。显然，在制冷循环中制冷工质进行的是封闭循环过程。

低温气体的制冷和液化循环有四种基本类型：节流循环、带膨胀机的循环、利用气体制冷机的循环以及采用逐级冷却的复叠循环。

第一章介绍的斯特林制冷循环、G－M 制冷循环以及脉管制冷循环等回热式气体制冷循环都可以用于气体液化，这里就不再介绍了。

第一节 节 流 循 环

节流循环是低温技术中最基本的循环之一。由于节流循环的装置结构简单，运行可靠，这就在一定程度上抵消了节流膨胀过程不可逆损失较大的缺点。

本节主要介绍简单林德循环、有预冷的节流循环和林德双压循环。

一、一次节流循环

一次节流循环是最早在工业上采用的气体液化循环。1895 年德国林德和英国汉普逊分别独立地提出了一次节流循环。因此，也常称之为简单林德循环或汉普逊循环，或林德－汉普逊循环。

一次节流循环如图 4-1 所示。气体在环境温度下被等温压缩，并由冷却介质（如水、空气等）带走压缩热，在 $T-s$ 图上简单地用等温线 1－2 表示。然后，压缩气体在热交换器内被节流后的返流气体冷却到点 3，这是一个等压冷却过程，在 $T-s$ 图上用等压线 2－3 表示。接着，高压气体经节流阀节流膨胀至点 4，此时有部分气体被液化，在 $T-s$ 图上节流过程用等焓线 3－4 表示。节流后未被液化的气体，或作为制冷机时由于吸收热负荷 Φ_0 后汽化的气体从贮液器（点 g）引出，流经热交换器被进入系统的压缩气体加热到常温（点

1)，返回到压缩机入口，其复热过程在 $T-s$ 图上用等压线 $g-1$ 表示。至此完成了一个气体制冷循环。

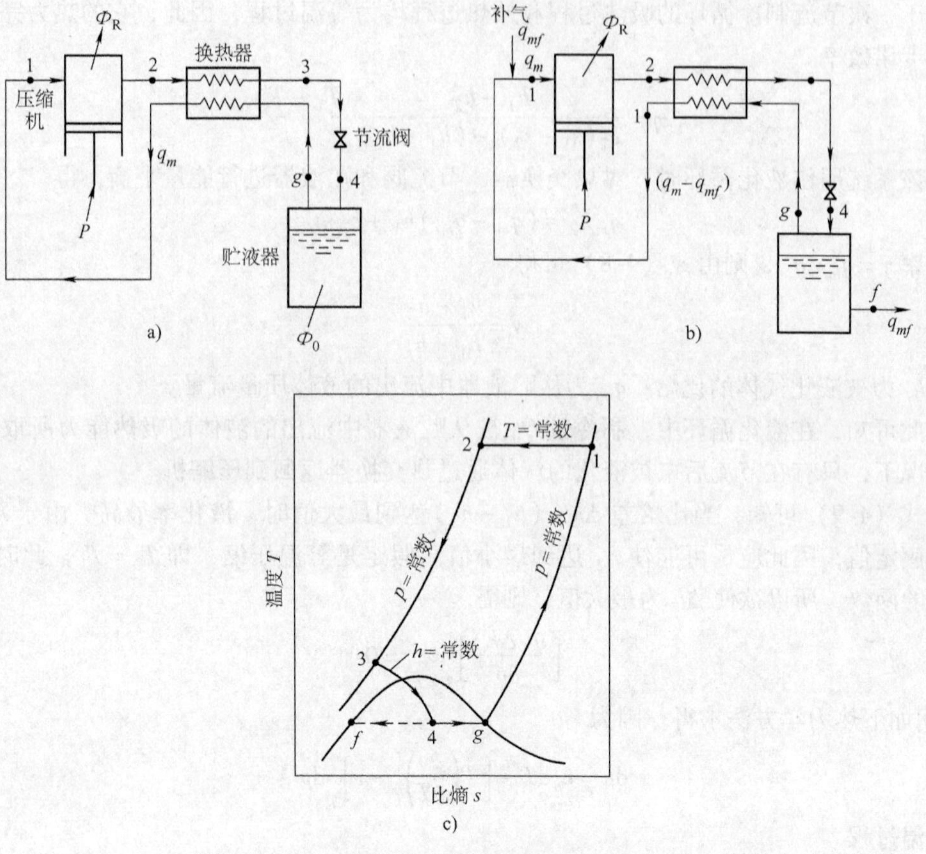

图 4-1 一次节流循环

a）制冷机 b）液化器 c）$T-s$ 图

图 4-1 中压缩机的耗功可由在稳定流动条件下压缩机的热平衡来确定。

$$\Phi_R - P = q_m(h_1 - h_2) \tag{4-1}$$

式中，Φ_R 为等温压缩过程与外界交换的热量；P 为压缩过程的耗功功率。

在等温压缩的条件下，有

$$\Phi_R = q_m T_1(s_1 - s_2) \tag{4-2}$$

将式（4-2）代入式（4-1），得压缩过程消耗的比功

$$w = \frac{P}{q_m} = T_1(s_1 - s_2) - (h_1 - h_2) \tag{4-3}$$

对于制冷循环来说，假设图 4-1 中除了节流阀之外没有不可逆压力降，没有漏热，热交换器的效率为 100%，可分别对贮液器部分或对除压缩机之外的系统部分进行热平衡，由此得出制冷系统的制冷量为

$$\Phi_0 = q_m T_4(s_g - s_4) = q_m(h_g - h_4) \tag{4-4}$$

或

$$\Phi_0 = q_m(h_1 - h_2) \tag{4-5}$$

于是，一次节流制冷循环在理想条件下的制冷系数为

$$\varepsilon=\frac{\Phi_0}{P}=\frac{h_1-h_2}{T_1(s_1-s_2)-(h_1-h_2)} \tag{4-6}$$

由于一次节流制冷循环的吸热过程和放热过程均为等温过程，因此，它的热力完善度就是相对卡诺效率。

$$\eta=\frac{h_1-h_2}{T_1(s_1-s_2)-(h_1-h_2)}\ \frac{T_1-T_g}{T_g} \tag{4-7}$$

当该系统用作液化循环时，对热交换器、节流阀和贮液器进行能量平衡，得

$$q_m h_2=(q_m-q_{mf})h_1+q_{mf}h_f \tag{4-8}$$

设液化率 $y=q_{mf}/q_m$，则由式（4-8）可得

$$y=\frac{h_1-h_2}{h_1-h_f} \tag{4-9}$$

式中，h_f 为被液化气体的比焓；q_{mf}为从贮液器中流出的液体质量流量。

由此可知，在液化循环中，制冷量 Q_0 被从贮液器中流出的液体的吸热能力所取代。在这种情况下，只有在节流后未被液化的气体通过热交换器返回到压缩机。

从式（4-9）可知，当比焓差 $\Delta h=(h_1-h_2)$ 达到最大值时，液化率最高。由于 h_1 和 h_f 通常是固定值，因此应尽可能使 h_2 达到最小值。假定是等温压缩，即 $T_2=T_1$，此时 Δh 是压力 p 的函数，所以欲使 Δh 为最大值，则需

$$\left[\frac{\partial(\Delta h)}{\partial p}\right]_{T=T_1}=0 \tag{4-10}$$

Δh 可用如下热力学方法求得。因为

$$\mathrm{d}h=c_p\mathrm{d}T-\left[T\left(\frac{\partial v}{\partial T}\right)_p-v\right]_T\mathrm{d}p$$

对于等温过程

$$\mathrm{d}h=-\left[T\left(\frac{\partial v}{\partial T}\right)_p-v\right]_T\mathrm{d}p$$

积分后得

$$\Delta h=\int_{p_2}^{p_2}\left[T\left(\frac{\partial v}{\partial T}\right)_p-v\right]_T\mathrm{d}p \tag{4-11}$$

如果

$$T\left(\frac{\partial v}{\partial T}\right)_p-v=0 \tag{4-12}$$

成立，则式（4-10）成立。对照式（1-18）可以看出，上式系转化曲线方程，即微分节流效应 α_h 等于零的曲线方程。由此可见，在图4-1c中对应于最大液化率的点2应该是温度 T_1 等温线与流体的转化曲线在压力 p_2 的交点。对于空气，若 $T_1=300\mathrm{K}$，最佳的压力 p_2 大约等于40MPa。但实际采用的压力大约为20MPa，因为过高的压力会使设备费用增加，而装置的制冷量增加却比较小。

在求得液化率之后，生产单位质量液化气体所需的功便可求出

$$w_f=\frac{P}{q_{mf}}=\frac{P}{q_m y}=\left(\frac{h_1-h_f}{h_1-h_2}\right)[T_1(s_1-s_2)-(h_1-h_2)] \tag{4-13}$$

虽然液化循环所产生的单位制冷量在数值上等于原料气体与液化气体之间的比焓差，但

由于液化循环的目的是为了得到低温液体，没有直接从低温热源吸取热量，因此，讨论该循环的制冷量没有实际意义。显然，循环所对应的可逆循环应该是第一章第三节介绍的气体液化循环的理想循环，而不是逆卡诺循环。由式（1-44）和式（4-13）可得，一次节流液化循环的热力完善度 η 为

$$\eta=\left[\frac{T_1(s_1-s_f)-(h_1-h_f)}{T_1(s_1-s_2)-(h_1-h_2)}\right]\left[\frac{h_1-h_2}{h_1-h_f}\right] \tag{4-14}$$

例 4-1　设氮的一次节流液化器的操作温度为 290K 和 71.9K。假设氮气被等温可逆压缩到 10.1MPa，其低压对应于液氮在 71.9K 的饱和蒸气压（0.05MPa）。若热交换器是理想的，系统没有漏热，求该液化系统的液化率和热力完善度。

解　氮的比焓和比熵可以由氮的压－焓图查得，也可以由商用软件 REFPROP 计算得到。下面的数据是由商用软件 REFPROP 计算得到的。

h_1(0.05MPa，290K)＝423.1kJ/kg，s_1(0.05MPa，290K)＝4.18kJ/(kg·K)

h_2(10.1MPa，290K)＝401.9kJ/kg，s_2(10.1MPa，290K)＝2.539kJ/(kg·K)

h_f(0.05MPa，71.9K)＝－11.12kJ/kg，s_f(0.05MPa，71.9K)＝－0.1482kJ/(kg·K)

代入式（4-9）得液化率

$$y=\frac{h_1-h_2}{h_1-h_f}=\frac{423.1-401.9}{423.1+11.12}=0.049$$

代入式（4-14）得热力完善度

$$\eta=\left[\frac{290\times(4.18+0.1482)-(423.1+11.12)}{290\times(4.18-2.539)-(423.1-401.9)}\right]\times\left(\frac{423.1-401.9}{423.1+11.12}\right)=0.088$$

例 4-2　在例 4-1 中，如果液化器不输出低温液体，将液化器当作从低温热源（温度与低温液体相同且恒定不变）吸热的制冷机，求该系统的单位制冷量、制冷系数、热力完善度和相对卡诺效率。

解　由式（4-5）求得单位制冷量

$$\frac{\Phi_0}{q_m}=(h_1-h_2)=(423.1-401.9)\text{kJ/kg}=21.1\text{kJ/kg}$$

制冷系数为

$$\varepsilon=\frac{h_1-h_2}{T_1(s_1-s_2)-(h_1-h_2)}=\frac{21.2}{290\times(4.18-2.539)-(423.1-401.9)}=0.0465$$

显然，此时的热力完善度就是相对卡诺效率。为了求取相对卡诺效率，需先求出所对应的逆卡诺循环制冷系数，即

$$\varepsilon_{\mathrm{k}}=\frac{T_f}{T_1-T_f}=\frac{71.9}{290-71.9}=0.3296$$

于是，该制冷机的相对卡诺效率为

$$\eta_{\mathrm{c}}=\frac{\varepsilon}{\varepsilon_{\mathrm{k}}}=\frac{0.0465}{0.3296}=0.1412$$

从例 4-1 和例 4-2 可以看出，同样的循环在不同用途时，其热力完善度不同，因为不同用途存在不同的与之对应的可逆循环。

二、有预冷的一次节流循环

图 4-2 所示为空气在 $p_1=0.1\text{MPa}$ 和 $p_2=20\text{MPa}$ 时，林德－汉普逊系统中进入热交换器

的高压气体温度与等温节流效应的关系。由图可见，降低高压空气进入热交换器的温度 t，对增加等温节流效应 $-\Delta h_T$ 有明显的作用。因此，若用一次节流循环液化转化温度低于环境温度的气体，就要求采用外部的辅助冷却剂进行预冷，以提高循环的经济性。对于空气节流液化循环，一般采用二氧化碳、氨、卤代烃制冷机组进行预冷，可使高压空气的温度降低至 $-40 \sim -50°C$ 再进入热交换器。同样，由于Ne、H_2 和He的转化温度分别为250K，205K和45K，因此液氮是 H_2 和Ne液化系统的最佳预冷剂，液氢可用作氦液化系统的预冷剂。

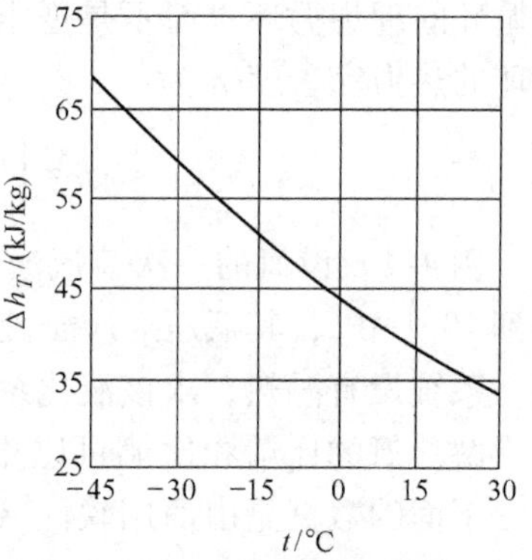

图4-2　热交换器热端温度 t 与 $-\Delta h_T$ 的关系

有预冷的林德循环流程和相应的 $T-s$ 图如图4-3所示。对不包括压缩机在内的图4-3a所示的林德循环系统和穿过包括 a 和 d 两点的三通道热交换器的预冷剂流进行能量平衡，得下列方程，即

$$q_m h_2 + q_{mr} h_d = (q_m - q_{mf}) h_1 + q_{mr} h_a + q_{mf} h_f \quad (4\text{-}15)$$

式中，q_{mr} 为预冷剂的质量流量。

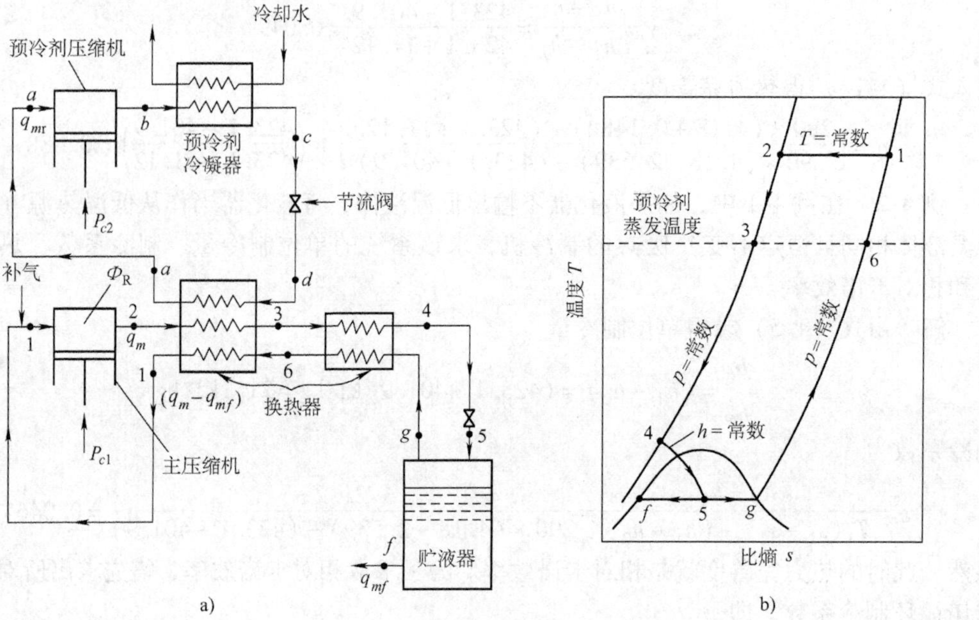

图4-3　有预冷的林德循环

a）流程图　b）$T-s$ 图

设流量比 $q_{mr}/q_m = r$，重新整理式（4-15）后可解得液化率

$$y = \frac{h_1 - h_2}{h_1 - h_f} + r\left(\frac{h_a - h_d}{h_1 - h_f}\right) \quad (4\text{-}16)$$

式中，右边第二项就是采用预冷剂后增加的液化率。预冷系统导致的最大液化率受预冷剂的温度所限制，由下式求得

$$y_{max} = \frac{h_6 - h_3}{h_6 - h_f} \quad (4\text{-}17)$$

式中，h_3 和 h_6 分别为预冷剂蒸发温度下被液化气体在高压和低压下的比焓。

由于有预冷的林德系统增加了辅助压缩机，它的总耗功比简单林德循环要大。假设主压缩机和辅助压缩机都是可逆等温的，则单位质量主气流耗功为

$$\frac{P}{q_m}=[T_1(s_1-s_2)-(h_1-h_2)]+r[T_a(s_a-s_b)-(h_a-h_b)] \tag{4-18}$$

式（4-18）中的最后一项为预冷系统的附加耗功。

例 4-3　图 4-4 所示为有预冷的空气液化系统图。在该循环中，1kg/s 空气从 0.101MPa 和 293K 被等温可逆压缩到 20.2MPa。高压空气被分流到 A 和 B 两台热交换器，冷却到相同的温度后，进入固体二氧化碳热交换器 C 中，被进一步预冷到点 4，固体 CO_2 的升华温度为 194.6K。固体 CO_2 的升华热为 577.8kJ/kg。高压空气在节流之前在热交换器 D 中被进一步冷却。节流后未液化的部分空气返流通过热交换器 D 并被复热到点 8 的 189.6K。点 10 和 11 处的温度均为 288K。若热交换器 B 中的气体二氧化碳的比定压热容为定值 0.795kJ/(kg · K)，求空气的液化率、点 3 的温度及进入热交换器 A 的高压空气质量流量。

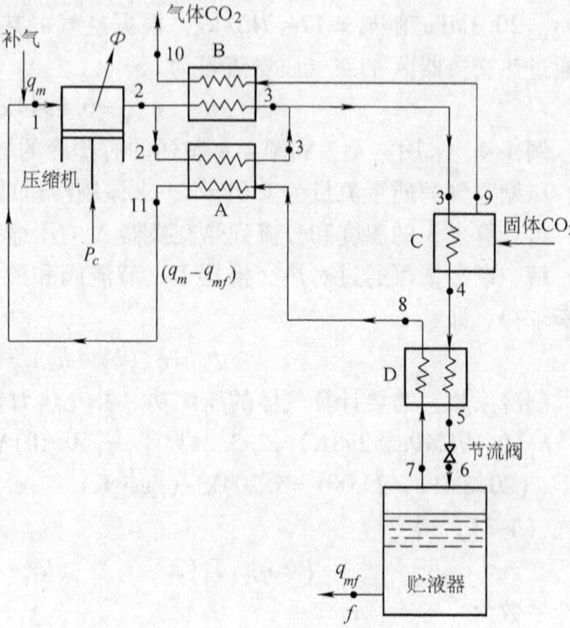

图 4-4　有预冷的空气液化系统图
A、B、C、D—热交换器

解　空气的热力参数为

h_2(20.2MPa，293K) = 256.7kJ/kg，h_4(20.2MPa，194.6K) = 107.4kJ/kg

h_8(0.101MPa，189.6K) = 189.2kJ/kg，h_{11}(0.101MPa，288K) = 288.2kJ/kg

h_f(0.101MPa，饱和液体) = −126.2kJ/kg

为求取液化率，可对热交换器 D 和贮液器作能量平衡，即

$$q_m h_4=(q_m-q_{mf})h_8+q_{mf}h_f$$

则

$$y=\frac{q_{mf}}{q_m}=\frac{h_8-h_4}{h_8-h_f}=\frac{189.2-107.4}{189.2+126.2}=0.2596$$

对二氧化碳热交换器进行能量平衡，取 $q_m=1\text{kg/s}$，可得

$$q_{mCO_2}h_{sg}=q_m(h_3-h_4)$$

$$q_{mCO_2}=\frac{q_m(h_3-h_4)}{h_{sg}} \tag{a}$$

式中，q_{mCO_2}为压缩空气所需的 CO_2 质量流量；h_{sg}是固态 CO_2 的升华热。

由热交换器 A 的能量平衡得

$$q_{mA}(h_2-h_3)=(1-y)(h_{11}-h_8)$$

$$q_{mA}=\frac{(1-y)(h_{11}-h_8)}{h_2-h_3} \tag{b}$$

由热交换器 B 的能量平衡得

$$(1-q_{mA})(h_2-h_3)=q_{mCO_2}c_{pCO_2}(T_{10}-T_9)$$

$$(1-q_{mA})=\frac{q_{mCO_2}c_{pCO_2}(T_{10}-T_9)}{h_2-h_3} \tag{c}$$

联立式（a）、式（b）和式（c），求解可得

$$h_3=174.7\text{kJ/kg}$$

由 $p_3=20.2\text{MPa}$ 和 $h_3=174.7\text{kJ/kg}$，根据空气的热力性质可得 $T_3=234.5\text{K}$。由式（b）可得通过热交换器 A 的空气质量流量为

$$q_{mA}=0.8944\text{kg/s}$$

例 4-4 采用例 4-3 和图 4-4 叙述的有预冷的林德循环的制冷机，操作条件与例 4-3 相同，压缩空气的质量流量为 1.0kg/s，求该制冷机的制冷量、制冷系数和相对卡诺效率。此外，再计算点 3 的温度和分流到热交换器 A 的压缩空气的质量流量。

解 制冷量可通过对热交换器 D、节流阀和贮液器（用作制冷机时为蒸发器）的能量平衡求得，即

$$\Phi_0=q_m(h_8-h_4)=81.87\text{kW}$$

为求制冷系数，需要计算气体的压缩功。补充热力参数数据如下：

$h_1(0.101\text{MPa}, 293\text{K})=293.3\text{kJ/kg}$，$s_1(0.101\text{MPa}, 293\text{K})=6.844\text{kJ/(kg·K)}$

$s_2(20.2\text{MPa}, 293\text{K})=5.204\text{kJ/(kg·K)}$

由式（4-3），得

$$P=q_m[T_1(s_1-s_2)-(h_1-h_2)]=443.8\text{kW}$$

制冷系数为

$$\varepsilon=\frac{\Phi_0}{P}=0.1845$$

卡诺循环制冷系数由下式得

$$\varepsilon_k=\frac{T_L}{(T_H-T_L)}=\frac{78.8}{293-78.8}=0.3679$$

因此，相对卡诺效率为

$$\eta=\frac{\varepsilon}{\varepsilon_k}=\frac{0.1845}{0.3679}=0.5015$$

为求取点 3 的温度和分流到热交换器 A 的压缩空气的质量流量，需要采用与例 4-3 相同的能量平衡法。对不包括压缩机的整个系统进行能量平衡，求出热交换器 B 的 CO_2 质量流量

$$\Phi_0+q_mh_2+q_{mCO_2}h_s=q_mh_{11}+q_{mCO_2}h_{10}$$

式中，h_s 是固态 CO_2 的比焓，整理上式得

$$\Phi_0+q_m(h_2-h_{11})=q_{mCO_2}(h_{10}-h_s)$$

式中，$(h_{10}-h_s)$ 是单位质量二氧化碳从 194.6K 时的固态变到 288K 时的气态时的吸热量，其值可由下式计算

$$\Delta h_{CO_2}=h_{10}-h_s=h_{sg}+c_{pCO_2}(T_{10}-T_9)$$

于是

$$q_{mCO_2}=\frac{\Phi_0+q_m(h_2-h_{11})}{\Delta h_{CO_2}}=0.07712\text{kg/s}$$

对热交换器 A 进行能量平衡，得

$$q_{mA}(h_2-h_3)=q_m(h_{11}-h_8) \qquad \text{(a)}$$

同样地，对热交换器 B 进行能量平衡，得

$$(1-q_{mA})(h_2-h_3)=q_{mCO_2}c_{p_{CO_2}}(T_{10}-T_9) \qquad \text{(b)}$$

联立式（a）和式（b），求解可得 h_3

$$h_3=151.9\text{kJ/kg}$$

由压力 20.2MPa 和 h_3 可得点 3 的空气温度为 220.1K。由式（a）求出通过热交换器 A 的空气质量流量为

$$q_{mA}=0.9453\text{kg/s}$$

可见在温度上下限相同的条件下，液化器所需的 CO_2 预冷量要来得大，这是因为在制冷机中从贮液器返流热交换器的气体流量（q_m）比在液化器时（q_m-q_{mf}）大得多。

三、二次节流循环

二次节流循环也叫林德双压循环。它是在循环中将高压气体节流到某一中间压力后，分成两部分，一部分回收其冷量后再回到高压压缩机（这部分气体称为循环气体），这就提高了高压压缩机的进气压力，减少了功耗；另一部分气体从中压再次节流到低压并获得液体。这种具有部分循环气体的液化循环称为二次节流循环。图 4-5 所示为林德双压循环，该循环可以减少液化耗功，因为在简单林德循环中，只有很小部分的压缩气体被液化，节流后未被液化的大部分低压气体返回到压缩机。而双压循环中部分压缩气体节流膨胀到中压就返回压缩机。已知理想气体的等温压缩功大致正比于压力比的对数，即等于 $RT_1\ln(p_2/p_1)$，所以降低压力比可以减少压缩耗功。虽然双压循环的液化率会有些降低，但其单位质量液体产品

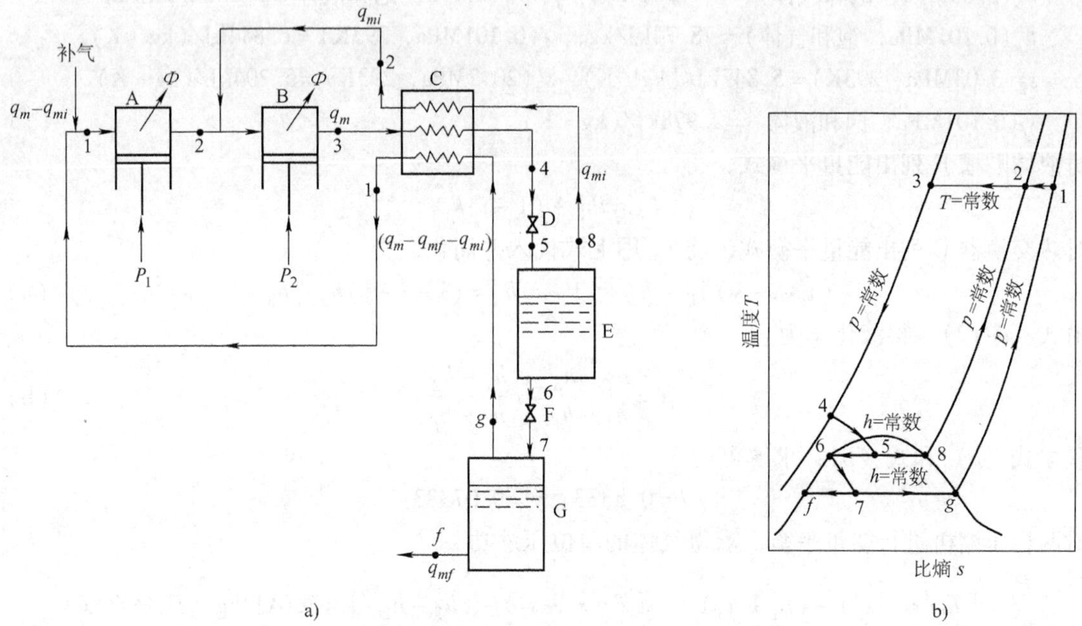

图 4-5　林德双压循环

a）液化系统流程　b）$T-s$ 图

A、B—压缩机　C—热交换器　D、F—节流阀　E、G—液体贮槽

的功耗比林德循环来得低。然而，双压循环增大了系统的复杂性，因而也降低了过程的可靠性。

为求取图4-5所示的双压循环的液化率表达式，可将热交换器、节流阀和液体贮槽进行能量平衡，有

$$q_m h_3 = (q_m - q_{mf} - q_{mi})h_1 + q_{mi}h_2 + q_{mf}h_f$$

式中，q_{mi}是中压回流的质量流量，经整理后得

$$q_{mi}(h_2 - h_1) + q_{mf}(h_f - h_1) = q_m(h_3 - h_1)$$

令 $q_{mi}/q_m = i$，称为气流的流量比，且液化率 $q_{mf}/q_m = y$，于是

$$i(h_2 - h_1) + y(h_f - h_1) = (h_3 - h_1)$$

或

$$y = \frac{h_1 - h_3}{h_1 - h_f} - i\left[\frac{h_1 - h_2}{h_1 - h_f}\right] \tag{4-19}$$

式中，右边第一项是操作压力处于 p_1 和 p_3 之间的简单林德循环的液化率；右边第二项是由于双压循环引起制冷量的减少而导致液化率的降低量。

分别列出热交换器C和液体贮槽E的能量平衡式，就可以求得气流的流量比。

例4-5 求简单林德双压空气液化系统的理论液化率、气流的流量比、液化单位质量空气的耗功以及热力完善度。液化器的操作压力为0.101MPa和20.2MPa，两台压缩机的进出口温度都保持在293K，中压为3.03MPa。

解 空气的热力参数为

h_1(0.101MPa，293K)=293.3kJ/kg，h_2(3.03MPa，293K)=286.5kJ/kg

h_3(20.2MPa，293K)=256.7kJ/kg，h_6(3.03MPa，饱和液体)=−12.03kJ/kg

h_8(3.03MPa，饱和气体)=71.72kJ/kg，h_f(0.101MPa，饱和液体)=−126.2kJ/kg

h_g(0.101MPa，饱和气体)=78.74kJ/kg，s_1(0.101MPa，293K)=6.844kJ/(kg·K)

s_2(3.03MPa，293K)=5.847kJ/(kg·K)，s_3(20.2MPa，293K)=5.204kJ/(kg·K)

s_f(0.101MPa，饱和液体)=2.978kJ/(kg·K)

对液体贮槽E列出能量平衡式，得

$$h_4 = ih_8 + (1-i)h_6$$

对热交换器C列出能量平衡式，将 h_4 用上式代入并简化，得

$$(1-i-y)h_1 + ih_2 + (1-i)h_6 = (1-i-y)h_g + h_3 \tag{a}$$

由式（4-19），得液化率为

$$y = \frac{h_1 - h_3}{h_1 - h_f} - i\frac{h_1 - h_2}{h_1 - h_f} \tag{b}$$

联立式（a）和式（b），求解可得

$$i = 0.8333, \quad y = 0.07383$$

对两台压缩机进行能量平衡，求得气体的单位压缩功

$$\frac{P_f}{q_m} = [T_1(s_1 - s_3) - (h_1 - h_3)] - i[T_1(s_1 - s_2) - (h_1 - h_2)] = 206\text{kJ/kg}\ (\text{压缩空气})$$

因此，产生单位质量液化产品（空气）需耗功

$$w_f = \frac{206}{0.07383}\text{kJ/kg} = 2790\text{kJ/kg}\ (\text{液化空气})$$

液化理论最小比功为

$$\begin{aligned} w_{\min} &= T_1(s_1 - s_f) - (h_1 - h_f) \\ &= [293 \times (6.848 - 2.978) - (293.3 + 126.2)]\text{kJ/kg} = 713.2\text{kJ/kg} \end{aligned}$$

该双压循环的热力完善度为

$$\eta = \frac{w_{\min}}{w_f} = 0.2556$$

对于简单林德循环，则

$$y = \frac{h_1 - h_3}{h_1 - h_f} = 0.08729$$

$$\frac{P_f}{q_{mf}} = \frac{T_1(s_1 - s_3) - (h_1 - h_3)}{y} = 5084\text{kJ/kg}$$

$$\eta = \frac{713.2}{5084} = 0.1403$$

由此可见，双压循环的节能效果是明显的，其代价是液化率略有降低。

第二节　等熵膨胀循环

在第一章第二节中指出，在绝热条件下，压缩气体进入膨胀机进行绝热膨胀并对外做功，可获得较大的温降及制冷量。采用输出外功绝热膨胀的循环，在气体液化和分离设备中应用尤为广泛。在做功的绝热膨胀中，气体的温度总是会降低的，因而制冷量并不取决于在膨胀前是否低于气体的转化温度。在大型机器中，膨胀时所产生的功应加以回收。但对于小型制冷机，膨胀功通常消耗在功吸收装置或过程中。

按等熵膨胀原理构成的简单制冷机的流程及相应的 $T-s$ 图，如图 4-6 所示。气体在环境温度下从 1－2 被等温压缩后，在热交换器中沿着 2－3 被沿着 4－1 返回压缩气入口的气体所冷却。在膨胀机膨胀过程中，气体获得进一步的冷却。但这种膨胀实际上不是等熵的，而是在 $T-s$ 图上按 3－4′的过程进行。图 4-6 中制冷机产生的冷气体从 4－5 吸收热量，或者在非等熵膨胀时从 4′－5 吸收热量。

例 4-6　图 4-6 所示的制冷系统采用正常氢作为工质，从 0.101MPa 和 290K 被等温压缩到 1.51MPa。然后被返流气体冷却到 100K。气体从 1.51MPa 和 100K 进入膨胀机被膨胀到 0.101MPa。设膨胀机是可逆绝热的，求该制冷机的单位制冷量及当膨胀功没有被利用时的制冷系数。

解　正常氢热力参数为

h_1(0.101MPa，290K)＝3812kJ/kg，s_1(0.101MPa，290K)＝52.95kJ/(kg·K)

h_2(1.51MPa，290K)＝3819kJ/kg，s_2(1.51MPa，290K)＝41.78kJ/(kg·K)

h_3(1.51MPa，100K)＝1280kJ/kg，s_3(1.51MPa，100K)＝27.81kJ/(kg·K)

h_5(0.101MPa，100K)＝1302kJ/kg

单位制冷量由下式计算

$$\frac{\Phi_0}{q_m} = h_5 - h_4$$

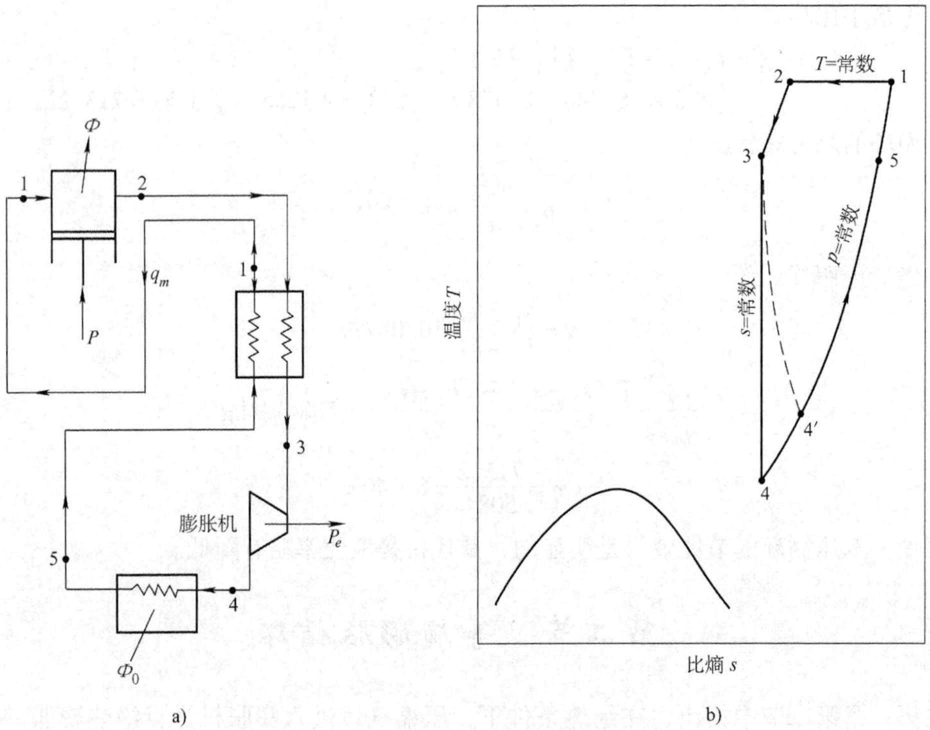

图4-6 等熵膨胀制冷机

a）流程图 b）T－s 图

从始态1.51MPa（100K）等熵膨胀到0.101MPa时，$s_3=s_4=27.81\text{kJ/(kg·K)}$。根据压力和比熵值可以求得该点对应的温度为 $T_4=34.35\text{K}$，比焓为 $h_4=600.7\text{kJ/kg}$。于是有

$$\frac{\Phi_0}{q_m}=(1302-600.7)\text{kJ/kg}=701.3\text{kJ/kg}$$

由于不回收膨胀功，系统的净输入比功由式（4-3）计算

$$\frac{P}{q_m}=T_1(s_1-s_2)-(h_1-h_2)$$

$$=[290\times(52.95-41.78)-(3812-3819)]\text{kJ/kg}=3246\text{kJ/kg}$$

于是制冷系数

$$\varepsilon=\frac{\Phi_0/q_m}{P/q_m}=\frac{701.3}{3246}=0.216$$

与上述等熵膨胀概念对应西蒙氦液化器，被用以生产少量的液氦。它利用绝热放气原理制冷。虽然这一制冷过程为一不可逆过程，但容器内剩余工质的比熵不变。西蒙氦液化器系统图及其 $T-s$ 图如图4-7所示。

循环过程如下：

1）过程1－2。将高压氦气充入厚壁容器，氦气的压力大约为15MPa，温度为环境温度。

2）过程2－3。用液氮将容器和高压氦气冷却到77K，在冷却过程中继续对容器充气，以维持容器内压力不变。

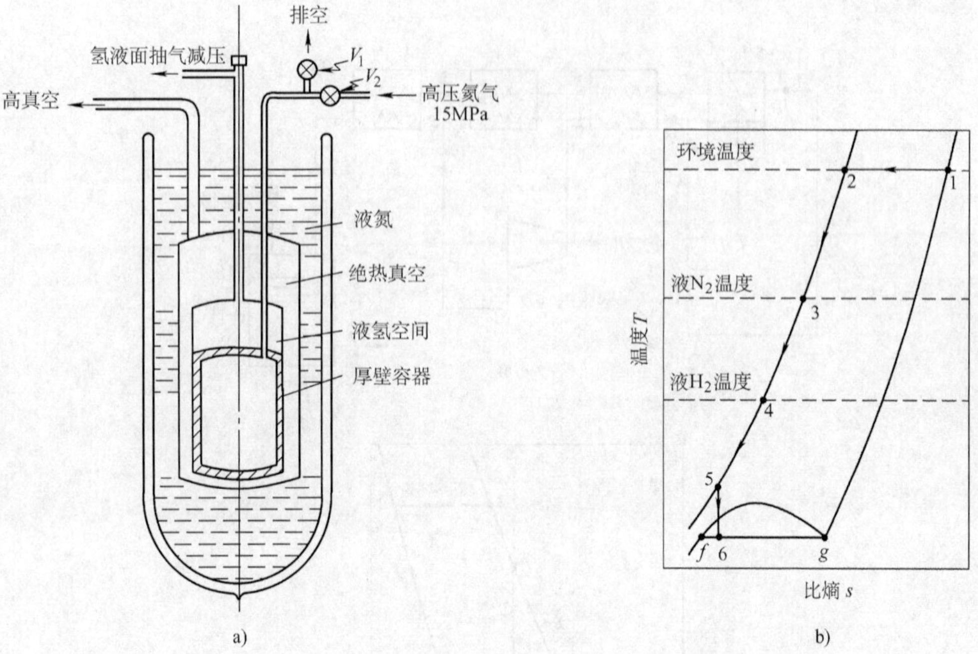

图 4-7　西蒙氦液化器

a）系统图　b）$T-s$ 图

3）过程 3－4。一旦达到液氮温度时，就将原来在真空空间中的氦气抽走，然后在液氢空间中注入液氢，将其中的氢气置换出来。于是容器中的氦气被冷却到液氢温度 20.4K。

4）过程 4－5。对液氢抽空，使压力降低到其三相点以下，内容器及其 15MPa 的氦气被进一步冷却到 10～12K。

5）过程 5－6。最后，开启氦气排放阀，将氦的压力从 15MPa 降低至 0.101MPa。由于保留在容器中的氦对排放出的氦气做功，该过程基本上是等熵膨胀过程，能使容器中80%～100% 的氦气液化。

西蒙氦液化器系统只能生产少量的液体，因此它仅适合作为实验室液化器。

第三节　等焓膨胀和等熵膨胀的组合循环

采用节流阀膨胀在热力学上是一个不可逆过程。从上一节可知，采用膨胀机的等熵膨胀，可获得比等焓膨胀低得多的温度。现在工业上应用的大多制冷和液化装置都采用等焓膨胀和等熵膨胀的组合循环，以期在贮液器中获得更多的低温液体。这通常是为了避免因膨胀机中生成液体而带来麻烦。克劳特循环就是典型的具有等焓膨胀和等熵膨胀的组合循环。

一、克劳特循环

1902 年法国的克劳特（Claude）首先实现了带有活塞式膨胀机的空气液化循环。图 4-8 所示就是克劳特循环的流程图和 $T-s$ 图。

在克劳特系统中，气体首先被压缩到约 4MPa 的压力，然后进入第一热交换器 A。从第一热交换器出来的主流气体中，大约有 60%～80% 的气体分流到膨胀机，膨胀后的气体在

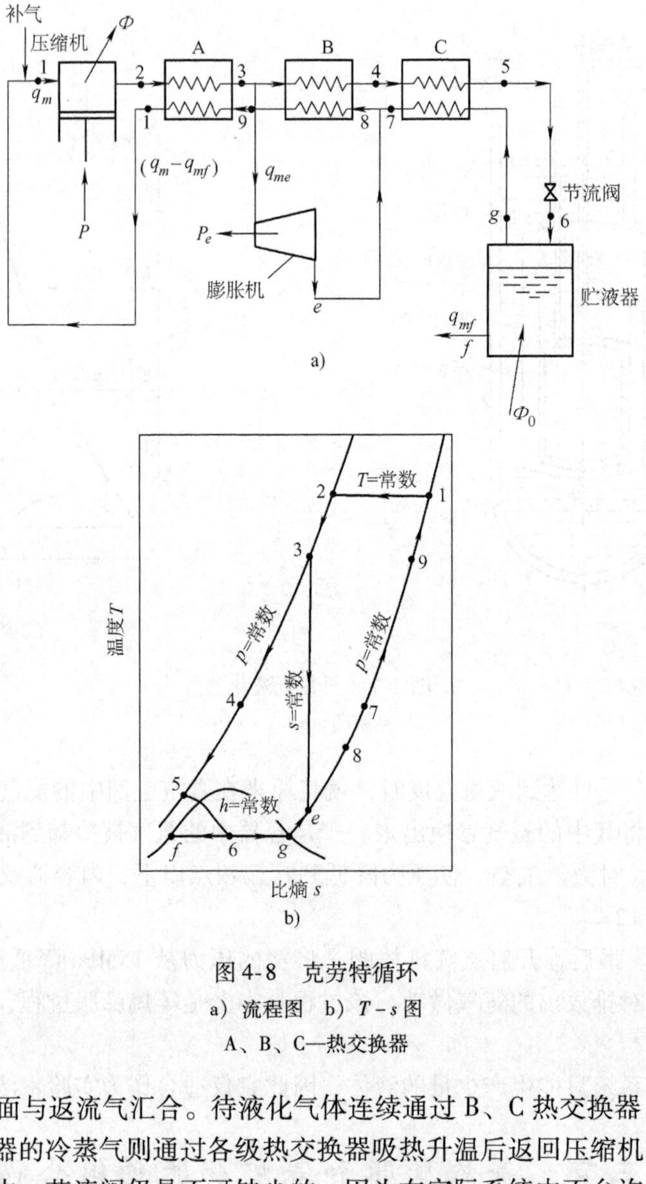

图 4-8 克劳特循环

a) 流程图 b) $T-s$ 图

A、B、C—热交换器

第二热交换器 B 后面与返流气汇合。待液化气体连续通过 B、C 热交换器，最后通过节流阀进入贮液器。贮液器的冷蒸气则通过各级热交换器吸热升温后返回压缩机。

在克劳特系统中，节流阀仍是不可缺少的，因为在实际系统中不允许膨胀机中生成很多液体。倘若在容积式膨胀机的气缸中存在液体，便会形成很高的瞬态应力。某些透平膨胀机（轴流式）可以允许含有 15% 或更高的液体而不致对透平叶片产生危害。

在克劳特循环中，膨胀机产生的输出功可用来帮助压缩待液化的气体。在多数小型的系统中，膨胀功被用于制动或外设的风机。膨胀功是否加以利用虽然并不影响液化率，但膨胀功不加利用会增加所需的压缩功。

对图 4-8 中的热交换器、膨胀机、节流阀和贮液器进行能量平衡，可求出制冷量；如果将系统作为液化器，则可以求出液化率。

若用作制冷机，有

$$q_m h_2 + \Phi_0 = q_m h_1 + P_e \tag{4-20}$$

其中 $$P_e = q_{me}(h_3 - h_e)$$

式中，q_{me}和 h_e 分别表示通过膨胀机的质量流量和离开膨胀机的流体的比焓。

设 $q_{me}/q_m = x$，可求出单位制冷量为

$$\frac{\Phi_0}{q_m} = (h_1 - h_2) + x(h_3 - h_e) \tag{4-21}$$

若用作液化器，则由能量平衡，得

$$q_m h_2 = (q_m - q_{mf})h_1 + q_{me}(h_3 - h_e) + q_{mf}h_f \tag{4-22}$$

合并同类项得液化率为

$$y = \frac{h_1 - h_2}{h_1 - h_f} + \frac{x(h_3 - h_e)}{h_1 - h_f} \tag{4-23}$$

式中，对于非理想的膨胀机，h_e 项应由 h_e'代替；右边第二项表示比林德循环性能的改善。

如果膨胀机的膨胀功不加以利用，则单位质量需用的压缩功与林德－汉普逊系统完全相同，其值由式（4-3）给出。另一方面，如果将膨胀功用来辅助压缩，则系统所需的净比功为

$$\frac{P_{\mathrm{net}}}{q_m} = [T_1(s_1 - s_2) - (h_1 - h_2)] - x(h_3 - h_e) \tag{4-24}$$

式中，右边最后一项表示膨胀机输出的膨胀比功。

在图 4-8 所示的克劳特循环中，高压气体压力 p_2、进入膨胀机的气量 m_e 以及进膨胀机的高压气体温度 T_3 等参数，不仅影响循环的性能指标制冷量、液化率和耗功等，还会影响系统中热交换器的工况。现讨论如下：

1）当 p_2 和 T_3 不变时，增大膨胀量 m_e，膨胀机的产冷量随之增大，循环的制冷量或液化率相应增加。但过分增大 m_e 时，由于去节流阀的气体量太少，会导致制冷量过剩，使第二热交换器偏离正常工况，或造成不必要的冷量损失。

2）当 m_e 和 T_3 一定时，提高高压气体压力 p_2，等温节流效应和膨胀机的单位制冷量均增大，液化率或制冷量增大。但过分提高 p_2，会造成冷量过剩，冷损增大，进而使能耗增大。

3）当 p_2 和 m_e 一定时，提高膨胀前气体温度 T_3，膨胀机焓降即单位制冷量增大，膨胀后气体的温度 T_8 也同时提高，而节流部分的高压气体出第二热交换器的温度 T_4 与 T_8 有关，若 T_4 太高，膨胀机产生的较多冷量不能全部传给高压气体，导致冷损增大，甚至会破坏第二热交换器的正常工作。

在上述讨论中，都假定两个参数不变。但在实际过程中三个参数之间是相互制约的，因此在确定循环参数时要综合考虑，才能得到最佳值。

例 4-7 空气在 0.101MPa 和 293K 下进入一个除节流过程外可逆的克劳特系统，被等温压缩到 2.02MPa 和 293K，然后有 60% 的主流气体分流到可逆绝热膨胀机中，其余空气则通过各级热交换器在节流阀中膨胀到 0.101MPa。求液化率、膨胀机输出比功、压缩空气需消耗的压缩比功、单位质量液体产品所需的净功（假设膨胀功用来辅助压缩空气）。若该可逆克劳特系统用做制冷机，求单位质量制冷量。

解 空气的热力参数为

h_1(0.101MPa，293K) = 293.3kJ/kg，h_2(2.02MPa，293K) = 288.8kJ/kg

$h_3(2.02\text{MPa}, 233\text{K})=225.8\text{kJ/kg}$，$h_f(0.10\text{MPa}$，饱和液体$)=-126.2\text{kJ/kg}$

$s_1(0.101\text{MPa}, 293\text{K})=6.844\text{kJ/(kg}\cdot\text{K)}$，$s_2(2.02\text{MPa}, 293\text{K})=5.978\text{kJ/(kg}\cdot\text{K)}$

$s_3(2.02\text{MPa}, 233\text{K})=5.73\text{kJ/(kg}\cdot\text{K)}$

假设为等熵膨胀，$s_e=s_3$，在压力为0.101MPa和比熵为$s_e=5.73\text{kJ/(kg}\cdot\text{K)}$时，可得$T_e=97.63\text{K}$，$h_e=95.68\text{kJ/kg}$。液化率可通过式（4-23）求出，式中$x=q_{me}/q_m=0.6$，将热力性质值代入后求得液化率为

$$y=\frac{293.3-288.8}{293.3+126.2}+\frac{0.6\times(225.8-95.68)}{293.3+126.2}=0.1968$$

压缩空气通过膨胀机的膨胀比功为

$$\frac{P_e}{q_m}=x(h_3-h_e)=0.6\times(225.8-95.68)\text{kJ/kg}=78.07\text{kJ/kg}$$

压缩机需用的压力比功为

$$w=T_1(s_1-s_2)-(h_1-h_2)=[293\times(6.844-5.97)-(293.3-288.8)]\text{kJ/kg}=251.6\text{kJ/kg}$$

由于膨胀功被用于压缩过程，故压缩空气所需的净比功为

$$w_{net}=w-w_e=[T_1(s_1-s_2)-(h_1-h_2)]-x(h_3-h_e)=173.5\text{kJ/kg}\text{（压缩空气）}$$

那么液化单位质量气体所需的净功为

$$w_{net,f}=\frac{w_{net}}{y}=\frac{173.5}{0.1968}\text{kJ/kg}=881.7\text{kJ/kg}\text{（液体空气）}$$

该系统单位制冷量（压缩空气）可由式（4-21）求取

$$\frac{\Phi_0}{q_m}=(h_1-h_2)+x(h_3-h_e)$$
$$=[(293.3-288.8)+0.6\times(225.8-95.68)]\text{kJ/kg}$$
$$=82.6\text{kJ/kg}$$

由于克劳特循环主要不是依靠节流阀来获得低温，因而该系统可直接用来液化氢或氖。此外，采用液氮预冷的克劳特系统（图4-9），其相对卡诺效率将比有液氮预冷的林德系统要高得多。

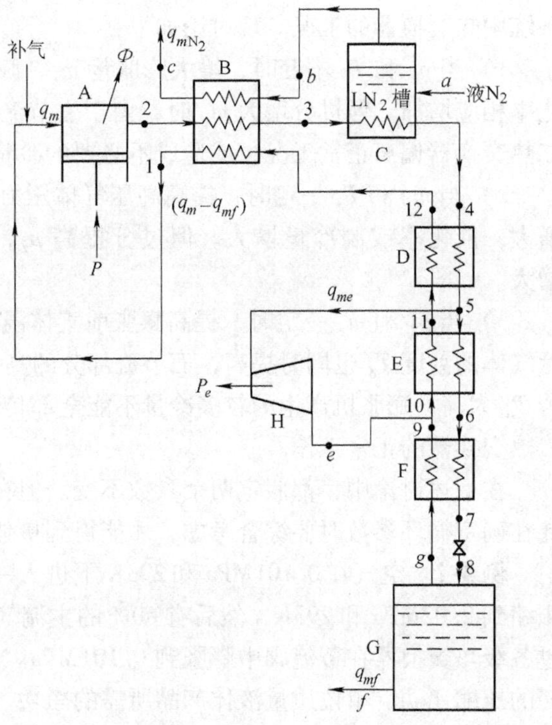

图4-9 采用有预冷的克劳特循环的Ne和H_2液化系统

A—压缩机 B、C、D、E、F—热交换器 G—贮液器 H—膨胀机

二、海兰特循环及卡皮查循环

从克劳特循环可知，提高循环的高压压力p_2可降低单位能耗；提高膨胀机前的温度，可增加绝热焓降和绝热效率。因此，德国的海兰特（Heylandt）于1906年提出了高压膨胀机的气体液化循环，即海兰特循环，实际上它是克劳特循环的一种特殊情况。图4-10所示为用于空气液化的海兰特循环。海兰特循环空气液化流程采用大约20MPa的高压，通过

膨胀机的流量比大约为0.60，进入膨胀机前的温度最佳值接近环境温度。因此，通过将气体压缩到20MPa，原克劳特系统中的第一热交换器就可以去掉，它被广泛用作高压空气液化装置。

在海兰特循环中，由于气体是在环境温度下进入膨胀机的，膨胀机出口的温度大约为150K，因此克服了在更低温度下遇到的润滑问题。海兰特循环中膨胀机和节流阀对产生低温的作用几乎相等，而在原克劳特循环中，膨胀机的作用则是关键的。

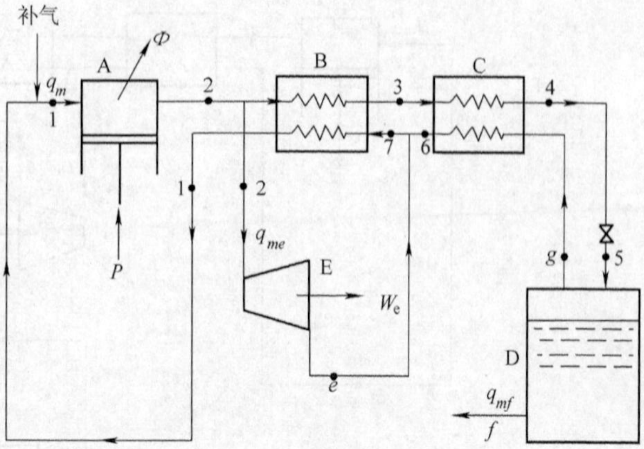

图4-10 用于空气液化的海兰特循环

A—压缩机 B、C—热交换器 D—贮液器 E—膨胀机

1937年，苏联科学家卡皮查(Kapitza)除去了基本型克劳特循环中的第三（或低温）热交换器，实现了带有高效率透平膨胀机的低压液化循环，即卡皮查循环。除了用透平膨胀机取代了活塞式膨胀机之外，卡皮查循环中的第一（或高温）热交换器实际上是一套二台切换操作的蓄冷器，它将冷却过程与净化过程结合起来。在循环期间，一台蓄冷器用来冷却进入的热气体，同时将杂质沉积起来；另一台蓄冷器则被返回气加热，沉积在其中的杂质气体同时被汽化而得以清除。过几分钟后，阀门自动切换，高低压流体也随之互换蓄冷器。卡皮查循环通常采用较低的操作压力，大约为0.7MPa。由于采用的压力较低，其等温节流效应与膨胀机绝热焓降均较小，循环的液化率不高。这种低压循环所以能实现，是因为采用了绝热效率高的透平膨胀机，以及采用了高效的蓄冷器（或可逆式热交换器）进行换热并同时清除空气中的水分和二氧化碳。

卡皮查循环流程简单，采用透平机械后使单位能耗变小，金属耗量及初投资降低，操作简便，广泛用于大中型空分装置。

海兰特循环和卡皮查循环的液化率、制冷量和功耗的计算式与克劳特循环相似。

克劳特系统的另一改进型是用在两相区工作的带“湿”膨胀机代替节流阀，并在蒸发器后面附装一台饱和蒸气压缩机。图4-11所示为该系统的流程图及 $T-s$ 图。两相膨胀机主要用于氦为工质的系统，因为在许多情况下，高压氦气的比热容要比其液相的汽化热还要大。另外，氦膨胀机在两相区工作并不会发生像处理氮或空气那样严重影响膨胀机效率的问题。附设的饱和蒸气压缩机能改善系统的热力学性能。因为提高返流冷气流的压力能提高传热系数，进而减少所需的热交换器面积。

例4-8 在具有湿膨胀机和饱和蒸气压缩机的克劳特系统中，氦气从0.303MPa和275K被压缩到4.04MPa和300K。有20%的压缩气体分流通过主膨胀机，入口温度为190K，出口压力为0.303MPa。氦气在0.101MPa下以饱和蒸气状态进入低温压缩机，被压缩至出口压力0.303MPa。如果该制冷机中的压缩机、膨胀机和热交换器都是理想的，在不回收膨胀功的情况下，求单位制冷量、制冷系数、热力完善度及相对卡诺效率。

解 氦的热力参数值为

$h_1(0.303\text{MPa},\ 275\text{K}) = 1434\text{kJ/kg}$，$s_1(0.303\text{MPa},\ 275\text{K}) = 25.28\text{kJ/(kg}\cdot\text{K)}$

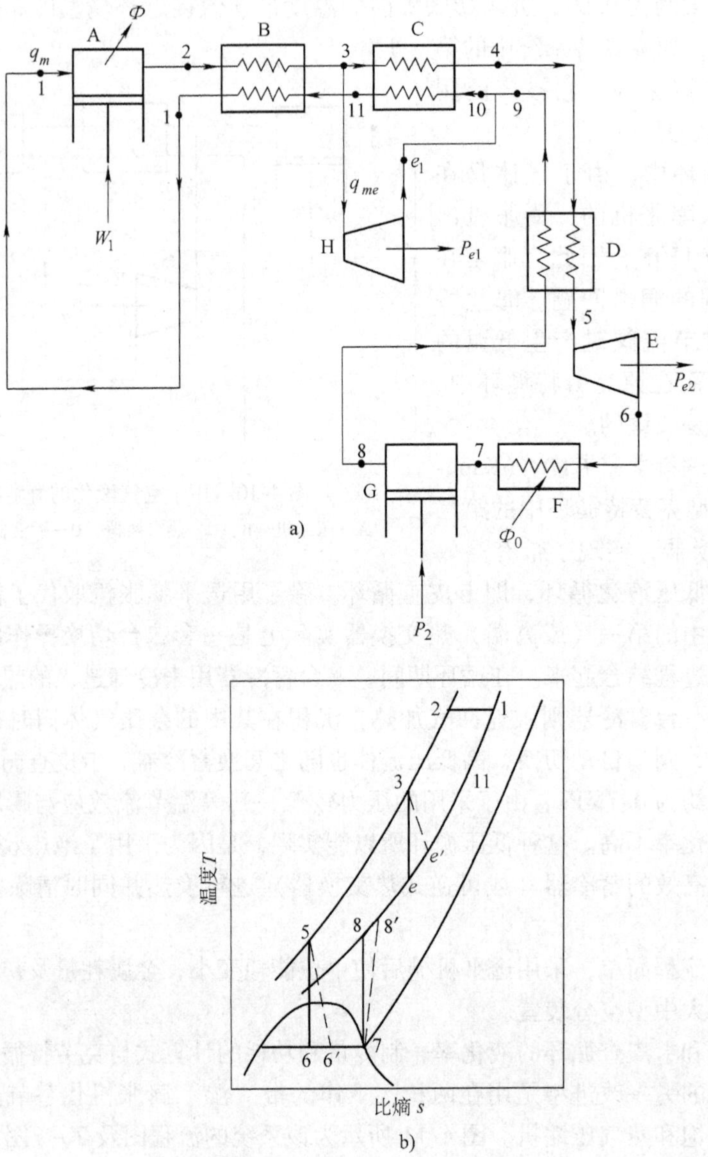

a)

b)

图 4-11 具有湿膨胀机和饱和蒸气压缩机的改进型克劳特系统

a) 流程图 b) $T-s$ 图

A、G—压缩机 B、C、D、F—热交换器 H、E—膨胀机

h_2(4.04MPa, 300K) = 1576kJ/kg, s_2(4.04MPa, 300K) = 20.36kJ/(kg·K)

h_3(4.04MPa, 190K) = 1005kJ/kg, s_3(4.04MPa, 190K) = 17.99kJ/(kg·K)

h_7(0.101MPa, 饱和蒸气) = 20.701kJ/kg, s_7(0.101MPa, 饱和蒸气) = 4.898kJ/(kg·K)

h_f(0.101MPa, 饱和液体) = 0kJ/kg, s_f(0.101MPa, 饱和液体) = 0kJ/(kg·K)

因为 $s_3 = s_e$, $s_7 = s_8$, 由 0.303MPa 的等压线得 $h_e = 356.6$kJ/kg 和 $h_8 = 29.11$kJ/kg。为了求出点 5 的比焓值，对包括三台热交换器的系统进行能量平衡，即

$$q_m h_2 + (q_m - q_{me}) h_8 + q_{me} h_e = q_m h_1 + (q_m - q_{me}) h_5 + q_{me} h_3$$

设

$$x = \frac{q_{me}}{q_m}$$

$$h_5 = \frac{(h_2 - h_1) - x(h_3 - h_e)}{1 - x} + h_8$$

$$= \left[\frac{(1576 - 1434) - 0.2 \times (1005 - 356.6)}{1 - 0.2} + 29.11\right] \text{kJ/kg} = 44.51 \text{kJ/kg}$$

点 5 的比熵由 $h_5 = 44.36\text{kJ/kg}$ 和 $p_5 = 4.04\text{MPa}$ 值确定，即 $s_5 = 2.095\text{kJ/(kg·K)}$。饱和曲线下方点 6 的液化率由杠杆定则求得，即

$$y = \frac{s_7 - s_5}{s_7 - s_f} = \frac{4.898 - 2.095}{4.898 - 0} = 0.572$$

因此，湿膨胀机出口点 6 的比焓为

$$h_6 = h_f + (1 - y)(h_7 - h_f) = [0 + (1 - 0.572) \times (20.701 + 0)] \text{kJ/kg} = 8.86 \text{kJ/kg}$$

由此可计算主压缩机单位质量压缩气体的制冷量

$$\frac{\Phi_0}{q_m} = (1 - x)(h_7 - h_6) = (1 - 0.2) \times (20.701 - 8.86) \text{kJ/kg} = 9.472 \text{kJ/kg}$$

为了简化，设主压缩机是在其进出口温度的平均温度下进行等温压缩，那么

$$T_m = \frac{275 + 300}{2} \text{K} = 287.5 \text{K}$$

则

$$\frac{P_1}{q_m} = T_m(s_1 - s_2) - (h_1 - h_2)$$

$$= [287.5 \times (25.28 - 20.36) - (1434 - 1576)] \text{kJ/kg} = 1557 \text{kJ/kg}$$

因为在饱和蒸气压缩机中没有热量排出，可认为是等熵压缩，因此，饱和蒸气压缩机的耗功为

$$\frac{P_2}{q_m} = (1 - x)(h_8 - h_7) = (1 - 0.2) \times (29.11 - 20.701) \text{kJ/kg} = 6.727 \text{kJ/kg}$$

制冷机的制冷系数为

$$\varepsilon = \frac{\Phi_0 / q_m}{P / q_m} = \frac{9.472}{1557 + 6.727} = 6.05 \times 10^{-3}$$

可以认为高温热源平均温度为 $T_H = 287.5\text{K}$，低温热源温度等于 $T_c = 4.2\text{K}$（0.101MPa 所对应的饱和温度），则卡诺循环制冷系数为

$$\varepsilon_k = \frac{T_L}{T_H - T_L} = \frac{4.2}{287.5 - 4.2} = 0.0148$$

该制冷机的相对卡诺效率为

$$\eta = \frac{\varepsilon}{\varepsilon_k} = \frac{6.05 \times 10^{-3}}{1.48 \times 10^{-2}} = 0.4088$$

这个循环可以认为是在两个等温热源之间工作，因此，其热力完善度就等于相对卡诺效率。

显然，由于该制冷循环分流了较多的高压氦气通过主膨胀机而使其性能得以改善。当然实际制冷循环中的压缩机、膨胀机和热交换器是不可能在理想条件下运行的。

基本克劳特循环还有一种改进是双压克劳特循环，其原理与双压林德循环相类似。在图 4-12所示的双压循环中，只有通过膨胀阀的那股气体被从低压压缩到高压；而进入膨胀

机的那股气流被压缩至中压，这样减少了单位液化气体的耗功。一些分析指出，当采用克劳特循环时，其液化率较林德双压循环可成倍增加，单位质量的功耗可减半。

例4-9　用理想的双压克劳特循环液化氮气，气体先在压缩机中从0.101MPa和300K等温压缩到1.01MPa。此后有60%主气流的气体被分流到三通道热交换器冷却到160K后进入膨胀机。膨胀机的出口压力为0.101MPa。主气流剩余40%的气体被进一步从1.01MPa等温压缩到3.53MPa，依次经三通道热交换器以及两台低温热交换器被冷却，继而在节流阀中膨胀到0.101MPa。若膨胀功被用来增压气体，导出液化率的表示式，计算液化率、循环消耗净比功和热力完善度。

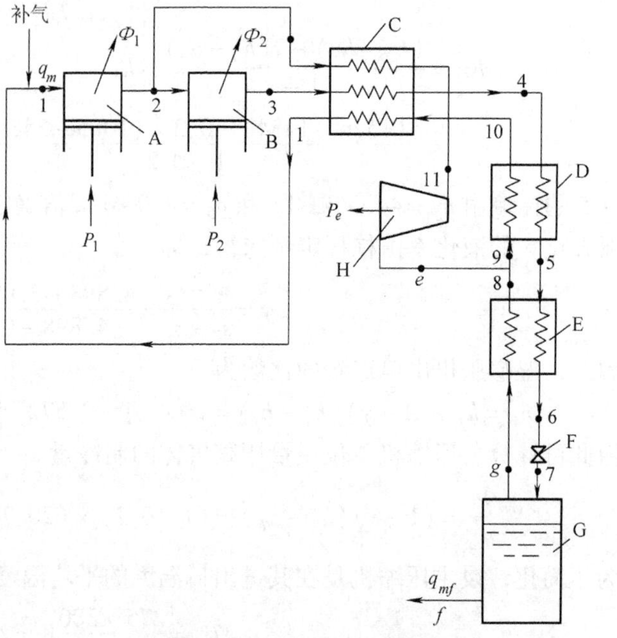

图4-12　双压克劳特循环流程图

A、B—压缩机　C、D、E—热交换器　F—节流阀　G—贮液器　H—膨胀机

解　根据图4-12，氮的热力参数值为

h_1(0.101MPa，300K)=433.4kJ/kg，s_1(0.101MPa，300K)=6.85kJ/(kg·K)

h_2(1.01MPa，300K)=431.4kJ/kg，s_2(1.01MPa，300K)=6.16kJ/(kg·K)

h_3(3.53MPa，300K)=305kJ/kg，s_3(3.53MPa，300K)=5.77kJ/(kg·K)

h_{11}(1.01MPa，160K)=280.5kJ/kg，s_{11}(1.01MPa，160K)=2.641kJ/(kg·K)

h_f(0.101MPa，饱和液体)=0kJ/kg，s_f(0.101MPa，饱和液体)=2.837kJ/(kg·K)

h_g(0.101MPa，饱和蒸气)=77.09kJ/kg

由 $s_e=s_{11}$ 和 $p_e=p_1$，可得

$$h_e[(0.101\text{MPa}, 2.641\text{kJ/(kg}\cdot\text{K)})]=204.3\text{kJ/kg}$$

由不包括两台压缩机在内的系统能量平衡，得

$$q_{me}h_2+(q_m-q_{me})h_3=(q_m-q_{mf})h_1+q_{me}(h_{11}-h_e)+q_{mf}h_f$$

令 $y=q_{mf}/q_m$，$x=q_{me}/q_m$，则有

$$y(h_1-h_f)=x(h_3-h_2)+(h_1-h_3)+x(h_{11}-h_e)$$

由此求得液化率为

$$y=\frac{h_1-h_3}{h_1-h_f}-x\frac{h_2-h_3}{h_1-h_f}+x\frac{h_{11}-h_e}{h_1-h_f} \tag{4-25}$$

$$y=\frac{433.4-426.1}{433.4+0}-0.6\times\left(\frac{431.4-426.1}{433.4+0}\right)+0.6\times\left(\frac{280.5-204.3}{433.4+0}\right)=0.115$$

由两台压缩机的能量平衡并减去膨胀功，以流经第一压缩机的气体流量计算，可得到在利用

膨胀功辅助压缩过程时，循环消耗净比功为

$$\begin{aligned}w_{\mathrm{net}} &= T_1(s_1-s_2)-(h_1-h_2)+(1-x)[T_1(s_2-s_3)-(h_2-h_3)]-x(h_{11}-h_e)\\ &= T_1(s_1-s_3)-(h_1-h_3)-x[T_1(s_2-s_3)-(h_2-h_3)]-x(h_{11}-h_e) \qquad (4\text{-}26)\\ &= 204.8\mathrm{kJ/kg}\end{aligned}$$

由上述条件算出氮气体液化理论最小比功为

$$w_{\min}=T_1(s_1-s_f)-(h_1-h_f)=770.1\mathrm{kJ/kg}$$

因而该双压循环的热力完善度为

$$\eta=\frac{w_{\min}}{w_{\mathrm{net}}/y}=\frac{770.1}{204.8/0.115}=0.4324$$

由克劳特循环派生的另一种循环叫做柯林斯（Collins）氦液化循环。它是 1946 年美国的柯林斯首先提出的采用多级膨胀机和节流阀结合的氦液化循环，典型的循环流程如图4-13所示。膨胀机的台数视氦的入口压力决定，一般可采用 2～5 台膨胀机。

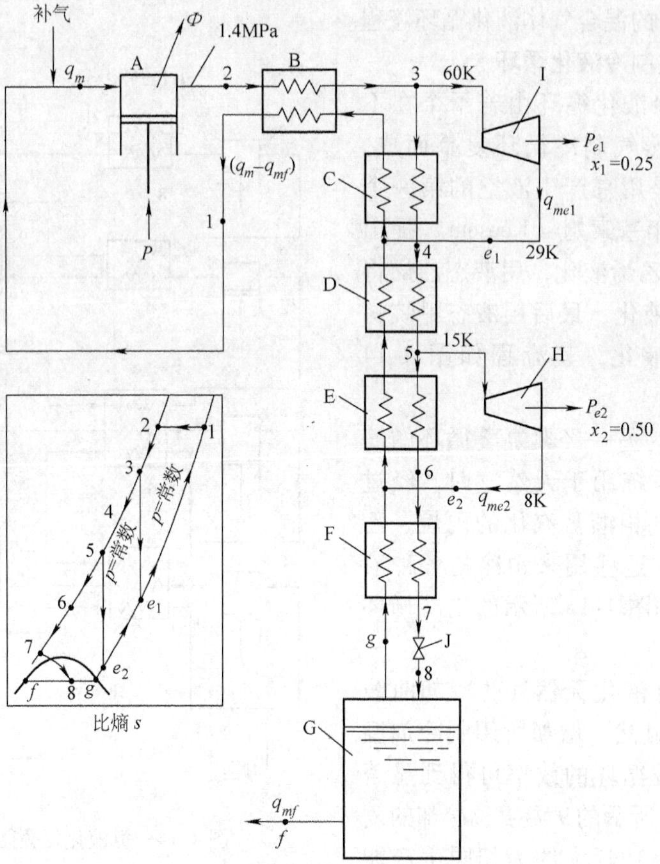

图 4-13 柯林斯氦液化循环流程

A—压缩机 B、C、D、E、F—热交换器 G—贮液器 H、I—膨胀机 J—节流阀

对除氦压缩机和膨胀机之外的系统应用第一定律，以求取液化率 $y=q_{mf}/q_m$。

$$y=\frac{h_1-h_2}{h_1-h_f}+x_1\frac{\Delta h_{e1}}{h_1-h_f}+x_2\frac{\Delta h_{e2}}{h_1-h_f} \tag{4-27}$$

其中 $x_1=\frac{q_{me1}}{q_m}$，$x_2=\frac{q_{me2}}{q_m}$

式中，Δh_{e1}为通过膨胀机Ⅰ的流体的焓变；Δh_{e2}为通过膨胀机H的流体的焓变；q_{me1}和q_{me2}分别为通过膨胀机Ⅰ和H的质量流量。

对于多于两台膨胀机的系统，只要加上与式（4-27）中右边第二项相似项就可。

用得最广泛的柯林斯氦液化循环是采用两台膨胀机、四级冷却，其中温度最高的第一级用液氮预冷，温度最低的一级采用节流阀，其余为两台在不同温区工作的膨胀机。

第四节 复叠式气体液化循环

第三章第一节介绍的自行复叠制冷循环以及第三章第三节介绍的经典复叠式制冷循环都属于复叠式制冷循环，都可以用于气体液化，这里将详细介绍有关的液化循环流程，重点介绍以天然气为代表的混合气体液化循环流程。

一、经典复叠制冷液化循环

经典复叠制冷液化循环由若干个在不同低温下工作的蒸气制冷循环复叠而成。经典的复叠系统是用来产生液空的第一个液化系统。1933年基索姆（Keesom）提出用氨将1.9MPa的乙烯液化，用液态乙烯将2.5MPa下的甲烷液化，最后用液态甲烷将1.86MPa的氮气液化，其流程如图4-14所示。

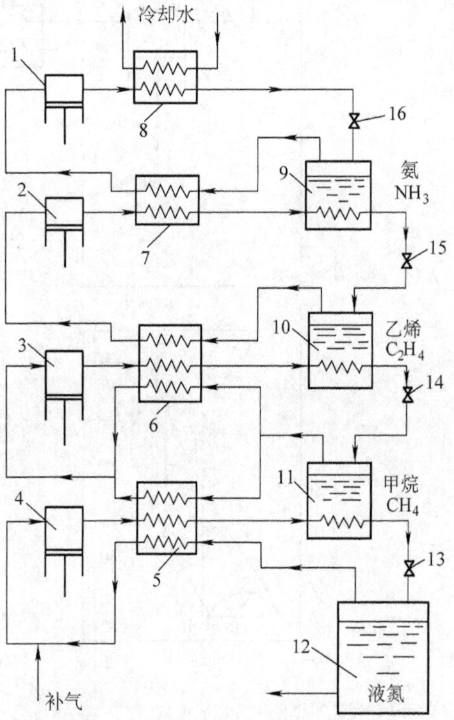

图4-14 氮液化复叠循环流程

1、2、3、4—压缩机 5、6、7、8—热交换器 9、10、11、12—液体贮槽 13、14、15、16—节流阀

图4-15所示为另一经典复叠循环的简化流程，当这种系统用于天然气时，经过净化处理的天然气相继被汽化的丙烷、乙烯和甲烷所冷却。这些用来预冷的各种液化气体利用类似如图4-1a所示的制冷循环来液化。

经典复叠循环液化天然气的冷却曲线如图4-16所示。显然，增加所用制冷剂温度位的级数，复叠循环的效率可得到显著的改善。图4-16b所示的9温度位冷却的复叠循环所需的实际功耗大约为相同生产能力的图4-16a所示3温度位复叠循环时的80%。效率之所以能提高是由于在整条冷却曲线上，天然气与制冷剂之间的温差都几乎达到最小值。

为了减少天然气与制冷剂之间的温差，以降低系统中的不可逆性，可以对复叠系统的冷却曲线进行调节。亦即可以通过选择在各个温度位供给合适的制冷量，来保证各级热交换器的实际温差达到最小值。

从热力学的观点来看，经典复叠系统通过膨胀阀的不可逆膨胀是在比其他系统较小的压力范围内进行的，因而减小了循环内部的不可逆性。系统中采用较低的压力也是一个优点。然而，经典复叠系统也有许多缺点，每一个系统回路都应严格防漏，以防一个回路的流体漏入另一个回路，这就使系统的维护变得困难。另外，由于采用众多的各种制冷剂压缩机，使系统变得复杂。

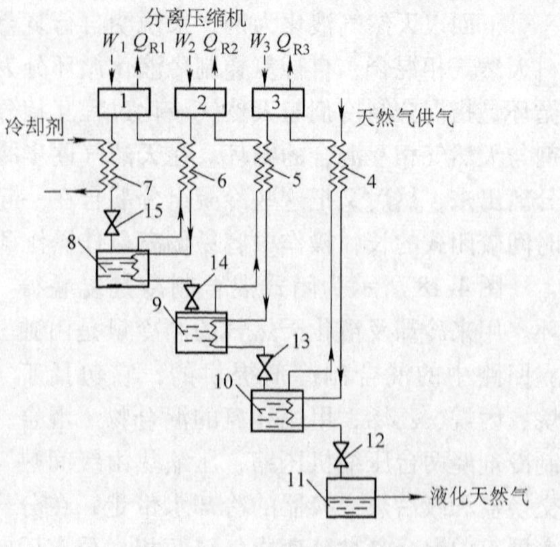

图 4-15　经典复叠循环的简化流程
1、2、3—压缩机　4、5、6、7—热交换器
8、9、10、11—液体贮槽　12、13、14、15—节流阀

二、自行复叠制冷液化循环

自行复叠制冷液化循环是 20 世纪 60 年代末期由复叠循环演变而成的，它采用一种多组分混合物作为制冷剂，代替复叠循环中的多种纯组分制冷剂，其基本原理在第三章第一节曾作简单介绍。在这种循环中，由于压缩和换热过程的简化，在某些情况下其投资费用要比常规的复叠循环低。混合制冷剂可以是卤代烃、烷烃类、氮等组成的多种组分的混合物，其组成根据被液化的原料气的组成和压力而定。这些由不同组分组成的混合气体在自行复叠制冷装置中，作为制冷循环的制冷剂来冷却待液化气体。在工作时多组分混合物中的重组分先冷凝，轻组分后冷凝，它们依次冷凝、节流、蒸发，得到不同温度级的冷量，使液化气（如天然气）中对应的组分冷凝并最终全部被液化。图 4-17 所示为具有丙烷预冷的天然气自行复叠制冷液化循环的冷

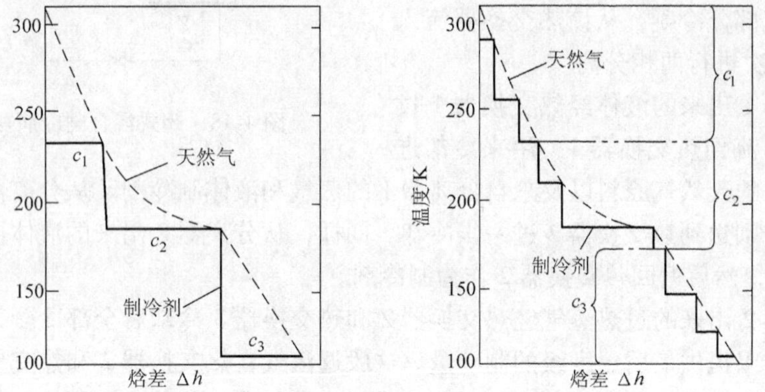

图 4-16　经典复叠循环液化天然气的冷却曲线
a) 3 温度位　b) 9 温度位

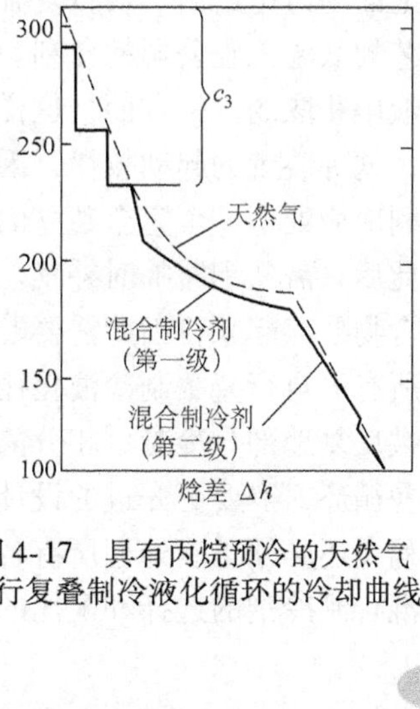

图 4-17　具有丙烷预冷的天然气自行复叠制冷液化循环的冷却曲线

却曲线，其形状与具有9个温度位冷却的复叠循环的冷却曲线很相似。

下面以天然气液化为例，来说明自行复叠制冷液化循环的原理。根据自行复叠是否与原料天然气相混合，自行复叠制冷液化循环分为闭式和开式两类循环。闭式自行复叠制冷液化循环是指混合制冷剂与天然气液化过程互相分开的循环。开式自行复叠制冷液化循环是制冷剂与天然气相互混合的循环。在天然气逐步冷凝的同时，也把所需的制冷剂组分逐一地冷凝分离出来，然后又把这些冷凝组分混合在一起，构成一个自行复叠制冷液化循环。但其起动时间较闭式的长，操作中容易偏离最佳操作条件。

图4-18所示为闭式混合制冷剂复叠循环。用来冷却及液化天然气的制冷量是由独立回路中的混合制冷剂提供的，它包括丁烷、丙烷、乙烯、甲烷和氮的混合物。混合制冷剂经两台压缩机压缩，压缩热由级间热交换器和级后热交换器的冷却水带走，在分离器1中混合气被分离成气液两相。分离后的液体和蒸气分别通入热交换器1中，将热量传给返流而来的制冷剂。在热交换器1中被冷却的蒸气部分冷凝，从该热交换器流入分离器2，再次进行两相分离。

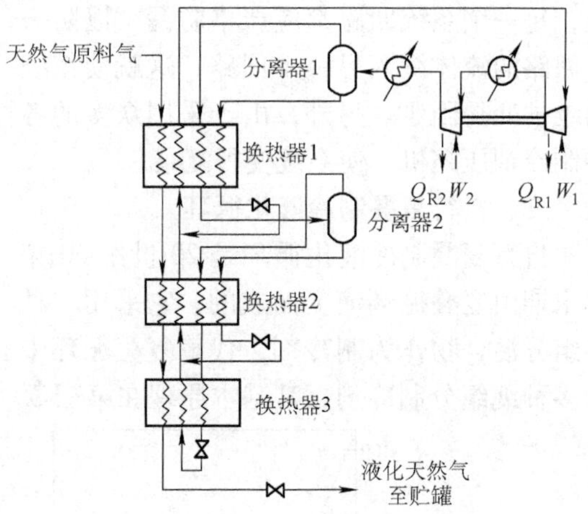

图4-18 闭式混合制冷剂复叠循环

从分离器1出来的液体经热交换器1过冷后减压，回流到热交换器1，用来冷却进入热交换器1的天然气原料以及来自分离器1的蒸气和液体制冷剂。从分离器2出来的蒸气和底部液体分别送到热交换器2进一步冷却。同样，从分离器2出来的液体再次经热交换器2过冷后减压，然后返回热交换器2作为制冷剂。

从分离器2出来的过热蒸气经热交换器2和热交换器3冷却后全部冷凝，然后减压返回到热交换器3以提供最后温度级的制冷量。这股返流气在热交换器2和热交换器1的冷端与另两股流体汇合，提供制冷量，冷却和液化进料天然气流、部分冷凝制冷剂蒸气流以及过冷液体制冷剂。全部制冷剂从热交换器1热端流出，进入两级压缩机入口，再压缩、再循环。

上面的讨论给出了自行复叠制冷过程的基本概念。实际的各种改型循环都是那些开发这些工艺的低温工程公司的专利。例如，在一种实用循环中，制冷剂混合物是从进料天然气的冷凝液中获取的。一方面，这样做的优点是除了天然气本身之外，不需供给其他气源。另一方面，这种装置的起动较慢，因为需要将制冷剂积聚起来并调整其组分。另外一种循环中的混合制冷剂处于一个完全独立的制冷回路之中，混合气体是用外购各种气体配制成所需的组分。此后只需从钢瓶临时补气。这种工艺的优点是简单且起动快。但一旦停机，必须将制冷剂混合物贮存起来，因此需要贮气容器。

所有的自行复叠制冷液化循环都采用多组分的混合制冷剂，在整个天然气液化过程中，它们被反复地部分冷凝、相分离、冷却、减压膨胀和复热。因而这些过程比简单膨胀机或经典复叠循环，需要更先进的设计方法和更完全的气体混合物热力学特性的知识。此外，在这些过程中还必须正确处理所有各级热交换器的两相流的传热问题。

混合制冷剂的选择和配比的条件是要求能耗低、容易获得。天然气液化用混合制冷剂的大致组成见表4-1。

表4-1　天然气液化用混合制冷剂的大致组成

组分	氮	甲烷	乙烯	丙烷	正丁烷/异丁烷	戊烷
沸点/K	77.35	111.80	169.45	231.05	272.65/261.45	—
体积分数（%）	0~3	20~32	34~44	12~20	8~15	3~8

在设计自行复叠制冷天然气液化循环和选择操作参数时应注意如下几点：

1）从热力学考虑，天然气的组成及原始压力决定了过程的冷凝温度，压力越高，冷凝温度也越高，所需的耗功就越小，效率也就越高。常用的天然气进气压力范围为3.0~8.0MPa。

2）制冷剂组分要随原料气的组成和压力加以调整，目的是使热交换器中的冷却气流和加热气流之间的焓－温曲线得到最佳分布。

3）中间各级装置要使各种制冷剂能充分冷凝和分离回流。

4）液化天然气的过冷度要使其节流到贮液槽压力时发生的闪蒸损失尽量少。

自行复叠制冷液化循环的改进措施如图4-17所示，它采用丙烷/乙烷或丙烷/乙烯或氨制冷作为前级预冷，将天然气预冷到－35～－53°C，然后再进入混合制冷剂循环系统。这样混合制冷剂只需 N_2、CH_4、C_2H_6 和 C_3H_6 四种成分，这就显著地缩小了混合制冷剂的沸点范围，使制冷剂的冷却负荷减少。同时，在预冷阶段又保持了经典复叠制冷循环的优点，提高了热力学效率。

需要指出，混合制冷剂的各组分一般都是部分或全部由天然气原料中来提供或补充。因此，当天然气含甲烷较多且其他制冷剂组分的供应又不大方便时，则不宜选用开式循环。

除在天然气液化技术中使用混合制冷剂外，在稀有气体的提取，工业尾气的低温分离，以及氮、氢、氦的液化方面也可采用自行复叠制冷循环，但随着温度级的不同，混合制冷剂的组成也就不同。

三、带膨胀机的混合气体液化循环

这种循环是利用气体在膨胀机中进行做外功的绝热膨胀来提供气体液化所需的冷量。

图4-19所示为直接式膨胀机的天然气液化循环。它直接利用输气管道内带压天然气在膨胀机中膨胀来制取冷量，使部分天然气冷却后节流液化。循环的液化率主要取决于膨胀机的膨胀比，一般为7%～15%。这种循环特别适用于天然气输送压力较高、而实际使用压力较低、中间需要降压的场合。其突出的优点是能耗低、流程简单、原料气的预处理量少。由于在膨胀过程中天然气中一些高沸点组分会冷凝析出，致使膨胀机在带液工况下运行，故设计比较困难。

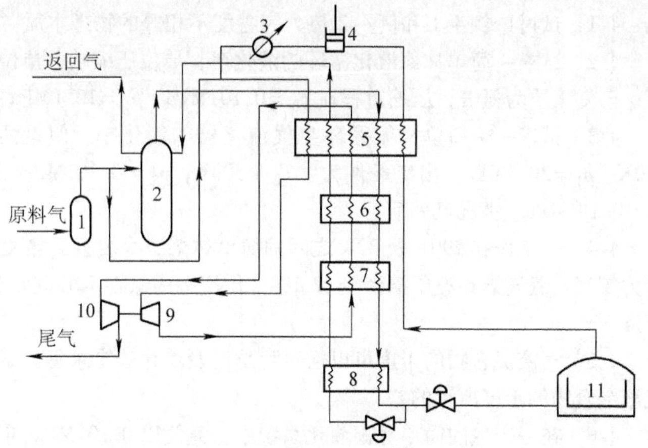

图4-19　直接式膨胀机的天然气液化循环

1—脱水器　2—脱二氧化碳塔　3—水冷却器　4—返回气压缩机　5、6、7—热交换器　8—过冷器　9—膨胀机　10—压缩机　11—贮槽

图4-20所示的循环，采用一个与天然气液化过程分开的、具有两级氮膨胀的制冷循环，来供给天然气液化所需的冷量。原料气经预纯化设备、热交换器1，在重烃分离器中分离出高碳化合物后，进入热交换器2继续冷却，而后流入氮气提塔。在塔底得到液化天然气，经热交换器3过冷后去主贮罐；在塔上部得到含部分甲烷的氮气，它流入氮-甲烷分离塔使氮与甲烷分离，在塔的下部获得纯液甲烷并送进贮槽。从塔上部排出的氮气与从热交换器3来的膨胀后的氮气汇合，经热交换器2、1复热后进入循环压缩机。压缩后的氮气经热交换器1预冷后到第一台膨胀机膨胀，产生的冷量经热交换器2回收；随后氮气进入第二台透平膨胀机膨胀至更低压力，在热交换器3回收冷量将天然气液化。

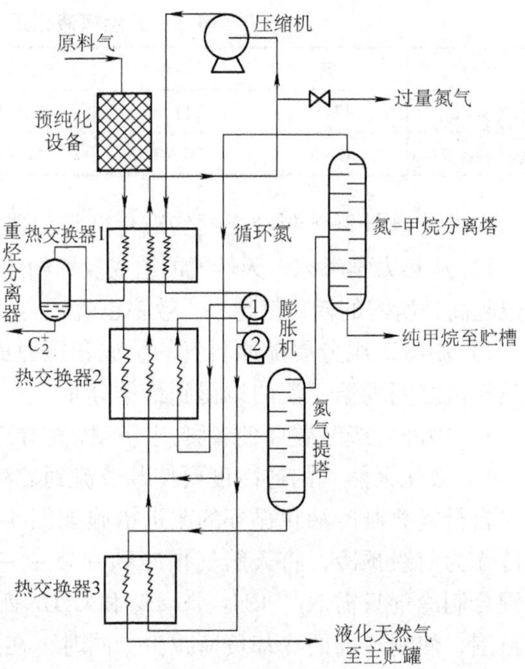

图4-20 具有两级氮膨胀的天然气液化循环

该循环适于含氮稍多的原料天然气，通过氮-甲烷分离塔可制取纯氮作为氮循环的补充气，并可副产少量的纯液态甲烷。这种间接式膨胀机循环的能耗较高，比混合制冷剂循环高40%左右。

习 题

4-1 试讨论例4-1和例4-2热力完善度不相等的物理本质。

4-2 试求一简单林德液化循环的液化率、单位压缩功、单位液化功及热力完善度，并画出其流程示意图。已知工质为氮气，压缩过程在 $p_0=0.101\text{MPa}$、$p_1=10.1\text{MPa}$ 之间等温可逆，$T_0=300\text{K}$。

4-3 试求一个简单林德循环空气液化器的液化率。假设两通道热交换器的热端进口条件为：$T_1=310\text{K}$，$p_1=20.2\text{MPa}$；出口条件为：$T_2=303\text{K}$，$p_2=0.101\text{MPa}$。若 $T_1=208\text{K}$，$p_1=20.2\text{MPa}$，$T_2=200\text{K}$，$p_2=0.101\text{MPa}$，情况又如何？

4-4 一工作在290K及72K之间的简单林德制冷装置，热交换器和压缩机的效率均为100%，工作气体为氮气。氮气被等温压缩到18.2MPa，低压则为氮在72K时的饱和压力。试求装置的制冷系数和热力完善度。

4-5 气液混合物的干度可以通过比焓以及汽化热来求得。试证明林德循环的液化率等于1减去节流后气液混合物的干度所得的差。

4-6 在一个氮的简单林德液化系统中，氮气以0.101MPa和295K的状态进入压缩机等温压缩到高压，出口气体在一热交换器中被冷却后通过膨胀阀膨胀到0.101MPa。求为达到9%的液化率，压缩机出口的压力。若热交换器是理想的且忽略整个系统的压降，则最大液化率为多少？

4-7 用一个以液氢预冷的林德循环来液化氦。系统的操作条件为：氦气通过压缩机的质量流量为12kg/h；压缩机进口参数为0.101MPa和295K；出口参数为6.06MPa和295K；液氢池温度维持在23K。假定压缩机和热交换器为理想的，试求氦的液化率、制取单位液氦所蒸发的液氢量，氦的单位质量压缩功，单位质量液化功，并画出液化系统图。

4-8 一林德双压氮液化器，其操作条件温度为300K，高低压分别为10.1MPa和0.101MPa。两台压缩机都为等温压缩型，中压为3.03MPa。假设所有的部件（除膨胀阀外）都为理想操作，试求液化率、单位质量通过高压压缩机的功耗、液化单位质量氮的功耗。

4-9 习题4-8中，要使液化单位质量氮的功耗最小，问最佳中压为多少？（答案3.08MPa）

4-10 一个以氦作为工质的气体制冷系统，其操作条件温度为300K，高低压分别为1.52MPa和0.101MPa。1.52MPa的气流被冷却到20K，随后膨胀到0.101MPa而产生制冷量，制冷系统采用等温可逆式压缩机、理想热交换器、可逆绝热膨胀机和一个等压冷负荷热交换器。试求单位制冷量、制冷系数（假定膨胀功能被压缩机利用）。

4-11 一个以氢气作为工质的气体制冷系统，其操作条件温度为300K，高低压分别为6.06MPa和0.101MPa。高压气流冷却到88K后，在膨胀机里膨胀到0.101MPa，等压冷负荷热交换器允许的最高温度为88K。假如制冷系统的部件都处于理想状态且没有预冷装置，试求每单位质量压缩气体的制冷量、制冷系数（假设膨胀功没被利用）。

4-12 气氮以0.101MPa、300K进入克劳特液化器中，被等温压缩到4.04MPa，主流的65%在4.04MPa和270K下分流到等熵膨胀机中去，膨胀功用来减少压缩功的消耗。若压缩机和热交换器均视为理想的，试求液化率、单位质量气体的压缩功、单位质量液化功。

4-13 若上题中在0.101MPa和4.04MPa条件下工作的液化器最优化到氮的单位液化功最小，问进入膨胀机的温度应为多少？

4-14 试求一个理想克劳特制冷系统进入绝热可逆膨胀机的分流量，已知条件：工质氮气从0.101MPa和300K等温压缩到4.04MPa，进入膨胀机的状态为4.04MPa和240K，单位质量制冷量为81kJ/kg。

4-15 在一个以空气作为工质的海兰特液化循环中，空气从295K和0.101MPa等温压缩到7.07MPa，有60%的高压气体进入膨胀机，其膨胀功用来减少压缩功耗，试求液化率、单位质量的压缩功和单位质量的液化功。

4-16 在一个理想的卡皮查液化系统中，氮气从0.101MPa和295K被等温可逆压缩到5.05MPa，气体进入绝热可逆膨胀机的状态为5.05MPa和250K，分流量为60%，若热交换器为理想热交换器，试求液化率、单位质量压缩功和单位质量液化功。其中膨胀功被用来减少压缩机功耗。

4-17 一个双压克劳特制冷器，氮气在低压压缩机中从0.101MPa和290K等温压缩到0.808MPa，在此压力下80%的气体经过三通道热交换器，然后进入膨胀机，这部分气体离开热交换器和进入膨胀机时的温度为170K，余下的20%气体在高压压缩机中，在300K下被等温压缩到3.03MPa。这部分气体在进入膨胀阀之前被三通道热交换器及另外两个两通道热交换器冷却，之后膨胀到0.101MPa。从制冷器里来的冷气流，在低温热交换器中预热并与膨胀机出来的气流混合，混合气流继续在两通道中间热交换器及三通道中间热交换器中升温后，回到低压压缩机。若在77.3K的制冷量为1kW，试求氮气进入低压压缩机的质量流量。

4-18 用一个林德双压系统来液化空气，高压空气离开压缩机时的压力为20.2MPa，并被冷却到293K后进入逆流热交换器，中压回流气流以3.03MPa和288K离开三通道热交换器，低压气流离开该热交换器的工况为0.101MPa和288K。在中压压力下，系统的漏热全部被中压液化空气容器所吸收，高压空气的漏热为7.25kJ/kg。若中压回流气占压缩气体的80%，试求系统的液化率和单位液化功。假设空气初始工况为0.101MPa和293K，在理想的二级压缩机中多变压缩到3.03MPa，中间冷却温度为293K，多变指数$n=1.3$。设3.03MPa和293K的空气继续被另一个理想二级压缩机压缩到20.2MPa，中间冷却温度也为293K，多变指数为$n=1.3$。

4-19 用一个简单的两级经典复叠循环在液氢温度下制冷。作为预冷剂的液氮由一个在0.101MPa和5.05MPa之间工作的简单林德液化器提供。复叠循环中的氢部分为一个在0.101MPa和5.05MPa之间工作的、带有预冷装置的林德液化器。上述两个循环的压缩机都在300K下等温可逆工作。假定热交换器为理想的，试求从复叠循环得到的单位制冷量、制冷系数及热力完善度。

第五章　流体混合物分离原理与方法

吸收制冷中，如果吸收剂与制冷剂沸点相差不大，例如 NH_3/H_2O，则发生器出来的制冷剂纯度不高，就需要用分离的方法加以提纯；自行复叠压缩制冷流程中也需要将混合工质进行分离；低沸点混合气体的分离与纯化是低温过程的主要工业应用之一，低温法也是气体混合物分离与纯化工艺中最主要的传统分离技术。液空（即液体空气）精馏提供主要的商业用氧、氮、氖、氩、氪和氙。大部分产品氦是从含氦天然气经低温分离获得的。天然气中的各种组分如甲烷、乙烷、乙烯也都经低温精馏达到分离与纯化。流体混合物的分离方法还可以用于从焦炉气和其他不纯氢源中分离提取产品氢。用低温分离亦可从氢制取同位素氘，进而用于生产重水。除低温精馏之外，其他的分离方法，如吸附法、吸收法和薄膜分离法等也被用于流体混合物的分离与纯化。

第一节　气体的理想分离

将气体分离系统看成理想的热力学可逆系统，可加深了解各种实际分离系统的运行和能量需求。该系统用假想的半渗透膜模型来分析气体的可逆分离和混合。二元气体混合物分离的理想过程，如图 5-1 所示。假设气缸中有 A 和 B 两种气体组成的混合物，A、B 气体质量分别为 m_A 和 m_B，总质量为 m，处于理想状态，内有两个无摩擦活塞，左边活塞只允许气体 A 渗透而右边活塞只允许气体 B 渗透，要求确定的是可逆分离这两种气体所需的功耗。

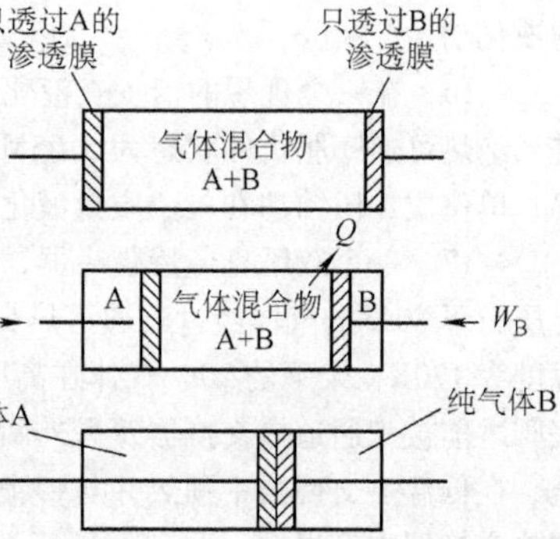

图 5-1　二元气体混合物分离的理想过程

理想分离所消耗的摩尔分离功等于等温条件下将各组分从其在混合物中的分压压缩到混合物总压所需的摩尔功。图 5-1 中左边活塞是可以让气体 A 自由透过，当左边活塞向右移动时，它仅仅将气体 B 从其分压压缩到混合物总压；同样，右边活塞只压缩气体 A。如果两活塞同时移动，则初始温度 T_m 和初始压力 p_m 的混合物被分离成等温度和等压力的两种纯气体。这一理想分离过程所消耗的分离比功为

$$\left(\frac{W}{m}\right)_{\min} = T_m(s_1 - s_2) - (h_1 - h_2) \tag{5-1}$$

式中，T_m 为混合气体的初始温度；下标 1 和 2 分别为分离前后的状态。

于是，理想分离二元混合物的所消耗的分离比功为

$$\left(\frac{W}{m}\right)_{\min} = \left(\frac{W_A}{m_A}\right)_{\min}\frac{m_A}{m} + \left(\frac{W_B}{m_B}\right)_{\min}\frac{m_B}{m}$$

$$= T_m\left[\frac{m_A}{m}(s_{1A} - s_{2A}) + \frac{m_B}{m}(s_{1B} - s_{2B})\right] -$$

$$\left[\frac{m_A}{m}(h_{1A}-h_{2A})+\frac{m_B}{m}(h_{1B}-h_{2B})\right] \tag{5-2}$$

若气体服从理想气体定律，则其比焓、比熵为

$$\begin{aligned} h &= c_p T + h_0 \\ s &= c_p \ln T - R\ln p + s_0 \end{aligned} \tag{5-3}$$

式中，h_0、s_0 分别为给定参考状态下的比焓和比熵；c_p 为比定压热容。

将式（5-3）代入式（5-2），并注意到该过程为等温过程，得到二元理想气体混合物的理想分离所消耗的分离比功为

$$\left(\frac{W}{m}\right)_{\min} = T_m\left(\frac{m_A}{m}R_A\ln\frac{p_m}{p_{1A}}+\frac{m_B}{m}R_B\ln\frac{p_m}{p_{1B}}\right) \tag{5-4}$$

式中，p_{1A}、p_{1B}分别为组分 A 和 B 的分压。

因为系统的总体积不变，根据理想气体定律，压力比可用质量比表示，即

$$\frac{p_m}{p_{1A}}=\frac{mR_m T_m/V_m}{m_A R_A T_A/V_A}=\frac{mR_m}{m_A R_A} \tag{5-5}$$

由于 $mR_m = nR$，上式变为

$$\frac{p_m}{p_{1A}}=\frac{n}{n_A}=\frac{n_A+n_B}{n_A}=\frac{1}{y_A} \tag{5-6}$$

式中，$y_A = n_A/n$ 为组分 A 的摩尔分数。

对于二元理想气体混合物，由式（5-4）可得理想分离所消耗的摩尔分离功为

$$\left(\frac{W}{n}\right)_{\min} = RT_m\left(y_A\ln\frac{1}{y_A}+y_B\ln\frac{1}{y_B}\right) \tag{5-7}$$

对多组分的理想气体混合物，其理想分离所消耗的摩尔分离功为

$$\left(\frac{W}{n}\right)_{\min} = R_m T_m\sum_i y_i\ln\frac{1}{y_i} \tag{5-8}$$

式中，y_i 为混合物中组分 i 的摩尔分数。

空气可以看成是一种多组分的理想气体混合物，由式（5-8）可以计算其理想分离所消耗的摩尔分离功，结果列于表 5-1 中。

表 5-1　空气中各组分理想分离的摩尔分离功

组　分	摩尔分数（%）	理想分离摩尔分离功/（kJ/kmol）	单位质量分离气体的理想分离功/（kJ/kg）
氮	78.084	1311.6	60.0
氧	20.946	1280.2	191.0
氩	0.934	132.1	353.9
二氧化碳	0.033	7.42	511.1
氖	1.818×10^{-3}	0.54	1472.5
氪	1.14×10^{-4}	0.0404	438.1
氙	8.6×10^{-6}	0.0037	328.1
氢	3.12×10^{-2}	7.06	7485
氘	1.56×10^{-2}	3.80	6090
氦	1.0×10^{-5}	0.00427	14220

注：1. 分离某一组分时，其他组分依旧为混合物。

2. 计算时温度取 300K。

气体分离系统的热力完善度与气体液化系统相似，即

$$\eta=\frac{(W/n)_{\min}}{W/n}=\frac{(W/m)_{\min}}{W/m} \tag{5-9}$$

例5-1 求从下列混合气体中可逆等温分离氩所需的分离比功，混合气体中各组分的摩尔分数分别为：78% N_2、20% O_2 和2% Ar，温度为300K，假设（1）三种气体都分离，（2）只有Ar从 N_2+O_2+Ar 中分离出来，而 N_2+O_2 仍保持混合状态。假设三种气体都是理想气体。

解 （1）三种气体都分离，根据式（5-8），得

$$\left(\frac{W}{n}\right)_{\min}=8.314\times300\times\left(0.78\ln\frac{1}{0.78}+0.2\ln\frac{1}{0.2}+0.02\ln\frac{1}{0.02}\right)\mathrm{kJ/kmol}$$
$$=1481\mathrm{kJ/kmol}$$

每1kmol混合物中氩的质量为

$$\left(\frac{m_A}{n_A}\right)_{\min}=\frac{0.02\mathrm{kmol}}{1\mathrm{kmol}}\times\frac{39.948\mathrm{kg}}{1\mathrm{kmol}}=0.799\mathrm{kg/kmol}$$

所以分离氩所需的单位分离功

$$\left(\frac{W}{m_A}\right)_{\min}=\left(\frac{W}{n}\right)_{\min}\frac{n}{m_A}=\frac{1481}{0.799}\mathrm{kJ/kg}=1854\mathrm{kJ/kg}$$

（2）只分离Ar

N_2+O_2 的摩尔分数为 $0.78+0.20=0.98$，于是理想分离消耗的摩尔分离功为

$$\left(\frac{W}{n}\right)_{\min}=8.314\times300\times\left(0.02\ln\frac{1}{0.02}+0.98\ln\frac{1}{0.98}\right)\mathrm{kJ/kmol}$$
$$=244.5\mathrm{kJ/kmol}$$

利用前述 m_A/n 关系，得分离单位质量氩的理想分离功为

$$\left(\frac{W}{m_A}\right)_{\min}=\left(\frac{W}{n}\right)_{\min}\frac{n}{m_A}=\frac{244.5}{0.799}\mathrm{kJ/kg}=306\mathrm{kJ/kg}$$

从例题5-1可以看出，一方面当混合物中一种组分的摩尔分数变得较低时，可逆分离这种组分为纯态时，所需的分离功较大。另一方面，若只有一种组分从混合物中分离，而所有其他组分都保持混合状态，则理想分离功比各组分完全分离所需功小得多。这些结论对于实际的分离过程也是成立的。

第二节 流体混合物分离方法

一、冷凝和闪蒸

如果混合物各组分的挥发性相差较大，就可以用简单的冷凝或蒸发过程达到混合物的局部分离。由二元混合物的冷凝过程（图2-5）可知，混合物部分冷凝时其气相与液相状态点分别为3*g*与3*f*，即液相中富集了高沸点（难挥发）组分，而气相中富集了低沸点（易挥发）组分。部分冷凝适用于混合物各组分沸点差别较大的情况。若各组分的挥发性比较接近，则采用部分冷凝的方法很难达到分离要求。例如，N_2-He 混合物用简单部分冷凝法很容易分离，而 N_2-O_2 混合物则很难分离。这可以从分析图5-2和图5-3得到验证。

由图5-2可见，摩尔分数为80%的 N_2 和20% He的混合物在111K时开始冷凝，然而由

于两种组分的沸点差很大，该温度下冷凝液中 He 的摩尔分数只有 0.6%。当温度继续下降到 103K 时，组分 He 在液相中的摩尔分数达到最大值。进一步冷却时，由于更多的 N_2 冷凝，He 的摩尔分数反而有所降低。于是，当混合物的温度降低到 80K 时，部分冷凝有可能得到摩尔分数约为 94% He 的气相产品，而液相产品中 He 的摩尔分数约为 0.5%。

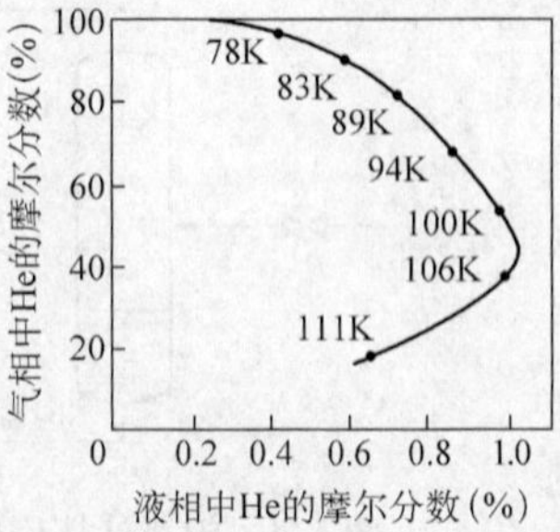

图 5-2　压力 2.0MPa 时摩尔分数为 80% 的 N_2 与 20% 的 He 混合物的冷凝

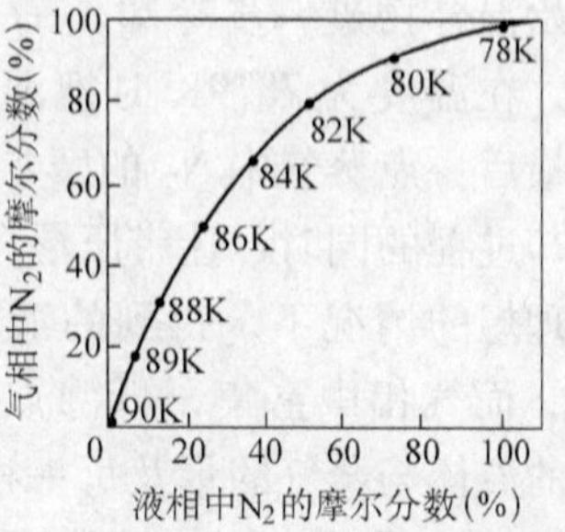

图 5-3　压力 0.101MPa 时摩尔分数为 79% 的 N_2 与 21% 的 O_2 混合物的冷凝

研究图 5-3 可以看出，对摩尔分数为 79% 的 N_2 与 21% 的 O_2 的混合物用简单的部分冷凝方法，不能像 N_2-He 混合物那样得到有效的分离。实际上，混合气体从 90K 连续冷却到 78K 时，冷凝了更多的 N_2，而气液相 N_2 的摩尔分数差别却变化很少，即在气相产品中富集的 N_2 很少。

例 5-2　把一种含有摩尔分数为 79% 的 N_2 与 21% 的 O_2 的混合物，在 0.101MPa 压力下冷却到 80K，试问混合物在什么温度下发生冷凝？在 80K 时有多少原始混合物冷凝了？液相与气相中的组成如何？

解　从表 2-4 的数据采用内插法可求得该混合物的露点温度为 81.7K，因此混合物自 81.7K 开始冷凝，而该混合物在相同压力下的泡点温度为 78.9K，因此冷却到 80K 正好在两相区。气液平衡时其液相摩尔分数由式（2-39）计算，即

$$x_1 = \frac{1-K_2}{K_1-K_2}$$

式中，K_1、K_2 为 N_2、O_2 的平衡常数，可由表 2-3 查得 $K_1=1.3553$，$K_2=0.3275$。将 K_1 和 K_2 代入上式，得

$$x_1 = \frac{1-K_2}{K_1-K_2} = 0.654$$

$$x_2 = 1.0 - x_1 = 0.346$$

气相摩尔分数由下式计算

$$y_1 = K_1 x_1 = 0.886,\quad y_2 = 1.0 - y_1 = 0.114$$

冷凝分数的确定通过一种组分的物料衡算求出，即

$$q_{m,F} x_{F1} = q_{m,L} x_1 + q_{m,V} y_1 = q_{m,L} x_1 + (q_{m,F} - q_{m,L}) y_1$$

式中，$q_{m,F}$是冷凝前混合物的摩尔流量（kmol/h）；x_{F1} 为该混合物中 N_2 的摩尔分数；$q_{m,L}$、$q_{m,V}$分别为 80K 条件下液体与蒸气的摩尔流量（kmol/h）；x_1、y_1 分别为液相与气相中的摩尔分数。因此有

$$\frac{q_{m,L}}{q_{m,F}}=\frac{y_1-x_{F1}}{y_1-x_1}=0.414$$

所以，混合物在80K时有41.4%发生冷凝，冷凝液中N_2的摩尔分数为0.654，而与之相平衡的气相中N_2的摩尔分数为0.886，这与图5-3中的值是一致的。

对原始混合物进一步冷却，N_2在气相中只是略有富集。例如，在温度为78.9K时把混合物全部冷凝之前的一瞬间，最后一点蒸气中N_2的摩尔分数不会大于0.94。

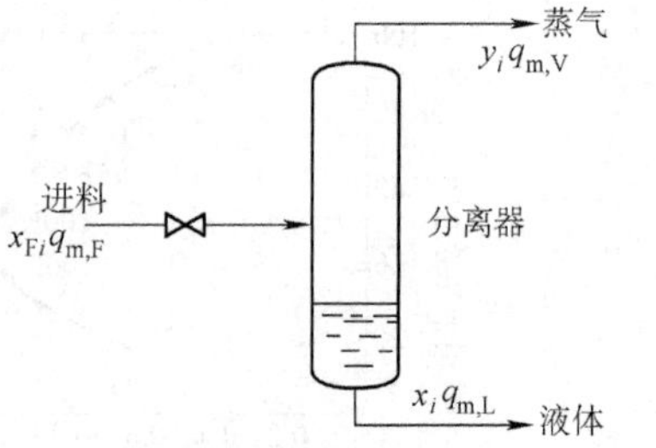

图5-4 闪蒸计算用图

在冷却过程的同时，让带压混合物通过一个膨胀阀膨胀，在较理想的情况下，得到的液相中含高沸点（难挥发）组分，而气相中富集了低沸点（易挥发）组分。由膨胀得到的液体与蒸气的量及每一相的摩尔分数，通常要经过迭代计算来求取，因为膨胀后的闪蒸温度是不知道的。参照图5-4，对原料气体中的i组分进行物料衡算，得

$$x_{Fi}q_{m,F}=x_i q_{m,L}+y_i q_{m,V}=x_i q_{m,L}+y_i(q_{m,F}-q_{m,L}) \tag{5-10}$$

假设在分离器中达到了相平衡，则有$x_i=y_i/K_i$，这里K_i是平衡常数，将此关系式代入式(5-10)，解出y_i为

$$y_i=\frac{x_{Fi}}{1+\frac{q_{m,L}}{q_{m,F}}\left(\frac{1}{K_i}-1\right)} \tag{5-11}$$

对于气相，各组分摩尔分数之和必须等于1.0，于是有

$$\sum y_i=\sum\frac{x_{Fi}}{1+\frac{q_{m,L}}{q_{m,F}}\left(\frac{1}{K_i}-1\right)} \tag{5-12}$$

根据分离器的能量平衡，得

$$q_{m,F}H_F=q_{m,V}H_{m,V}+q_{m,L}H_{m,L}=(q_{m,F}-q_{m,L})H_{m,V}+q_{m,L}H_{m,L} \tag{5-13}$$

从该式可以求出分离后的液相分率$q_{m,L}/q_{m,F}$为

$$\frac{q_{m,L}}{q_{m,F}}=\frac{H_{m,V}-H_{m,F}}{H_{m,V}-H_{m,L}} \tag{5-14}$$

式中，$H_{m,F}$、$H_{m,V}$和$H_{m,L}$分别表示原料、蒸气产品和液体产品的摩尔焓（kJ/kmol）。

联立求解方程式（5-12)和式(5-14)，就可以得到系统有关参数。下面以例题说明闪蒸过程的迭代计算方法。

例5-3 含摩尔分数为55%的N_2与45%的O_2的饱和液体混合物通过一个膨胀阀压力从0.506MPa膨胀到0.101MPa，试求得到的液体与蒸气分率以及各相的摩尔分数。

解 当压力为0.101MPa时，该混合物的泡点温度和露点温度由表2-4查得，分别为80.9K和85.0K。如果存在两相，分离器的温度应在上述两个温度之间。取此温度为81.5K进行试算。查表2-4得相应摩尔焓为

$$H_{m,L}=763\text{kJ/kmol},\ H_{m,V}=6992\text{kJ/kmol}$$

在压力为0.506MPa下饱和液体物料的摩尔焓为

$$H_{m,F}=1805\text{kJ/kmol}$$

N_2 和 O_2 的平衡常数由表 2-4 查得

$$K_1(N_2)=1.6108,\ K_2(O_2)=0.3880$$

液体分率可从式（5-14）求出，即

$$\frac{q_{m,L}}{q_{m,F}}=\frac{6992-1805}{6992-763}=0.833$$

验证式(5-12)求出的总和是否等于 1，即

$$\sum_i y_i=\frac{0.55}{1+0.833\times(1/1.6108-1)}+\frac{0.45}{1+0.833\times(1/0.3880-1)}$$
$$=0.804+0.194=0.998\neq 1.0$$

这说明温度选得偏低，将温度重新设定为 81.52K，对此温度进行验证，即

$$H_{m,L}=761\text{kJ/kmol},\ H_{m,V}=6993\text{kJ/kmol},\ K_1=1.6142,\ K_2=0.3888$$

$$\frac{q_{m,L}}{q_{m,F}}=\frac{6993-1805}{6993-761}=0.8325$$

$$\sum_i y_i=\frac{0.55}{1+0.8325\times(1/1.6142-1)}+\frac{0.45}{1+0.8325\times(1/0.3888-1)}$$
$$=0.805+0.195=1.000$$

因此该温度假设正确，现在可以求液相摩尔分数并计算气相摩尔分数。由式（2-39），得

$$x_1=\frac{1-K_2}{K_1-K_2}=\frac{1-0.3888}{1.6142-0.38888}=0.499$$

$$x_2=1-x_1=0.501$$

于是气相摩尔分数为

$$y_1=K_1x_1=1.6142\times0.499=0.805$$

$$y_2=1-y_1=0.195$$

二、精馏

（一）精馏分离原理

混合物中各组分沸点彼此较接近组分的分离，不能用单一的部分冷凝或部分蒸发的方法，而应由精馏过程来完成。连续多次的部分蒸发或部分冷凝称为精馏过程，经过每一次部分蒸发或部分冷凝，气相中低沸点（易挥发）组分的摩尔分数就增加，而液相中高沸点（难挥发）组分的摩尔分数也增加。完成这一过程的装置称为精馏塔。精馏塔通常有板式塔和填料塔两大类。

板式塔是在一直立圆柱形筒内装有水平放置的塔板，如图 5-5 所示，温度较低的液体由上块塔板经降液管向下流动，温度较高的蒸气由塔板下方通过塔板上的小孔向上流动，在塔板上液体与气体相接触，完成传热

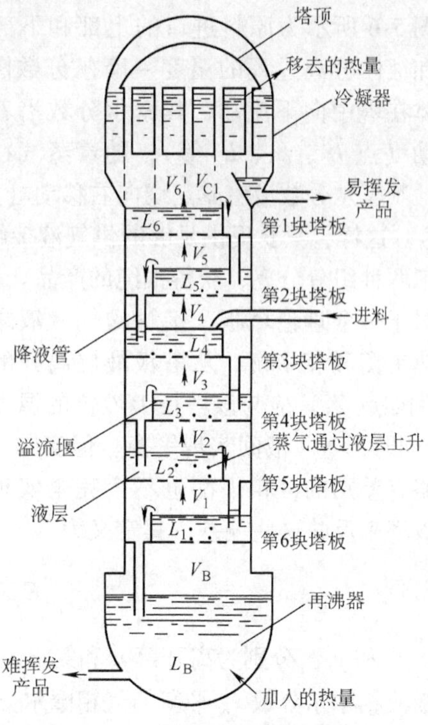

图 5-5 精馏塔的典型结构

V_B、V_{C1}、$V_1\sim V_6$—蒸气中的各点

L_B、$L_1\sim L_6$—液体中的各点

与传质过程。塔板分为筛板塔、蒸气浮阀塔和泡罩塔等。典型的塔板一般钻有1.5～4.0mm的小孔，塔板间距一般为19～20mm。液体的流向有从塔的一边流向另一边，然后在下一块塔板上反向流动；或从塔板的中心径向外流，然后在下一块塔板上从外侧流向中心。塔板上的液层高度由下流的导流管部位的溢流堰来保持。导流管延伸到下一块塔板上的液体中以确保两塔板间的密封，以防止上流的蒸气旁通。

除了塔板以外，典型的精馏塔还有原料入口，在塔底有一出口管线放出难挥发产品，而在塔顶有一出口管线放出易挥发产品。这种塔在后面介绍的 N_2+O_2 二元混合物的分离时达到较好的操作性能。

填料塔是利用堆积在塔中的填料表面实现气液的传热与传质功能，一定高度的一段填料层相当于板式塔的一块塔板，称为当量塔板。利用当量塔板的概念，就可以进行填料塔的设计和分析。填料塔的其他部分与板式塔相似，因此，下面主要介绍板式塔的工作原理及计算方法。

参考图5-5，假设 N_2+O_2 二元混合物原料以饱和蒸气状态进入塔的第4块塔板。在理想情况下，在原料入口的上块塔板上的液体（点 L_5）组成与原料的组成相同，但它的温度较低，因为它是泡点温度而不是露点温度。在塔中，蒸气向上通过每块塔板上的液体层，液体流过每块塔板并通过导流管流向下一块塔板。当蒸气以气泡形式穿过液体层时，把热量传给每块塔板上的液体。传热的结果使得液体层中少量的易挥发组分蒸发，而蒸气中相应的少量难挥发组分冷凝，于是蒸气变成富集了氮的气体与液体层相接触。液体层中富集了氧的液体，该液体与蒸气接触并从一块塔板流到另一块塔板。

图5-6所示为原料进口的上部和下部各塔板上蒸气和液体分离过程的温度－摩尔分数图。随着饱和液体在塔中向下流动，其摩尔分数沿着泡点线向左移动（点 L_4、L_3、L_2 等）；随着蒸气在塔中向上流动，其摩尔分数沿着露点线向右移动（点 V_3、V_4、V_5 等）。这样，只要提供足够的供气液接触的塔板就可以把两种组分分离，获得很纯的产品。

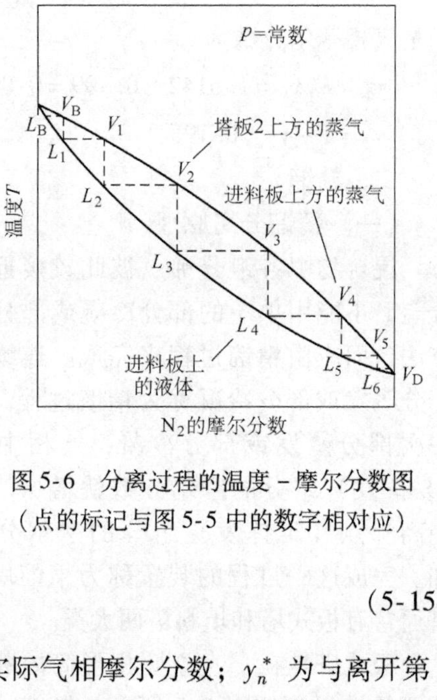

图5-6　分离过程的温度－摩尔分数图（点的标记与图5-5中的数字相对应）

对于一个理论塔板，接触的气－液之间达到完全的热平衡和相平衡，从塔板液层离开的蒸气的温度（例如点 V_3）应与该塔板上液体的温度相同（点 L_3），同时，气－液间实现平衡。但实际上这两个温度是略有差别的，相平衡也不会完全实现。通常用塔板效率来反映这些偏差，其定义为

$$E_{mv}=\frac{y_n-y_{n+1}}{y_n^*-y_{n+1}} \tag{5-15}$$

式中，y_n 和 y_{n+1} 分别为离开第 n 和第 $n+1$ 块塔板的实际气相摩尔分数；y_n^* 为与离开第 n 块塔板液相摩尔分数 x_n 平衡的气相摩尔分数；$y_n^*-y_{n+1}$ 为气相经过一块理论塔板后摩尔分数的增浓程度；y_n-y_{n+1} 为实际的摩尔分数增浓程度。

塔板效率与许多实际因素存在复杂关系，实际中可以由实验结合一些理论最后确定，也可以根据经验选取。

理论塔板的引入，可将复杂的精馏问题分解为两个问题，即理论塔板数的确定和塔板效率的确定，然后分步解决。对于具体的分离任务，所需理论塔板的数目只取决于混合物的相平衡及两相的流量比，而与混合物的其他性质、两相的接触情况以及塔板的结构形式等复杂因素无关。这样，在解决具体精馏问题时，便可以先不考虑那些复杂因素。

（二）二元混合物精馏分离的理论塔板数

在讨论理论塔板数确定方法之前，先讨论几个符号与定义。图 5-7 与图 5-8 所示为精馏塔中的精馏段（进料口以上）与提馏段（进料口以下）的操作示意图。假定 $q_{m,L}$ 和 $q_{m,V}$ 分别表示精馏段的液体与蒸气的摩尔流量，$\bar{q}_{m,L}$ 和 $\bar{q}_{m,V}$ 分别表示提馏段的液体与蒸气的摩尔流量。液相中易挥发（较低沸点）组分的摩尔分数用 x 表示，气相中易挥发组分的摩尔分数则用 y 表示。原料用下标 F 表示，馏出物或过热产品用下标 D 表示，塔底产品用下标 B 表示，下标 n 表示精馏段的塔板序号，下标 m 表示提馏段的塔板序号。对于给定一块塔板 n（或 m），离开该塔板的液体与蒸气摩尔流量分别以 $q_{m,Ln}$ 和 $q_{m,Vn}$（精馏段）或 $\bar{q}_{m,Lm}$ 和 $\bar{q}_{m,Vm}$（提馏段）表示。

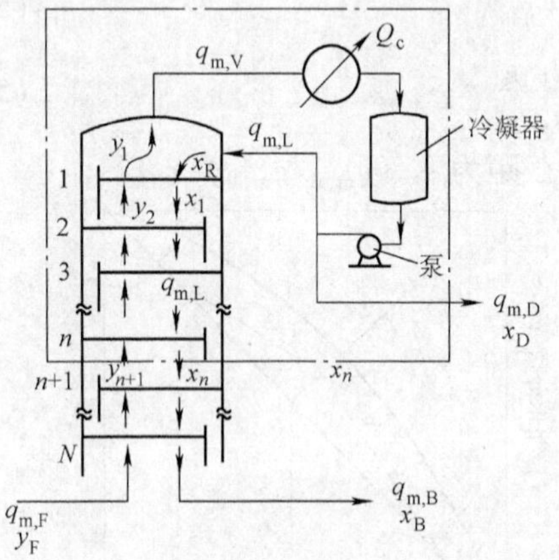

图 5-7　精馏段操作示意图

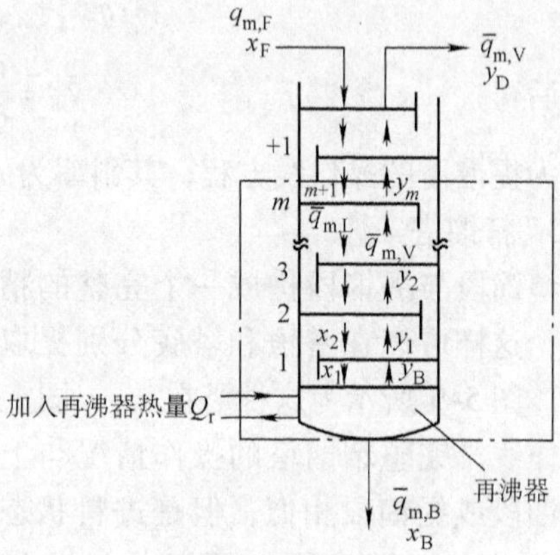

图 5-8　提馏段操作示意图

1. 精馏段

当原料在塔的底部加入时，即为塔的精馏段，如图 5-7 所示。为便于讨论，假设原料以饱和蒸气状态和流量为 $q_{m,F}$（kmol/h）进塔，产品是饱和液体状态，流量分别为 $q_{m,D}$ 和 $q_{m,B}$（kmol/h）。塔顶冷凝器得到的饱和液体的摩尔分数为 x_D。

如果忽略温度以及组成对饱和液体的摩尔焓以及摩尔汽化热的影响，并忽略精馏塔的漏热，那么，每块塔板上的饱和液体摩尔焓以及摩尔汽化热均相等。在上述简化条件下，根据热量平衡可以证明，在精馏塔内没有加料和出料的任一塔段中，各塔板单位时间内上升的蒸气量（物质的量）均相等，各塔板下降的液体量（物质的量）也均相等。上述假定也称恒摩尔流假定，适用于被分离组分沸点相差较小、摩尔汽化热相近的情况。

下面分析符合恒摩尔流假定的情况。对图 5-7 中点画线所包围的第 $n+1$ 块塔板以上的塔，进行易挥发组分的物料平衡，可得

$$q_{m,V}y_{n+1}=q_{m,L}x_n+q_{m,D}x_D$$

移项后得

$$y_{n+1}=\frac{q_{m,L}}{q_{m,V}}x_n+\frac{q_{m,D}}{q_{m,V}}x_D \tag{5-16}$$

该式即为精馏段的操作线方程，其斜率为 $q_{m,L}/q_{m,V}$，截距为（$q_{m,D}/q_{m,V}$）x_D。通常将 $q_{m,L}/q_{m,V}$ 称做内回流比。

如果 $q_{m,B}$ 和 $q_{m,F}$ 已知，则比值 $q_{m,L}/q_{m,V}$ 很容易求出。$q_{m,L}/q_{m,V}$ 比值还可以由外回流比（简称回流比）$R=q_{m,L}/q_{m,D}$ 来求，因为

$$\frac{q_{m,L}}{q_{m,V}}=\frac{q_{m,L}}{q_{m,L}+q_{m,D}}=\frac{q_{m,L}/q_{m,D}}{(q_{m,L}/q_{m,D})+1}=\frac{R}{R+1} \tag{5-17}$$

因此若 R 给定，则操作线的斜率 $q_{m,L}/q_{m,V}$ 就可以直接求得。

对于不符合恒摩尔流假定的情况，则必须对每一块塔板都要列出能量平衡关系式，进而求得每一块塔板的液体流量与气体流量的关系，再根据式（5-16）进行计算。

2. 提馏段

当原料从塔的顶部进入时，精馏塔就成为如图5-8所示的提馏段。如果仍为恒摩尔流假定情况，则提馏段的推导与精馏段相似，分析中假定原料是以饱和液体状态进入塔中的。

对图5-8中包围在点画线内的 $m+1$ 塔板以下的塔进行易挥发组分的物料平衡，可得

$$\bar{q}_{m,L}x_{m+1}=\bar{q}_{m,V}y_m+\bar{q}_{m,B}x_B \tag{5-18}$$

移项后得

$$y_m=\frac{\bar{q}_{m,L}}{\bar{q}_{m,V}}x_{m+1}-\frac{\bar{q}_{m,B}}{\bar{q}_{m,V}}x_B \tag{5-19}$$

该式为提馏塔的操作线方程，其斜率为 $\bar{q}_{m,L}/\bar{q}_{m,V}$，截距为 $-$（$\bar{q}_{m,B}/\bar{q}_{m,V}$）$x_B$。

3. 精馏塔

精馏段与提馏段构成一个完整的精馏塔，这样可以在塔顶和塔底分别提取产品。图5-9所示为这种塔在 $y-x$ 图上的操作线。完整精馏塔的操作情况与上述精馏段或提馏段相似，但是进料状态是在变化的，因为原料可以是过冷液体、饱和液体、饱和蒸气和液体的混合物、饱和蒸气或过热蒸气。定义 φ 为进料板原料中含有饱和液体的摩尔分数，它反映了进料条件。

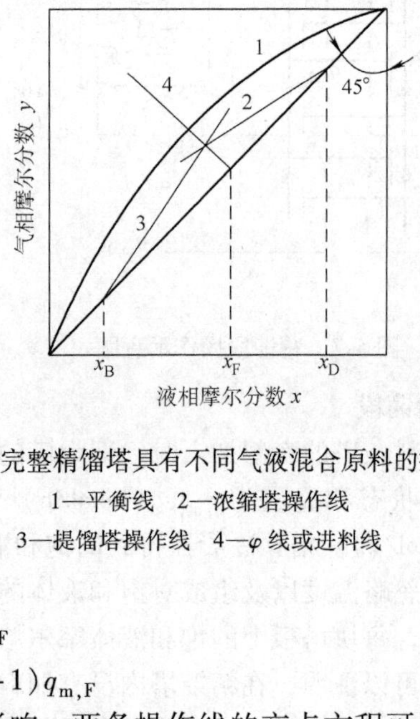

图5-9 完整精馏塔具有不同气液混合原料的操作线

1—平衡线 2—浓缩塔操作线

3—提馏塔操作线 4—φ 线或进料线

由完整精馏塔进料板的气液物料平衡，可以得到

$$\begin{aligned}\bar{q}_{m,L}&=q_{m,L}+\varphi q_{m,F}\\ \bar{q}_{m,V}&=q_{m,V}+(\varphi-1)q_{m,F}\end{aligned} \tag{5-20}$$

平衡式（5-20）表明了进料条件对操作线斜率的影响。两条操作线的交点方程可以由物料平衡并结合上述方程得到，即

$$y(\varphi-1)q_{m,F}=\varphi xq_{m,F}-x_Fq_{m,F} \tag{5-21}$$

重新整理后，得

$$y=\frac{\varphi}{\varphi-1}x-\frac{x_F}{\varphi-1} \tag{5-22}$$

上式给出的直线斜率 $\varphi/(\varphi-1)$ 是由已知的 φ 即进料条件决定的。它在 $y-x$ 图上与对角线的交点为 $x=x_F$。一般情况下 φ 值由进料板的能量平衡求出。

设图 5-7 中的 $n+1$ 板与图 5-8 中的 $m+1$ 板为进料板，由能量平衡，得

$$H_{m,F}q_{m,F}+H_{m,Ln}q_{m,Ln}+H_{m,Vm}\bar{q}_{m,Vm}=H_{m,Vn+1}q_{m,Vn+1}+H_{m,Ln+1}\bar{q}_{m,Ln+1} \tag{5-23}$$

对于恒摩尔流量假定的情况，上式可简化为

$$H_{m,F}q_{m,F}=(q_{m,Vn+1}-\bar{q}_{m,Vm})H_{m,V}+(\bar{q}_{m,Ln+1}-q_{m,Ln})H_{m,L} \tag{5-24}$$

根据式（5-20），进料板上方和下方的液体及蒸气流量是有差别的，即有

$$\varphi q_{m,F}=\bar{q}_{m,Ln+1}-q_{m,Ln},(1-\varphi)q_{m,F}=q_{m,Vn+1}-\bar{q}_{m,Vm}$$

代入式（5-24），得

$$H_{m,F}=(1-\varphi)H_{m,V}+\varphi H_{m,L} \tag{5-25}$$

解得

$$\varphi=(H_{m,V}-H_{m,F})/(H_{m,V}-H_{m,L}) \tag{5-26}$$

由此可见，φ 值由已知的三个摩尔焓，即进料摩尔焓、饱和液体摩尔焓及饱和蒸气摩尔焓来求得。

塔中两条操作线交点的轨迹由式（5-22）给出，显然，若进料板在塔的正确位置，则进料线即为交点轨迹。若进料板的位置不合适，则进料线只与其中一条操作线相交，结果将使得给定分离度所需理论塔板数增加，各种进料条件对 φ 线斜率的影响见表 5-2。

表 5-2　进料条件对 φ 线斜率的影响

进料条件	φ	φ 线斜率 $\varphi/(\varphi-1)$
过冷液体	>1	>1
饱和液体	1	∞
蒸气和液体混合	0~1	<0
饱和蒸气	0	0
过热蒸气	<0	0~-1

给定分离目标后所需的理论塔板数，可根据每一板上气-液处于平衡条件的物料衡算来求取。这样的计算可以由计算机来完成，也可以通过传统的 $y-x$ 图解法来完成。用 $y-x$ 图解法确定理论塔板数的步骤是：

1）根据工作压力确定二元物系在 $y-x$ 图上的平衡曲线，并作对角线。

2）根据式（5-16）和式（5-19），在 $y-x$ 图上作出相应塔段的操作线。

3）从已知 x 值开始在平衡曲线与操作线之间作水平与垂直的阶梯线段，每一条水平线表示围绕给定塔板的物料平衡结果，每一条垂直线表示流过每块塔板的液体与其上部的蒸气相平衡的关系，各塔段形成的三角形数便代表该段的理论塔板数。

4. 极限回流条件

在精馏中存在两种极限回流条件。第一种是全回流条件，这时塔顶出来的全部蒸气都冷凝并作为回流液，这意味着 $q_{m,L}=q_{m,V}$，操作线就是 $y-x$ 图对角线。在全回流条件下，该塔采用最少的理论塔板数达到所需的分离要求，但其能量消耗也最大。第二种是最小回流条件，若塔的回流量减少，为了达到所需的分离度就要求更多的理论塔板数，因为这时的操作线移向平衡线。当操作线和进料线与平衡线相交时，塔处于最小回流条件，这时对于给定的分离度就要求无穷多的理论塔板，分离所需的能量消耗也最小。

显然，必须选用两种极限回流条件之间的某一折中的回流比。对于给定的工作条件，全回流条件要消耗太多的能量成本，而最小回流条件则消耗太多的分离单元（塔板）。化工中

应用的典型精馏塔最佳回流比一般为最小回流比的1.2～2倍。低温分离装置的最佳回流比常常取最小回流比的1.05～1.15倍，因为该装置在低温条件下制冷的成本也相应增加。

例5-4 已知一套空分装置中，采用有冷凝器和再沸器的正常单塔分离富氧空气混合物，塔顶获得摩尔分数为95%氮产品，塔底获得摩尔分数为98%的氧产品。假设塔的进料状态是饱和液体，含摩尔分数为50%的氧和50%的氮。希望塔底产品的流量为45kmol/h。离开塔底与塔顶的产品都是饱和液体，塔的操作压力为0.506MPa。试求：1）在塔的精馏段最小的$q_{m,L}/q_{m,V}$值及最小回流比；2）最小回流比下的冷凝器负载；3）若冷凝器负载固定在250kW，求$q_{m,L}/q_{m,V}$值和回流比；4）当冷凝器负载为250kW时所需理论塔板数；5）在全回流条件下所需理论塔板数。

解 计算步骤如下：

1）由塔的物料平衡，得

$$q_{m,F}=q_{m,B}+q_{m,D}$$

$$x_F q_{m,F}=x_B q_{m,B}+x_D q_{m,D}=x_B q_{m,B}+x_D(q_{m,F}-q_{m,B})$$

解出$q_{m,F}$并代入已知值，得

$$q_{m,F}=q_{m,B}(x_D-x_B)/(x_D-x_F)$$

$$=\frac{45\times(0.95-0.02)}{0.95-0.5}\text{kmol/h}=93.0\text{kmol/h}$$

$$q_{m,D}=q_{m,F}-q_{m,B}=48.0\text{kmol/h}$$

在$y-x$图上，当操作线和进料线与平衡线相交时出现最小回流条件。平衡曲线的数据可通过式（2-33）和式（2-39）得到，平衡常数取自表2-3，结果列在表5-3和图5-10中。由于塔的进料是饱和液体，进料线斜率是无穷大，在点x_F处作垂线与平衡线交于$y=0.725$。从这点到$x-y$线上的$x_D=0.95$作一条直线，即为塔的精馏段在最小回流条件下的操作线。该线的斜率为

表5-3 氧和氮的相平衡计算结果

温度/K	K_{N_2}	K_{O_2}	x_{N_2}	y_{N_2}
96	1.0967	0.4397	0.8528	0.9352
98	1.2759	0.4993	0.6447	0.8226
100	1.4845	0.5670	0.4719	0.7005
102	1.7271	0.6439	0.3287	0.5677
104	2.0095	0.7311	0.2103	0.4226
106	2.3382	0.8303	0.1125	0.2630
108	2.7204	0.9429	0.0321	0.0873

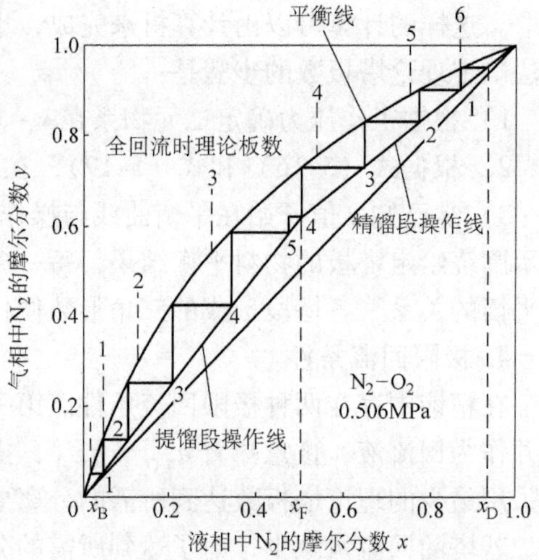

图5-10 例5-4的$x-y$图解法

$$\frac{q_{m,L}}{q_{m,V}}=\frac{x_D-y_F}{x_D-x_F}=\frac{0.95-0.725}{0.95-0.5}=0.5$$

而 $q_{m,L}/q_{m,V}=R\ (R+1)$，于是就有最小回流比：$R=1.0$。由于 $R=q_{m,L}/q_{m,D}$，则有

$$q_{m,L}=q_{m,D}=48\text{kmol/h}$$

$$q_{m,V}=2.0\times48\text{kmol/h}=96\text{kmol/h}$$

2）对冷凝器进行能量平衡，求最小回流比下的冷凝器负荷，即

$$\Phi_c=q_{m,V}(H_{m,V}-H_{m,L})$$

从表 2-4 查得：$H_{m,V}=7174\text{J/mol}$，$H_{m,L}=2200\text{J/mol}$，因此

$$\Phi_c=\frac{96\times(7174-2200)}{3600}=132.6\text{kW}$$

3）当冷凝器负荷增加到 250kW，将增大回流比和 $q_{m,L}/q_{m,V}$ 值，因此必须重新确定方程。建立 $q_{m,L}/q_{m,V}$ 比的一个简单方法是围绕冷凝器进行能量平衡，确定塔顶冷凝蒸气量，即

$$q_{m,V}=\frac{\Phi_c}{H_{m,V}-H_{m,L}}=\frac{250\times3600}{7174-2200}\text{kmol/h}=180.9\text{kmol/h}$$

$$q_{m,L}=q_{m,V}-q_{m,D}=(180.9-48)\text{kmol/h}=132.9\text{kmol/h}$$

$$\frac{q_{m,L}}{q_{m,V}}=\frac{132.9}{180.9}=0.7347$$

$$R=\frac{q_{m,L}}{q_{m,D}}=\frac{132.9}{48}=2.77$$

4）精馏段的操作线为

$$y_{n+1}=\frac{q_{m,L}}{q_{m,V}}x_n+\frac{q_{m,D}}{q_{m,V}}x_D=0.7247x_n+\frac{48}{180.9}\times0.95$$

$$=0.7347x_n+0.2521$$

提馏段的操作线为　$y_m=\frac{\bar{q}_{m,L}}{\bar{q}_{m,V}}x_{m+1}-\frac{\bar{q}_{m,B}}{\bar{q}_{m,V}}x_B$

其中　$\bar{q}_{m,L}=q_{m,L}+q_{m,F}=(132.9+93)\text{ kmol/h}=225.9\text{kmol/h}$，$\bar{q}_{m,V}=q_{m,V}=180.9\text{kmol/h}$

于是有　$y_m=1.2488x_{m+1}-0.00498$

由于进料状态仍为饱和液体，进料线仍从 $x-y$ 对角线上 $x_F=0.5$ 点作垂直延伸线。

有了上述数据，即可用 $y-x$ 图解法求所需的理论塔板数。精馏段的操作线从 $x-y$ 对角线的点 x_D 开始并延伸，直到与提馏段操作线相交为止；提馏段操作线则从 $x-y$ 对角线的点 x_B 开始作出。进料线则应通过两条操作线的交点。

下面求解精馏段的理论塔板数。首先从 $x-y$ 对角线的点 x_D 开始向左画一条水平线与平衡线相交，平衡线上的这一点，表示冷凝器下的第一塔板上的液体和离开该板的蒸气的组成。由此交点向下作一垂直线直至与操作线相交，操作线上的这一点，表示离开第二塔板的蒸气组成和从第一塔板流下来的液体组成。如此画阶梯直到与两条操作线相交，阶梯的数量即为精馏段的理论塔板数，因此精馏段需要 4 块塔板。用同样方法可以求得提馏段的理论塔板数，提馏段画阶梯可以从塔的中部开始，也可从再沸器的点 x_B 开始，如图 5-10 所示，结果提馏段需要 5～6 块塔板，取 6 块。全塔所需的理论塔板数为上下塔的板数之和，即为 10 块。

5）全回流条件时的理论塔板数可以用上述相似的方法求出，但此时上下塔的操作线都

位于 $x-y$ 对角线上，因为两条操作线的斜率都等于1。在全回流条件下的理论塔板数如图5-10中虚线所示为6块。

（三）多元混合物精馏分离的理论塔板数

多元混合物的精馏过程在原理上与二元混合物一样，必须对每一塔板列出各个组分的物料衡算、热量衡算、相平衡方程，且各组分在任一塔板上组成必须满足归一条件。但这里的相平衡计算以及摩尔焓等参数的计算，要比二元混合物复杂得多，计算过程既烦琐又耗费时间，通常都采用计算机进行数值计算。

混合物精馏分离问题的数值计算，一般都是在给定原料和操作条件（进料质量流速、温度和压力等）下，得到所需塔顶与塔底产品组成等，去求合适的回流比和理论塔板数。通常，这类计算按假定可分为两种，一种方法是假设塔顶和塔底的组成随不同回流比的分布情况和进料板的位置，从塔顶到进料板和从塔底到进料板逐板计算，直到组成与进料板位置相匹配为止。另一种方法是假设回流比、塔板数和全塔的温度分布，用所给原料组成对精馏段和提馏段分别进行逐板计算。若达不到收敛值，则调整回流比和塔板数，重复进行计算。目前，已经有多种商用软件（如 ASPEN PLUS、HYSYS 等）可供用于精馏塔内的平衡分析乃至整个分离流程的性能计算。

有时对于一种给定的分离条件只需要进行快速的初步估计，此时可以采用简化算法。与二元精馏不同，在多元精馏中，塔顶、塔底产品中的各组分摩尔分数不能全部规定，而只能规定其中之一。因为，在精馏塔分离能力一定的条件下，当塔顶和塔底产品中规定某一组分的含量达到要求时，其他组分的含量将在相同的分离条件下按相平衡条件而被相应地确定。为简化塔顶、塔底产品含量的估算，常使用关键组分的概念。所谓关键组分，就是在进料中选取两个组分（大多情况下是挥发度相邻的两组分），它们对多组分的分离起着控制作用。挥发度大的关键组分称为轻关键组分，为达到分离要求，规定它在塔底产品中的组成不能大于某给定值。挥发度小的关键组分称为重关键组分，为达到分离要求，规定它在塔顶产品中的组成不能大于某给定值。

下面介绍一种常用的简化算法，包括全回流条件下最小塔板数的芬斯克（Fenske）公式、恩德渥德（Underwood）公式以及吉利兰（Gilliland）图。

1. 芬斯克公式

在全回流条件下最小塔板数可按下面的芬斯克公式计算

$$N_{\min}+1=\frac{\ln[(x_{\mathrm{LK}}/x_{\mathrm{HK}})_{\mathrm{D}}(x_{\mathrm{HK}}/x_{\mathrm{LK}})_{\mathrm{B}}]}{\ln(K_{\mathrm{LK}}/K_{\mathrm{HK}})_{\mathrm{avg}}} \tag{5-27}$$

式中，下标 LK 和 HK 分别表示精馏塔中进行分离的轻、重关键组分；下标 D 和 B 分别表示塔顶和塔底；等式右边分母表示每一塔板上轻重关键组分相对挥发度的对数平均值。

如果这些相对挥发度相差不大，则近似可以取塔顶和塔底的相对挥发度求对数平均值，即

$$\ln(K_{\mathrm{LK}}/K_{\mathrm{HK}})_{\mathrm{avg}}=\frac{1}{2}[\ln(K_{\mathrm{LK}}/K_{\mathrm{HK}})_{\mathrm{D}}+\ln(K_{\mathrm{LK}}/K_{\mathrm{HK}})_{\mathrm{B}}] \tag{5-28}$$

2. 恩德渥德公式

与二元精馏类似，当塔顶和塔底产品中关键组分的含量指定后，相应此分离要求有一个最小回流比，可以用恩德渥德公式近似求取此时的最小回流比。

恩德渥德公式包括两个关系式。第一个关系式为

$$1 - \varphi = \sum_{i=1}^{n} \frac{x_{Fi} K_i / K_{HK}}{K_i / K_{HK} - \theta} \tag{5-29}$$

式中，参数 φ 值按式（5-26）计算。求解式（5-29）可以得到 θ 值，而且 θ 必须满足（K_{LK}/K_{HK}）$>\theta>1$。第二个关系式则利用式（5-29）得到的 θ 值求给定分离目标的最小回流比，即

$$R_{min} + 1 = \sum_{1}^{n} \frac{x_{Di} K_i / K_{HK}}{K_i / K_{HK} - \theta} \tag{5-30}$$

3. 吉利兰图

吉利兰图是一种计算实际塔板数的经验图，如图 5-11 所示，图中曲线表示最小回流比 R_{min}、实际回流比 R、全回流时所需的最少理论塔板数 N_{min} 以及实际回流比时所需的理论板数 N 之间的关系。建立吉利兰图的物系及操作条件的范围为：物系的组分数 2～11，进料状态从过冷进料到蒸气进料，操作压力从接近真空至 4.4MPa，关键组分的相对挥发度为 1.26～4.05，最小回流比为 0.53～7.0，理论塔板数为 2.4～43.1。当实际条件符合上述条件时，才能使用吉利兰图。

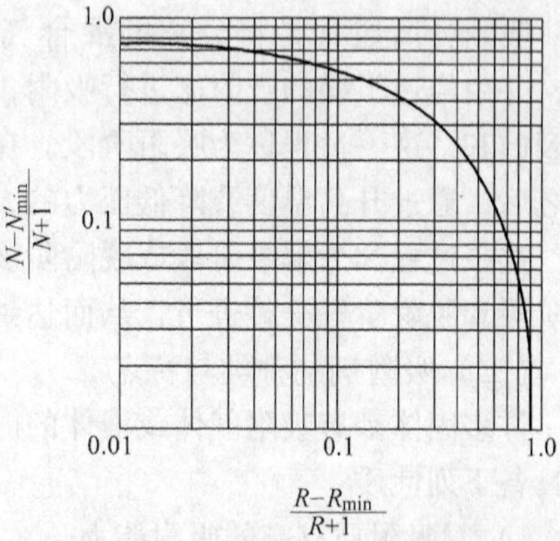

图 5-11　理论塔板数的吉利兰图

三、吸附

气体混合物的吸附分离，是依靠固体吸附剂对各组分吸附能力的差异而进行的。吸附分离方法历史悠久，特别是近几十年来发展较快，无论是在应用范围、装置的规模及吸附技术等方面，均可以与常规的分离方法相提并论。当需要将混合物中某组分摩尔分数降低到 10^{-6} 级乃至 10^{-9} 级时，吸附法比常规方法更为有效和经济。吸附法在气体分离中通常用来去除气体中的微量杂质，以提高气体的纯度。

（一）吸附分离的基本原理

当气体与固体接触时，在固体表面或内部将会发生容纳气体的现象，称为固体对气体的吸附。吸附现象也能在固体和液体之间发生。已被吸附的原子或分子返回到气相或液相中，成为解吸或脱附。

两相界面处，被吸附的物质称为吸附质，起吸附作用的物质称为吸附剂。由于吸附质与吸附剂之间吸附力的不同，吸附可以分为物理吸附和化学吸附两类。物理吸附是气体分子靠分子间作用力（范德华力）吸附在固体吸附剂上，它类似于蒸气的凝聚和液化。由于分子间作用力较弱，被吸附分子和表面的化学性质都保持不变。化学吸附的作用力与化合物中原子之间的作用力相似，吸附后气体分子与固体表面原子之间形成吸附化学键，与原来气体中的分子相比，由于吸附键的强烈影响，其结构变化较大。

吸附本身是一个传质过程，可分为两个阶段。第一阶段是吸附质从气体主流通过吸附剂颗粒周围的气膜到达颗粒表面，称为外部传递过程，或称外扩散；第二阶段是从颗粒的表面传向颗粒内部，称为内部传递过程或内扩散。这两个阶段是顺序进行的，即吸附质先到达吸附剂表面，然后再向内扩散。脱附时则逆向进行。

内扩散有几种不同的情况，如图5-12所示。已被表面吸附的分子有可能沿着颗粒内的孔壁向深处扩散，称为表面扩散；也可能在颗粒内孔中向深入扩散，称为孔扩散。而在孔扩散的途中又可能与孔壁表面碰撞而被吸附。

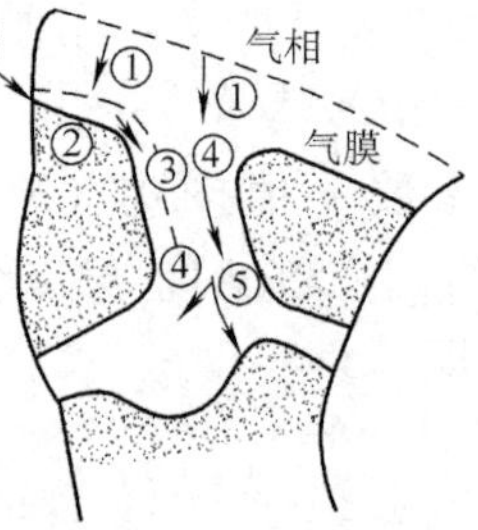

图5-12　吸附剂内扩散过程示意图
①—外扩散　②—外表面吸附　③—表面扩散
④—孔扩散　⑤—内表面吸附

吸附剂对不同的气体有不同的吸附能力，即具有选择性。在物理吸附中，提高压力、降低温度都有利于增大吸附量。这一性质为吸附技术的工业化应用提供了必要条件。

吸附分离通常是将分离的混合气体通过预先活化，并由经过干燥的吸附床进行吸附，使吸附剂逐渐达到饱和，这一过程称为吸附阶段。在吸附剂达到饱和之后，通过升高温度或降低压力的方法，使吸附剂脱除已吸附的吸附质而重新恢复吸附能力，这一过程称为解吸阶段或脱附阶段。在工业生产中，可以设置两个或多个吸附器，使吸附阶段和脱附阶段交替进行，从而达到连续生产的目的。

（二）吸附剂的种类与特点

许多固体都有吸附气体或液体的能力，但只有少数可以在工业上加以应用。工业吸附剂应具备下列性质：

1）对吸附质有高的吸附能力。

2）具有高的选择性。

3）能再生和多次使用。

4）有足够的机械强度。

5）化学性质稳定。

6）供应量大，价格便宜。

但具体的吸附剂满足上述要求的程度各有不同。例如，某些吸附剂适宜于吸附非极性物质，另一些则适于吸附极性分子。

目前主要有以下几种常用吸附剂：

(1) 活性炭　活性炭的原料有植物性（木材、果核等）、动物性（骨、血等）和矿物性三类。将这些含碳物质经过干馏后得到粗炭，在经过活化处理将空隙中的干馏物去除，就成为活性炭。活性炭对有机化合物具有选择性吸附。

(2) 硅胶　硫酸与硅酸钠反应，可得组成为$SiO_2 \cdot nH_2O$的硅酸凝胶，用水洗涤，然后在388~403K的温度下干燥至含水5%~7%（质量分数），即为硅胶。干燥后的硅胶具有较大的孔隙率。按孔径的大小，硅胶可分为细孔硅胶、中孔硅胶和粗孔硅胶，一般使用粗孔硅胶。硅胶吸附水蒸气的能力特别强，且具有较高的化学稳定性和热稳定性，缺点是遇水后易崩裂。

(3) 活性氧化铝　活性氧化铝是将氢氧化铝在873K的温度下脱水而成。活性氧化铝是一种部分水化的、多孔的、无定形的氧化铝，颗粒度一般为3~7mm。化学性质稳定，机械强度较高。

(4) 沸石分子筛　它是一种人工合成的无机吸附剂，其组成与天然沸石相近，是铝、硅酸盐类的化合物。将沸石分子筛加热到一定温度，脱去结晶水，其晶体结构不变，同时形成与外部相通的均一微孔。比此微孔小的分子可以被吸进孔内，而大于微孔的分子则挡在孔外，从而把分子大小不同的混合物分离，起到筛分离分子的作用，故称为分子筛。至今，沸石分子筛的种类不下 100 种。作为吸附剂的沸石分子筛具有以下特点：

1）有极强的吸附选择性。因沸石分子筛的孔径大小均匀，故只能吸附小于其孔径的分子。此外，沸石分子筛是一种离子型极性吸附剂，它对极性分子，特别是水分子（直径 2.8×10^{-7}mm）有极大的亲和力，易于吸附。而氢分子（直径 2.4×10^{-7}mm）是非极性分子，它虽能够通过孔口进入空穴，但却不易被吸附，仍可从沸石分子筛孔口逸出。

2）沸石分子筛在气体摩尔分数低（分压低）的情况下，具有较大的吸附能力，这是因为沸石分子筛的比表面积大于一般吸附剂，达 $800\sim1000m^2/g$。

（三）吸附过程的特性

1. 吸附平衡

当吸附剂吸附了一定量的气体之后，吸附速度即逐渐减小。但另一方面，被吸附的气体由于热运动会发生脱附，脱附速度随着被吸附量的增加而增大。在一定温度和压力下，当脱附速度和吸附速度相等时，便达到了吸附平衡。在平衡条件下吸附物质的多少用吸附量表示。

吸附平衡数据有三种表示方式：吸附等温线、吸附等压线和吸附等量线，最常用的是吸附等量线。吸附等温线大致可分为五种类型，如图 5-13 所示。其中Ⅰ、Ⅱ和Ⅳ类是物理吸附中常见的，Ⅲ和Ⅴ尚属少见。至今还没有一种理论能够解释所有这些等温线，有些理论只能描述某一类等温线或等温线的某一段。

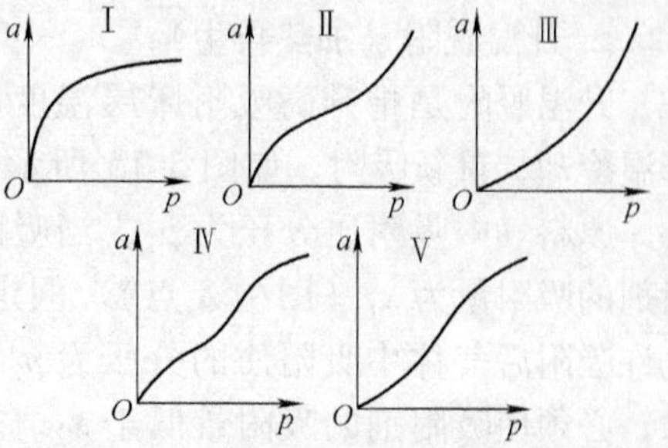

图 5-13　五种类型吸附等温线

a—吸附量　p—蒸气压

2. 静态吸附容量和动态吸附容量

在某一温度下当气相吸附质的初始摩尔分数达到静态平衡摩尔分数时单位质量吸附剂所吸附的吸附质的量，称为静态吸附量；相应地，整个吸附床所吸附的吸附质总量称为静态吸附容量。它是对应于入口摩尔分数的等温线上的平衡吸附量。让含有吸附质的流体通过固定床吸附器，当吸附器出口刚出现吸附质时，吸附器内单位质量吸附剂的平均吸附量称为动态吸附量；相应地，整个吸附床所吸附的吸附质总量称为动态吸附容量。由于吸附剂在实际应用中多是在动态情况，所以动态吸附量较为实用。

在实际操作中，吸附剂再生后总会残留一部分吸附组分 q_R，再次进行吸附时吸附容量会降低，如图 5-14 所示。另外，经多次再生后吸附剂的吸附性能要衰退。因衰退而减小掉的吸附容量与静吸附容量之比叫变劣率，以 B 表示。因此，吸附剂的有效平衡吸附容量

$$q_e = q_0(1-B) - q_R$$

式中，q_0 为静态吸附容量。

3. 吸附热

流体分子被吸附到吸附剂表面时所放出的热量称为吸附热。吸附热一般由实验测定。物理吸附是一种凝聚现象，因此吸附过程总是放热的。物理吸附热相当于液化热或凝固热。

吸附过程由于产生吸附热，使吸附剂和气流的温度升高，而使吸附剂的效能降低。故在

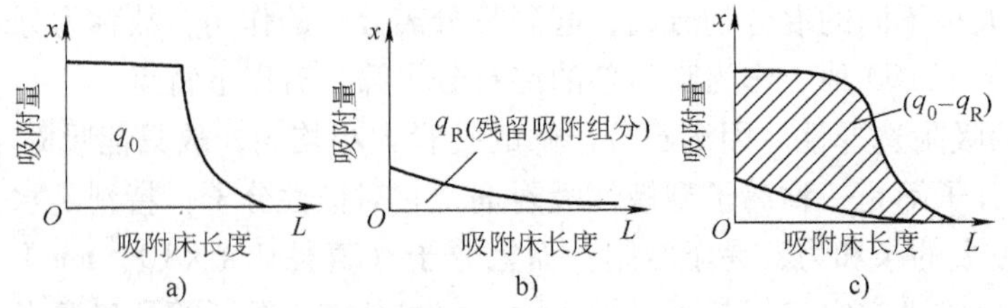

图 5-14　吸附容量示意图

a）再生前　b）再生后残留吸附量　c）多次再生后

设计吸附器时，特别当吸附质摩尔分数大、吸附量多时，必须把吸附热的影响考虑在内。只有微量杂质的吸附过程，才允许把它作为等温吸附处理。

（四）固定床吸附剂的再生

吸附分离法能否在工业上实用，除了取决于所选用的吸附剂是否具有良好的吸附性能外，吸附剂的再生（或称脱附）方法也是一个关键。它涉及能量的消耗、产品的纯度和回收率等方面的问题。

1. 升温脱附（加热再生）

升温脱附是指升高吸附床层温度以进行脱附，然后降温冷却，重新吸附。如图 5-15 所示，吸附床的温度为 T_1，原料气中吸附质分压为 p_1，当吸附床达到饱和后吸附剂的吸附量为 x_1（图中 A 点）。假定吸附阶段终了时，允许吸附后气体中吸附质的分压为 p_2，那么在脱附阶段中，必须使吸附剂的吸附量低于 x_2。升温脱附可将吸附剂从 T_1 升温到 T_4 以上，这时吸附量可低于 x_2。

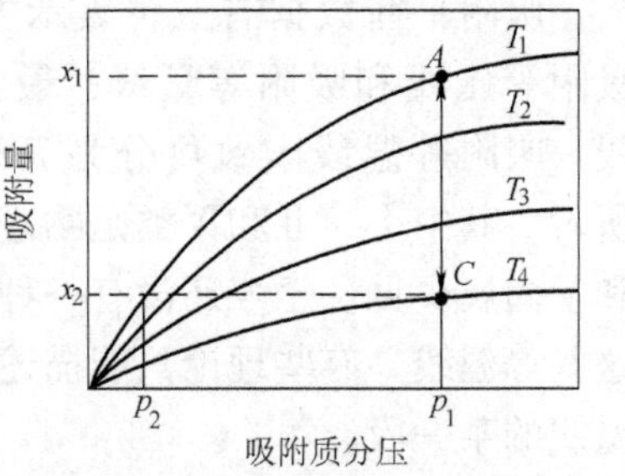

图 5-15　升温脱附

再生过程除加热外，尚需用再生气带走脱附下来的吸附质，以免降温后重新被吸附。升温脱附的温度要依吸附剂可能承受的温度及吸附等温线的特性来选择。再生加热气流与吸附阶段的气流以逆向为好。

脱附加热量是主要的能耗，所需的热量应包括：①吸附剂由吸附温度加热到脱附温度所需的热量；②脱附热（数量上等于吸附热）；③将吸附器及其保温层加热所需的热量，保温层的温度可按升温到脱附温度的一半来估计；④将管路、阀件加热所需的热量；⑤热损失。

升温脱附是最早使用的再生方法，具有残余吸附组分少、操作稳定和从常压到高压都适用等优点。由于固体吸附剂的热容量大，传热系数低，升温和降温均需较长时间，故循环周期长，操作比较麻烦。它主要用于含吸附质较少的气体净化过程。

2. 降压脱附（无热再生）

降压脱附是指吸附器在较高压力下进行吸附操作，然后降低压力使吸附质脱附，用部分产品气作为脱附冲洗气。如图 5-16 所示，吸附床的操作温度为 T_1，原料气中吸附质的分压 p_1，当吸附床达到饱和后，吸附剂的吸附量为 x_1（图中点 A）。降压脱附沿着等温线进行，需使吸附质分压下降到 p_2 以下（点 B 以下），才能使吸附量低于 x_2。吸附过程是在压力下进行的，再生冲洗一般是在常压和减压下进行。通常把采用降压脱附的整个吸附操作工艺称为变压吸附（又称等温吸附）。

在变压吸附过程中，再生气与原料气的实际体积比等于1时，再生气的出口吸附质摩尔分数等于原料气的入口吸附质摩尔分数。因此，为了获得纯产品，必须在每个循环中使吸附床内各点的实际逆向冲洗气体积都超过实际原料气体积。如果再生气与原料气的实际体积比小于1，再生将是不完全的，吸附质中吸附质逐渐积累，最后使吸附过程无法进行下去。

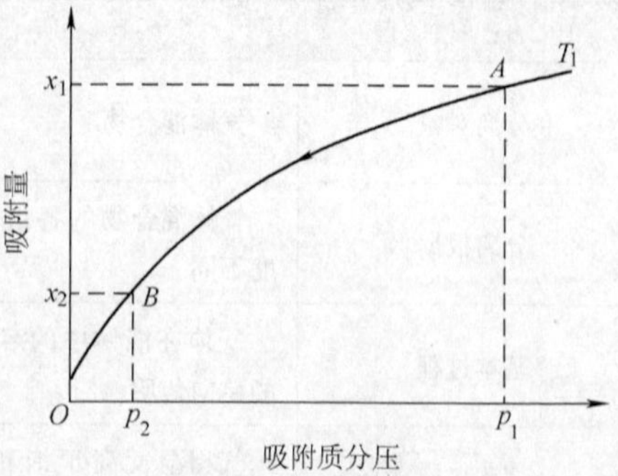

图5-16　降压脱附

在吸附、脱附两个阶段，通过吸附床的实际气体体积流量相等，也就是说，两个阶段通过吸附床的气体流量之比等于两个阶段的压力之比。据此可以计算降压脱附所需的最小气耗量。由此也可知，吸附压力越高，解吸压力越低，再生气损耗越小。

吸附是放热过程，脱附是吸热过程。要实现吸附过程的无热再生，就要有效地将吸附热蓄积起来用于脱附再生，因此必须设法使吸附热不散失或不被产品气带走，工作周期一定要短（一般为10min左右），使吸附过程在接近等温条件下进行。

变压吸附具有能耗低、循环周期短、处理气量大（几十到几万m^3/h）、生产过程自动化程度高、一次能去除多种杂质、能获得高纯度气体等优点。近年来，随着变压吸附工艺的不断改进，使纯度和回收率得到很大提高，在工业上获得广泛应用。

四、吸收

（一）吸收法的特点和应用

用适当的液体溶剂来处理气体混合物，使其中一个或几个组分溶解于溶剂中，从而达到分离的目的，这种方法称为吸收法。在吸收过程中，称被溶解的气体组分为溶质（或吸收质），所用的液体溶剂称为吸收剂，不被溶解的气体称为惰性气体。

吸收法是利用气体混合物中组分在吸收剂中的溶解度的不同，从而将其中溶解度大的组分分离出来的。

吸收操作在气体分离方面也有重要的作用，它大致可分为两个方面：

1）将多组分气体混合物进行分离，以获取有用产品。例如，用甲烷洗涤氨池放气，可得到甲烷副产品，并为后继工艺过程提氩、提氦去除了高沸点组分，达到合成氨池放气综合利用的目的。又如在空分氮洗联合流程中，用液氮吸收一氧化碳，可得到所需的氢、氮比例一定的混合气。

2）在低温液化或低温分离中，用吸收法去除杂质气体，以达到净化的目的。例如，在小型制氧机中用碱液洗涤空气，以吸收其中的二氧化碳。天然气中的硫化氢、合成氨池放气中的氨都可用水洗法将它们吸收去除。

吸收操作通常采用气液逆流的方式，而且有多级串联的逆流流程。所用的吸收设备为填料塔或板式塔。

吸收和精馏由于同属于主要受扩散速率控制的气、液相际间的传质过程，所以它们有许多相似性。但也有显著的不同。两者的区别见表5-4。

表 5-4 吸收与精馏的区别

比较项目	吸收	精馏
分离对象	气体混合物	液体混合物（用精馏法分离气体混合物时必须先液化）
分离根据	气体混合物的各组分在吸收剂中的溶解度不同	液体混合物各组分的相对挥发度不同
基本过程	气体在液体中的溶解——由气相到液相的单向传质	同时发生汽化和冷凝的双向传质
塔中气、液相的热状态	气相温度高于饱和温度（过热蒸气），液相温度低于饱和温度（过冷液体）	气、液相均处于饱和状态
进料情况	气相进料，由塔底进入，塔不分段	一般为液相或气、液相混合物进料，多数从塔的中部进料，全塔分精馏段和提馏段
操作温度	全塔温度变化较小	全塔温度变化较大，塔底温度高，塔顶温度低

（二）吸收法的基本原理

气体与对它有吸收作用的液体接触时便会溶解于液体中。在给定的条件下，达到溶解平衡时溶解的气体量称为平衡溶解度。气体的平衡溶解度随气体的压力而变，压力越高，其值越大。气体的平衡溶解度还受温度的影响，温度上升，气体的溶解度将显著下降，因此控制吸收操作的温度是非常重要的。

1. 气体吸收过程的推动力

将气液平衡时的液相摩尔分数 x 和气相分压 p 数据标绘于直角坐标图上所得出的曲线，称为平衡曲线，如图 5-17 中 OFA 所示。当气、液两相处于不平衡状态，即两相的摩尔分数偏离平衡摩尔分数时，才能进行吸收（或解吸）。图中点 E 表示在吸收塔中某一截面上气、液相的实际操作情况，成为操作点。点 E 的液相摩尔分数为 x，气相分压为 p。过点 E 作垂直线与水平线，分别与平衡曲线相交于 $F(p^*, x)$ 和 $A(p, x^*)$ 两点，则 p^* 是与液相摩尔分数 x 相平衡的气相分压，x^* 是与气相分压 p 相平衡的液相摩尔分数。

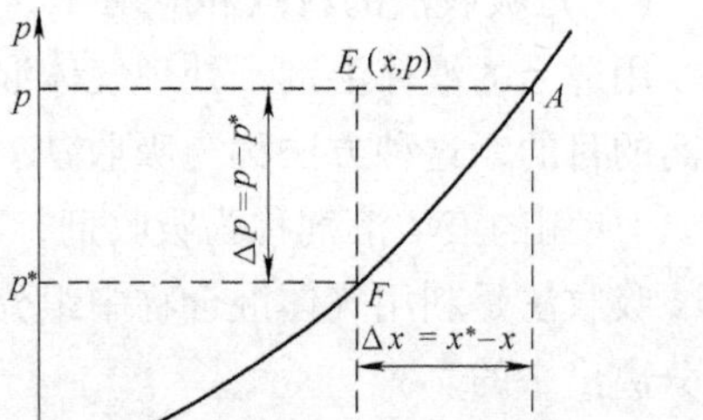

图 5-17 吸收过程的推动力

由于点 E 位于平衡曲线以上，$p > p^*$，$x < x^*$，说明气相中的组分可以为液相所吸收，这是吸收过程能够进行的必要条件。此时，吸收塔在这一截面上以气相分压表示的总推动力，可以用 $\Delta p = p - p^*$ 来表示，而 $p - p^*$（即线段 EF）代表该截面上实际操作点偏离气体平衡分压的程度。

同样，以液相摩尔分数来表示的总推动力 $\Delta x = x^* - x$（即线段 AE），代表实际操作点偏离液相平衡摩尔分数的程度。在选定吸收操作的工作条件时，降低吸附剂温度，选用对组分溶解度较大的吸收剂，都是使平衡曲线下移的有效措施，能提高吸收的推动力。如果提高吸收操作的总压力，相应地提高了分压，就能使操作状态点的位置上移，这样也能增强吸收推动力。如果点 E 位于平衡曲线的下方，此时 $p<p^*$，$x>x^*$，在塔中进行的就不再是吸收，而是解吸过程了。

2. 吸收过程的速率

气体组分被吸收的速率是一个十分重要的问题。它直接关系到所要求的传质面积的大小。所谓吸收速率，就是单位时间内经两相间单位接触面积吸收的组分量。吸收速率高，吸收设备的生产强度就大，一定的吸收量可在较小的设备中完成。反之，吸收速率低，就要用大的设备。根据具体生产条件确定吸收速率是吸收设备设计计算的基础。

单位时间吸收的组分量，与吸收的推动力和两相接触面积成正比，即

$$n_{\mathrm{A}} = \frac{N_{\mathrm{A}}}{F} = K\Delta \tag{5-31}$$

式中，N_{A} 为单位时间吸收的量（kmol/h）；n_{A} 为吸收速率[kmol/(m^2·h)]；Δ 为吸收过程推动力，用 $p-p^*$ 或 x^*-x 表示；F 为气液两相的接触面积（m^2）；K 为吸收（传质）系数，与 $p-p^*$ 相对应的为 K_V，称为气相总吸收（传质）系数[kmol/(h·m^2·Pa)]；与 x^*-x 相对应为 K_L，称为液相总吸收（传质）系数[kmol/(h·m^2)]。

这样就有不同形式的吸收速率方程式，即

$$N_{\mathrm{A}} = K_V F(p-p^*),\quad N_{\mathrm{A}} = K_L F(x^*-x)$$

吸收速率方程与传热方程相仿，但吸收推动力远比传热推动力温度差复杂，它不仅有各种不同的表示方法，而且还涉及相平衡问题。此外，两相的接触面积也没有热交换器中那样明确，因此，求吸收速率要比求传热速率复杂得多。

3. 吸收过程的计算

吸收过程在吸收塔中进行。一般来说，吸收塔越高，气液相接触面积越大，其吸收效果就越好。但是在实际操作中，如果上升气中吸收质的摩尔分数已经很低，再继续增加塔高，其效果并不显著，而投资和操作费用却大为增加。所以，合理地选择吸收塔尺寸及吸收液用量是很重要的。

（1）吸收塔的物料衡算　如图 5-18 所示，在塔内任一截面 $m-m$ 上，用 q_{mV} 表示通过吸收塔不吸收组分的摩尔流量（kmol/h）；q_{mL} 表示通过吸收塔吸收剂的摩尔流量（kmol/h）；r_{V}、r_{1V}、r_{2V} 分别表示塔内任意截面、塔底及塔顶的溶质在气相中的摩尔比［kmol（溶质）/kmol（不吸收组分）］；r_{L}、r_{1L}、r_{2L} 分别表示塔内任意截面、塔底及塔顶的溶质在液相中的摩尔比[kmol(溶质)/kmol(溶剂)]。

在 $m-m$ 截面与塔底之间作溶质的物料衡算，得

$$q_{\mathrm{mL}}r_{\mathrm{L}} + q_{\mathrm{mV}}r_{\mathrm{1V}} = q_{\mathrm{mV}}r_{\mathrm{V}} + q_{\mathrm{mL}}r_{\mathrm{1L}}$$

$$q_{\mathrm{mV}}(r_{\mathrm{1V}} - r_{\mathrm{V}}) = q_{\mathrm{mL}}(r_{\mathrm{1L}} - r_{\mathrm{L}})$$

或

$$r_{\mathrm{V}} = \frac{q_{\mathrm{mL}}}{q_{\mathrm{mV}}}r_{\mathrm{L}} + \left(r_{\mathrm{1V}} - \frac{q_{\mathrm{mL}}}{q_{\mathrm{mV}}}r_{\mathrm{1L}}\right) \tag{5-32}$$

式（5-32）称为吸收过程的操作线方程式，它表示处在吸收塔任意截面上气液两相摩尔比之间的关系。在稳定吸收条件下，q_{mV}，q_{mL}，r_{1V}，r_{1L} 均为定值，故吸收操作线在 $r_{\mathrm{L}}-r_{\mathrm{V}}$ 坐标中是一条直线。如将塔顶的气液相摩尔比 r_{2V}，r_{2L} 作为操作线上的一个点，代入式（5-32），则得

$$r_{2V} = \frac{q_{mL}}{q_{mV}} r_{2L} + \left(r_{1V} - \frac{q_{mL}}{q_{mV}} r_{1L} \right) \tag{5-33}$$

将式（5-33）在 $r_L - r_V$ 坐标上作图，可得图5-18中的直线 DE，该直线称为操作线，其斜率为 q_{mL}/q_{mV}（液气比），在纵坐标轴上的截矩为（$r_{1V} - q_{mL}r_{1L}/q_{mV}$）。它通过点 E（r_{1L}，r_{1V}）及点 D（r_{2L}，r_{2V}）。若在操作线 DE 上取一点 G，则 G 点的坐标（r_L，r_V）即代表吸收塔某一截面上液、气相的摩尔比。求得吸收过程的操作线及吸收平衡线之后，即可按精馏塔理论塔板数的解法在 $r_L - r_V$ 坐标上求出板式吸收塔的理论塔板数。

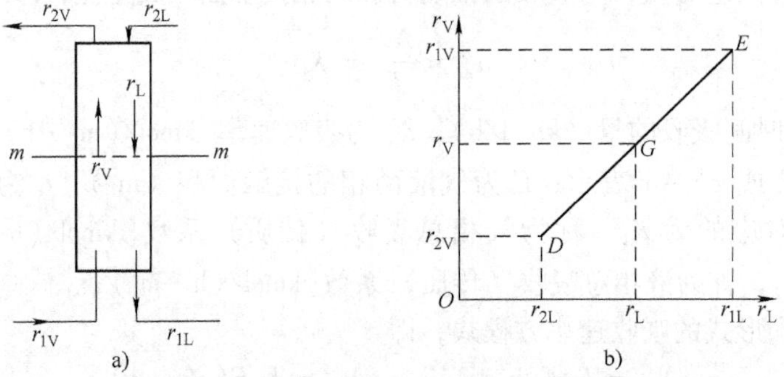

图5-18 逆流吸收塔

（2）吸收剂的比用量或液气比 q_{mL}/q_{mV} 的选择 一般在设计吸收塔时，类似于设计精馏塔时选择回流比，应在吸收剂用量（操作费）和塔高（设备费）之间加以权衡，选择最佳液气比，使两者的费用总和最小。在实际操作中常取吸收剂的用量 $q_{mLpr} = (1.1 \sim 2) q_{mLmin}$。最小吸收剂用量 q_{mLmin} 可根据操作线 DE 的斜率最小来确定。此外，还要根据所选用的吸收剂用量及所定塔径来核算液体的喷淋密度，若喷淋密度小于最小喷淋密度的数值，则应增大吸收剂用量。最小喷淋密度 $U_{min}/[m^3/(m^2 \cdot h)]$ 与填料的比表面积 a 有关，一般可用下式计算

$$U_{min} = \varepsilon_m a \tag{5-34}$$

式中，ε_m 为填料最小润湿率，单位为 m^2/h；一般对直径不超过76mm的瓷环填料和栅格形填料等，$\varepsilon_m = 0.08m^2/h$；对于大于76mm的填料，$\varepsilon_m = 0.122m^2/h$；对于光滑的金属填料和表面不易润湿（如细瓷、塑料等）填料，$\varepsilon_m = 0.122 \sim 0.235m^2/h$。表面越光滑，最小润湿率就越大，故增大填料表面的粗糙程度，可使最小喷淋密度减小。

五、薄膜渗透

利用有机聚合膜（薄膜）的渗透选择性，从流体混合物中将特定组分分离的方法，称为薄膜渗透法。20世纪60年代初，用渗透法成功解决了水的处理之后，它就开始成为一种新的分离技术而被重视起来。这种分离过程不需要发生相变，不需要高温或低温，并且具有设备简单、占地面积小、操作方便等优点。近年来，国内外在用有机薄膜进行气体混合物分离的基础理论和工业应用方面，都进行了大量的研究，其内容包括：①从天然气或含氦气体中回收氦；②氧－氮气体分离，浓缩空气中的氧；③二氧化碳－氧的分离，用于宇宙航行中氧气的回收净化；④氮－氢－氨的分离，用于合成氨池放气的回收利用；⑤石油炼气中氢气的回收；⑥燃烧气中二氧化硫的脱除，以解决空气污染问题。

（一）薄膜渗透分离气体的原理

有机薄膜分为均相无孔膜和微孔膜两种。膜的结构不同，气体渗透机理也不同。在微孔膜内存在着固定的孔隙，气体以流动的方式穿过薄膜。在均相无孔膜中，没有固定的间隙。由于聚合膜分子的热运动而产生分子链节间的空隙，这些空隙的位置和大小不断地变化着，气体分子以活性扩散方式由这个空隙跳入另一个空隙，逐步渗过聚合膜。

1. 通过均相无孔膜的渗透机理

一般认为气体通过均相无孔膜的渗透过程分以下三步：①气体以分子状态在膜表面溶解；②气体分子在膜的内部向吉布斯自由能降低的方向扩散；③气体分子在膜的另一表面解析或蒸发。其过程如图 5-19 所示。

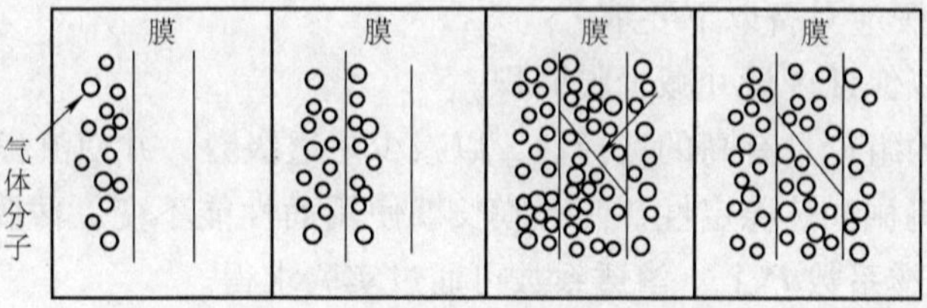

图 5-19　薄膜中气体渗透示意图

气体渗透的速率，取决于扩散过程，在稳定的情况下，气体的扩散服从费克第一定律，即

$$g_d = DA\frac{dy}{dx} \tag{5-35}$$

式中，g_d 为单位时间内通过面积 A 扩散的气体量；D 为扩散系数；dy/dx 为气体分子沿 x 轴方向的摩尔分数梯度。

如果 D 与气体摩尔分数无关，将式（5-35）沿膜厚 δ 积分得

$$g_d = DA\frac{y_H - y_L}{\delta} \tag{5-36}$$

式中，y_H、y_L 是气体分子在膜的高压和低压两侧表面的摩尔分数。

又因为气体在薄膜中的溶解度服从亨利定律，即

$$y = Sp \tag{5-37}$$

式中，y 是气体在薄膜中溶解的摩尔分数；S 为溶解系数；p 为气体压力。

将式（5-37）代入式（5-36）得

$$g_d = DS\frac{A(p_H - p_L)}{\delta} = P\frac{A(p_H - p_L)}{\delta} \tag{5-38}$$

式中，P 为气体渗透系数，$P = DS$，对于给定的气体与薄膜，P 为一常数，由实验测定。

对于混合气体，用式（5-38）分别对各组分计算渗透速率，得

$$g_{di} = P_i\frac{A(p_{Hi} - p_{Li})}{\delta}$$

渗透系数的物理意义为：当薄膜两边分压为 1Pa 时，1s 内通过厚 1m、面积 $1m^2$ 的薄膜所渗透气体的量（kg）。渗透系数 P 随温度、气体及膜的特性而变化，遵循以下规律：

1）温度升高，渗透系数成指数关系增加，但选择性降低。

2）压力升高在一定范围内对渗透系数没有影响。

3）高分子膜的预处理，如射线照射，可使某些气体的渗透系数大大增加。

2. 通过微孔膜的渗透机理

在通过微孔膜的渗透情况下，气体通过自由孔隙空间，也可能气体分子以单分子层或多分子层吸附在孔隙壁上，气体就在这种分子层上进行传递。

（二）有机薄膜的性能

薄膜渗透分离的关键是薄膜的综合性能。近年来，某些薄膜渗透分离过程实现了工业化。因此，选择具有优良综合性能的薄膜是薄膜分离技术的关键。

工业上应用的薄膜应具备以下要求：

1）渗透率高，以保证产量并减少膜面积。

2）对于所分离的组分具有高的选择性，以减少渗透级数，并使流程简化。

3）具有化学、机械和热稳定性，使薄膜长期使用而性能不变。薄膜对气体的渗透性和选择性主要体现在渗透系数 P 上，渗透系数可通过实验求得。

（三）膜分离气体的设备

膜分离气体设备使用有选择渗透性的薄膜，借助于混合气体的压力，以分离出特定的气体组分。薄膜的形式可考虑采用平膜式和很细的空心纤维膜式，如图 5-20 所示。图 5-20a 为平膜式，内装有多孔的耐压支撑物，加压后的混合气体从供气口导入，渗过薄膜的气体从取气口收集，废气从排气口排出。图 5-20b 所示的空心纤维膜式采用直径为 15～100μm 的空心纤维，混合气从供气口导入加压室，被分离的气体组分透过空心纤维膜，经纤维内孔集于透过室中，再由取气口收集。加压室和透过室用隔板隔离。空心纤维的端部嵌在隔板上，以免两室之间产生泄漏。隔板通常是用环氧树脂等可塑性树脂加工成型的。两种薄膜形式的比较见表 5-5。

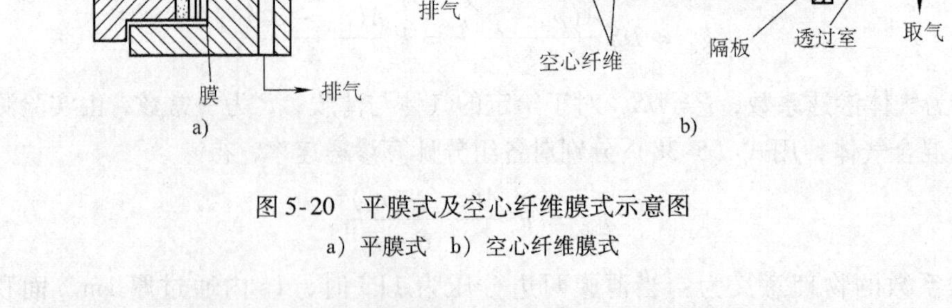

图 5-20　平膜式及空心纤维膜式示意图

a）平膜式　b）空心纤维膜式

两种薄膜最大的区别是：空心纤维膜在耐压容器中的薄膜面积非常大。因此，如果薄膜材料相同，则空心纤维膜的容器，其单位体积所产生的气量较大，生产成本较低。

表 5-5　平膜式及空心纤维膜式的比较

	平膜式	空心纤维膜式
薄膜填充密度/（m^2/m^3）	200～400	20000～60000
容器结构	需薄膜支撑物、设计简单	不需薄膜支撑物
压力损失	小	大
薄膜制品的缺点	薄膜面易有针孔，受力不均	易混入断的纤维和不完全空心纤维
易漏气处	薄膜与支撑物密封处	隔板部分（隔板树脂与空心纤维粘接部）

第三节　低温空气分离系统

低温空气分离系统是目前应用最为广泛的气体分离系统，空气分离技术的成长过程见证了低温分离技术的发展历程。下面简要介绍低温空气分离系统所采用的几种典型工艺流程。

一、林德单塔系统

最简单的空气分离系统运行于 1902 年的林德（Linde）单塔系统，如图5-21所示。空气经压缩并除去其中的水蒸气和二氧化碳后，流经热交换器得到预冷。若生产的是气态氧产品，则该热交换器是如图所示三通道型的，这时回流的氧气用于冷却进来的空气；若生产的是液氧产品，则该热交换器是简单的二通道型的，因为这时液氧直接从塔底（塔釜）取出，不对系统提供任何冷量。

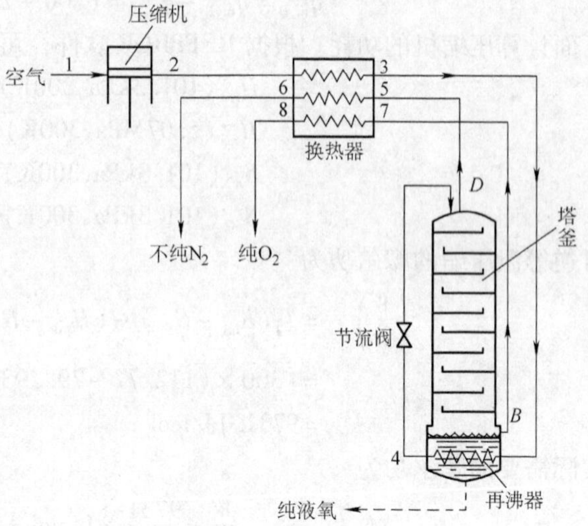

图 5-21　林德单塔系统

预冷后的空气在塔釜中与液体交换能量后得到进一步冷却，发生部分冷凝。这有两个目的：

1）进料空气得到进一步冷却，以提高液体产率。

2）提供热量使得塔釜中的部分液体汽化，以提供塔中向上流动的蒸气，而不需要从外界获得热量。

然后，空气通过一个节流阀将压力降低到塔的操作压力，形成一部分液体，这部分液体作为塔的回流液，当液体往下流经各塔板时，与上升蒸气发生热质交换，其中氧的摩尔分数不断增加。当液体到达塔釜后，一部分被进料空气汽化，作为上升的蒸气流经各塔板，氮摩尔分数逐步增加；另一部分液体作为产品排放到液氧贮槽中，或作为气体产品氧取出，经三通道型热交换器后贮存起来。

若需要的产品是气氧，则进料空气被压缩到 3～6MPa 即可；然而，若最后产品是液氧，则需将进料空气压缩到 20MPa 左右。

例 5-5　在林德单塔系统中将空气从 101.3kPa 和 300K 等温压缩到 5.07MPa，假定空气的组成是摩尔分数为 79% 的氮和 21% 的氧，压缩机的总效率为 70%，氧和氮气流以同样的温度和101.3kPa的压力离开三通道热交换器。产生的氧是气态产品。压缩空气在三通道热交换器中预冷后，再经过塔底的再沸器，以5.07MPa和91K离开再沸器。要求氧产品的组成是摩尔分数为2%的氮和98%的氧，摩尔流量为25mol/s。氮产品的组成是摩尔分数为90%的氮和10%的氧。塔中压力为101.3kPa。求系统所需的功率、理想分离摩尔分离功以及理论塔板数。

解 对整个塔应用质量平衡，得

$$q_{m,F} = q_{m,B} + q_{m,D} = 25\text{mol/s} + q_{m,D}$$

由氮的质量平衡，得

$$x_F q_{m,F} = x_B q_{m,B} + x_D q_{m,D}$$

$$0.79q_{m,F} = 0.02 \times 25\text{mol/s} + 0.90q_{m,D} = 0.50\text{mol/s} + 0.90 \times (q_{m,F} - 25\text{mol/s})$$

$$q_{m,F} = \frac{0.90 \times 25 - 0.50}{0.90 - 0.79}\text{mol/s} = 200\text{mol/s}$$

因此，氮产品的摩尔流量为

$$q_{m,D} = q_{m,F} - q_{m,B} = (200 - 25)\text{mol/s} = 175\text{mol/s}$$

下面计算压缩机的功耗。根据REFPROP软件，可得空气的热力性质参数，即

$$H_{m1}(101.3\text{kPa}, 300\text{K}) = 12366\text{J/mol}$$

$$H_{m2}(5.07\text{MPa}, 300\text{K}) = 12054\text{J/mol}$$

$$S_{m1}(101.3\text{kPa}, 300\text{K}) = 112.77\text{J/(mol}\cdot\text{K)}$$

$$S_{m2}(101.3\text{kPa}, 300\text{K}) = 79.293\text{J/(mol}\cdot\text{K)}$$

可逆等温压缩的摩尔功为

$$\begin{aligned}\left(\frac{W}{n}\right)_{\min} &= T_1(S_{m1} - S_{m2}) - (H_{m1} - H_{m2}) \\ &= [300 \times (112.77 - 79.293) - (12366 - 12054)]\text{J/mol} \\ &= 9731.1\text{J/mol}\end{aligned}$$

实际需要的摩尔功为

$$\frac{W}{n} = \frac{9731.1}{0.70}\text{J/mol} = 139002\text{J/mol}$$

压缩机所需的功率为

$$P = 13902 \times 200\text{W} = 2.78 \times 10^6\text{W} = 2780\text{kW}$$

现在可以计算分离所需的理想分离摩尔分离功，由于氧和氮没有完全分离，它们没有压缩到混合气的总压力，而只是到回流气体的局部压力。这种情况下的理想分离摩尔分离功为

$$\begin{aligned}\left(\frac{W}{n}\right)_{\min} &= RT_1\left(y_{N_2}\ln\frac{x_D}{y_{N_2}} + y_{O_2}\ln\frac{x_B}{y_{O_2}}\right) \\ &= 8.3143 \times 300 \times \left(0.79\ln\frac{0.90}{0.79} + 0.21\ln\frac{0.98}{0.21}\right)\text{J/mol} \\ &= 1063.8\text{J/mol}\end{aligned}$$

为了求取所需的理论塔板数，首先需确定再沸器的热负荷。对除压缩机外的整个系统应用热力学第一定律，得

$$q_{m,F}H_{m2} = q_{m,B}H_{m8} + q_{m,D}H_{m6}$$

由于常温常压下的空气性质非常接近理想气体性质，可以忽略混合过程产生焓的变化，因此，上式可以看成是在压力为 $p_2=101.3\text{kPa}$ 时两股摩尔流量分别为 $q_{m,B}$ 和 $q_{m,D}$ 的空气混合前后的能量关系，混合后空气的摩尔焓等于 H_{m2}。由 H_{m2} 和 p_2 通过 REFPROP 软件可以得到此时空气的温度为 289.33K，因此，可以认为氧和氮离开三通道热交换器的温度为 289.33K。

通过 REFPROP 软件可以得到各产品的热力性质如下：

氮产品　H_{m6}（289.33K，101.3kPa，摩尔分数为 90% 的氮）= 11935J/mol

H_{m5}（101.3kPa，饱和蒸气，90% 摩尔分数氮）= 5760.9J/mol

氧产品　H_{m8}（289.33K，101.3kPa，摩尔分数为 98% 的氧）= 12679J/mol

H_{m7}（101.3kPa，饱和蒸气，摩尔分数为 98% 的氧）= 6811.7J/mol

对三通道热交换器进行能量衡算，得

$$q_{m,F}(H_{m2}-H_{m3})=q_{m,D}(H_{m6}-H_{m5})+\bar{q}_{m,B}(H_{m8}-H_{m7})$$

$$200\text{mol/s}\times(12054\text{J/mol}-H_{m3})=[175\times(12679-6811.7)+25\times(11935-5760.9)]\text{J/s}$$

解得进料离开三通道热交换器的摩尔焓 H_{m3} 为

$$H_{m3}=5918.25\text{J/mol}$$

在压力为 5.07MPa 的条件下，这一摩尔焓值对应的温度为 145.75K。

通过 REFPROP 软件可以得到空气离开再沸器时的摩尔焓，即

$$H_{m4}(5.07\text{MPa},91\text{K})=785.59\text{J/mol}$$

再沸器的供热量为

$$\Phi_r=q_{m,F}(H_{m3}-H_{m4})=200\times(5918.25-785.59)\text{W}=1.0265\times10^6\text{W}=1026.5\text{kW}$$

因节流阀前后焓值不变，根据 H_{m4} 以及压力 101.3kPa，通过 REFPROP 软件可以求得进料温度为 79.05K，蒸气和液体的摩尔焓分别为

$$H_{m,Vm}=5741.5\text{J/mol}\quad 和\quad H_{m,Lm+1}=-4.6274\text{J/mol}$$

代入式（5-23）得

$$\frac{\bar{q}_{m,B}}{\bar{q}_{m,Vm}}=\frac{5741.5+4.6274}{1.0265\times10^6/25-5741.5+4.6274}=0.1627$$

回流比为

$$\bar{q}_{m,Lm+1}/\bar{q}_{m,Vm}=1+\bar{q}_{m,B}/\bar{q}_{m,Vm}=1.1627$$

操作线方程由式（5-19）给出，因为林德单塔仅仅是塔的提馏段。

$$\begin{aligned}y_m&=\left(\frac{\bar{q}_{m,Lm+1}}{\bar{q}_{m,Vm}}\right)x_{m+1}-\left(\frac{\bar{q}_{m,B}}{\bar{q}_{m,Vm}}\right)x_B\\&=1.1627x_{m+1}-0.1627\times0.02\\&=1.1627x_{m+1}-0.003254\end{aligned}$$

进料线参数

$$\varphi=\frac{H_{m,Vm}-H_{mF}}{H_{m,Vm}-H_{m,Lm+1}}=\frac{5741.5-785.59}{5741.5+4.6274}=0.8624$$

结合式（5-22）得到进料线的方程

$$y=\frac{0.79}{1-0.8624}-\frac{0.8624}{1-0.8624}x=5.745-6.272x$$

这一问题的 $y-x$ 图解法如图 5-22 所示。需要大于 6 块的塔板才能达到所需的产品纯度，因此选择 7 块理论塔板。

二、林德双塔系统

林德单塔空气分离系统有两个缺点：①只能获得纯氧产品；②随污氮流失的氧气量较多。开始时空气中含有 21%（摩尔分数，下同）的氧与 79% 的氮，则污氮中大约含有 6% 的氧。在空气分离的早期，氮气是作为废气排放到大气中的。而当今液氮已经成为一种重要的低温流体，人们希望在获得氧气的同时也能生产出一定纯度的氮。

1910 年提出的林德双塔系统解决了这些问题。林德双塔系统的流程如图 5-23 所示，它由上、下两个塔组成。一般下塔的操作压力为 0.5 ~ 0.6MPa，而上塔的操作压力约为 0.1MPa。这个压力差提供了放置在上下两塔之间的冷凝蒸发器操作所需的温度差。0.507MPa 压力下纯氮的沸点 94.2K 高于纯氧在 0.1013MPa 下的沸点（90.2K）。因此，下塔顶部氮冷凝所需的冷量就由上塔蒸发侧液氧的汽化来提供。当然，如果要得到的是液氧产品，流程中的热交换器就成为二通道型的热交换器，也没有气氧产品气流了。

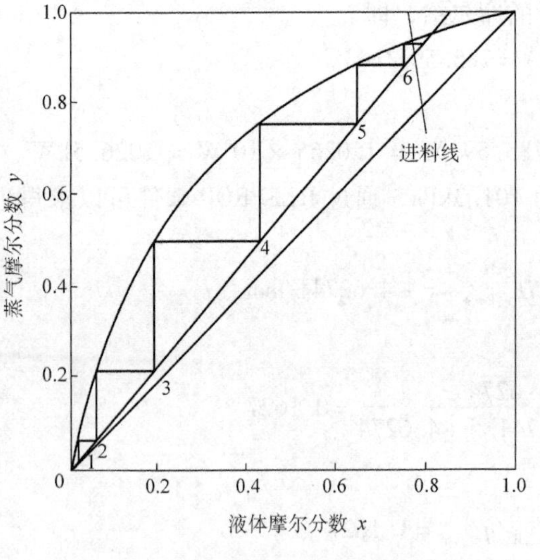

图 5-22 例题 5-5 的 $y-x$ 图解法

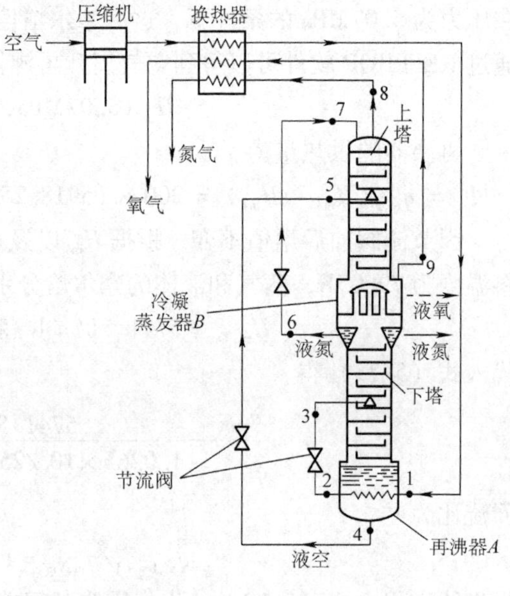

图 5-23 林德双塔系统的流程

除了增加一个浓缩塔外，双塔系统的操作类似于单塔系统。在双塔系统中，原料空气是在下塔的中部进入塔中，而不是上塔顶部，部分液氮产品节流到上塔的操作压力，并送入上塔塔顶作为回流液。从再沸器出来的富氧空气经节流作为原料送入上塔中部，按所用塔板数的多少，可得到不同纯度的产品。当希望得到纯度较高的氧氮产品时，必须考虑存在于空气中的氩气（0.934%），即把空气看作三元系统，将氩气从上塔的某个部位排放出来。

三、林德－富兰克系统

1930 年代，钢铁和化学工业需要大量的氧和氮。为了满足这一需求，Linde 公司开发了如图 5-24 所示的空气分离系统，由于该系统利用了富兰克（Frankel）的回热器专利，因此称作林德－富兰克（Linde－Frankel）系统。由于采用了氨预冷和膨胀机，该系统的能耗降低到只有林德双塔系统的一半左右。该系统的液化部分对应于带氨预冷的双压克劳特（Claude）液化系统。

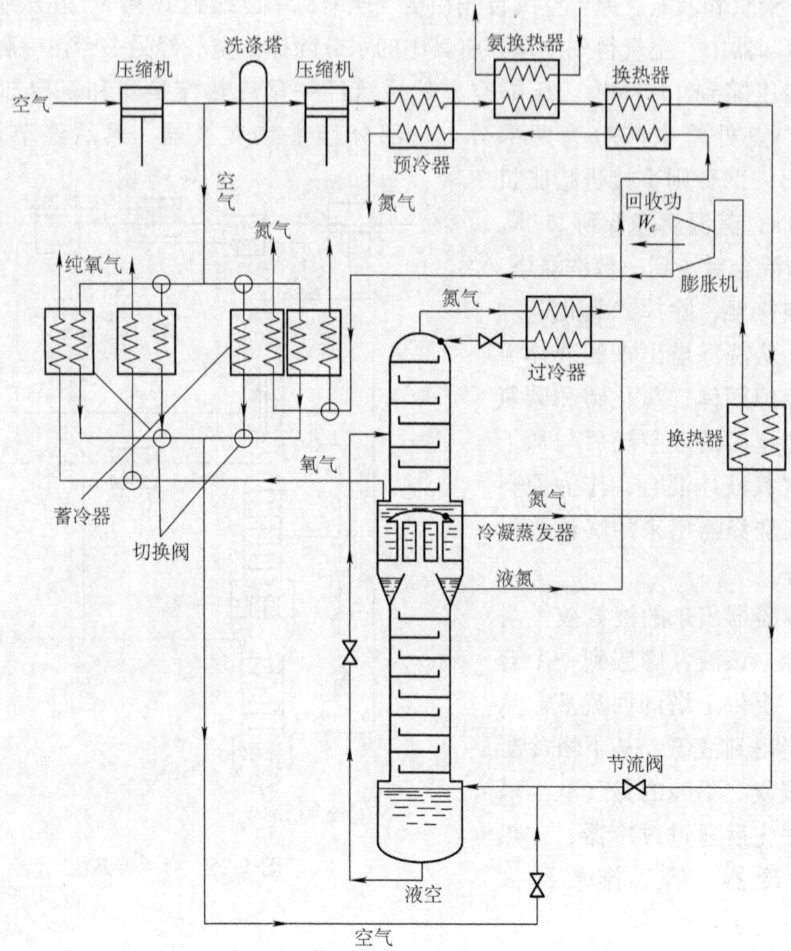

图 5-24　林德－富兰克系统

过滤后的空气在一台回转式压缩机中压缩到约 0.55MPa。约 96% 总量的压缩空气进入两对蓄冷器，在此，空气得到冷却并清除其中的水蒸气和二氧化碳，其冷量由从精馏塔来的回流氧气和氮气提供；其余 4% 压缩空气经洗涤塔并除去二氧化碳。这股纯空气进一步压缩到 12.6MPa，然后在一系列热交换器中得到冷却，包括一台预冷器、氨蓄冷器和两台氮热交换器。冷空气经节流阀节流膨胀，再与蓄冷器来的空气混合，混合气被送入下塔的再沸器，此处的操作压力约为 0.5MPa。

基本上纯的液氮从下塔的上部取出，在膨胀到 0.101MPa 之前送入过冷器，然后引入上塔的顶部，充分过冷以防液体进入上塔发生闪蒸。高纯度的氮气从上塔顶部出来，并用于过冷下塔来的液氮。还有部分从下塔顶部取出的氮气，用于进一步冷却经氨预冷的空气流，然后经一膨胀机膨胀到0.101MPa，使氮气温度降低。膨胀后的氮气一部分用于冷却空气流，其余的作为蓄冷器的主要冷源。

四、海兰特系统

图5-25所示为另一个应用比较广泛的空分系统——海兰特（Heylandt）系统，该系统通常用于生产液氧和液氮。原料空气首先在空气压缩机中压缩到10MPa，在压缩机的中间冷却器和级后冷却器中，空气得到冷却并将其中的水分除掉。空气经另一台由一膨胀机驱动的压缩机进一步压缩到13.7MPa。压缩空气然后流经一预冷热交换器和氨冷却器，冷却到233K，在这一点处将空气分为两部分，一部分经主热交换器，然后经节流阀膨胀到0.7MPa，而另一部分则直接进膨胀机膨胀到0.7MPa，其温度降低到111K。两股气流重新混合后送到一台洗涤塔，在这里与液空接触，除掉二氧化碳和碳氢化合物，从洗涤塔出来的液体流经过滤器以除掉固体二氧化碳和碳氢化合物。经纯化后的液空随后与从下塔底部来的富氧液体混合，作为原料引入上塔，从洗涤器出来的气流当做原料送入下塔。

从下塔冷凝器出来的液氮被上塔来的氮气过冷，该液氮膨胀到一个合适的压力后，提供上塔的回流液。从上塔的再沸器得到液氧，从下塔冷凝器放出高纯液氮。不纯的氮气从上塔顶部放出，并先后通过过冷器、主热交换器和预冷器，然后排放到大气中。

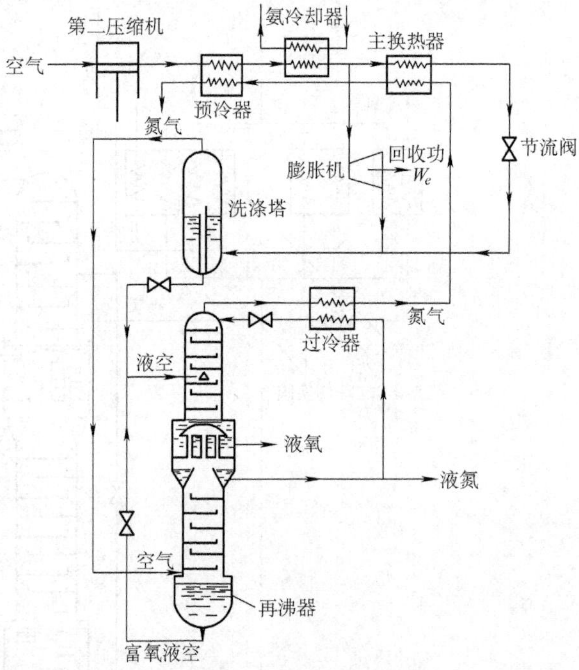

图5-25　海兰特系统

在一般实际应用中，下塔的操作压力大约为0.7MPa，而上塔的操作压力低于0.2MPa，纯度为99.6%的氧气产品中主要含有杂质氩气。通常液氮产品中含有约7×10^{-6}的氧，而废氮气中含有大约2%的氧。若希望在上塔顶部得到高纯氮，则必须附加几块塔板，同时还必须在上塔的某个部位排放掉一些废氮。

五、副产气体分离系统

虽然空气分离系统的主要功能是生产氮、氧的气态或液态产品，但是空气中还包含一定量的惰性气体组分。一方面，这些组分是这些惰性气体重要的来源，可以进行进一步分离加以回收利用；另一方面，若不进行有效分离将成为提高氮、氧产品纯度的障碍。因此，目前大规模的空气分离系统都有配备某些惰性气体的辅助流程。

1. 氩分离系统

因为空气中含有0.934%（摩尔分数，下同）的氩，其沸点在氮和氧的沸点之间，它将成为杂质混在产品氧或氮中。根据空气中氮、氧和氩的相对摩尔分数，若氩全部混入氧产品中，则氧气中氩将有5%。若全部集中在氮产品中，则氮产品中将含有1.3%的氩。如果希望获得高纯氮或氧产品，则必须把氩除掉。

在早期的空分流程中，氩气曾作为杂质气体随产品带走了，后来由于氩气广泛应用于商业上的惰性氩弧焊保护气和充填白炽灯内，因此在空分中同时生产氩气，使得系统的经济效益得到提高。

氩分离系统主要由两部分组成：①装有一套如图5-26所示的氩回收辅助系统；②纯化辅助系统。在双塔空分系统中，在上塔的偏下部位氩的摩尔分数最高，在这点取出部分O_2-Ar-N_2混合气体，然后送到氩塔回收粗氩，在氩塔底部的再沸器中几乎是纯氧液体，取出并送回双塔上部的合适位置，而粗氩则送到氩纯化系统。

工业上有两类氩纯化系统：①催化－燃烧系统，如图5-27所示；②吸附系统。第一种辅助系统是将氢加到从粗氩塔出来的氩气流中，把这种混合气压缩到0.5MPa，然后在一台催化燃烧炉中氧和氢混合燃烧或结合，达到除氧要求。一台性能良好的催化燃烧炉装置，能使氩产品中仅仅含有1×10^{-6}的氧、1%的氢和1%的氮，在燃烧时生成的水蒸气被冷凝成水并由铝干燥器除掉，剩下的氮和氢由冷凝法除掉。最后氩产品中含有约20×10^{-6}的杂质，其中主要的杂质有：N_2—$(1\sim10)\times10^{-6}$；O_2—$0\sim5\times10^{-6}$和CO_2—$0\sim5\times10^{-6}$。

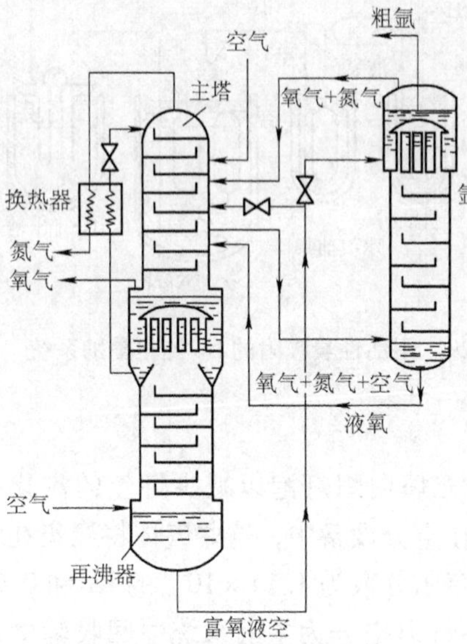

图5-26　氩回收辅助系统

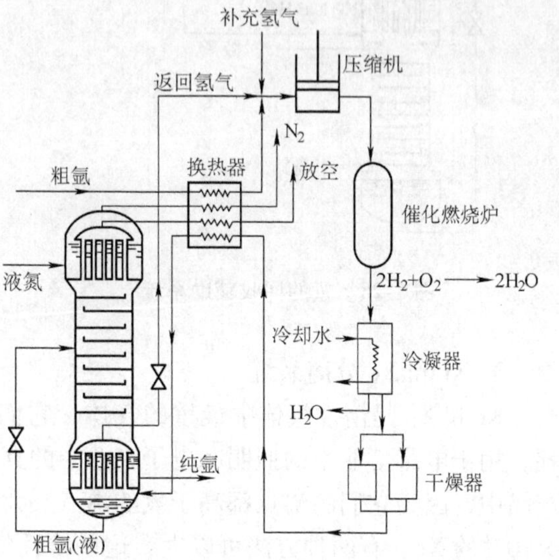

图5-27　利用催化燃烧和精馏相结合的氩纯化系统

第二类辅助系统则利用吸附除氧的方法。利用精馏塔从$Ar-O_2$混合气体中除掉N_2，$Ar-O_2$混合气集中在塔的再沸器中，然后通过一台热交换器和两台并联的吸附器，该吸附器主要吸附氧气，得到的氩气经过滤器除掉固体颗粒后冷凝。

2. Ne和He分离系统

双塔空分系统连续运行一段时间以后，其蒸发－冷凝器的传热效率明显下降，这是由于在氮气中逐渐地积累Ne和He，于是N_2的分压降低，以致冷凝器中的N_2不在设计温度下冷凝。这一问题可以用下列方法得到解决，即周期性地从冷凝器的顶部放出一些累积了 Ne 和 He 的气体到大气中或到氖分离系统中。

氖分离系统由两个辅助系统组成：①回收辅助系统；②纯化辅助系统。氖的回收辅助系统如图 5-28 所示，它由一个小的冷凝－精馏塔组成，从 N_2 中分离出 Ne、He、H_2。

Ne＋He＋H_2 混合气经压缩后进入纯化辅助系统（图5-29），首先将此混合气通到 N_2 冷阱中，除去绝大部分剩余的氮气。离开 N_2 冷阱的气体含有95%的（Ne＋He）和5%（N_2＋H_2）。剩余的氮气在压机油冷阱中除掉。然后，把混合气通到氧化炉中，使氢和氧结合生成水蒸气，然后冻结在一个水汽捕集器中，其余的 Ne＋He 混合气通到第一氖冷阱中，吸附收集 Ne，排掉 He。当吸附剂吸附 Ne 达到饱和时，抽空解吸即获得纯氖。

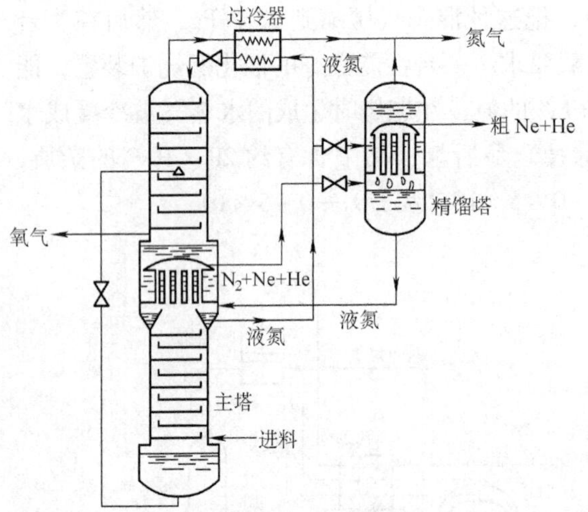

图 5-28　氖的回收辅助系统

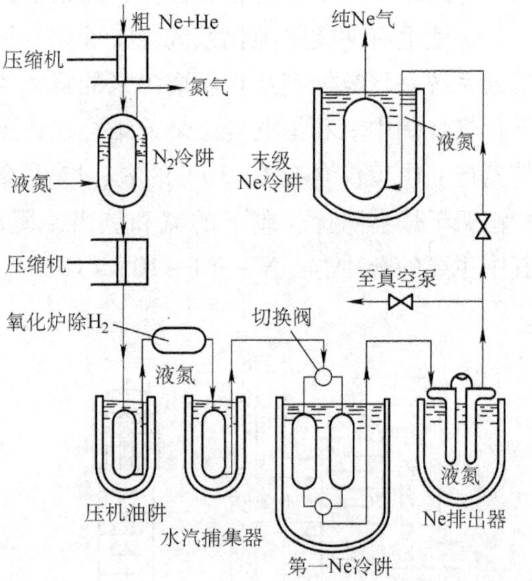

图 5-29　用活性炭吸附的 Ne 纯化辅助系统

3. Kr 和 Xe 分离系统

Kr 和 Xe 是惰性气体中最重的气体，它们主要用于充填白炽灯泡以减少灯丝的汽化损耗，用于电影工业中的照明和电子工业中的真空管等。在空分设备中，这些气体将聚集在氧产品中，因为它们的沸点都高于氧的沸点。大气中含有摩尔分数为 1.14×10^{-6} 的 Kr 和 0.08×10^{-6} 的 Xe。有两种方法可以生产这些惰性气体，第一种以空分为主的系统中回收辅助产品氪，而第二种方法则只生产氪和氙气。

图 5-30 和图 5-31 分别表示回收和纯化 Kr 和 Xe 的辅助系统，辅助冷凝－蒸发器用于汽化三元混合气体 O_2－Kr－Xe 中的 O_2 并将其排出。从下塔来的氮气供给汽化所需的热量。从冷凝－蒸发器出来的 O_2－Kr－Xe 混合气，送到小的提馏塔中进一步浓缩 Kr 和 Xe 气。

在纯化辅助系统中，粗 Kr 和 Xe 首先汽化，让它们在一个催化炉中将所有剩余的碳氢化合物氧化，并生成氮气在另一个活性炭冷阱中除掉。有两台并联的硅胶捕集器用于吸附 Kr 和 Xe，而让其他杂质离开系统。当其中一台捕集器变成饱和时，切断进料并加热升温释，放出 Kr－Xe 混合气。将这一浓缩的混合气送入到一个小的精馏塔中，或用类似于 Ne 纯化系统的活性炭吸附和解吸来分离这两种气体。

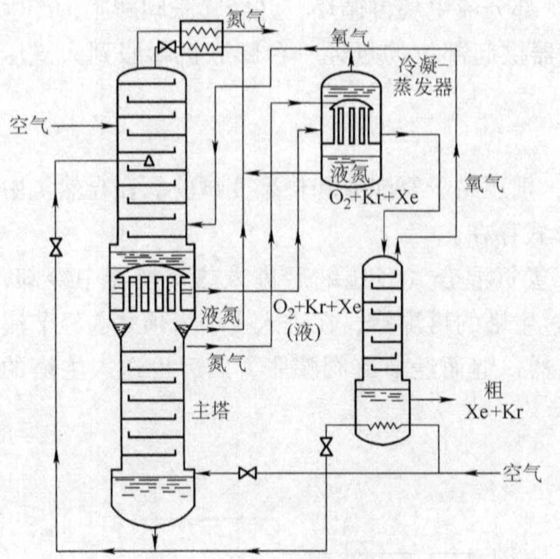

图 5-30　Kr 和 Xe 回收辅助系统

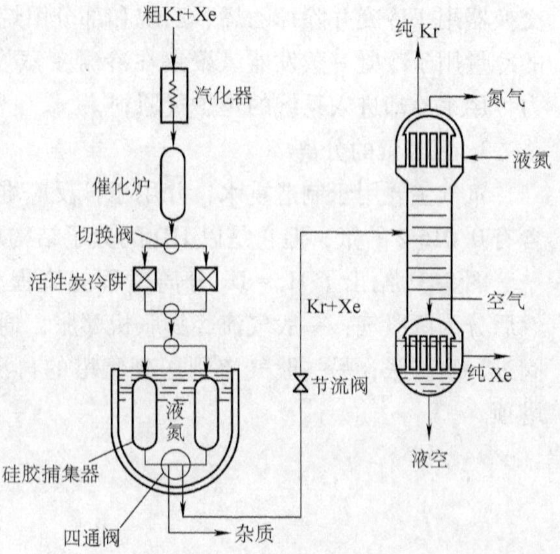

图 5-31　Kr 和 Xe 纯化辅助系统

第四节　氢及氦的分离系统

一、氢分离系统

1. Linde－Bronn 氢回收

焦炉气是工业氢的一个来源，这种气体由氢、甲烷、氮、氧、二氧化碳、乙烷、乙烯、丙烯和其他大于1%（摩尔分数，下同）的碳氢化合物组成。氢分离可以用简单的冷凝－汽化法，因为氢的沸点要比混合物中其他组分的沸点低得多。

Linde－Bronn 氢回收系统原来是为供给合成氨用的氢而开发的。在该系统中，水蒸气、苯、甲苯、氨和硫化物等杂质都在室温下除去，然后焦炉气进行压缩，在氨预冷器中冷却到能使丙烷冷凝的温度。在第二台热交换器中把气体冷却到较低的温度，使大部分乙烯、乙烷、丙烯和部分甲烷冷凝。在第三台热交换器中把气体进一步冷却，使更多的甲烷冷凝。在一台以液氮为冷源的冷凝－蒸发器中把所有剩余甲烷基本上都冷凝了，而液甲烷供作第三台热交换器的主要冷剂，用以冷却进入系统的气体。

离开冷凝－蒸发器的 H_2、N_2 和 CO 混合气作为原料进入精馏塔的底部，而从外部供给的液氮作为塔顶的回流液。塔底部的液体基本上由 CO 和 N_2 组成，而离塔顶气体则含有摩尔分数为 75% 的 H_2 和 25% 的 N_2，这个组成恰好是合成氨所需的组成。为了得到纯氢气，在 H_2 和 N_2 离开系统时附加一冷凝－蒸发器和纯化器。这样，在冷凝器中除掉了大部分的氮气，在硅胶纯化器中除掉氢气中剩余的少量氮。

2. 法液空的氢分离

现在广泛使用的另一种氢分离系统是由法国液化空气集团开发的。它用一台膨胀机提供压缩功的 15%，并代替辅助液氮冷剂所提供的制冷量，其流程如图 5-32 所示。焦炉气压缩到大约2.5MPa，然后在一台热交换器中冷却，并除掉一部分碳氢化合物和丙烯。第二台热交换器用于冷凝并除掉乙烯、乙烷和部分甲烷。部分液甲烷再循环，并经膨胀阀膨胀，产生的冷量用于冷凝－蒸发器。聚集在冷凝－蒸发器拱起部位的氢经一台膨胀机膨胀到大气压力，用来冷却进入系统的焦炉气原料。

3. 氢与氘的分离

氘气主要用于制造重水，并用于核反应堆，氘还用于氢泡室和核聚变试验。在自然氢中含有0.015%的氘，但它是以HD的分子结构形式存在。

图5-33给出了H_2-D_2分离过程的流程。氢氘混合气经压缩后进入热交换器中冷却，然后分为两股气：一股气流经膨胀机膨胀，通过主塔的再沸器，在进入主塔塔顶之前经节流阀进一步膨胀；另一股气流则送到氘塔的再沸器，继而经节流阀膨胀，然后也送入主塔的塔顶。

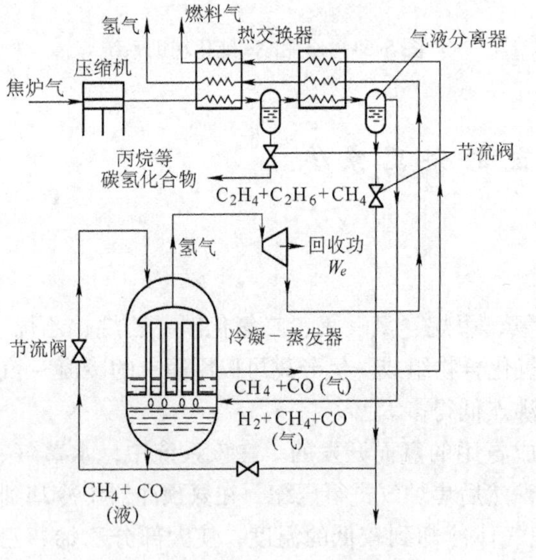

图5-32 焦炉气的氢分离系统

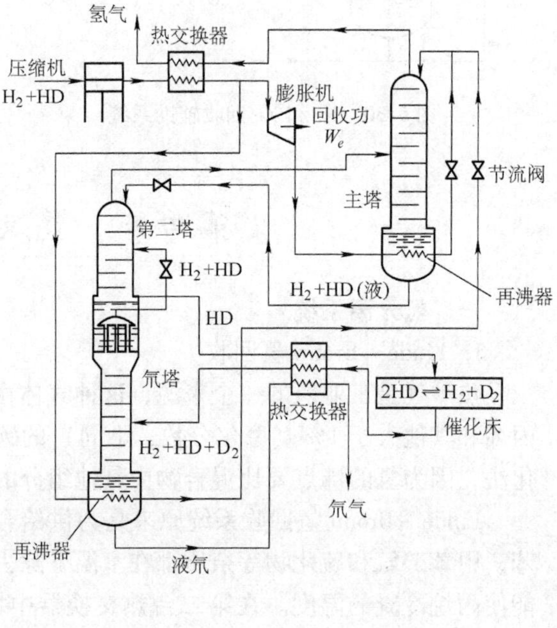

图5-33 H_2-D_2分离系统

在主塔中，再沸器中的液体含有约3%的HD。把主塔再沸器中的液体送到第二塔的上部进一步分离。在上塔底部的液体中含有大约95%摩尔分数的HD。将这些液体汽化加热送到催化床中进行催化转化，即

$$2HD \Leftrightarrow H_2 + D_2$$

平衡时混合气中含有H_2、HD和D_2。将这种混合气体冷却后送到氘塔，即第二塔的下塔合适部位。氘塔底部液体几乎是纯的D_2。聚集在氘塔顶部的H_2+HD混合气被送到第二塔的上塔合适部位进一步分离。

用平衡常数或分离系数可以求出这类塔的理论塔板数。系统的平衡常数与温度、压力的经验关系式为

$$\ln \frac{Kp}{p_0} = C_1 + C_2 T^1 + C_3 T \tag{5-39}$$

式中，$p_0 = 101.325\text{kPa}$ 为参考压力；T 为温度（K）；C_1、C_2、C_3 为常数值，见表 5-6。

表 5-6　式（5-39）中的常数值

组　分	C_1	C_2	C_3
n – H2	4.11265	103.5171	0.047288
n – D2	4.26077	134.6135	0.06502
HD	4.19492	130.5920	0.094429

二、氦分离系统

1. 从天然气中回收氦

从富氦天然气分离氦是目前氦的主要来源。由于氦在超导体冷却、导弹和空间飞行等应用中需求量很大，因此最近几十年氦的提取工业发展很快。图 5-34 为从天然气中提取氦的典型流程。进入系统的天然气被压缩到 4.25MPa，经处理清除 CO_2、硫化氢和水蒸气，然后把气体在热交换器中冷却并冷凝其中的大部分杂质气体，然后经节流阀膨胀到 1.8MPa，温度降到 128K。将流体送入用液氮冷却的粗氦分离器，在这里有 98% 的气体被液化。气相是粗氦——含 60% 的 He 和 40% 的 N_2 以及极少量的甲烷，把这部分粗氦加热升温到环境温度，以便进一步纯化。经去除氦和氮后的液相天然气进入第一台热交换器作为冷流体去冷却并冷凝进入系统的天然气。汽化后的天然气经再压缩并回流到天然气管道中。由于这部分气体已几乎除掉了不可燃组分，因此是高质量的燃料气。

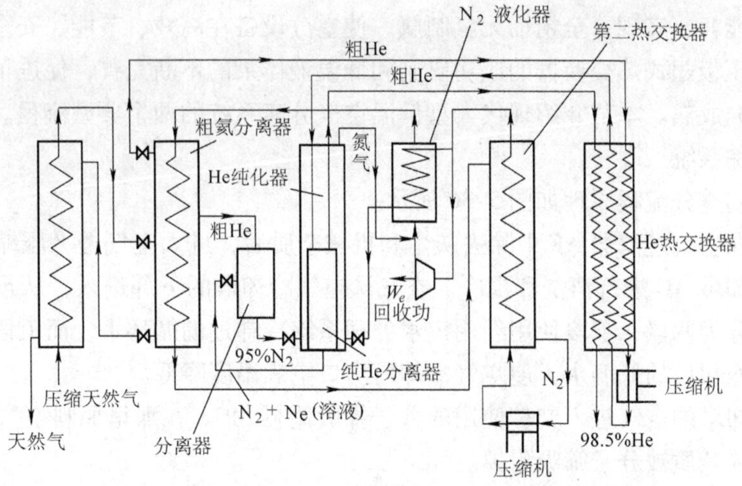

图 5-34　从天然气中提取氦的典型流程

经初步纯化后粗氦气压缩到 18.7MPa，被产品氦气冷却，再送入液氮冷却的纯氦分离器，在此分离器中以冷凝形式除掉大部分氮气。从纯氦分离器中回收的氦进入 He 纯化器中，离开He纯化器的气相含有98.5%的He和1.5%的N_2，将此混合气用活性炭进一步吸附纯化达到99.995%的He，而氮则被吸附除掉。

2. 氦同位素分离

因为在氦混合气中^3He的含量极少（摩尔分数约为$1\times10^{-6}\sim1\times10^{-7}$），所以在实验中分离$^3He$和$^4He$一般采用两步法。第一步，用热扩散法富集$^3He$达到约1%的摩尔分数，第二步，采用精馏法分离，得到所需的纯^3He。热扩散塔流程如图5-35所示。用液氮作为热扩散塔的外围冷剂。管中轴位置的加热金属丝使得管壁与中心金属丝有一个合理的温度梯度，该温度梯度使得同位素产生热扩散，结果使重同位素^4He向冷壁移动，而轻同位素^3He则向热丝移动。由于温度梯度产生密度梯度，使得在扩散池中的气体沿热丝表面向上运动，而沿热管壁向下移动。最后可从塔底取出重同位素，而轻同位素则从塔顶取出。

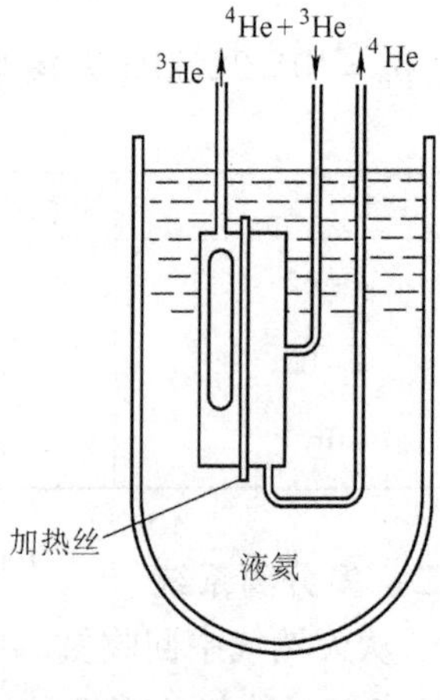

图5-35　用热扩散塔从^3He、^4He混合气体中分离^3He

第五节　现代大型低温空气分离系统简介

与其他工业技术一样，大型空气分离系统的技术进步也日新月异。透平膨胀机的产生，实现了大型空分设备的全低压流程；高效板翅式热交换器的出现，使切换板翅式流程取代了石头蓄冷器流程；增压膨胀机的出现和分子筛吸附器的改进，克服了分子筛净化流程能耗高的缺陷，使常温分子筛净化流程替代了切换式热交换器全低压流程，成为20世纪80年代末期到90年代中期空分设备技术发展的一个闪光点。规整填料在空分行业的使用进一步降低了空分设备的能耗，实现了全精馏无氢制氩，使空分设备在高效、节能、安全等方面大大迈进了一步。高压板翅式热交换器的成功研制和低温液体泵的不断完善，促进了内压缩流程的发展和逐步走向成熟。本节介绍现代大型低温空气分离系统的两个典型流程。

一、外压缩系统

外压缩低温空分流程原理如图5-36所示。

原料空气在空气过滤器AF中除去灰尘和机械杂质后，进入空气透平压缩机ATC，然后被送入空气冷却塔AC进行清洗和预冷。空气从空气冷却塔的下部进入，从顶部出来。空气冷却塔的给水分为两段，下段使用经用户水处理系统冷却过的循环水，而上段则使用经氮水冷却塔器WC冷却后的低温水，使空气冷却塔出口空气温度降低。

出空气冷却塔的空气进入交替使用的分子筛吸附器MS。在那里原料空气中的水分、二氧化碳和乙炔等杂质被分子筛吸附掉。

净化后的加工空气分两股：一股相当于膨胀量的空气被引入增压风机中增压，然后被冷却水冷却至常温后进入主热交换器E1。再从主热交换器中部抽出进入透平膨胀机ET，膨胀后部分送入上塔C2参与精馏，其余旁通入污氮管道；另一股空气直接进入主热交换器后，被返流气体冷却至饱和温度后进入下塔C1。

空气经下塔初步精馏后，在下塔底部获得液空。下塔顶部纯液氮进入液空液氮过冷器E2

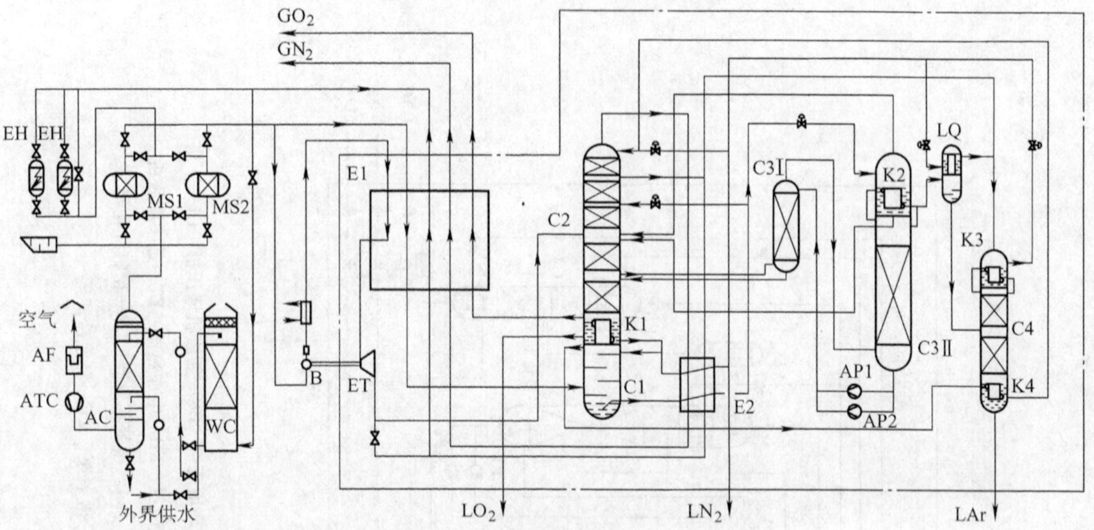

图 5-36　外压缩低温空分流程原理图

AC—空气冷却塔　AF—空气过滤器　AP1、AP2—循环液氩泵　ATC—空气透平压缩机　B—膨胀机增压机　C1—下塔　C2—上塔　C3Ⅰ—粗氩Ⅰ塔　C3Ⅱ—粗氩Ⅱ塔　C4—精氩塔　E1—主热交换器　E2—液空液氮过冷器　EH—电加热器　ET—透平膨胀机　GN_2—气氮管线　GO_2—气氧管线　K1—冷凝蒸发器　K2—粗氩冷凝蒸发器　K3—精氩冷凝器　K4—精氩蒸发器　LQ—粗氩液化器　LAr—液氩管线　LN_2—液氮管线　LO_2—液氧管线　MS1、MS2—分子筛吸附器　WC—氮水冷却器

过冷后，进入上塔相应部位，从上塔顶部得到氮气，经液空液氮过冷器、主热交换器复热后出冷箱作为产品输出。另抽取一部分液氮直接进入液氮贮槽。

空气经上塔进一步精馏后，在上塔底部获得氧气。氧气经主热交换器复热后出冷箱，经氧气压缩机加压后进入氧气管网。液氧产品从冷凝蒸发器 K1 底部抽出，进入液氧贮槽。

从上塔中下部抽出一定量的氩馏分送入氩分离流程。

从上塔上部引出污氮气，经液空液氮过冷器、主热交换器复热后出冷箱，一部分进入电加热器作为分子筛再生气体，其余气体送入氮水冷却塔。

二、内压缩系统

内压缩流程是相对外压缩流程而言的。外压缩流程就是空分设备生产低压氧气，然后经氧压缩机加压至所需压力供给用户，内压缩流程则取消氧压缩机，直接从空分设备生产出中高压的氧气供给用户，由液氧在冷箱内经液氧泵加压实现。目前，内压缩流程较为广泛地应用于液体需求量大、产品终压高和容量大的空分设备中。图 5-37 所示为内压缩低温空分流程原理图。

原料空气在空气过滤器 AF 中除去灰尘和机械杂质后，进入空气透平压缩机 ATC1 压缩，然后被送入空气冷却塔 AC 进行清洗和预冷。空气从空气冷却塔的下部进入，从顶部出来。空气冷却塔的给水分为两段，下段采用经用户水处理系统冷却过的循环水，而上段则采用经氮水冷却器 WC 冷却后的低温水，使空气冷却塔出口空气温度降低。出空气冷却塔的空气进入交替使用的分子筛吸附器 MS。在那里原料空气中的水分、二氧化碳和乙炔等杂质被分子筛吸附掉。

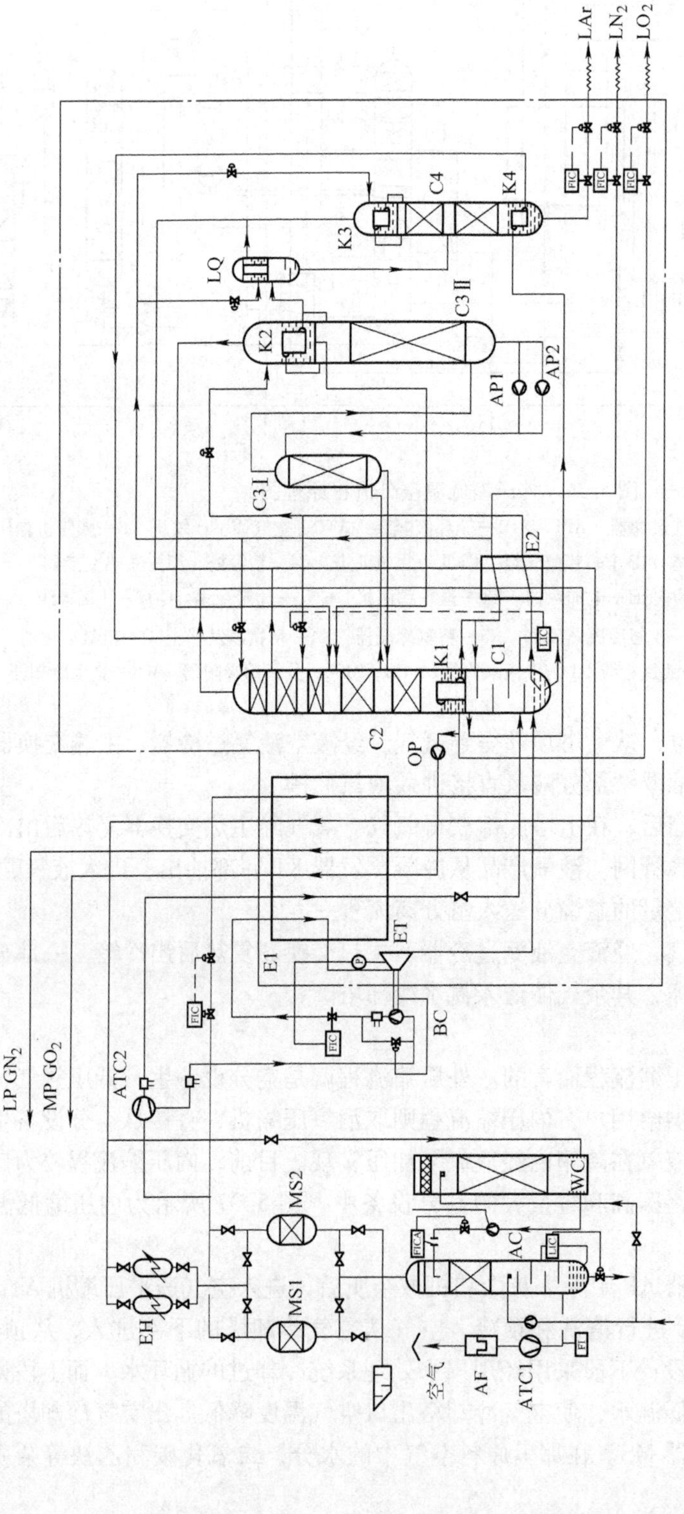

图 5-37　内压缩低温空分流程原理图

AC—空气冷却塔　AF—空气过滤器　AP_1、AP_2—循环液氩泵　ATC1—空气透平压缩机　ATC2—循环增压机　BC—膨胀机增压机　C1—下塔　C2—上塔　C3 Ⅰ—粗氩Ⅰ塔　C3 Ⅱ—粗氩Ⅱ塔　C4—精氩塔　E1—主热交换器　E2—液空液氮过冷器　EH—电加热器　ET—透平膨胀机　GN_2—气氮管线　GO_2—气氧管线　K1—冷凝蒸发器　K2—粗氩冷凝蒸发器　K3—精氩冷凝器　K4—精氩蒸发器　LQ—粗氩液化器　LAr—液氩管线　LN_2—液氮管线　LO_2—液氧管线　MS1、MS2—分子筛吸附器　OP—液氧泵　WC—氮水冷却器净化后的加工空气分两股：一股进入主热交换器，与返流的污氮气和产品气换热后进入下塔 C1 进行精馏。另一股经循环增压机 ATC2 压缩后再分为两股，一股相当于膨胀量的空气从循环增压机一段抽出，经膨胀机增压机 BC 增压后经气体冷却器冷却，进入主热交换器 E1，并从中部抽出，经透平膨胀机 ET 膨胀后进入下塔进行精馏；另一股气体经循环增压机继续增压，再进入主热交换器换热，冷却后节流进入下塔。

空气经下塔初步精馏后，在下塔底部获得液空，在下塔顶部获得纯氮。从下塔抽取的液空、纯液氮进入液空液氮过冷器 E2 过冷后进入上塔相应部位。另抽取一部分直接进入液氮贮槽。

经上塔进一步精馏后，在上塔底部获得液氧，经液氧泵 OP 加压至所需压力后，经主热交换器复热出冷箱，得到带压氧气产品。液氧产品从上塔底部抽出，进入液氧管线 LO_2 输出。

从上塔 C_2 中下部抽出一定量的氩馏分送入氩分离流程。

从上塔顶部得到氮气，经过冷器、主热交换器复热后出冷箱作为产品输出。

从上塔上部引出污氮气，经液空液氮过冷器 E_2、主热交换器复热后出冷箱，一部分进入电加热器 EH 作为分子筛再生气体，其余气体送氮水冷却器。

与外压缩流程相比，内压缩流程主要的技术变化在于两个部分：精馏与换热。外压缩流程空分设备由精馏塔直接产生低压氧气，再经主热交换器复热出冷箱；而内压缩流程空分设备是从精馏塔的主冷凝蒸发器抽取液氧，再由液氧泵加压至所需压力，然后与一股经循环增压机增压后的高压空气设备换热，使其汽化后出冷箱。可以认为，内压缩流程是用液氧泵加上循环增压机取代外压缩流程的氧压缩机。相对于外压缩流程，内压缩流程在技术上主要有以下几个特点：

1）内压缩流程空分设备是采用液氧泵对氧产品进行压缩，然后换热气化的一种流程形式。为了使加压后液氧的低温冷量能够转换成为同一低温级的冷量，使空分设备实现能量平衡，必须要有一股逆向流动的压缩气体在热交换器中与加压后的液氧进行换热。在使液氧气化和复热的同时，这股压缩气体则被冷却和液化，然后进入精馏塔内参与精馏。根据热力学原理，参与换热的这股高压气体的压力必须高于被压缩液氧的压力，所以在内压缩流程中需设置 1 台循环增压机和 1 个高压热交换器。

2）与加压液氧进行换热的空气压力和流量的确定、高压换热系统的组织和精馏的组织等是内压缩流程的核心问题。所以，与常规外压缩流程不同的是：内压缩流程要根据最终产品压力、流量及使用特点等具体情况，经过不断地优化计算，选择合理的流程组织方式、最佳的气化压力和循环流量，使空分设备的氧、氩提取率最高，经济性最好。

3）内压缩流程取消了氧压缩机，因而无高温气氧，火险隐患小、安全性好。从主冷中大量提取液氧，使精馏塔内碳氢化合物的积聚可能性降到最低。产品液氧在高压下蒸发，使烃类物质在热交换器内积累的可能性大大降低。特殊设计的液氧泵自动起动与运行程序可有效保证装置的安全运行与连续供氧。

4）内压缩流程的单位产品能耗与空分设备的规模、产品压力、液体产品的多少有较大关系。目前，内压缩流程的产品提取率略低，单位产品能耗要比常规外压缩流程略高，系统性能还有改进余地。

习　题

5-1　现有5kg摩尔分数为85%的氢气和15%的氮气混合气体，要将它在295K温度下等温可逆分离，求所需的理想分离比功为多少？假设两种气体都满足理想气体状态方程。

5-2　试求在300K温度下，可逆等温地将摩尔分数为70%的氮气、20%的二氧化碳、5%的一氧化碳和5%的氧气的混合气体，分离成四种单一气体所需的理想分离比功（kJ/kg）。另外，求出在300K温度下单独分离二氧化碳所需的理想分离比功。假设所有气体都满足理想气体状态方程。

5-3　一股天然气，其摩尔分数为：84%甲烷、8%乙烷、3%丙烷、1%丁烷和4%氮气，假设所有气体都符合理想气体性质。试计算在300K温度下，分离乙烷和丙烷所需的理想分离比功，假设：（1）所有气体全部分离；（2）仅分别分离乙烷和丙烷，其他气体保持混合状态。试问先分离出丙烷或先分离出乙烷，两者有何区别。

5-4　试求在290K温度下分离一种理想气体混合物，使其氢的产量为0.5kg/s所需的最小功率。混合物的摩尔分数为：45%氢、30%甲烷、15%氮和10%二氧化碳，假设气体符合理想气体性质。

5-5　二级空分精馏塔的下塔底部产品摩尔分数为：40%的氮、59%的氧和1%的氩。试求当塔内压力为0.506MPa时，液体的饱和温度为多少？与再沸器中该饱和液体相平衡的蒸气摩尔分数如何？

5-6　在双级空分塔中，分离氩气的步骤如下：先在上塔的一个指定位置抽出富氩气流，然后在另一个分离装置中提高其摩尔分数，把余下部分再返回上塔，以此循环。从上塔抽取的气流摩尔分数为：84%氧、12%氩和4%氮。压力为0.101MPa时，假如抽出的是饱和液体，试问这种混合物的温度为多少？

5-7　若例题5-4中塔顶产品（N_2）的摩尔分数提高到99.5%，而不是原来的95%，试问浓缩段的理论塔板数应增加几块？

5-8　摩尔分数为21%的氧及79%的氮组成的空气，以饱和液体状态引入到林德单塔空分中，其操作压力为0.506MPa。计算为在塔釜得到摩尔分数为98%的氧和2%的氮的氧气产品的理论塔板数，塔顶允许得到摩尔分数为90%的氮。

5-9　求一个单级精馏塔的理论塔板数。通入系统的加工气由摩尔分数为88%的氧和12%的氩组成，其摩尔流量为12mol/s，要求在塔顶得到摩尔分数为70%的氩，在塔釜得到摩尔分数为98%的氧。加工原料气体为饱和蒸气，其摩尔焓为6050J/mol；釜底产品是饱和液体，其摩尔焓为235J/mol；塔顶产品为饱和蒸气，其摩尔焓为6050J/mol。混合物的平均汽化热为5815J/mol。在塔顶冷凝器中放出的热负荷为330kW。在0.203MPa下氩－氧系统的平衡数据如下：

氩的摩尔分数

x	y	x	y	x	y
0.00	0.000	0.35	0.436	0.70	0.767
0.05	0.072	0.40	0.489	0.75	0.809
0.10	0.140	0.45	0.539	0.80	0.849
0.15	0.204	0.50	0.588	0.85	0.888
0.20	0.266	0.55	0.635	0.90	0.927
0.25	0.325	0.60	0.680	0.95	0.964
0.30	0.382	0.65	0.724	1.00	1.000

5-10　求一个单级塔分离氧氮混合物所需理论塔板数。进料为饱和液体，由摩尔分数为79%的氮和

21% 的氧组成，设计要求塔釜产品氧的摩尔分数为 99%，摩尔流量为 15mol/s，塔顶冷凝器从含有摩尔分数为 5% 氧气的氮气流中吸收 150kW 热量，分离系统是在 0.506MPa 压力下操作的。为简化计算，可以假设蒸气和液体的平均摩尔焓分别为 7345kJ/kmol 和 17805kJ/kmol。

5-11　假如习题 5-10 中，塔顶气流氧的摩尔分数减少到 1%，试问冷凝器需要有多大的负荷，才能使塔在实际回流比为最小回流比的 1.1 倍的工况下操作？在该操作条件下需要多少块理论塔板？

第六章　制冷与低温循环的热力学第二定律分析

热力学第二定律不仅可以判断过程的发展方向、能量的品位，而且还可以用来分析系统内部的各种损失。一个实际过程或循环，总是存在着各种不可逆过程，各种制冷实际循环也不例外。从分析循环损失着手，可以知道一个实际循环偏离理想可逆循环的程度、循环各部分损失的大小，从而可以找到提高循环热力学经济性的途径。

目前在制冷与低温工程中用来分析损失的方法，除了用热力学第一定律分析能量在数量上的损失外，还经常采用基于热力学第二定律的熵分析法和㶲分析法两种，下面分别简单介绍这两种方法。

第一节　熵分析法

由热力学理论可知，对于一个由制冷机及其环境（包括被冷却物体及冷却介质）所构成的孤立系统，当其中进行的过程完全可逆时系统的熵保持不变。若过程不可逆，则系统的熵要增大，即

$$\Delta S_{sys}=\sum \Delta S_i \geqslant 0 \tag{6-1}$$

式中，ΔS_i表示系统各部分由于发生不可逆过程导致的熵的增量。

对于逆向循环，不可逆过程将导致循环多消耗一部分附加功。由热力学原理可知，不可逆过程引起的附加功，等于大气环境温度 T_a 与系统由于发生不可逆过程导致熵的增量的乘积。若某一不可逆过程引起的系统的熵增为 ΔS_i，则它多消耗的附加功 ΔW_i 可表示为

$$\Delta W_i = T_a \Delta S_i \tag{6-2}$$

而循环的各个不可逆过程引起的总的附加功应等于各个过程的附加功的总和$\sum \Delta W_i$。

若单级实际压缩式蒸气制冷循环所消耗的功为 W，它比完全可逆循环所消耗的功 W_{min}要大$\sum \Delta W_i$，因此

$$W = W_{min} + \sum \Delta W_i \tag{6-3}$$

由此，实际循环的热力完善度可表示为

$$\eta = \frac{\varepsilon}{\varepsilon_r} = \frac{Q_0/W}{Q_0/W_{min}} = \frac{W_{min}}{W} = 1 - \frac{\sum \Delta W_i}{W} = 1 - \sum \beta_i \tag{6-4}$$

式中，β_i 为某一不可逆过程的附加功在实际循环耗功中所占的百分数。

根据 β_i 的值，可以知道这一制冷系统中各个不可逆过程对系统的影响程度，从而为改进系统的经济性提供理论依据。

例 6-1　试用熵分析法分析例 3-2 循环的损失。参考例 3-2 的计算结果，得循环各点的状态参数，见下表，其 $p-h$ 图和相应的 $T-s$ 图如图 3-14 所示。

解　由例 3-2 循环的热力计算结果可知，

状态点	参　数	单　位	数　值	注
0	p_0	MPa	0.116	$t_0=t_L-5=-18-5=-23$
	t_0	℃	−23	
	h_0	kJ/kg	382.9	
	s_0	kJ/(kg·K)	1.7376	
1	p_1	MPa	0.116	
	t_1	℃	0	
	h_1	kJ/kg	401.6	
	s_1	kJ/(kg·K)	1.8091	
2_s	p_{2_s}	MPa	1.016	根据 p_{2_s} 和 s_{2_s}，由 REFPROP 得到 $s_{2_s}=s_1$
	t_{2_s}	℃	71.5	
	h_{2_s}	kJ/kg	452.1	
	s_{2_s}	kJ/(kg·K)	1.8091	
2	p_2	MPa	1.016	根据 p_2 和 h_2，由 REFPROP 得到
	t_2	℃	87.4	
	h_2	kJ/kg	468.9	
	s_2	kJ/(kg·K)	1.8567	
3	p_3	MPa	1.06	$t_3=t_H+8=32+8=40$
	t_3	℃	40	
	h_3	kJ/kg	256.2	
	s_3	kJ/(kg·K)	1.1886	
4	p_4	MPa	1.06	由热平衡式（3-20）计算 h_4，再根据 p_4、h_4，由 REFPROP 得到
	t_4	℃	27.3	
	h_4	kJ/kg	237.5	
	s_4	kJ/(kg·K)	1.1284	
5	p_5	MPa	0.116	根据 h_5 以及饱和气体与饱和液体的比焓可以计算干度 x，再根据 x 以及饱和气体与饱和液体的比熵可以计算 s_5
	t_5	℃	−23	
	h_5	kJ/kg	237.5	
	s_5	kJ/(kg·K)	1.1568	

实际循环指示功率为　　　　　　$P=23.2\text{kW}$

逆卡诺循环消耗的功率为

$$P_k=\frac{\Phi_0}{\varepsilon_k}=\frac{50}{5.103}\text{kW}=9.8\text{kW}$$

故实际循环比逆卡诺循环所多消耗的理论功率

$$\Delta P=P-P_k=(23.2-9.8)\text{kW}=13.4\text{kW}$$

下面用熵增来计算多消耗的功。在制冷系统中，制冷剂经过循环变化之后其熵值不变，因此，孤立系统的熵增可根据被冷却物体及环境介质熵的变化来计算。

被冷却物体单位时间熵的变化为

$$\Delta S_{\mathrm{L}} = -\frac{\Phi_0}{t_{\mathrm{L}}} = \frac{\Phi_0}{t_{\mathrm{L}} + 273.15} = -\frac{50}{255.15}\mathrm{kW/K} = -0.1960\mathrm{kW/K}$$

高温热源单位时间熵的变化为

$$\Delta S_{\mathrm{H}} = \frac{\Phi_{\mathrm{k}}}{T_{\mathrm{H}}} = \frac{\Phi_{\mathrm{k}}}{t_{\mathrm{H}} + 273.15} = \frac{73.2}{305.15}\mathrm{kW/K} = 0.2399\mathrm{kW/K}$$

故孤立系统的单位时间熵增为

$$\Delta S_{\mathrm{is}} = \Delta S_{\mathrm{L}} + \Delta S_{\mathrm{H}} = (-0.1960 + 0.2399)\mathrm{kW/K} = 0.0439\mathrm{kW/K}$$

制冷循环总的多消耗的功率为

$$\Delta P = T_{\mathrm{H}}\Delta S_{\mathrm{is}} = (305.15 \times 0.0439)\mathrm{kW} = 13.4\mathrm{kW}$$

此值与上面算出的结果完全相符。

下面再来分析循环的各个过程因不可逆而引起的损失。

压缩过程的损失为

$$\Delta P_{\mathrm{comp}} = T_{\mathrm{H}}(s_2 - s_1) \times q_m = 305.15 \times (1.8567 - 1.8091) \times 0.344\mathrm{kW} = 5.00\mathrm{kW}$$

冷凝过程的损失为

$$\begin{aligned}\Delta P_{\mathrm{cond}} &= T_{\mathrm{H}}\left[\frac{\Phi_{\mathrm{k}}}{T_{\mathrm{H}}} - (s_2 - s_3)q_m\right] \\ &= 305.15 \times \left[\frac{73.17}{305.15} - (1.8567 - 1.1886) \times 0.344\right]\mathrm{kW} = 3.02\mathrm{kW}\end{aligned}$$

节流过程的损失为

$$\Delta P_{\mathrm{thr}} = T_{\mathrm{H}}(s_5 - s_4)q_m = 305.15 \times (1.1568 - 1.1284) \times 0.344\mathrm{kW} = 2.98\mathrm{kW}$$

蒸发过程的损失为

$$\begin{aligned}\Delta P_{\mathrm{evap}} &= T_{\mathrm{H}}\left[(s_0 - s_5)q_m - \frac{\Phi_0}{T_{\mathrm{L}}}\right] \\ &= 305.15 \times \left[(1.7376 - 1.1568) \times 0.344 - \frac{50}{255.15}\right]\mathrm{kW} = 1.17\mathrm{kW}\end{aligned}$$

回热过程的损失为

$$\begin{aligned}\Delta P_{\mathrm{rec}} &= T_{\mathrm{H}}[(s_1 - s_0) - (s_3 - s_4)]q_m \\ &= 305.15 \times [(1.8091 - 1.7376) - (1.1886 - 1.1284)] \times 0.344\mathrm{kW} \\ &= 1.19\mathrm{kW}\end{aligned}$$

各部分损失之和

$$\begin{aligned}\sum\Delta P_i &= \Delta P_{\mathrm{comp}} + \Delta P_{\mathrm{cond}} + \Delta P_{\mathrm{thr}} + \Delta P_{\mathrm{evap}} + \Delta P_{\mathrm{rec}} \\ &= (5.00 + 3.02 + 2.98 + 1.17 + 1.19)\mathrm{kW} = 13.36\mathrm{kW}\end{aligned}$$

由此求得的 $\sum\Delta P_i$ 与 ΔP 相对计算误差小于 0.3%，这一误差是由数值计算误差累积所致。

第二节 㶲分析法

一、㶲的概念

根据热力学第二定律，一种形式的能量并不总是可以完全转换为功。从这一角度出发，可以把能量看成由两个部分组成：可转换的部分与不可转换的部分，前者称为㶲，后者称为𬉼。机械能（动能、位能和机械功）、电能，由于它们原则上可以全部转变为功，因此全为㶲。热力学能和热能则既包含㶲，又包含𪸩，只有环境状态下的热力学能和环境温度下的热能全为𪸩。能量中㶲比例越大，表示它能转化为有用功的部分越大，它的品位也就越高。

热力学中对㶲所下的定义随能量的形式及过程特性而异，详细可以参看有关文献。下面仅介绍制冷工程中常用的热量（冷量）㶲和制冷剂的焓㶲。

1. 热量（冷量）㶲

热量是过程量，按照㶲的定义，系统在温度 T 时吸取的 $\mathrm{d}Q$ 热量中可转换成有用功的部分就是它的㶲。若设想在一个可逆的卡诺循环机中转换，此时环境温度为 T_a，则它的㶲可写成

$$\mathrm{d}E_q = \left(1 - \frac{T_a}{T}\right)\mathrm{d}Q \tag{6-5}$$

如果系统在吸热过程中温度由 T_1 升至 T_2，吸取的热量为 Q，则 Q 的㶲可表示为

$$E_q = \int_{T_1}^{T_2}\left(1 - \frac{T_a}{T}\right)\mathrm{d}Q \tag{6-6}$$

由式（6-6）可以看出，热量㶲是一与过程有关的量。如果系统吸热时温度 T 保持不变，则

$$E_q = \left(1 - \frac{T_a}{T}\right)Q \tag{6-7}$$

上式对于 $T<T_a$、$T=T_a$ 和 $T>T_a$ 都成立。若 $T>T_a$，则 E_q 和 Q 的符号相同，表示从一定的热量 Q 中可得到最大功 E_q。若 $T<T_a$，则 E_q 是负值，表示从低于环境温度的热源中吸取热量 Q（冷量）所需要消耗的最小功；此时，若热量传递过程没有产生㶲损失，则低于环境温度的热源就得到了在数量上等于 E_q 的㶲，这就是说，低于环境温度的热源具有正的㶲值，即具有对外做功的能力。当 $T=T_a$ 时 $E_q=0$，在环境温度下吸取热量的㶲为零，因而没有取得做功能力。

2. 焓㶲

流动的流体所具有的㶲称为焓㶲，其定义是

$$E_x = H - H_a - T_a(S - S_a) \tag{6-8}$$

式中，H 和 S 为流体的总焓和总熵；H_a 和 S_a 为环境的总焓和总熵。

单位质量流体的焓㶲称为比焓㶲，可表示为

$$e_x = h - h_a - T_a(s - s_a) \tag{6-9}$$

由式（6-9）可以看出，比焓㶲在环境状态确定后是一状态参数，与所经历的过程无关。

3. 流体的扩散㶲

对于环境空气中各组分来说，在环境温度 T_0 和环境压力 p_0 下不同组成流体具有化学㶲，或称扩散㶲。它仅仅是由于其成分或分压力不等于环境空气中该组分的成分或分压力而具有的。T_0、p_0 下分压力为 p_i 的流体可逆地转变到其在环境空气中的分压力 p_i^0 时，所能做出的最大有用功称为该气体的扩散㶲。理想气体的摩尔扩散㶲为

$$E_d = -RT_0\sum x_i \ln\frac{p_i^0}{p_i} \tag{6-10}$$

式中，R 为摩尔气体常数。

对于单位质量理想气体扩散㶲称为比扩散㶲，由下式计算

$$e_d = -\frac{E_d}{\sum x_i M_{ri}} \tag{6-11}$$

式中，x_i 和 M_{ri} 分别为第 i 组分气体的摩尔分数和相对分子质量。

上述式子也适合于理想溶液扩散㶲的计算。对于实际气体或实际溶液，只要把式中的分压力换成分逸度后就可以了。

4. 㶲效率

除了上述关于㶲的定义外，㶲效率也是一个很重要的概念。㶲效率可用来衡量一个技术过程的热力完善程度，它的定义是

$$\eta_E = \frac{E_{out}}{E_{in}} \tag{6-12}$$

式中，E_{in} 和 E_{out} 为外界提供给系统的㶲和系统输出给外界的㶲。

对于蒸气压缩式制冷循环，则

$$\eta_E = \frac{E_{q0}}{W} \tag{6-13}$$

式中，E_{q0} 为冷量 Q_0 的㶲，即系统输出给低温物体的㶲；W 为压缩机所消耗的功。

比较式（6-13）和式（6-7）可以看出，制冷循环的㶲效率实际上就是循环的热力完善度。

二、制冷与低温循环中典型过程㶲分析

下面介绍制冷与低温循环中典型过程㶲损失值的计算。有关公式中的下标参见图6-1，工质在各状态点的比㶲值可通过式（6-9）计算。要计算过程㶲损失，只要列出该过程的㶲平衡方程就可以了。

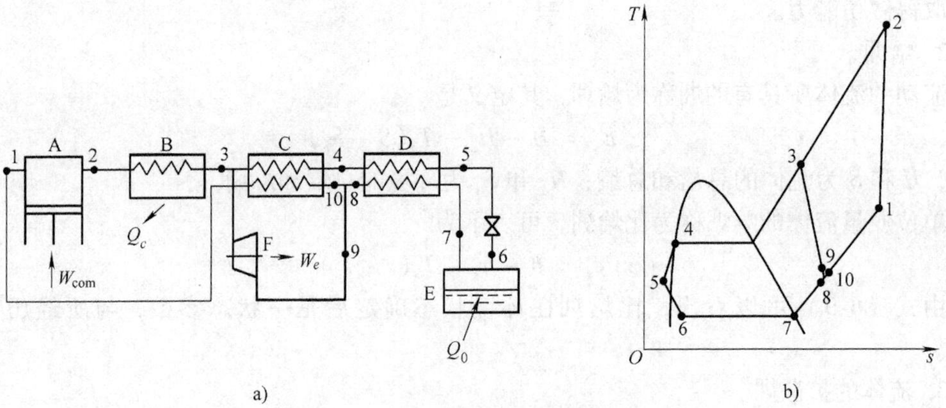

图6-1 典型循环流程图及 $T-s$ 图

a）流程图 b）$T-s$ 图

A—压缩机 B、C、D—热交换器 E—液体贮槽 F—膨胀机

（1）压缩过程（1－2） 外界向压缩机提供的比㶲就是压力比功，因此，压缩过程㶲平衡方程为

$$w + e_1 = e_2 + \Delta e_{comp} \tag{6-14}$$

压缩过程的比㶲损失为

$$\Delta e_{comp} = w + e_1 - e_2 \tag{6-15}$$

如果压缩过程为可逆过程，则 $s_1 = s_2$，由上述式子和式（6-9）可知，Δe_{comp} 为0。

（2）冷却器中的冷却过程（2-3）　冷却过程是把制冷剂的热量传给环境，环境得到的㶲为0，因此，冷却过程㶲平衡方程为

$$e_2 = e_3 + \Delta e_c \tag{6-16}$$

冷却过程的比㶲损失为

$$\Delta e_c = e_2 - e_3 \tag{6-17}$$

（3）换热过程（3-4，10-1）　换热过程为有温差的传热过程，忽略向外界的漏热，则其㶲平衡方程为

$$e_3 + e_{10} = e_4 + e_1 + \Delta e_{exch} \tag{6-18}$$

换热过程的单位质量㶲损失为

$$\Delta e_{exch} = (e_3 - e_4) - (e_1 - e_{10}) \tag{6-19}$$

（4）回热过程（4-5，7-8）　回热过程是有温差的换热过程，忽略回热过程向外界的漏热，则其㶲平衡方程为

$$e_4 + e_7 = e_5 + e_8 + \Delta e_{rec} \tag{6-20}$$

回热过程的比㶲损失为

$$\Delta e_{rec} = (e_4 - e_5) - (e_8 - e_7) \tag{6-21}$$

（5）节流过程（5-6）　假设节流过程为绝热过程，则其㶲平衡方程为

$$e_5 = e_6 + \Delta e_{thr} \tag{6-22}$$

节流过程的比㶲损失为

$$\Delta e_{thr} = e_5 - e_6 \tag{6-23}$$

（6）膨胀机的膨胀过程（3-9）　膨胀机的膨胀过程是压缩过程的逆过程，膨胀机向外界输出的㶲就是膨胀功，因此，膨胀机的膨胀过程㶲平衡方程为

$$e_3 = e_9 + w_e + \Delta e_{exp} \tag{6-24}$$

膨胀机的膨胀过程的比㶲损失为

$$\Delta e_{exp} = e_3 - e_9 - w_e \tag{6-25}$$

如果膨胀机的膨胀过程为可逆过程，则 $s_3 = s_9$，由上述式子和式（6-9）可知，Δe_{exp} 为0。

（7）蒸发过程（6-7）　蒸发过程也是有温差的换热过程，忽略蒸发过程向外界的漏冷，则其㶲平衡方程为

$$e_6 + e_{q0} = e_7 + \Delta e_{evap} \tag{6-26}$$

式中，e_{q0} 为制冷剂从低温冷源吸热所带入的比热量㶲，它由式（6-6）计算得到；q_m 为流过蒸发器的制冷剂质量流量。

因此，蒸发过程的比㶲损失为

$$\Delta e_{evap} = e_6 - e_7 + e_{q0} \tag{6-27}$$

值得指出的是，根据式（6-6），e_{q0} 为一负值。这意味着制冷剂在吸热蒸发时，㶲是减小的，其减小量的绝对值就是低温冷源所得到㶲的绝对值，后者就是所谓的冷量㶲。

例 6-2　试用㶲分析法分析例 3-2 循环的损失。各状态点参数见例 3-2 的表格。

解　由于制冷剂的比焓㶲在环境状态一定时为状态参数，因此可以任意取定参考零点，本例中取状态点 3 为参考零点，按式（6-9）计算得到各状态点制冷剂的比㶲值，

列表如下：

状态点	0	1	2_s	2	3	4	5
e/(kJ/kg)	-40.829	-43.946	6.554	8.828	0	-0.331	-8.998

压缩过程的比㶲损失为

$$\Delta e_{\text{comp}} = w + e_1 - e_2 = [67.3 + (-43.946) - 8.828]\text{kJ/kg} = 14.526\text{kJ/kg}$$

冷却冷凝过程的比㶲损失为

$$\Delta e_{\text{k}} = e_2 - e_3 = (8.828 - 0)\text{kJ/kg} = 8.828\text{kJ/kg}$$

回热过程的比㶲损失为

$$\begin{aligned}\Delta e_{\text{rec}} &= (e_3 - e_4) - (e_1 - e_0)\\ &= [0 - (-0.331)] - [(-43.946) - (-40.829)]\text{kJ/kg} = 3.448\text{kJ/kg}\end{aligned}$$

节流过程的比㶲损失为

$$\Delta e_{\text{thr}} = e_4 - e_5 = [-0.331 - (-8.998)]\text{kJ/kg} = 8.667\text{kJ/kg}$$

制冷剂带入的比冷量㶲为

$$e_{q0} = \left(1 - \frac{T_{\text{a}}}{T_{\text{L}}}\right)\phi_0 = \left(1 - \frac{305.15}{255.15}\right) \times 145.4\text{kJ/kg} = -28.492\text{kJ/kg}$$

蒸发过程的比㶲损失为

$$\Delta e_0 = e_5 - e_0 + e_{q0} = [-8.998 - (-40.829) + (-28.492)]\text{kJ/kg} = 3.348\text{kJ/kg}$$

总的比㶲损失

$$\Delta e_{\text{total}} = (14.526 + 8.828 + 3.448 + 8.667 + 3.348)\text{kJ/kg} = 38.817\text{kJ/kg}$$

各部分㶲损失占压缩机消耗功的百分数为：压缩机 21.58%，冷凝器 13.12%，热交换器 5.12%，节流阀 12.88%，蒸发器 4.97%。

循环总㶲效率

$$\eta_e = \frac{w - \sum \Delta e_i}{w} = 1 - (0.2158 + 0.1312 + 0.0512 + 0.1288 + 0.0497) = 0.4233 = 42.33\%$$

由例 3-2 循环的热力计算结果可知，该循环的热力完善度为 0.4225 与上述结果仅差 0.08%，该误差为数值计算误差所引起。

从上面的分析可以看出，最大的㶲损失发生在压缩机中，因此提高压缩机的效率可以减少㶲损失。此外，减少冷凝器、热交换器和蒸发器等传热设备的平均传热温差也是减少㶲损失的有效途径。

例 6-3 克劳特空气液化循环流程图如图 6-2 所示，该图与图 4-8 的差别在于未被液化的空气复热后不回到压缩机，而是放空。循环参数如下：高压 $p_2 = 16.5\text{MPa}$，低压 $p_1 = 0.1\text{MPa}$，$T_1 = T_2 = 293\text{K}$，$T_2 - T_{10} = 5\text{K}$，$T_3 = 238\text{K}$；通过压缩机的质量流量为 1kg/s，通过膨胀机的质量流量 $q_{m,\text{e}} = 0.6\text{kg/s}$，气液分离器的漏热损失为 $Q = 5.8\text{kW}$；压缩机的等温效率 $\eta_{\text{comp}} = 0.65$，膨胀机的绝热效率 $\eta_T = 0.7$。试对该循环进行㶲分析。

解 本题循环与第四章提出的循环有如下三点不一样：①压缩过程不可逆；②膨胀过程不可逆；③气液分离器有漏热。

压缩过程外界输入系统的比㶲就是压缩机消耗的比功，根据等温效率的定义，压缩机消耗的比功为

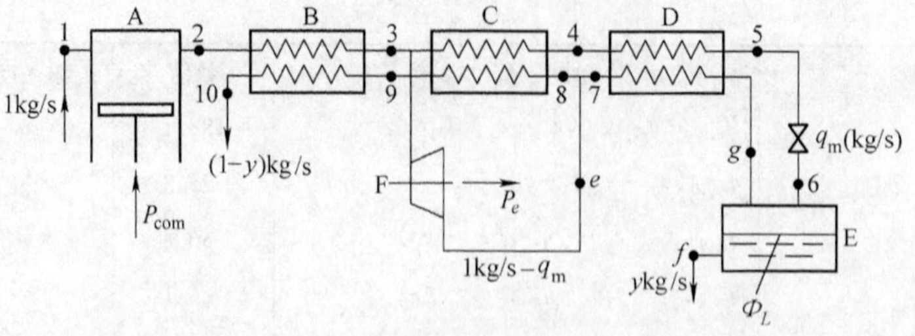

图 6-2 例 6-3 的克劳特循环流程图

A—压缩机 B、C、D—热交换器 E—液体贮槽 F—膨胀机

$$w_{comp} = \frac{e_2 - e_1}{\eta_{comp}}$$

膨胀过程对外输出的比㶲就是工质通过膨胀机输出的比功，即

$$w_e = h_3 - h_e = (h_3 - h_{es})\eta_T$$

式中，h_{es}为等熵膨胀终了的工质比焓。

其余有关状态的比焓㶲的计算方法与上述介绍的方法相同。

根据第四章的方法，列出系统的能量平衡及质量平衡方程式，可以求得循环的液化率为

$$y = \frac{h_{10} - h_2 + q_{m,e}(h_3 - h_{es})\eta_T - \phi_L}{h_{10} - h_f}$$

进而可求得每一设备的质量流量。根据给定的数据以及各热交换器的热平衡，可以求得各状态点的参数值，见下表：

参数	1	2	3	4	5	6	7	8	9	10	e	f	g
质量流量 q_m/(kg/s)	1	1	1	0.4	0.4	0.4	0.20	0.80	0.80	0.80	0.60	0.20	0.20
压力 p/MPa	0.1	16.5	16.5	16.5	16.5	0.1	0.1	0.1	0.1	0.1	0.1	0.1	0.1
温度 T/K	293	293	238	129	117	79	128.5	94	195	288	83.5	79	79
比焓 h/(kJ/kg)	293.3	261.3	187	−20.8	−44	−44	127.8	91.7	194.5	288.2	80.71	−126	78.68
比焓㶲 e/(kJ/kg)	0	427.3	435.5	575.4	607.6	495	77.4	137	21.5	0.04	162.5	714.5	167.7

根据上表以及每个部件的㶲平衡方程可以计算出装置每个部件的㶲损失，结果见下表。

[单位：kJ/s]

项 目	计 算 式	数值	占输入净功率的百分数（%）
单位时间输入压缩机㶲	$q_{m,comp}(e_2 - e_1)/\eta_{comp}$	657	
单位时间膨胀机输出㶲	$q_{m,e}(h_3 - h_e)$	64.5	10.9
单位时间液空输出㶲	$q_{m,f}e_f$	142.9	24.1
单位时间㶲损失：			

（续）

项　目	计 算 式	数值	占输入净功率的百分数（%）
压缩机	$P_{com} - q_{m,comp}(e_2 - e_1)$	183.1	30.9
热交换器 B	$q_{m,10}(e_9 - e_{10}) - q_{m,2}(e_3 - e_2)$	25.3	4.2
热交换器 C	$q_{m,9}(e_8 - e_9) - q_{m,4}(e_4 - e_3)$	36.8	6.2
热交换器 D	$q_{m,g}(e_g - e_7) - q_{m,5}(e_5 - e_4)$	4.1	0.7
节流阀	$q_{m,5}(e_5 - e_6)$	44.2	7.5
膨胀机	$q_{m,e}[(e_3 - e_e) - (h_3 - h_e)]$	101.3	17.1
放空	$q_{m,10}e_{10}$	0	0
计算误差		3.4	0.6

由上述结果可以看出，在本题给定的条件下，克劳特循环的主要㶲损失发生在压缩机和膨胀机，它们占了总损失的约73%，其次是节流阀和传热温差较大的热交换器，而放空的㶲损失几乎为零。因此，要提高克劳特循环的㶲效率，关键是提高压缩机和膨胀机的效率。

例6-4 试计算低压空分装置的㶲损失及㶲效率。已知进入装置的压缩空气压力为607.8kPa，温度为300K，环境大气压力为101.3kPa，温度为300K；假设空气仅由氮和氧两种气体组成，其摩尔分数为20.9%的氧，79.1%的氮。分离产品压力和温度与大气环境相同，纯度为摩尔分数为98.5%的氮、99.1%的氧。

解 环境状态下的氮气和氧气可作为理想气体处理，分压力比等于摩尔分数比。因此，产品的摩尔㶲为

$$E_{d,O_2} = -RT_0\sum x_i \ln\frac{p_i^0}{p_i} = -8.314\times300\times\left(0.991\ln\frac{0.209}{0.991}+0.009\ln\frac{0.791}{0.009}\right)\text{kJ/kmol}$$
$$=3746.5\text{kJ/kmol}$$

$$E_{d,N_2} = -RT_0\sum x_i \ln\frac{p_i^0}{p_i} = -8.314\times300\times\left(0.015\ln\frac{0.209}{0.015}+0.985\ln\frac{0.791}{0.985}\right)\text{kJ/kmol}$$
$$=440.3\text{kJ/kmol}$$

分离1kmol空气可得氧和氮的量分别为

$$q_{v,O_2} = \frac{y_{N_2}^{N} - y_{N_2}^{K}}{y_{N_2}^{N} - y_{N_2}^{O}} = \frac{0.985-0.791}{0.985-0.009} = 0.199\text{kmol/kmol}$$

$$q_{v,N_2} = \frac{y_{N_2}^{K} - y_{N_2}^{O}}{y_{N_2}^{N} - y_{N_2}^{O}} = \frac{0.791-0.009}{0.985-0.009} = 0.801\text{kmol/kmol}$$

输出产品总摩尔㶲为

$$E_p = q_{v,O_2}E_{d,O_2} + q_{v,N_2}E_{d,N_2} = (0.199\times3746.5+0.801\times440.3)\text{kJ/kmol}=1098\text{kJ/kmol}$$

输入压缩空气的热力学参数为

$$H_{m0}=13603\text{kJ/kmol},\quad S_{m0}=125.77\text{kJ/(kmol}\cdot\text{K)},$$
$$H_m=13565\text{kJ/kmol},\quad S_m=113.4\text{kJ/(kmol}\cdot\text{K)}$$

压缩空气的摩尔焓㶲为

$$E_m=(H_m-H_{m0})-T_0(S_m-S_{m0})=[(13565-13603)-300\times(111.37-125.77)]\text{kJ/kmol}$$
$$=4282\text{kJ/kmol}$$

装置的摩尔㶲损失为

$$\Delta E_{\mathrm{m}} = E_{\mathrm{m}} - E_{\mathrm{p}} = (4282 - 1098)\,\mathrm{kJ/kmol} = 3184\,\mathrm{kJ/kmol}$$

装置的㶲效率为

$$\eta_{\mathrm{e}} = \frac{E_{\mathrm{p}}}{E_{\mathrm{m}}} = \frac{1098}{4282} = 0.256$$

如果生产的产品为纯氮和纯氧，则同样可以求得其㶲效率为 0.298。由此可以看出，虽然提高产品纯度使单位能耗的产量减小，但㶲效率却是增加的，这一点应特别注意。

习　题

6-1　已知条件同习题 3-9，试用热力学第二定律熵分析法对其进行分析。

6-2　试用热力学第二定律㶲分析法对习题 4-17 进行分析。

附　　录

附录 A　常用单位换算表

力单位换算表

牛［顿］ [N(kg·m/s²)]	千克力 (kgf)	达因 [dyn(g·cm/s²)]	磅力(lbf)	牛［顿］ [N(kg·m/s²)]	千克力 (kgf)	达因 [dyn(g·cm/s²)]	磅力(lbf)
1	0.102	10^5	0.2248	10^{-5}	1.02×10^{-6}	1	2.248×10^{-6}
9.81	1	9.81×10^5	2.2046	4.448	0.4536	4.448×10^5	1

压力单位换算表

帕［斯卡］ [Pa (N/m²)]	千克力/厘米² (kgf/cm²)	磅力/英寸² (lbf/in²)	巴 (bar)	毫米汞柱 (mm·Hg) (0℃时)	毫米水柱 (mm·H_2O) (4℃时)	米水柱 (m·H_2O) (4℃时)	英寸水柱 (in·H_2O) (4℃时)	标准大气压 (atm)
1	0.102×10^{-4}	0.145×10^{-3}	10^{-5}	7.5×10^{-3}	0.102	0.102×10^{-3}	4.0106×10^{-3}	0.987×10^{-5}
98.0665×10^3	1	14.223	0.9807	735.56	10^4	10.0	393.7	0.9678
6894.8	0.0703	1	0.06895	51.715	703	0.703	27.68	0.068
10^5	1.0197	14.5038	1	750.1	1.02×10^4	10.2	402	0.987
133.322	1.36×10^{-3}	0.0193	1.333×10^{-3}	1	13.6	0.0136	0.535	1.31×10^{-3}
9.80665	10^{-4}	1.4223×10^{-3}	9.81×10^{-5}	73.556×10^{-3}	1	10^{-3}	3.937×10^{-2}	9.68×10^{-5}
9.81×10^3	0.1	1.4223	0.0981	73.556	1000	1	39.37	0.0968
249.089	0.00251	0.0361	2.49×10^{-3}	1.87	25.4	0.0254	1	0.00246
1.01325×10^5	1.0333	14.696	1.0133	760.00	10.333	10.3333	406.8	1

冷冻吨换算表

冷　冻　吨			千卡/时 (kcal/h)	英热单位/时 (Btu/h)	千瓦 (kW)
日本冷冻吨	美国冷冻吨	英国冷冻吨			
1	1.098	0.9841	3320	13174	3.861
0.9108	1	0.9864	3024	12000	3.517
1.016	1.112	1	3373	13384	3.923

比热容单位换算表

kJ/(kg·K)	Btu/(lb·℉)	kcal/(kg·℃)
1	0.23885	0.23885
4.1868	1	1
4.1868	1	1

比焓单位换算表

SI 单位　J/kg	Btu/lb	kcal/kg
1	4.30×10^{-4}	2.3885×10^{-4}
2326	1	0.5556
4186.8	1.80	1

温度换算表

	换 算 公 式		
换算为摄氏（℃）	C	$\frac{5}{9}(F-32)$	$K-273.15$
换算为华氏（℉）	$\frac{9}{5}C+32$	F	$\frac{9}{5}(K-273.15)+32$
换算为开尔文（K）	$C+273.15$	$\frac{9}{5}(F-32)+273.15$	K

功、能和热量单位换算表

焦耳（J）	千克力·米（kgf·m）	千瓦·小时（kW·h）	米制马力·小时（PS·h）	英制马力·小时（HP·h）	千卡（kcal）	英热单位（Btu）	英尺·磅（ft·lb）
1	0.102	2.778×10^{-7}	3.777×10^{-7}	3.723×10^{-7}	2.389×10^{-4}	9.48×10^{-4}	0.7376
9.81	1	2.724×10^{-8}	3.704×10^{-6}	3.653×10^{-6}	2.341×10^{-3}	9.295×10^{-3}	7.233
3.6×10^{6}	3.671×10^{5}	1	1.36	1.341	859.9	3412	2.655×10^{6}
2.648×10^{6}	2.702×10^{5}	0.7355	1	0.9863	632.5	2510	1.953×10^{6}
2.685×10^{6}	2.738×10^{5}	0.7457	1.014	1	641.2	2544.4	1.98×10^{6}
4186.8	426.935	1.163×10^{-3}	1.581×10^{-3}	1.559×10^{-3}	1	3.958	3.087
1055.06	107.6	2.93×10^{-4}	3.985×10^{-4}	3.93×10^{-4}	0.252	1	778.2
1.3558	0.1383	3.768×10^{-7}	5.12×10^{-7}	5.05×10^{-7}	3.24×10^{-4}	1.285×10^{-3}	1

功率单位换算表

瓦（W）	千瓦（kW）	米制马力（PS）	英制马力（HP）	千克力·米/秒（kgf·m/s）	英尺·磅力/秒（ft·lbf/s）	千卡/秒（kcal/s）	英热单位/秒（Btu/s）
1	0.001	0.00136	0.00134	0.102	0.7376	2.39×10^{-4}	9.478×10^{-4}
1000	1	1.36	1.341	102	737.6	0.239	0.9478
735.5	0.7355	1	0.9863	75	542.5	0.1757	0.6972
745.7	0.7457	1.014	1	76.04	550	0.1781	0.707
9.807	9.81×10^{-3}	0.0133	0.01315	1	7.233	0.00234	0.0093
1.356	0.00136	0.00184	0.00182	0.138	1	3.24×10^{-4}	1.29×10^{-3}
4187	4.2	5.7	5.61	427	3087	1	3.968
1055	1.055	1.434	1.415	107.6	778.2	0.252	1

附录B 常用制冷工质的热力性质表和图

表 B-1 R-22 饱和性质表

温度/℃	压力/MPa	比体积/（m^3/kg）（气相）	密度/（kg/m^3）（液相）	比焓/（kJ/kg）		比熵/[kJ/（kg·K）]	
				液相	气相	液相	气相
-90	0.004748	3.6939	1542.8	98.575	364.20	0.55032	2.0006
-85	0.007084	2.5394	1529.9	104.54	366.63	0.58246	1.9754
-80	0.010308	1.7883	1516.8	110.42	369.06	0.61326	1.9524

（续）

温度/℃	压力/MPa	比体积/(m^3/kg)(气相)	密度/(kg/m^3)(液相)	比焓/(kJ/kg)		比熵/[kJ/(kg·K)]	
				液相	气相	液相	气相
-75	0.014662	1.2870	1503.6	116.21	371.49	0.64284	1.9312
-70	0.020424	0.94477	1490.3	121.92	373.91	0.67132	1.9117
-65	0.027914	0.70609	1476.7	127.58	376.32	0.69879	1.8938
-60	0.037491	0.53641	1463.1	133.18	378.72	0.72535	1.8773
-55	0.049556	0.41362	1449.2	138.74	381.10	0.75109	1.8621
-50	0.064549	0.32330	1435.2	144.27	383.45	0.77610	1.8479
-45	0.082947	0.25586	1421.0	149.77	385.77	0.80044	1.8348
-40.82	0.101375	0.21223	1408.9	154.37	387.69	0.82034	1.8246
-40	0.10527	0.20480	1406.5	155.26	388.06	0.82419	1.8227
-38	0.11542	0.18790	1400.7	157.46	388.96	0.83354	1.8180
-36	0.12632	0.17268	1394.8	159.66	389.86	0.84281	1.8135
-34	0.13801	0.15894	1388.9	161.86	390.75	0.85200	1.8091
-32	0.15053	0.14651	1382.9	164.06	391.64	0.86113	1.8049
-30	0.16391	0.13524	1376.9	166.26	392.52	0.87018	1.8007
-28	0.17821	0.12502	1370.9	168.46	393.39	0.87917	1.7967
-26	0.19346	0.11573	1364.8	170.67	394.25	0.88810	1.7927
-24	0.20969	0.10726	1358.7	172.89	395.10	0.89697	1.7889
-22	0.22696	0.09954	1352.6	175.10	395.95	0.90579	1.7851
-20	0.24531	0.09249	1346.4	177.33	396.79	0.91455	1.7815
-18	0.26477	0.08603	1340.1	179.56	397.62	0.92327	1.7779
-16	0.28540	0.08012	1333.8	181.79	398.43	0.93194	1.7744
-14	0.30724	0.07470	1327.5	184.04	399.24	0.94057	1.7710
-12	0.33034	0.06971	1321.1	186.29	400.04	0.94916	1.7677
-10	0.35474	0.06513	1314.6	188.55	400.83	0.95771	1.7644
-8	0.38049	0.06090	1308.1	190.82	401.61	0.96623	1.7612
-6	0.40763	0.05701	1301.5	193.10	402.37	0.97471	1.7581
-4	0.43622	0.05341	1294.9	195.39	403.12	0.98317	1.7550
-2	0.46630	0.05008	1288.2	197.69	403.87	0.99160	1.7520
0	0.49792	0.04700	1281.5	200.00	404.59	1.0000	1.7490
2	0.53113	0.04415	1274.7	202.32	405.31	1.0084	1.7461
4	0.56599	0.04150	1267.8	204.66	406.01	1.0167	1.7432
6	0.60254	0.03904	1260.8	207.01	406.70	1.0251	1.7404
8	0.64083	0.03675	1253.8	209.37	407.37	1.0334	1.7376

（续）

温度/℃	压力/MPa	比体积/(m^3/kg)（气相）	密度/(kg/m^3)（液相）	比焓/(kJ/kg)		比熵/[kJ/(kg·K)]	
				液相	气相	液相	气相
10	0.68091	0.03462	1246.7	211.74	408.03	1.0417	1.7349
12	0.72285	0.03263	1239.5	214.13	408.67	1.0500	1.7322
14	0.76668	0.03078	1232.3	216.54	409.29	1.0583	1.7295
16	0.81246	0.02905	1224.9	218.96	409.90	1.0665	1.7269
18	0.86025	0.02743	1217.5	221.40	410.49	1.0748	1.7243
20	0.91009	0.02592	1210.0	223.85	411.06	1.0831	1.7217
22	0.96205	0.02451	1202.4	226.32	411.61	1.0913	1.7191
24	1.0162	0.02318	1194.6	228.80	412.14	1.0996	1.7165
26	1.0725	0.02193	1186.8	231.31	412.65	1.1078	1.7140
28	1.1312	0.02076	1178.9	233.83	413.13	1.1160	1.7114
30	1.1921	0.01967	1170.8	236.38	413.60	1.1243	1.7089
32	1.2555	0.01863	1162.6	238.94	414.03	1.1325	1.7063
34	1.3213	0.01766	1154.3	241.52	414.45	1.1408	1.7038
36	1.3896	0.01674	1145.9	244.13	414.83	1.1490	1.7012
38	1.4605	0.01588	1137.3	246.75	415.19	1.1573	1.6987
40	1.5340	0.01506	1128.6	249.40	415.52	1.1656	1.6961
42	1.6102	0.01429	1119.7	252.07	415.82	1.1739	1.6934
44	1.6892	0.01356	1110.6	254.77	416.08	1.1822	1.6908
46	1.7710	0.01287	1101.4	257.49	416.31	1.1905	1.6881
48	1.8556	0.01221	1091.9	260.24	416.50	1.1989	1.6854
50	1.9432	0.01159	1082.3	263.02	416.65	1.2072	1.6826
52	2.0339	0.01101	1072.4	265.83	416.75	1.2156	1.6798
54	2.1276	0.01045	1062.3	268.67	416.81	1.2241	1.6769
56	2.2244	0.009915	1051.9	271.55	416.83	1.2326	1.6739
58	2.3245	0.009409	1041.3	274.46	416.79	1.2411	1.6709
60	2.4279	0.008927	1030.3	277.41	416.69	1.2497	1.6677
65	2.7015	0.007816	1001.3	284.98	416.16	1.2714	1.6594
70	2.9975	0.006819	969.68	292.88	415.14	1.2937	1.6500
75	3.3175	0.005917	934.38	301.22	413.46	1.3169	1.6393
80	3.6633	0.005086	893.89	310.18	410.88	1.3414	1.6265
85	4.0370	0.004301	845.17	320.13	406.90	1.3681	1.6104
90	4.4413	0.003517	780.60	331.96	400.28	1.3996	1.5877
95	4.8808	0.002547	660.94	350.67	384.95	1.4490	1.5421
*96.15	4.988	0.00195	513	368.1	368.1	1.496	1.496

注：*为临界点。

表 B-2 R-23 饱和性质表

温度/℃	压力/MPa	比体积/(m³/kg)(气相)	密度/(kg/m³)(液相)	比焓/(kJ/kg)		比熵/[kJ/(kg·K)]	
				液相	气相	液相	气相
-120	0.005964	3.0296	1546.7	43.003	309.91	0.26169	2.0045
-115	0.009487	1.9617	1534.3	49.461	312.37	0.30318	1.9656
-110	0.014594	1.3113	1521.4	55.652	314.79	0.34170	1.9300
-105	0.021791	0.90155	1508.0	61.648	317.16	0.37788	1.8974
-100	0.031679	0.63553	1494.0	67.516	319.48	0.41223	1.8674
-98	0.036543	0.55611	1488.3	69.840	320.39	0.42555	1.8560
-96	0.041998	0.48827	1482.4	72.156	321.28	0.43868	1.8450
-94	0.048097	0.43011	1476.5	74.467	322.17	0.45163	1.8343
-92	0.054895	0.38006	1470.5	76.776	323.04	0.46442	1.8239
-90	0.062450	0.33684	1464.4	79.086	323.90	0.47708	1.8137
-88	0.070821	0.29939	1458.1	81.400	324.74	0.48961	1.8039
-86	0.080071	0.26684	1451.8	83.719	325.57	0.50204	1.7943
-84	0.090265	0.23846	1445.4	86.047	326.39	0.51437	1.7850
-82.02	0.101325	0.21392	1439.0	88.355	327.18	0.52647	1.7760
-82	0.10147	0.21363	1438.9	88.384	327.19	0.52662	1.7759
-80	0.11376	0.19186	1432.2	90.732	327.98	0.53880	1.7671
-78	0.12720	0.17271	1425.5	93.094	328.75	0.55091	1.7585
-76	0.14186	0.15582	1418.7	95.471	329.50	0.56298	1.7500
-74	0.15783	0.14089	1411.7	97.863	330.24	0.57500	1.7418
-72	0.17518	0.12766	1404.6	100.27	330.95	0.58697	1.7338
-70	0.19400	0.11590	1397.4	102.70	331.66	0.59892	1.7259
-68	0.21435	0.10542	1390.1	105.15	332.34	0.61083	1.7183
-66	0.23633	0.09608	1382.7	107.61	333.01	0.62271	1.7108
-64	0.26002	0.08771	1375.1	110.10	333.65	0.63457	1.7035
-62	0.28551	0.08022	1367.4	112.60	334.28	0.64640	1.6963
-60	0.31288	0.07348	1359.6	115.13	334.89	0.65821	1.6892
-58	0.34223	0.06742	1351.6	117.67	335.48	0.67000	1.6824
-56	0.37364	0.06196	1343.5	120.24	336.05	0.68176	1.6756
-54	0.40721	0.05702	1335.2	122.83	336.60	0.69351	1.6690
-52	0.44302	0.05255	1326.8	125.43	337.13	0.70523	1.6625
-50	0.48117	0.04849	1318.3	128.06	337.64	0.71692	1.6561
-48	0.52175	0.04481	1309.6	130.71	338.13	0.72858	1.6499
-46	0.56486	0.04146	1300.7	133.37	338.60	0.74022	1.6437
-44	0.61060	0.03840	1291.6	136.05	339.04	0.75183	1.6377

（续）

温度/℃	压力/MPa	比体积/(m³/kg)（气相）	密度/(kg/m³)（液相）	比焓/(kJ/kg)		比熵/[kJ/(kg·K)]	
				液相	气相	液相	气相
-42	0.65906	0.03562	1282.4	138.76	339.46	0.76340	1.6317
-40	0.71033	0.03306	1273.0	141.47	339.36	0.77494	1.6258
-38	0.76453	0.03073	1263.4	144.21	340.23	0.78644	1.6201
-36	0.82175	0.02859	1253.6	146.96	340.58	0.79790	1.6144
-34	0.88209	0.02662	1243.6	149.73	340.91	0.80932	1.6087
-32	0.94566	0.02481	1233.4	152.51	341.20	0.82070	1.6032
-30	1.0126	0.02314	1223.0	155.31	341.47	0.83203	1.5976
-28	1.0829	0.02160	1212.4	158.13	341.71	0.84333	1.5922
-26	1.1568	0.02017	1201.5	160.96	341.92	0.85458	1.5868
-24	1.2344	0.01886	1190.3	163.81	342.09	0.86580	1.5814
-22	1.3157	0.01764	1178.9	166.67	342.23	0.87698	1.5760
-20	1.4010	0.01650	1167.2	169.55	342.34	0.88812	1.5706
-18	1.4903	0.01545	1155.2	172.46	342.40	0.89924	1.5653
-16	1.5837	0.01447	1142.9	175.38	342.42	0.91033	1.5599
-14	1.6815	0.01355	1130.2	178.33	342.39	0.92142	1.5545
-12	1.7837	0.01270	1117.2	181.30	342.32	0.93250	1.5491
-10	1.8905	0.01190	1103.8	184.30	342.19	0.94359	1.5436
-8	2.0020	0.01115	1090.0	187.34	342.00	0.95472	1.5380
-6	2.1185	0.01045	1075.8	190.43	341.74	0.96590	1.5323
-4	2.2401	0.009788	1061.0	193.56	341.41	0.97715	1.5265
-2	2.3670	0.009166	1045.7	196.74	340.99	0.98850	1.5205
0	2.4994	0.008579	1029.8	200.00	340.48	1.0000	1.5143
2	2.6375	0.008024	1013.3	203.34	339.87	1.0117	1.5079
4	2.7815	0.007497	995.99	206.77	339.13	1.0236	1.5012
6	2.9317	0.006997	977.85	210.33	338.25	1.0358	1.4941
8	3.0884	0.006519	958.72	214.03	337.20	1.0485	1.4866
10	3.2519	0.006062	938.44	217.90	335.95	1.0616	1.4785
12	3.4223	0.005621	916.77	222.00	334.47	1.0754	1.4698
14	3.6002	0.005195	893.40	226.37	332.67	1.0900	1.4602
16	3.7858	0.004778	867.84	231.10	330.49	1.1056	1.4494
18	3.9796	0.004365	839.34	236.32	327.79	1.1228	1.4370
20	4.1819	0.003949	806.59	242.23	324.32	1.1422	1.4222
22	4.3932	0.003513	766.86	249.22	319.62	1.1650	1.4035

（续）

温度/℃	压力/MPa	比体积/(m³/kg)(气相)	密度/(kg/m³)(液相)	比焓/(kJ/kg)		比熵/[kJ/(kg·K)]	
				液相	气相	液相	气相
24	4. 6140	0. 003014	712. 50	258. 36	312. 36	1. 1947	1. 3765
*25. 9	4. 836	0. 00190	525	285. 6	285. 6	1. 283	1. 283

注：*为临界点。

表 B-3　R-50（甲烷）饱和性质表

温度/K	压力/MPa	比体积/(m³/kg)(气相)	密度/(kg/m³)(液相)	比焓/(kJ/kg)		比熵/[kJ/(kg·K)]	
				液相	气相	液相	气相
90. 694	0. 011697	3. 9877	451. 47	-71. 817	472. 44	-0. 70991	5. 2911
92	0. 013801	3. 425	449. 74	-67. 416	474. 99	-0. 66178	5. 234
94	0. 017613	2. 7375	447. 05	-60. 657	478. 86	-0. 58919	5. 1504
96	0. 022233	2. 2105	444. 35	-53. 881	482. 69	-0. 51797	5. 0713
98	0. 027778	1. 8022	441. 63	-47. 086	486. 48	-0. 44804	4. 9965
100	0. 034376	1. 4824	438. 89	-40. 269	490. 21	-0. 37933	4. 9255
102	0. 04216	1. 2296	436. 12	-33. 429	493. 9	-0. 31179	4. 8581
104	0. 051275	1. 0278	433. 32	-26. 565	497. 52	-0. 24535	4. 794
106	0. 061868	0. 86533	430. 5	-19. 675	501. 09	-0. 17997	4. 7329
108	0. 074099	0. 73351	427. 65	-12. 759	504. 59	-0. 11559	4. 6747
110	0. 08813	0. 6257	424. 78	-5. 813	508. 02	-0. 05217	4. 6191
111. 67	0. 10133	0. 55051	422. 35	0	510. 83	0	4. 5745
112	0. 10413	0. 5369	421. 87	1. 163	511. 38	0. 010339	4. 5659
114	0. 12228	0. 46326	418. 93	8. 1709	514. 67	0. 071976	4. 5149
116	0. 14275	0. 40179	415. 96	15. 213	517. 87	0. 13278	4. 466
118	0. 16574	0. 35017	412. 95	22. 29	520. 99	0. 1928	4. 419
120	0. 19143	0. 30657	409. 9	29. 405	524. 02	0. 25207	4. 3738
122	0. 22002	0. 26955	406. 82	36. 56	526. 95	0. 31062	4. 3302
124	0. 2517	0. 23794	403. 69	43. 758	529. 79	0. 3685	4. 2881
126	0. 28667	0. 21082	400. 52	51	532. 52	0. 42575	4. 2474
128	0. 32514	0. 18745	397. 3	58. 289	535. 15	0. 48238	4. 2079
130	0. 36732	0. 16721	394. 04	65. 629	537. 67	0. 53846	4. 1695
132	0. 41341	0. 16962	390. 72	73. 022	540. 06	0. 594	4. 1322
134	0. 46363	0. 13426	387. 35	80. 472	542. 33	0. 64904	4. 0958
136	0. 51819	0. 1208	383. 92	87. 983	544. 48	0. 70363	4. 0602
138	0. 5773	0. 10896	380. 42	95. 558	546. 48	0. 7578	4. 0254
140	0. 64118	0. 098506	376. 87	103. 2	548. 34	0. 81158	3. 9912
142	0. 71006	0. 089248	373. 24	110. 92	550. 06	0. 86501	3. 9575
144	0. 78415	0. 08102	369. 53	118. 72	551. 61	0. 91814	3. 9243
146	0. 86368	0. 073686	365. 74	126. 6	553	0. 97101	3. 8915
148	0. 94887	0. 067128	361. 87	134. 57	554. 21	1. 0237	3. 859
150	1. 04	0. 061246	357. 9	142. 64	555. 23	1. 0761	3. 8267
152	1. 1372	0. 055956	353. 83	150. 82	556. 05	1. 1285	3. 7945
154	1. 2408	0. 051185	349. 64	159. 12	556. 66	1. 1808	3. 7622

（续）

温度/K	压力/MPa	比体积/(m³/kg)(气相)	密度/(kg/m³)(液相)	比焓/(kJ/kg)		比熵/[kJ/(kg·K)]	
				液相	气相	液相	气相
156	1.3509	0.04687	345.34	167.53	557.05	1.233	3.7299
158	1.468	0.042957	340.9	176.09	557.19	1.2854	3.6974
160	1.5921	0.039398	336.31	184.8	557.07	1.3378	3.6645
162	1.7235	0.036154	331.57	193.67	556.66	1.3905	3.6311
164	1.8626	0.033187	326.64	202.73	555.94	1.4434	3.5972
166	2.0096	0.030467	321.5	211.99	554.87	1.4968	3.5624
168	2.1647	0.027966	316.14	221.48	553.42	1.5508	3.5266
170	2.3283	0.025658	310.5	231.24	551.54	1.6054	3.4895
172	2.5007	0.023522	304.56	241.31	549.17	1.661	3.4509
174	2.6822	0.021536	298.25	251.72	546.23	1.7177	3.4103
176	2.8732	0.019682	291.5	262.57	542.63	1.776	3.3673
178	3.074	0.017941	284.21	273.93	538.23	1.8362	3.3211
180	3.2852	0.016293	276.23	285.94	532.83	1.8991	3.2707
182	3.5071	0.014719	267.33	298.8	526.13	1.9657	3.2147
184	3.7405	0.013191	257.14	312.86	517.65	2.0376	3.1506
186	3.986	0.011668	244.93	328.75	506.47	2.1182	3.0737
188	4.2448	0.010063	228.93	348.06	490.36	2.2156	2.9725
190	4.5186	0.007989	200.78	378.27	459.03	2.3687	2.7937
190.56	4.5986	0.006148	162.66	421.04	421.04	2.5953	2.5953

表 B-4　R-123 饱和性质表

温度/℃	压力/MPa	比体积/(m³/kg)(气相)	密度/(kg/m³)(液相)	比焓/(kJ/kg)		比熵/[kJ/(kg·K)]	
				液相	气相	液相	气相
-40	3.579	3.52717	1619.77	160.75	357.80	0.84480	1.68995
-35	4.959	2.59706	1608.37	165.54	360.68	0.86513	1.68450
-30	6.763	1.94197	1596.90	170.36	363.58	0.88517	1.67978
-25	9.085	1.47312	1585.34	175.22	366.50	0.90495	1.67575
-20	12.034	1.13249	1573.69	180.11	369.45	0.92446	1.67233
-15	15.733	0.88152	1561.95	185.04	372.41	0.94371	1.66949
-10	20.318	0.69416	1550.11	190.00	375.38	0.96272	1.66718
-5	25.940	0.55256	1538.17	194.98	378.37	0.98148	1.66534
0	32.762	0.44429	1526.12	200.00	381.37	1.00000	1.66396
2	35.866	0.40826	1521.27	202.01	382.57	1.00734	1.66352
4	39.203	0.37570	1516.40	204.03	383.77	1.01465	1.66314
6	42.785	0.34623	1511.51	206.06	384.98	1.02191	1.66282
8	46.623	0.31951	1506.60	208.09	386.18	1.02914	1.66256
10	50.733	0.29525	1501.67	210.12	387.39	1.03633	1.66236
12	55.125	0.27319	1496.72	212.15	388.59	1.04349	1.66222
14	59.816	0.25310	1491.75	214.19	389.80	1.05061	1.66212
16	64.817	0.23477	1486.75	216.24	391.00	1.05769	1.66208

（续）

温度/℃	压力/MPa	比体积/(m³/kg)(气相)	密度/(kg/m³)(液相)	比焓/(kJ/kg)		比熵/[kJ/(kg·K)]	
				液相	气相	液相	气相
18	70.144	0.21803	1481.74	218.29	392.21	1.06473	1.66208
20	75.811	0.20273	1476.70	220.34	393.42	1.07174	1.66213
22	81.832	0.18871	1471.64	222.39	394.62	1.07872	1.66223
24	88.224	0.17586	1466.56	224.45	395.83	1.08565	1.66237
26	95.002	0.16405	1461.45	226.51	397.04	1.09256	1.66255
27.77	101.334	0.15441	1456.91	228.34	398.10	1.09864	1.66275
28	102.181	0.15320	1456.31	228.58	398.24	1.09942	1.66278
30	109.777	0.14322	1451.15	230.65	399.45	1.10625	1.66304
32	117.807	0.13401	1445.97	232.72	400.65	1.11305	1.66334
34	126.287	0.12552	1440.76	234.80	401.85	1.11981	1.66367
36	135.234	0.11768	1435.52	236.88	403.05	1.12654	1.66404
38	144.665	0.11042	1430.25	238.96	404.25	1.13324	1.66444
40	154.598	0.10371	1424.95	241.05	405.45	1.13990	1.66488
42	165.050	0.09748	1419.62	243.14	406.65	1.14652	1.66534
44	176.040	0.09171	1414.26	245.23	407.85	1.15311	1.66584
46	187.585	0.08635	1408.87	247.32	409.04	1.15968	1.66636
48	199.704	0.08136	1403.45	249.42	410.23	1.16620	1.66691
50	212.416	0.07672	1398.00	251.52	411.42	1.17270	1.66748
52	225.739	0.07240	1392.50	253.63	412.61	1.17916	1.66808
54	239.693	0.06838	1386.98	255.74	413.79	1.18560	1.66870
56	254.298	0.06462	1381.42	257.85	414.97	1.19200	1.66934
58	269.573	0.06111	1375.82	259.97	416.15	1.19837	1.67000
60	285.538	0.05782	1370.18	262.08	417.33	1.20472	1.67068
62	302.215	0.05475	1364.50	264.21	418.50	1.21103	1.67138
64	319.622	0.05187	1358.79	266.33	419.67	1.21732	1.67210
68	356.714	0.04665	1347.22	270.60	421.99	1.22981	1.67358
70	376.442	0.04427	1341.37	272.73	423.15	1.23601	1.67434
72	396.986	0.04204	1335.48	274.88	424.30	1.24219	1.67511
74	418.369	0.03995	1329.53	277.02	425.45	1.24835	1.67590
76	440.613	0.03797	1323.54	279.17	426.60	1.25448	1.67669
78	463.741	0.03611	1317.50	281.33	427.73	1.26058	1.67750
80	487.776	0.03436	1311.40	283.49	428.87	1.26667	1.67831
85	551.984	0.03040	1295.91	288.92	431.67	1.28180	1.68037
90	622.380	0.02696	1280.05	294.39	434.44	1.29681	1.68245
95	699.352	0.02397	1263.77	299.90	437.16	1.31172	1.68455
100	783.302	0.02135	1247.04	305.47	439.83	1.32656	1.68662
105	874.650	0.01905	1229.80	311.10	442.44	1.34135	1.68867

表 B-5 R-134a 饱和性质表

温度/℃	压力/kPa	比体积/(m^3/kg)(气相)	密度/(kg/m^3)(液相)	比焓/(kJ/kg)		比熵/[kJ/(kg·K)]	
				液相	气相	液相	气相
-100	0.568	24.36987	1582.39	75.40	336.64	0.43555	1.94301
-95	0.950	15.08552	1569.08	81.34	339.66	0.46934	1.91840
-90	1.539	9.61876	1555.72	87.28	342.70	0.50225	1.89607
-85	2.417	6.30376	1542.33	93.24	345.76	0.53435	1.87586
-80	3.693	4.23768	1528.87	99.22	348.84	0.56570	1.85758
-75	5.501	2.91666	1515.35	105.23	351.93	0.59638	1.84109
-70	8.007	2.05166	1501.75	111.26	355.05	0.62643	1.82624
-65	11.408	1.47254	1488.07	117.32	358.19	0.65589	1.81289
-60	15.935	1.07672	1474.28	123.41	361.34	0.68481	1.80091
-55	21.857	0.80091	1460.37	129.54	364.51	0.71321	1.79018
-50	29.481	0.60524	1446.34	135.71	367.68	0.74114	1.78058
-45	39.150	0.46408	1432.16	141.92	370.85	0.76862	1.77201
-40	51.245	0.36064	1417.82	148.17	374.03	0.79568	1.76437
-35	66.187	0.28373	1403.31	154.46	377.20	0.82235	1.75758
-30	84.430	0.22577	1388.60	160.80	380.35	0.84865	1.75154
-26.1	101.333	0.19028	1376.98	165.78	382.80	0.86893	1.74730
-25	106.466	0.18152	1373.68	167.19	383.49	0.87461	1.74618
-20	132.820	0.14735	1358.52	173.64	386.60	0.90024	1.74143
-15	164.048	0.12066	1343.11	180.14	389.68	0.92558	1.73722
-10	200.739	0.09960	1327.41	186.70	392.72	0.95064	1.73350
-5	243.511	0.08282	1311.41	193.31	395.72	0.97544	1.73019
0	293.007	0.06934	1295.06	200.00	398.67	1.00000	1.72726
2	314.839	0.06469	1288.42	202.69	399.83	1.00976	1.72618
4	337.897	0.06041	1281.71	205.40	400.98	1.01949	1.72514
6	362.228	0.05647	1274.94	208.11	402.13	1.02919	1.72415
8	387.877	0.05283	1268.11	210.84	403.26	1.03886	1.72321
10	414.889	0.04947	1261.20	213.58	404.38	1.04850	1.72230
12	443.312	0.04635	1254.22	216.34	405.49	1.05811	1.72142
14	473.194	0.04347	1247.17	219.10	406.59	1.06769	1.72058
16	504.581	0.04080	1240.03	221.88	407.68	1.07725	1.71977
18	537.523	0.03832	1232.81	224.68	408.75	1.08679	1.71898
20	572.069	0.03601	1225.51	227.48	409.81	1.09630	1.71822
22	608.270	0.03387	1218.12	230.31	410.86	1.10580	1.71748
24	646.176	0.03187	1210.63	233.14	411.89	1.11527	1.71675

（续）

温度/℃	压力/kPa	比体积/（m^3/kg）（气相）	密度/（kg/m^3）（液相）	比焓/（kJ/kg）		比熵/[kJ/（kg·K）]	
				液相	气相	液相	气相
26	685.838	0.03001	1203.04	236.00	412.90	1.12473	1.71604
28	727.309	0.02827	1195.35	238.86	413.90	1.13417	1.71535
30	770.642	0.02665	1187.56	241.75	414.88	1.14360	1.71466
32	815.890	0.02513	1179.65	244.65	415.84	1.15302	1.71397
34	863.108	0.02371	1171.62	247.57	416.78	1.16243	1.71329
36	912.351	0.02238	1163.46	250.51	417.70	1.17183	1.71260
38	963.676	0.02114	1155.18	253.47	418.60	1.18122	1.71191
40	1017.140	0.01997	1146.75	256.45	419.48	1.19061	1.71120
42	1072.800	0.01887	1138.18	259.44	420.33	1.20000	1.71049
44	1130.716	0.01784	1129.46	262.47	421.16	1.20939	1.70975
46	1190.948	0.01687	1120.57	265.51	421.97	1.21879	1.70899
48	1253.558	0.01595	1111.51	268.58	422.74	1.22819	1.70820
50	1318.608	0.01509	1102.27	271.67	423.48	1.23761	1.70738
52	1386.162	0.01428	1092.82	274.79	424.20	1.24704	1.70652
54	1456.286	0.01351	1083.17	277.93	424.87	1.25649	1.70562
56	1529.047	0.01278	1073.30	281.11	425.52	1.26596	1.70466
58	1604.513	0.01209	1063.18	284.31	426.12	1.27545	1.70364
60	1682.756	0.01144	1052.80	287.55	426.68	1.28498	1.70255
62	1763.847	0.01083	1042.15	290.82	427.19	1.29455	1.70139
64	1847.862	0.01024	1031.19	294.14	427.65	1.30416	1.70013
68	2024.977	0.00915	1008.24	300.89	428.40	1.32354	1.69730
70	2118.240	0.00865	996.19	304.33	428.69	1.33334	1.69570
72	2214.756	0.00817	983.70	307.82	428.89	1.34321	1.69395
74	2314.616	0.00771	970.72	311.38	429.02	1.35317	1.69202
76	2417.916	0.00727	957.19	314.99	429.05	1.36325	1.68990
78	2524.756	0.00685	943.03	318.68	428.98	1.37345	1.68755
80	2635.247	0.00644	928.16	322.44	428.79	1.38380	1.68493
85	2928.225	0.00548	887.05	332.28	427.67	1.41056	1.67688
90	3246.893	0.00459	837.68	342.98	425.20	1.43922	1.66559
95	3594.142	0.00371	772.52	355.31	420.25	1.47173	1.6481
100	3975.056	0.00266	651.65	373.29	407.18	1.51879	1.6096
*101.1	4060.432	0.00195	512.82	389.16	389.16	1.56016	1.5601

注：*为临界点。

表 B-6　R-410A 饱和性质表

温度/℃	压力/MPa	比体积/(m^3/kg)(气相)	密度/(kg/m^3)(液相)	比焓/(kJ/kg)		比熵/[kJ/(kg·K)]	
				液相	气相	液相	气相
-60	0.064238	0.36904	1376.2	114.79	394.76	0.65091	1.9645
-58	0.071728	0.33273	1370	117.51	395.84	0.66359	1.9574
-56	0.079902	0.30063	1363.8	120.24	396.91	0.67617	1.9504
-54	0.088804	0.2722	1357.6	122.97	397.96	0.68866	1.9436
-52	0.09848	0.24695	1351.3	125.7	399.01	0.70105	1.937
-51.44	0.10133	0.23951	1349.6	126.47	399.34	0.7045	1.9352
-50	0.10898	0.22448	1345	128.45	400.05	0.71336	1.9306
-48	0.12034	0.20443	1338.7	131.19	401.08	0.72557	1.9244
-46	0.13263	0.18651	1332.3	133.95	402.1	0.7377	1.9183
-44	0.14588	0.17045	1325.9	136.7	403.1	0.74975	1.9124
-42	0.16015	0.15604	1319.4	139.47	404.1	0.76173	1.9066
-40	0.1755	0.14307	1312.9	142.24	405.08	0.77362	1.901
-38	0.19198	0.13138	1306.4	145.03	406.05	0.78545	1.8956
-36	0.20964	0.12083	1299.8	147.82	407.01	0.7972	1.8902
-34	0.22854	0.11129	1293.1	150.61	407.95	0.80889	1.885
-32	0.24875	0.10264	1286.4	153.42	408.88	0.82052	1.8799
-30	0.27031	0.094796	1279.7	156.24	409.8	0.83208	1.8749
-28	0.29329	0.08766	1272.9	159.06	410.7	0.84358	1.87
-26	0.31776	0.081162	1266	161.9	411.58	0.85503	1.8653
-24	0.34377	0.075234	1259.1	164.75	412.45	0.86643	1.8606
-22	0.37139	0.06982	1252.1	167.61	413.31	0.87777	1.856
-20	0.40069	0.064866	1245	170.48	414.14	0.88907	1.8516
-18	0.43172	0.060327	1237.9	173.37	414.96	0.90032	1.8471
-16	0.46456	0.056163	1230.7	176.26	415.76	0.91153	1.8428
-14	0.49927	0.052337	1223.4	179.18	416.54	0.9227	1.8386
-12	0.53593	0.048817	1216	182.1	417.3	0.93383	1.8344
-10	0.5746	0.045574	1208.6	185.04	418.04	0.94493	1.8303
-8	0.61536	0.042582	1201.1	188	418.76	0.956	1.8262
-6	0.65828	0.03982	1193.4	190.97	419.45	0.96703	1.8222
-4	0.70342	0.037265	1185.7	193.96	420.12	0.97804	1.8182
-2	0.75087	0.034899	1177.9	196.97	420.77	0.98903	1.8143
0	0.80071	0.032707	1169.9	200	421.39	1	1.8104
2	0.85299	0.030672	1161.9	203.05	421.98	1.011	1.8065
4	0.90782	0.028782	1153.7	206.11	422.54	1.0219	1.8027

（续）

温度/℃	压力/MPa	比体积/(m^3/kg)（气相）	密度/(kg/m^3)（液相）	比焓/(kJ/kg)		比熵/[kJ/(kg·K)]	
				液相	气相	液相	气相
6	0.96526	0.027023	1145.4	209.2	423.08	1.0328	1.7988
8	1.0254	0.025386	1137	212.31	423.58	1.0437	1.795
10	1.0883	0.02386	1128.5	215.45	424.05	1.0546	1.7912
12	1.1541	0.022436	1119.7	218.61	424.48	1.0656	1.7874
14	1.2228	0.021106	1110.9	221.79	424.88	1.0765	1.7836
16	1.2945	0.019862	1101.9	225.01	425.24	1.0874	1.7797
18	1.3694	0.018697	1092.7	228.25	425.56	1.0983	1.7758
20	1.4475	0.017606	1083.3	231.52	425.83	1.1093	1.7719
22	1.5288	0.016583	1073.7	234.82	426.06	1.1202	1.768
24	1.6136	0.015622	1063.9	238.15	426.24	1.1312	1.764
26	1.7018	0.014719	1053.9	241.53	426.37	1.1423	1.7599
28	1.7936	0.013869	1043.6	244.93	426.44	1.1533	1.7558
30	1.8891	0.013068	1033.1	248.38	426.46	1.1644	1.7515
32	1.9884	0.012314	1022.3	251.87	426.41	1.1756	1.7472
34	2.0916	0.011601	1011.2	255.41	426.28	1.1868	1.7428
36	2.1988	0.010928	999.71	258.99	426.09	1.1981	1.7382
38	2.3101	0.01029	987.91	262.63	425.81	1.2095	1.7335
40	2.4256	0.009687	975.72	266.32	425.45	1.2209	1.7286
42	2.5455	0.009114	963.08	270.08	424.98	1.2325	1.7235
44	2.6699	0.008569	949.95	273.91	424.41	1.2442	1.7182
46	2.7988	0.008051	936.28	277.81	423.72	1.256	1.7127
48	2.9325	0.007557	921.98	281.8	422.9	1.268	1.7069
50	3.0711	0.007085	906.97	285.88	421.92	1.2802	1.7007
52	3.2147	0.006633	891.12	290.08	420.77	1.2927	1.6941
54	3.3635	0.006198	874.29	294.41	419.41	1.3054	1.6871
56	3.5176	0.005779	856.26	298.89	417.82	1.3186	1.6794
58	3.6773	0.005372	836.76	303.57	415.94	1.3322	1.6711
60	3.8426	0.004976	815.37	308.48	413.7	1.3464	1.6618
62	4.014	0.004587	791.46	313.72	410.99	1.3614	1.6513
64	4.1915	0.004198	763.97	319.41	407.67	1.3776	1.6392
66	4.3754	0.003802	730.95	325.78	403.43	1.3957	1.6245
68	4.5661	0.003381	687.93	333.4	397.65	1.4174	1.6056
70	4.7639	0.002881	618.88	344.34	388.39	1.4484	1.5769
71.34	4.9012	0.002172	459.03	368.71	368.71	1.5185	1.5185

表 B-7　R-600a 饱和性质表

温度/℃	压力/MPa	比体积/(m³/kg)(气相)	密度/(kg/m³)(液相)	比焓/(kJ/kg)		比熵/[kJ/(kg·K)]	
				液相	气相	液相	气相
-40	0.028702	1.1427	624.12	112.51	501.35	0.65491	2.3227
-35	0.036797	0.90737	618.89	123.04	507.85	0.69955	2.3154
-30	0.046622	0.72839	613.61	133.68	514.4	0.74369	2.3095
-25	0.058427	0.59062	608.27	144.43	520.99	0.78738	2.3048
-20	0.072477	0.48339	602.88	155.3	527.61	0.83064	2.3013
-15	0.089053	0.39904	597.41	166.29	534.26	0.87351	2.2989
-11.748	0.10133	0.35377	593.82	173.5	538.6	0.90119	2.2979
-5	0.13098	0.27833	586.27	188.63	547.63	0.95816	2.2969
0	0.15696	0.23491	580.58	200	554.34	1	2.2972
5	0.18672	0.19952	574.8	211.5	561.06	1.0415	2.2983
10	0.22061	0.17044	568.92	223.15	567.78	1.0828	2.3
15	0.25899	0.1464	562.95	234.94	574.5	1.1239	2.3023
20	0.30222	0.12637	556.86	246.88	581.21	1.1647	2.3051
25	0.35067	0.10958	550.65	258.98	587.9	1.2053	2.3085
30	0.40472	0.095422	544.31	271.24	594.57	1.2458	2.3123
35	0.46477	0.083414	537.83	283.67	601.21	1.2861	2.3165
40	0.53121	0.073174	531.19	296.28	607.8	1.3263	2.3211
45	0.60445	0.064396	524.37	309.07	614.34	1.3664	2.3259
50	0.6849	0.056833	517.37	322.06	620.82	1.4064	2.3309
55	0.77299	0.050286	510.16	335.25	627.22	1.4464	2.3361
60	0.86916	0.044592	502.71	348.66	633.53	1.4863	2.3414
65	0.97386	0.039616	495	362.29	639.72	1.5263	2.3467
70	1.0875	0.03525	486.99	376.17	645.77	1.5664	2.352
75	1.2107	0.031402	478.65	390.31	651.64	1.6065	2.3572
80	1.3438	0.027994	469.92	404.73	657.31	1.6469	2.3621
85	1.4874	0.024965	460.75	419.46	662.73	1.6874	2.3667
90	1.642	0.022258	451.05	434.54	667.86	1.7283	2.3708
95	1.8081	0.019829	440.73	450	672.62	1.7696	2.3743
100	1.9865	0.017638	429.64	465.9	676.94	1.8114	2.3769
105	2.1778	0.015647	417.6	482.33	680.7	1.8539	2.3785
110	2.3826	0.013825	404.32	499.39	683.74	1.8974	2.3785
115	2.6019	0.01214	389.36	517.26	685.81	1.9423	2.3765
120	2.8366	0.010555	371.96	536.26	686.46	1.9893	2.3714
125	3.088	0.00902	350.59	557.01	684.81	2.04	2.361
130	3.3578	0.007423	320.99	581.26	678.44	2.0985	2.3396
134.66	3.629	0.004435	225.5	633.94	633.94	2.2259	2.2259

表 B-8 R-702（正氢）饱和性质表

温度/K	压力/MPa	比体积/(m^3/kg)(气相)	密度/(kg/m^3)(液相)	比焓/(kJ/kg)		比熵/[kJ/(kg·K)]	
				液相	气相	液相	气相
14.0	0.007541	7.5343	76.971	-53.62	400.21	-3.0506	29.366
14.2	0.008442	6.8173	76.807	-52.199	402.05	-2.9507	29.039
14.4	0.009424	6.1846	76.642	-50.766	403.88	-2.8514	28.721
14.6	0.01049	5.6245	76.476	-49.321	405.69	-2.7526	28.413
14.8	0.011647	5.1272	76.308	-47.861	407.49	-2.6544	28.113
15.0	0.012898	4.6846	76.139	-46.387	409.27	-2.5565	27.821
15.2	0.014249	4.2895	75.968	-44.897	411.03	-2.459	27.536
15.4	0.015706	3.9359	75.795	-43.392	412.78	-2.3619	27.259
15.6	0.017272	3.6186	75.62	-41.87	414.5	-2.2651	26.99
15.8	0.018953	3.3334	75.444	-40.331	416.21	-2.1685	26.727
16.0	0.020755	3.0762	75.266	-38.776	417.9	-2.0721	26.47
16.2	0.022682	2.8439	75.086	-37.203	419.57	-1.976	26.22
16.4	0.024741	2.6337	74.904	-35.612	421.22	-1.8801	25.975
16.6	0.026936	2.4429	74.721	-34.004	422.85	-1.7844	25.737
16.8	0.029274	2.2695	74.535	-32.377	424.45	-1.6889	25.503
17.0	0.031759	2.1116	74.347	-30.732	426.03	-1.5936	25.275
17.2	0.034398	1.9675	74.157	-29.069	427.59	-1.4984	25.052
17.4	0.037196	1.8358	73.965	-27.386	429.13	-1.4033	24.833
17.6	0.040159	1.7153	73.771	-25.685	430.64	-1.3083	24.619
17.8	0.043292	1.6047	73.575	-23.964	432.12	-1.2135	24.409
18.0	0.046602	1.5031	73.377	-22.223	433.58	-1.1188	24.204
18.2	0.050095	1.4096	73.176	-20.462	435.02	-1.0242	24.002
18.4	0.053775	1.3235	72.974	-18.681	436.42	-0.92959	23.804
18.6	0.05765	1.244	72.769	-16.88	437.8	-0.83509	23.61
18.8	0.061725	1.1706	72.561	-15.058	439.15	-0.74064	23.419
19.0	0.066006	1.1026	72.352	-13.214	440.47	-0.64623	23.232
19.2	0.0705	1.0396	72.14	-11.349	441.77	-0.55185	23.048
19.4	0.075211	0.98114	71.925	-9.4625	443.03	-0.45747	22.867
19.6	0.080148	0.92683	71.708	-7.5535	444.26	-0.3631	22.689
19.8	0.085314	0.87631	71.489	-5.6218	445.46	-0.2687	22.513
20.0	0.090717	0.82926	71.267	-3.6671	446.63	-0.17428	22.341
20.2	0.096363	0.7854	71.042	-1.689	447.76	-0.07982	22.17
20.368	0.1013	0.7508	70.851	0	448.69	0	22.029
20.4	0.10226	0.74445	70.815	0.31284	448.87	0.014701	22.003

（续）

温度/K	压力/MPa	比体积/(m^3/kg)（气相）	密度/(kg/m^3)（液相）	比焓/(kJ/kg)		比熵/[kJ/(kg·K)]	
				液相	气相	液相	气相
20.6	0.10841	0.70618	70.585	2.339	449.94	0.10929	21.837
20.8	0.11482	0.67039	70.352	4.3898	450.97	0.20397	21.674
21.0	0.1215	0.63686	70.117	6.4658	451.97	0.29875	21.513
21.2	0.12845	0.60544	69.879	8.5674	452.93	0.39365	21.354
21.4	0.13568	0.57596	69.637	10.695	453.86	0.48867	21.197
21.6	0.1432	0.54826	69.393	12.85	454.75	0.58384	21.042
21.8	0.15101	0.52223	69.146	15.031	455.6	0.67918	20.889
22.0	0.15913	0.49773	68.895	17.24	456.41	0.77469	20.737
22.2	0.16754	0.47466	68.642	19.478	457.19	0.8704	20.587
22.4	0.17627	0.45291	68.385	21.744	457.92	0.96633	20.438
22.6	0.18531	0.4324	68.125	24.04	458.61	1.0625	20.291
22.8	0.19468	0.41302	67.861	26.366	459.26	1.1589	20.146
23.0	0.20438	0.39472	67.594	28.723	459.87	1.2555	20.001
23.2	0.21442	0.3774	67.323	31.112	460.43	1.3525	19.858
23.4	0.2248	0.36102	67.048	33.533	460.95	1.4498	19.716
23.6	0.23553	0.3455	66.77	35.986	461.42	1.5474	19.574
23.8	0.24662	0.33078	66.488	38.474	461.85	1.6453	19.434
24.0	0.25807	0.31683	66.201	40.996	462.23	1.7436	19.295
24.2	0.26989	0.30358	65.911	43.554	462.56	1.8423	19.157
24.4	0.28209	0.29099	65.616	46.148	462.84	1.9414	19.019
24.6	0.29467	0.27903	65.316	48.78	463.06	2.041	18.882
24.8	0.30763	0.26764	65.012	51.45	463.24	2.141	18.745
25.0	0.321	0.25681	64.703	54.159	463.36	2.2416	18.609
25.2	0.33476	0.24649	64.39	56.91	463.42	2.3427	18.474
25.4	0.34894	0.23665	64.071	59.702	463.43	2.4443	18.339
25.6	0.36353	0.22726	63.746	62.538	463.37	2.5466	18.204
25.8	0.37854	0.21831	63.417	65.418	463.26	2.6494	18.07
26.0	0.39399	0.20975	63.081	68.344	463.08	2.753	17.935
26.2	0.40986	0.20158	62.739	71.317	462.84	2.8573	17.801
26.4	0.42619	0.19376	62.391	74.341	462.53	2.9623	17.666
26.6	0.44296	0.18628	62.037	77.415	462.15	3.0681	17.532
26.8	0.46019	0.17911	61.676	80.542	461.7	3.1748	17.397
27.0	0.47789	0.17225	61.307	83.724	461.17	3.2824	17.262
27.2	0.49605	0.16566	60.931	86.964	460.57	3.391	17.126

（续）

温度/K	压力/MPa	比体积/(m^3/kg)(气相)	密度/(kg/m^3)(液相)	比焓/(kJ/kg)		比熵/[kJ/(kg·K)]	
				液相	气相	液相	气相
27.4	0.5147	0.15935	60.546	90.263	459.88	3.5006	16.99
27.6	0.53383	0.15329	60.154	93.625	459.1	3.6113	16.853
27.8	0.55346	0.14746	59.752	97.053	458.24	3.7232	16.716
28.0	0.57359	0.14186	59.341	100.55	457.29	3.8364	16.577
28.2	0.59423	0.13647	58.92	104.12	456.23	3.951	16.437
28.4	0.61539	0.13129	58.488	107.76	455.07	4.067	16.296
28.6	0.63707	0.12629	58.045	111.49	453.8	4.1846	16.154
28.8	0.65929	0.12147	57.59	115.3	452.42	4.304	16.01
29.0	0.68205	0.11682	57.121	119.19	450.91	4.4252	15.864
29.2	0.70536	0.11232	56.638	123.19	449.27	4.5484	15.715
29.4	0.72924	0.10798	56.14	127.29	447.49	4.6739	15.565
29.6	0.75368	0.10377	55.626	131.5	445.55	4.8018	15.412
29.8	0.77871	0.099696	55.093	135.83	443.45	4.9324	15.255
30.0	0.80432	0.095741	54.54	140.29	441.18	5.0659	15.095
30.2	0.83054	0.091898	53.964	144.9	438.7	5.2028	14.932
30.4	0.85737	0.088158	53.364	149.66	436.02	5.3435	14.763
30.6	0.88482	0.084512	52.737	154.59	433.09	5.4883	14.59
30.8	0.91291	0.08095	52.078	159.72	429.9	5.6379	14.41
31.0	0.94165	0.077461	51.382	165.07	426.4	5.7931	14.223
31.2	0.97105	0.074033	50.645	170.68	422.56	5.9548	14.028
31.4	1.0011	0.070654	49.859	176.58	418.32	6.1242	13.823
31.6	1.0319	0.067306	49.014	182.83	413.6	6.3029	13.606
31.8	1.0634	0.063971	48.096	189.51	408.3	6.4931	13.373
32.0	1.0957	0.060621	47.086	196.72	402.29	6.6981	13.122
33.145	1.2965	0.031986	31.263	298.15	298.15	9.6439	9.6439

表 B-9 R-704（氦-4）饱和性质表

温度/K	压力/MPa	比体积/(m^3/kg)(气相)	密度/(kg/m^3)(液相)	比焓/(kJ/kg)		比熵/[kJ/(kg·K)]	
				液相	气相	液相	气相
2.20	0.005148	0.83068	146.18	−7.3591	15.819	−2.1124	8.4229
2.25	0.005813	0.74901	146.04	−7.0889	16.016	−1.993	8.276
2.30	0.006532	0.67831	145.87	−6.8591	16.212	−1.8941	8.1369
2.35	0.007308	0.61666	145.68	−6.6601	16.406	−1.8108	8.0044

（续）

温度/K	压力/MPa	比体积/(m^3/kg)（气相）	密度/(kg/m^3)（液相）	比焓/(kJ/kg)		比熵/[kJ/(kg·K)]	
				液相	气相	液相	气相
2.40	0.008143	0.56257	145.46	−6.4843	16.597	−1.7392	7.878
2.45	0.00904	0.51484	145.22	−6.3257	16.786	−1.6763	7.7569
2.50	0.010001	0.47252	144.96	−6.1796	16.972	−1.6199	7.6406
2.55	0.011029	0.43483	144.68	−6.0422	17.155	−1.5683	7.5286
2.60	0.012127	0.40113	144.38	−5.9106	17.335	−1.5202	7.4205
2.65	0.013298	0.37088	144.06	−5.7825	17.513	−1.4744	7.3161
2.70	0.014544	0.34364	143.73	−5.6559	17.687	−1.4304	7.215
2.75	0.015867	0.31904	143.37	−5.5295	17.858	−1.3874	7.117
2.80	0.01727	0.29675	143	−5.4022	18.025	−1.345	7.0219
2.85	0.018755	0.2765	142.61	−5.273	18.189	−1.303	6.9293
2.90	0.020325	0.25805	142.2	−5.1414	18.349	−1.261	6.8393
2.95	0.021983	0.24122	141.78	−5.0067	18.506	−1.219	6.7515
3.00	0.02373	0.22582	141.35	−4.8686	18.659	−1.1767	6.6658
3.05	0.025569	0.21169	140.89	−4.7268	18.808	−1.1341	6.5821
3.10	0.027502	0.19871	140.42	−4.581	18.952	−1.0912	6.5003
3.15	0.029532	0.18676	139.93	−4.4311	19.093	−1.0479	6.4201
3.20	0.031661	0.17574	139.43	−4.277	19.229	−1.0041	6.3416
3.25	0.03389	0.16555	138.91	−4.1185	19.361	−0.95992	6.2645
3.30	0.036224	0.15612	138.38	−3.9555	19.488	−0.91529	6.1888
3.35	0.038662	0.14738	137.82	−3.788	19.61	−0.87023	6.1144
3.40	0.041209	0.13925	137.25	−3.6159	19.728	−0.82472	6.0411
3.45	0.043866	0.1317	136.67	−3.4392	19.84	−0.77879	5.9688
3.50	0.046635	0.12466	136.06	−3.2577	19.947	−0.73242	5.8975
3.55	0.049518	0.11809	135.44	−3.0715	20.049	−0.68562	5.8271
3.60	0.052519	0.11194	134.8	−2.8804	20.145	−0.63839	5.7575
3.65	0.055638	0.1062	134.13	−2.6845	20.235	−0.59072	5.6885
3.70	0.058879	0.10081	133.45	−2.4834	20.319	−0.54261	5.6201
3.75	0.062243	0.095756	132.75	−2.2773	20.396	−0.49406	5.5522
3.80	0.065733	0.091006	132.03	−2.0659	20.467	−0.44504	5.4848
3.85	0.069351	0.086535	131.28	−1.8491	20.531	−0.39554	5.4176
3.90	0.0731	0.082322	130.51	−1.6267	20.588	−0.34553	5.3506
3.95	0.076981	0.078347	129.72	−1.3985	20.638	−0.295	5.2837
4.00	0.080998	0.074592	128.9	−1.1643	20.679	−0.24391	5.2169
4.05	0.085153	0.071038	128.05	−0.92393	20.712	−0.19222	5.1499

（续）

温度/K	压力/MPa	比体积/(m³/kg)(气相)	密度/(kg/m³)(液相)	比焓/(kJ/kg)		比熵/[kJ/(kg·K)]	
				液相	气相	液相	气相
4.10	0.089448	0.067672	127.17	-0.677	20.736	-0.13988	5.0827
4.15	0.093886	0.064478	126.26	-0.42322	20.75	-0.08685	5.0152
4.20	0.09847	0.061444	125.32	-0.1622	20.755	-0.03306	4.9472
4.224	0.10072	0.060041	124.86	0	20.753	0	4.9143
4.25	0.1032	0.058558	124.35	0.10648	20.749	0.021559	4.8785
4.30	0.10809	0.055807	123.33	0.38333	20.731	0.077094	4.8091
4.35	0.11312	0.053182	122.28	0.66893	20.701	0.13364	4.7386
4.40	0.11832	0.050673	121.17	0.96394	20.657	0.19132	4.667
4.45	0.12368	0.04827	120.02	1.2692	20.599	0.25026	4.594
4.50	0.1292	0.045964	118.81	1.5856	20.525	0.31062	4.5193
4.55	0.13489	0.043746	117.54	1.9142	20.433	0.37262	4.4426
4.60	0.14075	0.041607	116.2	2.2566	20.321	0.43649	4.3635
4.65	0.14679	0.03954	114.78	2.6143	20.186	0.50252	4.2815
4.70	0.15301	0.037535	113.27	2.9895	20.027	0.5711	4.1961
4.75	0.15942	0.035584	111.65	3.3849	19.838	0.64272	4.1065
4.80	0.16602	0.033674	109.9	3.804	19.614	0.71802	4.0118
4.85	0.17282	0.031795	108	4.2518	19.349	0.79788	3.9108
4.90	0.17983	0.029933	105.89	4.7351	19.033	0.88355	3.8016
4.95	0.18707	0.028067	103.53	5.2639	18.652	0.9769	3.6816
5.00	0.19453	0.026169	100.83	5.8545	18.183	1.0809	3.5467
5.21953	0.22637	0.014359	69.641	11.87	11.87	2.1833	2.1833

表 B-10 R-717（氨）饱和性质表

温度/℃	压力/MPa	比体积/(m³/kg)(气相)	密度/(kg/m³)(液相)	比焓/(kJ/kg)		比熵/[kJ/(kg·K)]	
				液相	气相	液相	气相
-70	0.010941	9.0079	724.72	-110.81	1355.6	-0.30939	6.9088
-68	0.012647	7.8646	722.53	-102.31	1359.2	-0.26775	6.8566
-66	0.014572	6.8872	720.33	-93.782	1362.9	-0.2264	6.8056
-64	0.016739	6.049	718.11	-85.232	1366.5	-0.18534	6.756
-62	0.019171	5.328	715.87	-76.659	1370.2	-0.14455	6.7075
-60	0.021893	4.7057	713.62	-68.062	1373.7	-0.10405	6.6602
-58	0.024932	4.1672	711.35	-59.441	1377.3	-0.06381	6.614
-56	0.028315	3.6999	709.06	-50.797	1380.8	-0.02385	6.5689

（续）

温度/℃	压力/MPa	比体积/(m^3/kg)（气相）	密度/(kg/m^3)（液相）	比焓/(kJ/kg)		比熵/[kJ/(kg·K)]	
				液相	气相	液相	气相
-54	0.032072	3.2932	706.75	-42.13	1384.3	0.01586	6.5248
-52	0.036235	2.9383	704.43	-33.44	1387.8	0.055306	6.4817
-50	0.040836	2.6277	702.09	-24.727	1391.2	0.094497	6.4396
-48	0.045911	2.3554	699.73	-15.992	1394.6	0.13344	6.3985
-46	0.051495	2.1159	697.36	-7.2345	1397.9	0.17213	6.3582
-44	0.057626	1.9048	694.97	1.5453	1401.2	0.21057	6.3188
-42	0.064345	1.7184	692.57	10.347	1404.5	0.24877	6.2803
-40	0.071692	1.5533	690.15	19.17	1407.8	0.28673	6.2425
-38	0.079711	1.4068	687.72	28.015	1411	0.32445	6.2056
-36	0.088447	1.2765	685.27	36.88	1414.1	0.36194	6.1694
-34	0.097946	1.1604	682.8	45.767	1417.2	0.3992	6.1339
-33.331	0.1013	1.1244	681.98	48.743	1418.3	0.41161	6.1222
-32	0.10826	1.0567	680.32	54.675	1420.3	0.43623	6.0992
-30	0.11943	0.96396	677.83	63.603	1423.3	0.47303	6.0651
-28	0.13151	0.88082	675.32	72.551	1426.3	0.50961	6.0317
-26	0.14457	0.80614	672.8	81.521	1429.2	0.54597	5.9989
-24	0.15864	0.73896	670.26	90.51	1432.1	0.58211	5.9667
-22	0.17379	0.6784	667.71	99.52	1434.9	0.61804	5.9351
-20	0.19008	0.62373	665.14	108.55	1437.7	0.65376	5.9041
-18	0.20756	0.57428	662.55	117.6	1440.4	0.68927	5.8736
-16	0.2263	0.52949	659.95	126.67	1443.1	0.72457	5.8437
-14	0.24637	0.48885	657.34	135.76	1445.7	0.75967	5.8143
-12	0.26782	0.45192	654.7	144.88	1448.2	0.79457	5.7853
-10	0.29071	0.4183	652.06	154.01	1450.7	0.82928	5.7569
-8	0.31513	0.38767	649.39	163.16	1453.1	0.86379	5.7289
-6	0.34114	0.3597	646.71	172.34	1455.5	0.89812	5.7013
-4	0.3688	0.33414	644.02	181.54	1457.8	0.93226	5.6741
-2	0.39819	0.31074	641.3	190.76	1460.1	0.96622	5.6474
0	0.42938	0.2893	638.57	200	1462.2	1	5.621
2	0.46246	0.26962	635.82	209.27	1464.4	1.0336	5.5951
4	0.49748	0.25153	633.06	218.55	1466.4	1.067	5.5695
6	0.53453	0.23489	630.27	227.87	1468.4	1.1003	5.5442

（续）

温度/℃	压力/MPa	比体积/(m³/kg)(气相)	密度/(kg/m³)(液相)	比焓/(kJ/kg)		比熵/[kJ/(kg·K)]	
				液相	气相	液相	气相
8	0. 5737	0. 21956	627. 46	237. 2	1470. 3	1. 1334	5. 5192
10	0. 61505	0. 20543	624. 64	246. 57	1472. 1	1. 1664	5. 4946
12	0. 65866	0. 19237	621. 79	255. 95	1473. 9	1. 1992	5. 4703
14	0. 70463	0. 18031	618. 93	265. 37	1475. 6	1. 2318	5. 4463
16	0. 75303	0. 16914	616. 04	274. 81	1477. 2	1. 2643	5. 4226
18	0. 80395	0. 15879	613. 13	284. 28	1478. 7	1. 2967	5. 3991
20	0. 85748	0. 1492	610. 2	293. 78	1480. 2	1. 3289	5. 3759
22	0. 91369	0. 14029	607. 24	303. 31	1481. 5	1. 361	5. 3529
24	0. 97268	0. 13201	604. 26	312. 87	1482. 8	1. 3929	5. 3301
26	1. 0345	0. 12431	601. 26	322. 47	1484	1. 4248	5. 3076
28	1. 0993	0. 11714	598. 23	332. 09	1485. 1	1. 4565	5. 2853
30	1. 1672	0. 11046	595. 17	341. 76	1486. 2	1. 4881	5. 2631
32	1. 2382	0. 10422	592. 08	351. 45	1487. 1	1. 5196	5. 2412
34	1. 3124	0. 098399	588. 97	361. 19	1488	1. 5509	5. 2194
36	1. 39	0. 092957	585. 82	370. 96	1488. 7	1. 5822	5. 1978
38	1. 4709	0. 087867	582. 65	380. 78	1489. 4	1. 6134	5. 1763
40	1. 5554	0. 083101	579. 44	390. 64	1489. 9	1. 6446	5. 1549
42	1. 6435	0. 078635	576. 2	400. 54	1490. 4	1. 6756	5. 1337
44	1. 7353	0. 074446	572. 92	410. 48	1490. 7	1. 7065	5. 1126
46	1. 831	0. 070515	569. 61	420. 48	1490. 9	1. 7374	5. 0915
48	1. 9305	0. 066822	566. 25	430. 52	1491. 1	1. 7683	5. 0706
50	2. 034	0. 06335	562. 86	440. 62	1491. 1	1. 799	5. 0497
52	2. 1417	0. 060084	559. 43	450. 77	1491	1. 8297	5. 0289
54	2. 2536	0. 057008	555. 95	460. 98	1490. 7	1. 8604	5. 0081
56	2. 3698	0. 05411	552. 43	471. 24	1490. 4	1. 8911	4. 9873
58	2. 4904	0. 051377	548. 86	481. 57	1489. 9	1. 9217	4. 9666
60	2. 6156	0. 048797	545. 24	491. 97	1489. 3	1. 9523	4. 9458
62	2. 7454	0. 046361	541. 57	502. 43	1488. 5	1. 9829	4. 9251
64	2. 88	0. 044059	537. 85	512. 97	1487. 6	2. 0135	4. 9043
66	3. 0195	0. 041881	534. 06	523. 58	1486. 5	2. 0441	4. 8834
68	3. 1639	0. 03982	530. 22	534. 27	1485. 3	2. 0747	4. 8625
70	3. 3135	0. 037868	526. 31	545. 04	1483. 9	2. 1054	4. 8415

（续）

温度/℃	压力/MPa	比体积/(m^3/kg)(气相)	密度/(kg/m^3)(液相)	比焓/(kJ/kg)		比熵/[kJ/(kg·K)]	
				液相	气相	液相	气相
72	3. 4682	0. 036018	522. 33	555. 9	1482. 4	2. 1361	4. 8204
74	3. 6284	0. 034263	518. 28	566. 86	1480. 7	2. 1669	4. 7992
76	3. 7939	0. 032596	514. 16	577. 91	1478. 7	2. 1977	4. 7778
78	3. 9651	0. 031014	509. 96	589. 07	1476. 6	2. 2286	4. 7562
80	4. 142	0. 029509	505. 67	600. 34	1474. 3	2. 2596	4. 7344
82	4. 3247	0. 028078	501. 29	611. 73	1471. 8	2. 2908	4. 7124
84	4. 5134	0. 026715	496. 82	623. 24	1469	2. 322	4. 6901
86	4. 7082	0. 025417	492. 24	634. 88	1466	2. 3534	4. 6675
88	4. 9093	0. 024179	487. 56	646. 67	1462. 7	2. 385	4. 6446
90	5. 1167	0. 022997	482. 75	658. 61	1459. 2	2. 4168	4. 6213
92	5. 3307	0. 021868	477. 82	670. 71	1455. 4	2. 4488	4. 5976
94	5. 5514	0. 02079	472. 76	682. 98	1451. 2	2. 481	4. 5734
96	5. 779	0. 019757	467. 55	695. 44	1446. 7	2. 5136	4. 5487
98	6. 0135	0. 018768	462. 18	708. 11	1441. 9	2. 5464	4. 5234
100	6. 2553	0. 01782	456. 63	721	1436. 6	2. 5797	4. 4975
102	6. 5044	0. 01691	450. 9	734. 14	1431	2. 6133	4. 4708
104	6. 761	0. 016035	444. 95	747. 54	1424. 8	2. 6474	4. 4432
106	7. 0255	0. 015192	438. 78	761. 24	1418. 2	2. 6821	4. 4147
108	7. 2978	0. 01438	432. 34	775. 27	1410. 9	2. 7173	4. 3851
110	7. 5783	0. 013596	425. 61	789. 68	1403. 1	2. 7533	4. 3542
112	7. 8673	0. 012837	418. 54	804. 52	1394. 5	2. 7902	4. 3219
114	8. 1649	0. 0121	411. 08	819. 86	1385. 1	2. 828	4. 2879
116	8. 4714	0. 011383	403. 15	835. 78	1374. 7	2. 8671	4. 2519
118	8. 7872	0. 010682	394. 67	852. 41	1363. 1	2. 9077	4. 2134
120	9. 1125	0. 009993	385. 49	869. 92	1350. 2	2. 9502	4. 1719
122	9. 4478	0. 009311	375. 4	888. 58	1335. 6	2. 9953	4. 1266
124	9. 7934	0. 008628	364. 08	908. 79	1318. 7	3. 044	4. 0761
126	10. 15	0. 007933	350. 95	931. 29	1298. 6	3. 098	4. 0183
128	10. 518	0. 007202	334. 79	957. 6	1273. 6	3. 1611	3. 9489
130	10. 898	0. 006379	312. 29	992. 02	1239. 3	3. 2437	3. 8571
132. 25	11. 339	0. 004444	225	1119. 2	1119. 2	3. 5542	3. 5542

表 B-11 R-728（氮）饱和性质表

温度/K	压力/MPa	比体积/(m³/kg)（气相）	密度/(kg/m³)（液相）	比焓/(kJ/kg)		比熵/[kJ/(kg·K)]	
				液相	气相	液相	气相
63.15	0.01253	1.481	868.9	-28.61	186.6	-0.4066	3.002
64	0.0146	1.285	865.6	-26.98	187.4	-0.381	2.969
65	0.01741	1.094	861.6	-25.02	188.3	-0.3507	2.932
66	0.02063	0.9355	857.4	-23.04	189.3	-0.3206	2.896
67	0.02432	0.8044	853.2	-21.05	190.2	-0.2906	2.862
68	0.0285	0.6951	848.8	-19.03	191.1	-0.2609	2.829
69	0.03324	0.6035	844.4	-17.01	192	-0.2315	2.797
70	0.03857	0.5263	840	-14.99	192.8	-0.2024	2.766
71	0.04456	0.4609	835.5	-12.95	193.7	-0.1737	2.737
72	0.05125	0.4053	830.9	-10.92	194.5	-0.1454	2.708
73	0.0587	0.3577	826.4	-8.879	195.4	-0.1174	2.681
74	0.06696	0.3169	821.9	-6.84	196.2	-0.08978	2.654
75	0.0761	0.2817	817.3	-4.798	197	-0.06255	2.628
76	0.08617	0.2512	812.7	-2.755	197.8	-0.03566	2.603
77	0.09723	0.2247	808.1	-0.7083	198.5	-0.00911	2.579
77.35	0.1014	0.2163	806.5	0	198.8	0	2.570
78	0.1093	0.2017	803.5	1.341	199.3	0.01713	2.555
79	0.1226	0.1815	798.8	3.395	200	0.04307	2.532
80	0.137	0.1637	794.1	5.454	200.8	0.06872	2.51
81	0.1526	0.1481	789.4	7.519	201.4	0.09411	2.488
82	0.1696	0.1343	784.7	9.591	202.1	0.1193	2.467
83	0.188	0.122	779.9	11.67	202.8	0.1442	2.447
84	0.2077	0.1112	775	13.76	203.4	0.1689	2.427
85	0.229	0.1015	770.1	15.86	204	0.1934	2.407
86	0.2519	0.09281	765.2	17.97	204.6	0.2177	2.388
87	0.2764	0.08504	760.1	20.09	205.2	0.2418	2.369
88	0.3027	0.07807	755.1	22.22	205.7	0.2658	2.351
89	0.3307	0.07179	749.9	24.36	206.2	0.2896	2.333
90	0.3607	0.06612	744.7	26.52	206.7	0.3132	2.315
91	0.3925	0.061	739.5	28.69	207.1	0.3367	2.298
92	0.4264	0.05635	734.1	30.88	207.5	0.3601	2.281
93	0.4623	0.05213	728.7	33.08	207.9	0.3834	2.264
94	0.5005	0.04829	723.3	35.29	208.3	0.4065	2.247
95	0.5408	0.04478	717.7	37.52	208.6	0.4295	2.23

（续）

温度/K	压力/MPa	比体积/(m^3/kg)（气相）	密度/(kg/m^3)（液相）	比焓/(kJ/kg)		比熵/[kJ/(kg·K)]	
				液相	气相	液相	气相
96	0.5835	0.04158	712.1	39.77	208.9	0.4524	2.214
97	0.6286	0.03865	706.4	42.03	209.1	0.4752	2.198
98	0.6761	0.03596	700.5	44.31	209.3	0.4979	2.182
99	0.7261	0.03349	694.7	46.61	209.5	0.5205	2.166
100	0.7788	0.03121	688.7	48.93	209.6	0.543	2.15
101	0.8342	0.02912	682.6	51.27	209.7	0.5655	2.134
102	0.8923	0.02718	676.4	53.64	209.7	0.5879	2.118
103	0.9533	0.02539	670	56.03	209.7	0.6104	2.102
104	1.017	0.02373	663.6	58.44	209.6	0.6328	2.086
105	1.084	0.02219	656.9	60.89	209.5	0.6552	2.07
106	1.154	0.02076	650.2	63.37	209.3	0.6777	2.054
107	1.228	0.01943	643.2	65.88	209	0.7002	2.038
108	1.304	0.01819	636.1	68.44	208.7	0.7229	2.022
109	1.384	0.01703	628.7	71.04	208.3	0.7457	2.005
110	1.467	0.01595	621.1	73.69	207.8	0.7686	1.988
111	1.554	0.01493	613.2	76.39	207.3	0.7918	1.971
112	1.644	0.01398	605	79.15	206.6	0.8152	1.953
113	1.739	0.01308	596.5	81.98	205.9	0.839	1.935
114	1.837	0.01223	587.5	84.88	205	0.8631	1.917
115	1.939	0.01144	578.2	87.87	204	0.8876	1.897
116	2.045	0.01068	568.3	90.95	202.9	0.9127	1.878
117	2.155	0.009965	557.9	94.13	201.6	0.9383	1.857
118	2.27	0.009281	546.9	97.44	200.1	0.9647	1.835
119	2.389	0.008627	535.1	100.9	198.4	0.9919	1.811
120	2.512	0.007997	522.3	104.5	196.4	1.02	1.786
121	2.641	0.007386	508.4	108.4	194.2	1.05	1.759
122	2.775	0.006786	492.8	112.5	191.4	1.082	1.729
123	2.914	0.006186	475.1	117	188.1	1.117	1.694
124	3.058	0.005567	453.7	122.3	183.7	1.156	1.652
125	3.209	0.004886	425.2	128.8	177.6	1.206	1.597
126.2	3.398	0.003194	313.1	151.5	151.5	1.383	1.383

表 B-12 R-729（空气）饱和性质表

［空气中各成分的摩尔分数：0.7812（N_2），0.0092（Ar），0.2096（O_2）］

p /MPa	T_l /K	T_g /K	ρ_l /(kg/m³)	ρ_g /(kg/m³)	h_l /(kJ/kg)	h_g /(kJ/kg)	s_l /[kJ/(kg·K)]	s_g /[kJ/(kg·K)]
0.05	73.22	76.21	902.96	2.338	-11.089	200.97	-0.1451	2.7076
0.10	78.82	81.64	877.78	4.433	-0.225	205.29	-0.0028	2.5693
0.15	82.54	85.24	860.45	6.454	7.074	207.88	0.0869	2.4890
0.20	85.41	88.03	846.69	8.436	12.765	209.70	0.1540	2.4320
0.25	87.79	90.33	835.03	10.396	17.517	211.08	0.2082	2.3877
0.30	89.84	92.31	824.77	12.341	21.643	212.16	0.2540	2.3512
0.35	91.65	94.06	815.52	14.279	25.320	213.03	0.2938	2.3202
0.40	93.27	95.63	807.03	16.214	28.658	213.74	0.3293	2.2931
0.45	94.76	97.07	799.15	18.149	31.728	214.33	0.3613	2.2689
0.50	96.13	98.39	791.75	20.086	34.582	214.82	0.3905	2.2471
0.55	97.41	99.62	784.75	22.029	37.257	215.22	0.4175	2.2272
0.60	98.60	100.77	778.08	23.978	39.782	215.55	0.4426	2.2088
0.65	99.72	101.86	771.70	25.935	42.178	215.82	0.4661	2.1916
0.70	100.79	102.88	765.57	27.902	44.463	216.03	0.4883	2.1756
0.75	101.80	103.86	759.65	29.880	46.651	216.20	0.5092	2.1604
0.80	102.76	104.79	753.91	31.869	48.754	216.32	0.5291	2.1461
0.85	103.68	105.67	748.34	33.872	50.780	216.41	0.5481	2.1325
0.90	104.56	106.52	742.92	35.890	52.739	216.46	0.5663	2.1194
0.95	105.41	107.34	737.62	37.922	54.637	216.47	0.5837	2.1069
1.00	106.23	108.13	732.44	39.971	56.480	216.46	0.6005	2.0949
1.05	107.02	108.89	727.36	42.036	58.273	216.42	0.6167	2.0833
1.10	107.78	109.62	722.38	44.120	60.021	216.36	0.6323	2.0720
1.15	108.52	110.33	717.48	46.223	61.728	216.27	0.6474	2.0611
1.20	109.23	111.02	712.65	48.346	63.396	216.15	0.6621	2.0506
1.25	109.93	111.69	707.88	50.490	65.030	216.02	0.6764	2.0402
1.30	110.60	112.34	703.18	52.656	66.632	215.86	0.6903	2.0302
1.35	111.26	112.97	698.53	54.845	68.205	215.68	0.7038	2.0203
1.40	111.90	113.58	693.93	57.058	69.751	215.48	0.7170	2.0107
1.45	112.52	114.18	689.37	59.296	71.271	215.26	0.7299	2.0013
1.50	113.13	114.77	684.84	61.561	72.769	215.03	0.7426	1.9920
1.55	113.73	115.34	680.35	63.852	74.246	214.77	0.7549	1.9828
1.60	114.31	115.89	675.88	66.173	75.703	214.50	0.7671	1.9738
1.65	114.88	116.44	671.43	68.523	77.142	214.21	0.7790	1.9649
1.70	115.43	116.97	667.01	70.904	78.564	213.91	0.7907	1.9562

（续）

p /MPa	T_l /K	T_g /K	ρ_l /(kg/m³)	ρ_g /(kg/m³)	h_l /(kJ/kg)	h_g /(kJ/kg)	s_l /[kJ/(kg·K)]	s_g /[kJ/(kg·K)]
1.75	115.98	117.49	662.60	73.318	79.971	213.58	0.8022	1.9475
1.80	116.51	118.00	658.20	75.766	81.364	213.24	0.8135	1.9389
1.85	117.03	118.50	653.81	78.250	82.745	212.88	0.8247	1.9303
1.90	117.55	119.00	649.42	80.771	84.113	212.50	0.8357	1.9219
1.95	118.05	119.48	645.03	83.330	85.472	212.11	0.8466	1.9135
2.00	118.55	119.95	640.64	85.931	86.820	211.70	0.8573	1.9051
2.05	119.03	120.41	636.24	88.574	88.161	211.27	0.8680	1.8968
2.10	119.51	120.87	631.84	91.262	89.494	210.82	0.8785	1.8885
2.15	119.98	121.32	627.41	93.998	90.821	210.36	0.8889	1.8802
2.20	120.44	121.75	622.97	96.783	92.142	209.88	0.8992	1.8719
2.25	120.90	122.19	618.51	99.620	93.459	209.38	0.9095	1.8636
2.30	121.34	122.61	614.02	102.510	94.772	208.86	0.9196	1.8553
2.35	121.78	123.03	609.50	105.460	96.084	208.32	0.9297	1.8470
2.40	122.22	123.44	604.95	108.470	97.393	207.76	0.9398	1.8386
2.45	122.64	123.85	600.36	111.550	98.703	207.17	0.9498	1.8303
2.50	123.07	124.24	595.73	114.700	100.010	206.57	0.9598	1.8218
2.55	123.48	124.64	591.04	117.920	101.320	205.94	0.9698	1.8133
2.60	123.89	125.02	586.31	121.210	102.640	205.29	0.9797	1.8048
2.65	124.29	125.40	581.51	124.590	103.960	204.62	0.9897	1.7961
2.70	124.69	125.78	576.64	128.060	105.280	203.92	0.9996	1.7874
2.75	125.08	126.15	571.70	131.630	106.620	203.19	1.0096	1.7786
2.80	125.47	126.51	566.68	135.300	107.960	202.43	1.0196	1.7696
2.85	125.86	126.87	561.56	139.080	109.310	201.64	1.0296	1.7605
2.90	126.23	127.22	556.35	142.990	110.670	200.82	1.0397	1.7512
2.95	126.61	127.57	551.01	147.020	112.050	199.96	1.0499	1.7418
3.00	126.98	127.92	545.56	151.200	113.440	199.06	1.0602	1.7321
3.05	127.34	128.25	539.96	155.540	114.860	198.13	1.0706	1.7223
3.10	127.70	128.59	534.20	160.060	116.300	197.14	1.0811	1.7121
3.15	128.06	128.92	528.26	164.770	117.760	196.11	1.0918	1.7017
3.20	128.41	129.24	522.11	169.700	119.250	195.02	1.1027	1.6909
3.25	128.76	129.56	515.73	174.880	120.780	193.86	1.1139	1.6798
3.30	129.10	129.87	509.07	180.340	122.360	192.64	1.1254	1.6682
3.35	129.44	130.18	502.10	186.120	123.980	191.34	1.1372	1.6561
3.40	129.78	130.49	494.74	192.290	125.670	189.94	1.1494	1.6434
3.45	130.12	130.79	486.93	198.910	127.430	188.44	1.1622	1.6299

（续）

p /MPa	T_l /K	T_g /K	ρ_l /(kg/m³)	ρ_g /(kg/m³)	h_l /(kJ/kg)	h_g /(kJ/kg)	s_l /[kJ/(kg·K)]	s_g /[kJ/(kg·K)]
3.50	130.45	131.08	478.56	206.070	129.290	186.81	1.1756	1.6155
3.55	130.78	131.37	469.48	213.930	131.260	185.01	1.1899	1.6000
3.60	131.11	131.65	459.48	222.640	133.390	183.02	1.2054	1.5831
3.65	131.43	131.93	448.24	232.540	135.740	180.75	1.2225	1.5643
3.70	131.76	132.20	435.19	244.120	138.410	178.11	1.2419	1.5427
3.75	132.09	132.45	419.17	258.420	141.620	174.86	1.2653	1.5166

注：下标 l 表示泡点，下标 g 表示露点。

表 B-13 R-732（氧）饱和性质表

温度/K	压力/MPa	比体积/(m³/kg)(气相)	密度/(kg/m³)(液相)	比焓/(kJ/kg)		比熵/[kJ/(kg·K)]	
				液相	气相	液相	气相
56	0.000242	60.207	1299.3	−57.507	183.96	−0.80006	3.5118
58	0.000428	35.234	1290.7	−54.166	185.76	−0.74144	3.3952
60	0.000726	21.462	1282	−50.821	187.56	−0.68474	3.2882
62	0.001187	13.552	1273.1	−47.472	189.35	−0.62984	3.1898
64	0.001878	8.8392	1264.2	−44.119	191.14	−0.57663	3.0992
66	0.002882	5.9367	1255.2	−40.764	192.92	−0.52502	3.0156
68	0.004302	4.0944	1246.1	−37.408	194.69	−0.47494	2.9383
70	0.006262	2.8925	1237	−34.051	196.46	−0.4263	2.8667
72	0.00891	2.0885	1227.8	−30.693	198.22	−0.37904	2.8002
74	0.012414	1.5383	1218.5	−27.334	199.96	−0.33306	2.7384
76	0.016969	1.1537	1209.2	−23.974	201.68	−0.2883	2.6808
78	0.022792	0.87971	1199.9	−20.611	203.38	−0.2447	2.627
80	0.030123	0.68099	1190.5	−17.245	205.06	−0.20217	2.5767
82	0.039226	0.5345	1181	−13.875	206.71	−0.16065	2.5294
84	0.050385	0.42487	1171.4	−10.499	208.32	−0.12009	2.4849
86	0.063906	0.34167	1161.7	−7.1155	209.9	−0.08042	2.443
88	0.080114	0.2777	1152	−3.7231	211.43	−0.04158	2.4034
90	0.09935	0.22794	1142.1	−0.32016	212.92	−0.00353	2.3658
90.188	0.10133	0.22385	1141.2	0	213.06	0	2.3623
92	0.12197	0.18879	1132.1	3.0951	214.36	0.033779	2.3301
94	0.14836	0.15766	1122	6.5246	215.74	0.070404	2.2961
96	0.17889	0.13268	1111.8	9.9702	217.06	0.10639	2.2636

（续）

温度/K	压力/MPa	比体积/(m^3/kg)(气相)	密度/(kg/m^3)(液相)	比焓/(kJ/kg)		比熵/[kJ/(kg·K)]	
				液相	气相	液相	气相
98	0.21397	0.11245	1101.4	13.434	218.32	0.14177	2.2325
100	0.254	0.095925	1090.9	16.918	219.52	0.17659	2.2026
102	0.29941	0.08232	1080.2	20.424	220.65	0.2109	2.1739
104	0.35062	0.071036	1069.3	23.956	221.71	0.24472	2.1462
106	0.40806	0.061613	1058.2	27.515	222.7	0.27811	2.1194
108	0.47217	0.053691	1047	31.104	223.6	0.31108	2.0935
110	0.5434	0.04699	1035.5	34.727	224.42	0.34369	2.0682
112	0.6222	0.041288	1023.7	38.386	225.16	0.37596	2.0436
114	0.70902	0.036411	1011.7	42.085	225.8	0.40794	2.0195
116	0.80433	0.032216	999.42	45.828	226.35	0.43967	1.9959
118	0.90859	0.028589	986.81	49.619	226.79	0.47117	1.9726
120	1.0223	0.02544	973.85	53.463	227.12	0.5025	1.9497
122	1.1459	0.022692	960.52	57.366	227.34	0.5337	1.9269
124	1.2798	0.020284	946.77	61.334	227.43	0.56482	1.9043
126	1.4247	0.018164	932.55	65.374	227.38	0.5959	1.8817
128	1.5809	0.01629	917.81	69.494	227.19	0.62702	1.859
130	1.7491	0.014626	902.48	73.705	226.83	0.65823	1.8361
132	1.9296	0.013144	886.48	78.02	226.3	0.68962	1.813
134	2.1232	0.011816	869.7	82.452	225.56	0.72129	1.7893
136	2.3303	0.010623	852.02	87.021	224.6	0.75335	1.765
138	2.5516	0.009545	833.28	91.751	223.37	0.78596	1.7398
140	2.7878	0.008565	813.24	96.673	221.84	0.8193	1.7134
142	3.0394	0.00767	791.6	101.83	219.94	0.85366	1.6854
144	3.3074	0.006845	767.92	107.28	217.59	0.88939	1.6554
146	3.5925	0.006078	741.55	113.13	214.64	0.92707	1.6224
148	3.8958	0.005354	711.42	119.5	210.89	0.96761	1.5851
150	4.2186	0.004653	675.48	126.7	205.93	1.0128	1.541
152	4.5626	0.003938	628.82	135.39	198.79	1.0668	1.4839
154	4.9307	0.00306	547.04	148.93	185.15	1.1512	1.3864
154.58	5.0428	0.002293	436.14	165.79	165.79	1.259	1.259

表 B-14 R-744（二氧化碳）饱和性质表

温度/℃	压力/MPa	比体积/(m³/kg)(气相)	密度/(kg/m³)(液相)	比焓/(kJ/kg)		比熵/[kJ/(kg·K)]	
				液相	气相	液相	气相
-50	0.68234	0.055789	1154.6	92.943	432.68	0.57939	2.1018
-49	0.71049	0.053654	1150.8	94.922	432.99	0.58813	2.0963
-48	0.73949	0.051618	1147.1	96.905	433.29	0.59684	2.0909
-47	0.76937	0.049674	1143.4	98.891	433.58	0.60553	2.0855
-46	0.80015	0.047819	1139.6	100.88	433.86	0.61418	2.0801
-45	0.83184	0.046046	1135.8	102.87	434.13	0.62282	2.0747
-44	0.86445	0.044352	1132	104.87	434.39	0.63143	2.0694
-43	0.898	0.042733	1128.1	106.87	434.64	0.64001	2.0642
-42	0.93252	0.041184	1124.2	108.88	434.88	0.64858	2.0589
-41	0.96801	0.039702	1120.3	110.89	435.11	0.65712	2.0537
-40	1.0045	0.038284	1116.4	112.9	435.32	0.66564	2.0485
-39	1.042	0.036925	1112.5	114.92	435.53	0.67413	2.0434
-38	1.0805	0.035624	1108.5	116.95	435.72	0.68261	2.0382
-37	1.1201	0.034377	1104.5	118.98	435.9	0.69107	2.0331
-36	1.1607	0.033181	1100.5	121.01	436.07	0.69951	2.0281
-35	1.2024	0.032035	1096.4	123.05	436.23	0.70794	2.023
-34	1.2452	0.030935	1092.4	125.1	436.37	0.71634	2.018
-33	1.2891	0.029879	1088.3	127.15	436.51	0.72474	2.0129
-32	1.3342	0.028865	1084.1	129.2	436.62	0.73311	2.0079
-31	1.3804	0.027891	1079.9	131.27	436.73	0.74148	2.0029
-30	1.4278	0.026956	1075.7	133.34	436.82	0.74982	1.998
-29	1.4763	0.026056	1071.5	135.41	436.9	0.75816	1.993
-28	1.5261	0.025192	1067.2	137.5	436.96	0.76649	1.988
-27	1.577	0.02436	1062.9	139.59	437.01	0.77481	1.9831
-26	1.6293	0.02356	1058.6	141.69	437.04	0.78311	1.9781
-25	1.6827	0.022789	1054.2	143.79	437.06	0.79141	1.9732
-24	1.7375	0.022048	1049.8	145.91	437.06	0.79971	1.9683
-23	1.7935	0.021334	1045.3	148.03	437.04	0.80799	1.9633
-22	1.8509	0.020645	1040.8	150.16	437.01	0.81627	1.9584
-21	1.9096	0.019982	1036.3	152.3	436.96	0.82455	1.9535
-20	1.9696	0.019343	1031.7	154.45	436.89	0.83283	1.9485
-19	2.031	0.018726	1027	156.61	436.81	0.8411	1.9436
-18	2.0938	0.018131	1022.3	158.77	436.7	0.84937	1.9386
-17	2.1581	0.017557	1017.6	160.95	436.58	0.85765	1.9337
-16	2.2237	0.017002	1012.8	163.14	436.44	0.86593	1.9287
-15	2.2908	0.016467	1008	165.34	436.27	0.87421	1.9237
-14	2.3593	0.01595	1003.1	167.55	436.09	0.88249	1.9187
-13	2.4294	0.01545	998.14	169.78	435.89	0.89078	1.9137
-12	2.501	0.014967	993.13	172.01	435.66	0.89908	1.9086
-11	2.574	0.0145	988.06	174.26	435.41	0.90739	1.9036

（续）

温度/℃	压力/MPa	比体积/(m³/kg)(气相)	密度/(kg/m³)(液相)	比焓/(kJ/kg)		比熵/[kJ/(kg·K)]	
				液相	气相	液相	气相
-10	2.6487	0.014048	982.93	176.52	435.14	0.91571	1.8985
-9	2.7249	0.013611	977.73	178.8	434.84	0.92405	1.8934
-8	2.8027	0.013188	972.46	181.09	434.51	0.9324	1.8882
-7	2.8821	0.012778	967.12	183.39	434.17	0.94076	1.883
-6	2.9632	0.012381	961.7	185.71	433.79	0.94915	1.8778
-5	3.0459	0.011996	956.21	188.05	433.38	0.95756	1.8725
-4	3.1303	0.011624	950.63	190.4	432.95	0.96599	1.8672
-3	3.2164	0.011262	944.97	192.77	432.48	0.97444	1.8618
-2	3.3042	0.010911	939.22	195.16	431.99	0.98293	1.8563
-1	3.3938	0.010571	933.38	197.57	431.46	0.99145	1.8509
0	3.4851	0.010241	927.43	200	430.89	1	1.8453
1	3.5783	0.00992	921.38	202.45	430.29	1.0086	1.8397
2	3.6733	0.009609	915.23	204.93	429.65	1.0172	1.834
3	3.7701	0.009306	908.95	207.43	428.97	1.0259	1.8282
4	3.8688	0.009011	902.56	209.95	428.25	1.0346	1.8223
5	3.9695	0.008724	896.03	212.5	427.48	1.0434	1.8163
6	4.072	0.008445	889.36	215.08	426.67	1.0523	1.8102
7	4.1765	0.008174	882.55	217.69	425.81	1.0612	1.8041
8	4.2831	0.007909	875.58	220.34	424.89	1.0702	1.7977
9	4.3916	0.007651	868.44	223.01	423.92	1.0792	1.7913
10	4.5022	0.007399	861.12	225.73	422.88	1.0884	1.7847
11	4.6149	0.007153	853.6	228.49	421.79	1.0976	1.7779
12	4.7297	0.006913	845.87	231.29	420.62	1.107	1.771
13	4.8466	0.006677	837.91	234.13	419.37	1.1165	1.7638
14	4.9658	0.006447	829.7	237.03	418.05	1.1261	1.7565
15	5.0871	0.006222	821.21	239.99	416.64	1.1359	1.7489
16	5.2108	0.006	812.41	243.01	415.12	1.1458	1.7411
17	5.3368	0.005783	803.27	246.1	413.5	1.1559	1.7329
18	5.4651	0.005569	793.76	249.26	411.76	1.1663	1.7244
19	5.5958	0.005358	783.81	252.52	409.89	1.1769	1.7155
20	5.7291	0.005149	773.39	255.87	407.87	1.1877	1.7062
21	5.8648	0.004943	762.4	259.33	405.67	1.1989	1.6964
22	6.0031	0.004738	750.77	262.93	403.26	1.2105	1.686
23	6.144	0.004533	738.36	266.68	400.63	1.2225	1.6749
24	6.2877	0.004327	725.02	270.61	397.7	1.2352	1.6629
25	6.4342	0.00412	710.5	274.78	394.43	1.2485	1.6498
26	6.5837	0.003908	694.46	279.26	390.71	1.2627	1.6353
27	6.7361	0.00369	676.36	284.14	386.39	1.2783	1.6189
28	6.8918	0.003459	655.28	289.62	381.2	1.2958	1.5999
29	7.0509	0.003205	629.36	296.07	374.61	1.3163	1.5763
30	7.2137	0.002898	593.31	304.55	365.13	1.3435	1.5433
30.978	7.3773	0.002139	467.6	332.25	332.25	1.4336	1.4336

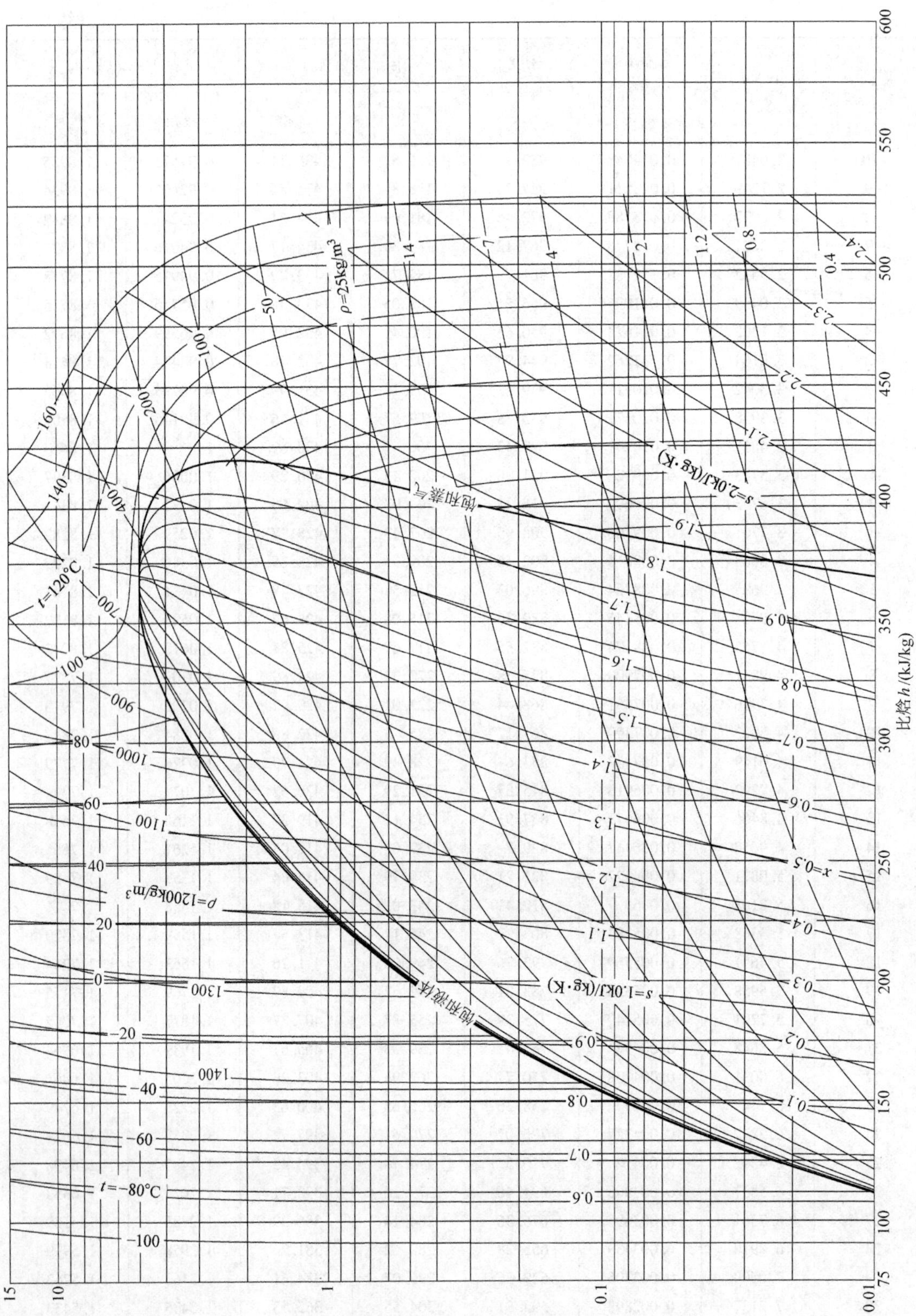
比焓 h/(kJ/kg)
压力 p/MPa
饱和液体
饱和蒸气
ρ=25kg/m³
ρ=1200kg/m³
s=1.0kJ/(kg·K)
s=2.0kJ/(kg·K)
t=120°C
t=−80°C
x=0.5

图 B-1　R-22 压－焓图

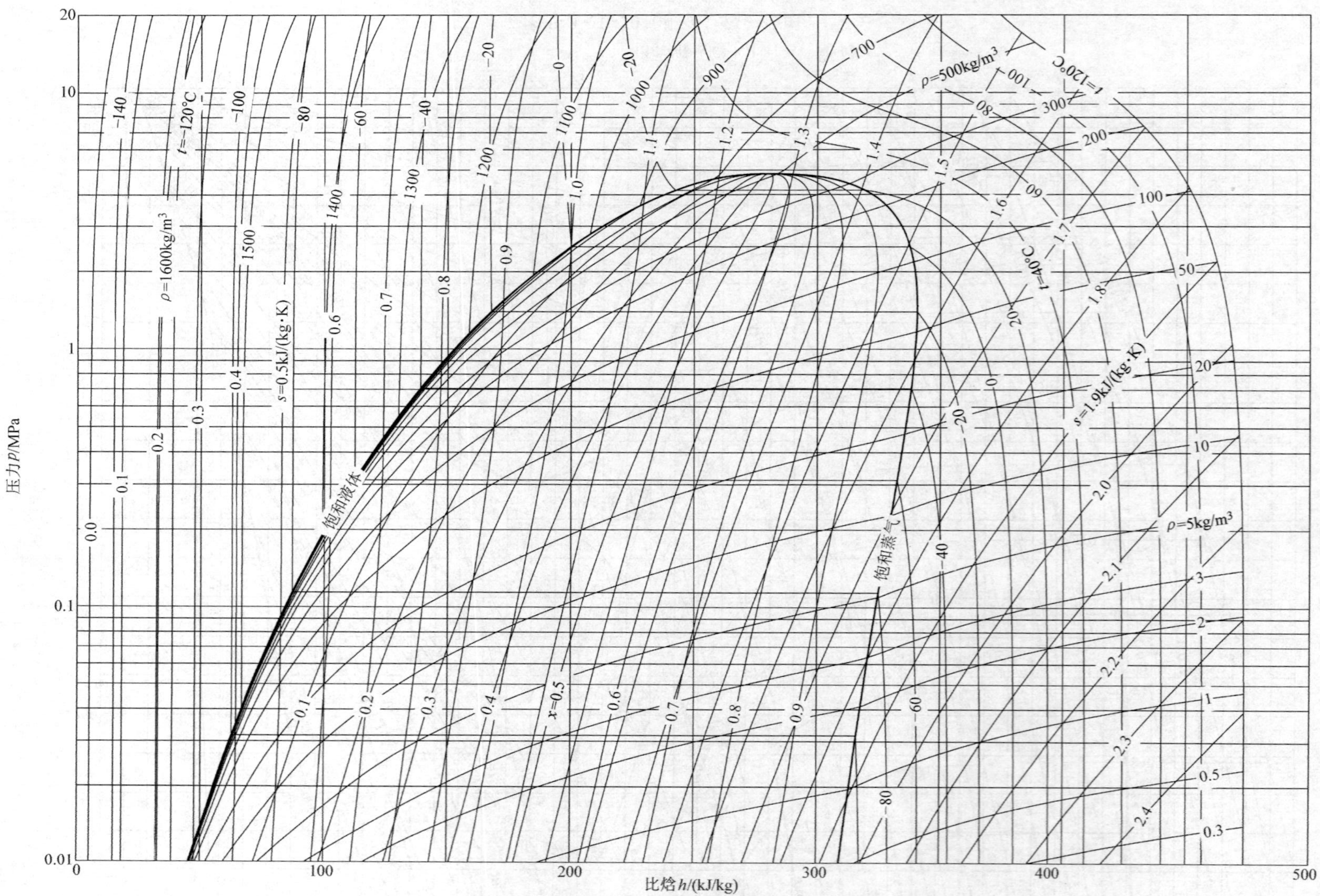
压力p/MPa
比焓h/(kJ/kg)
饱和液体
饱和蒸气
t=−120°C
t=40°C
t=120°C
ρ=1600kg/m³
ρ=500kg/m³
ρ=5kg/m³
s=0.5kJ/(kg·K)
s=1.9kJ/(kg·K)
x=0.5

图 B-2　R-23 压－焓图

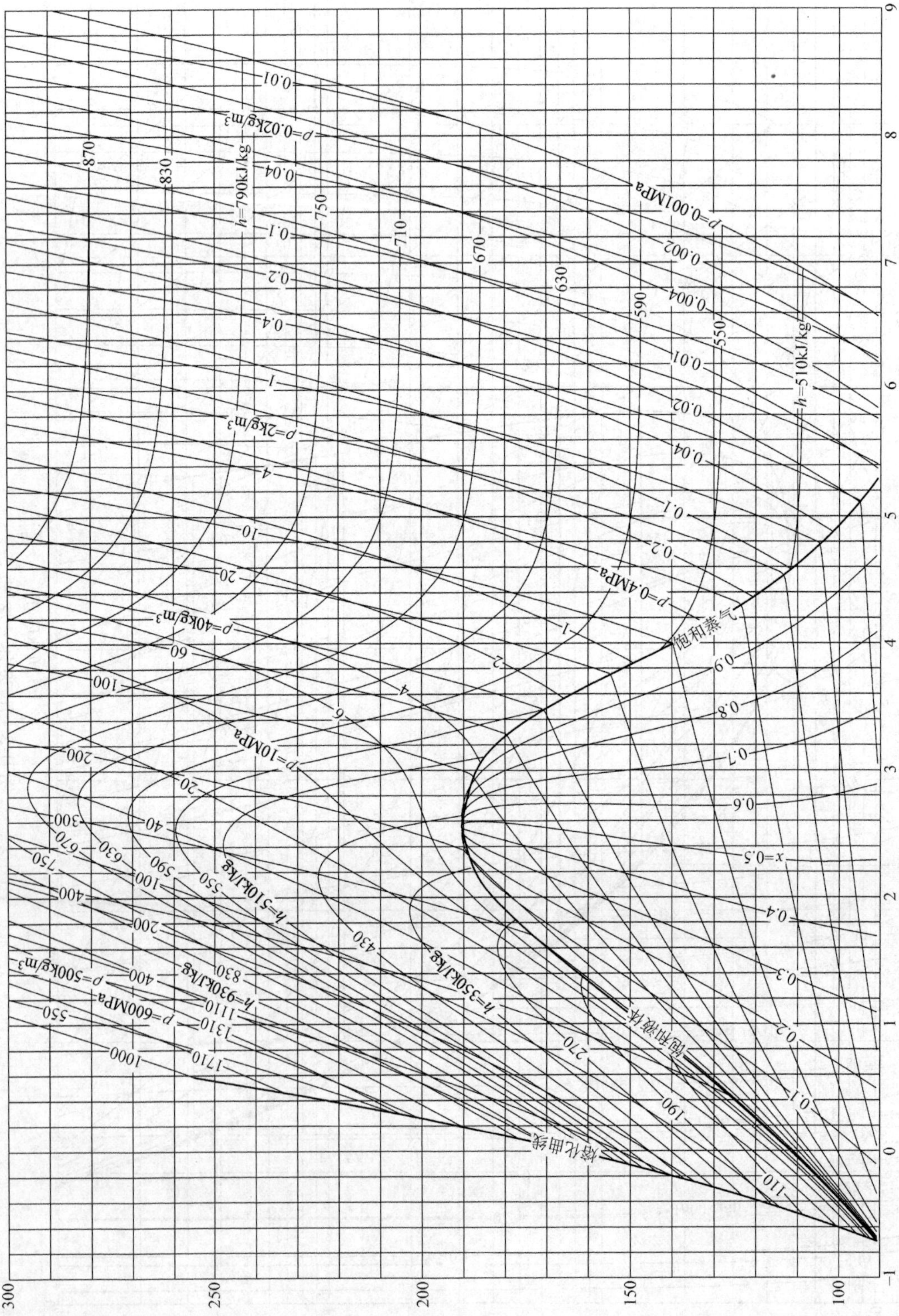

图 B-3 R-50（甲烷）温－熵图

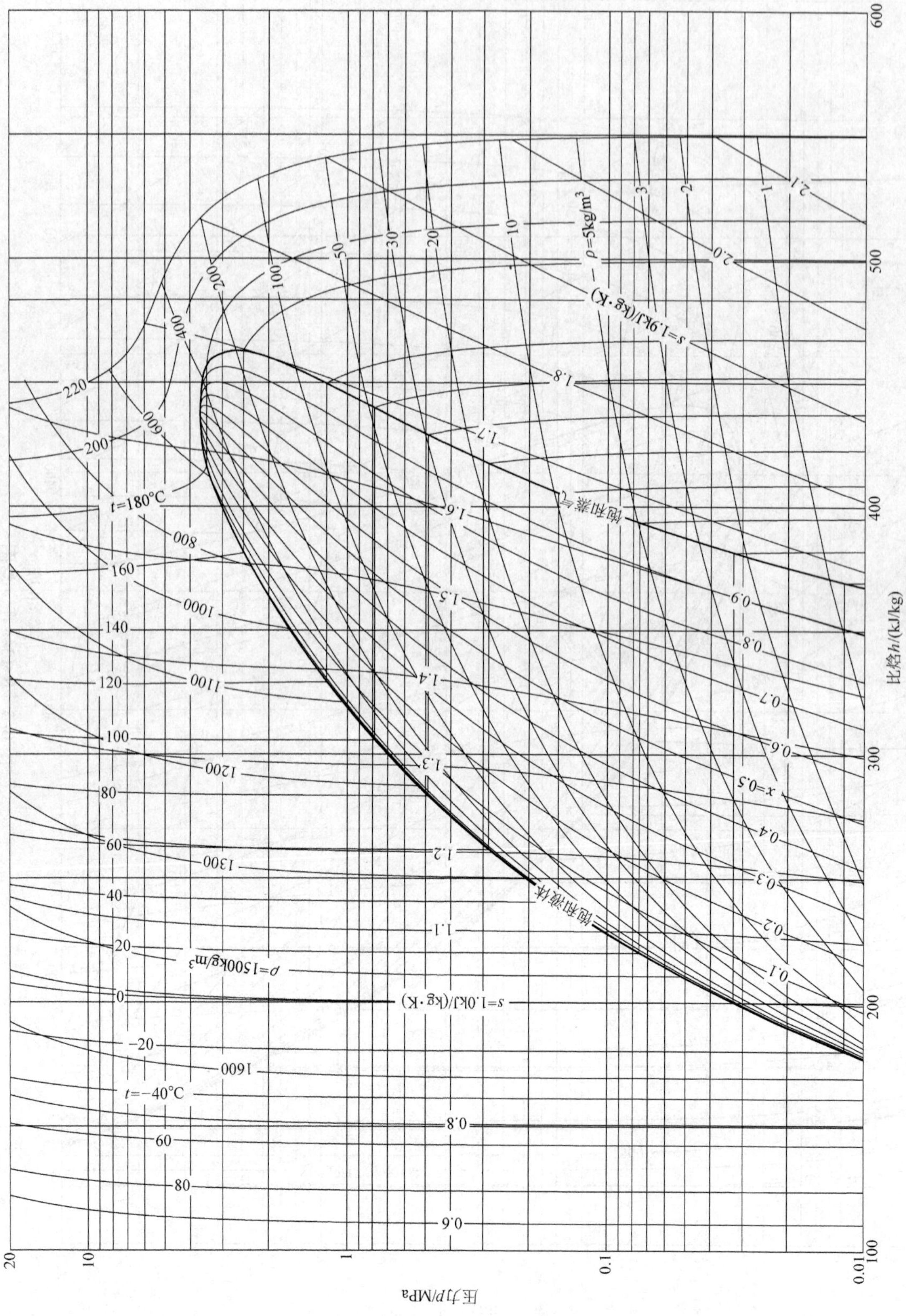
压力p/MPa
比焓h/(kJ/kg)
饱和液体
饱和蒸气
t=180°C
t=−40°C
ρ=5kg/m³
ρ=1500kg/m³
s=1.9kJ/(kg·K)
s=1.0kJ/(kg·K)
x=0.5

图 B-4　R-123 压－焓图

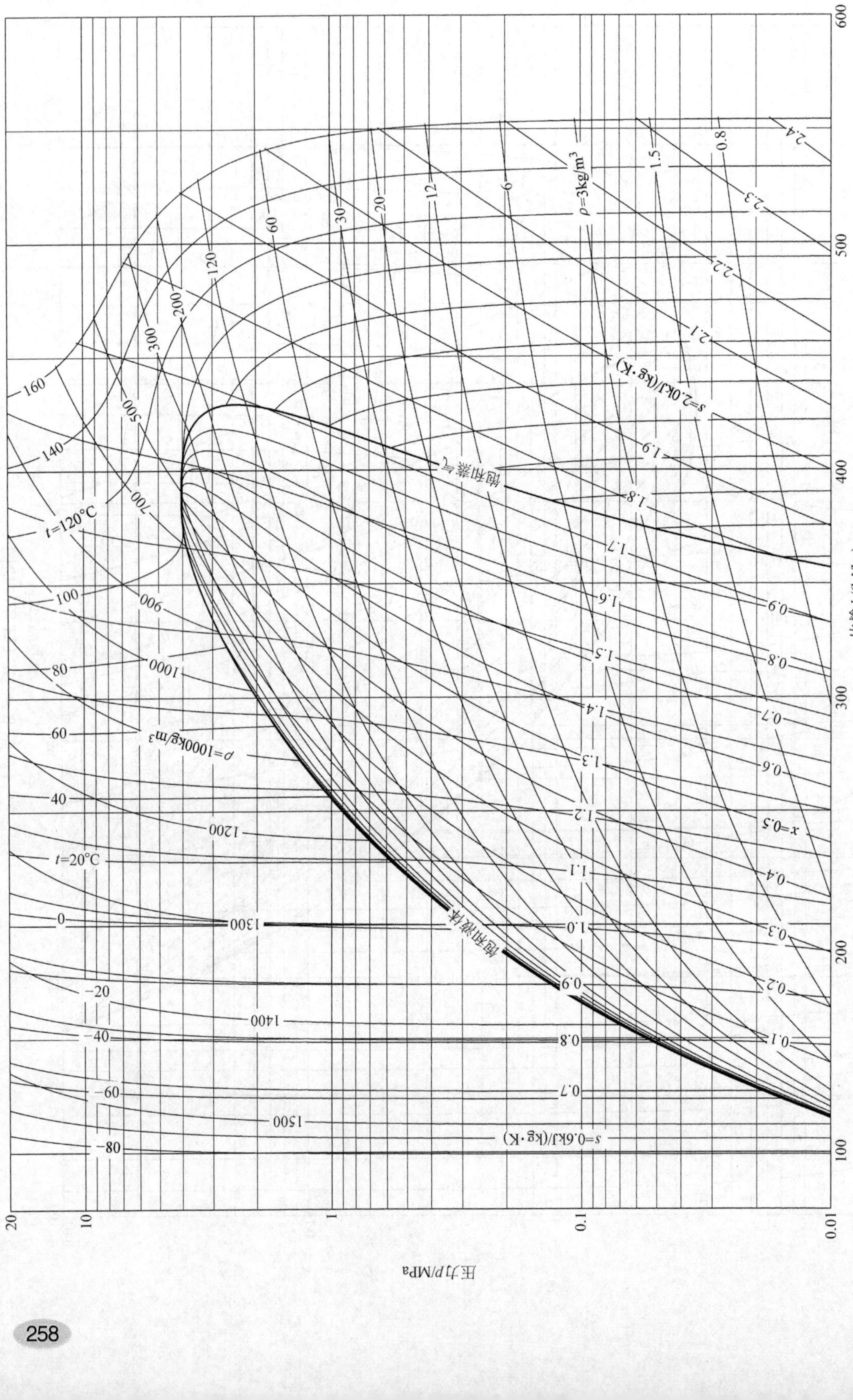

图 B-5　R-134a 压－焓图

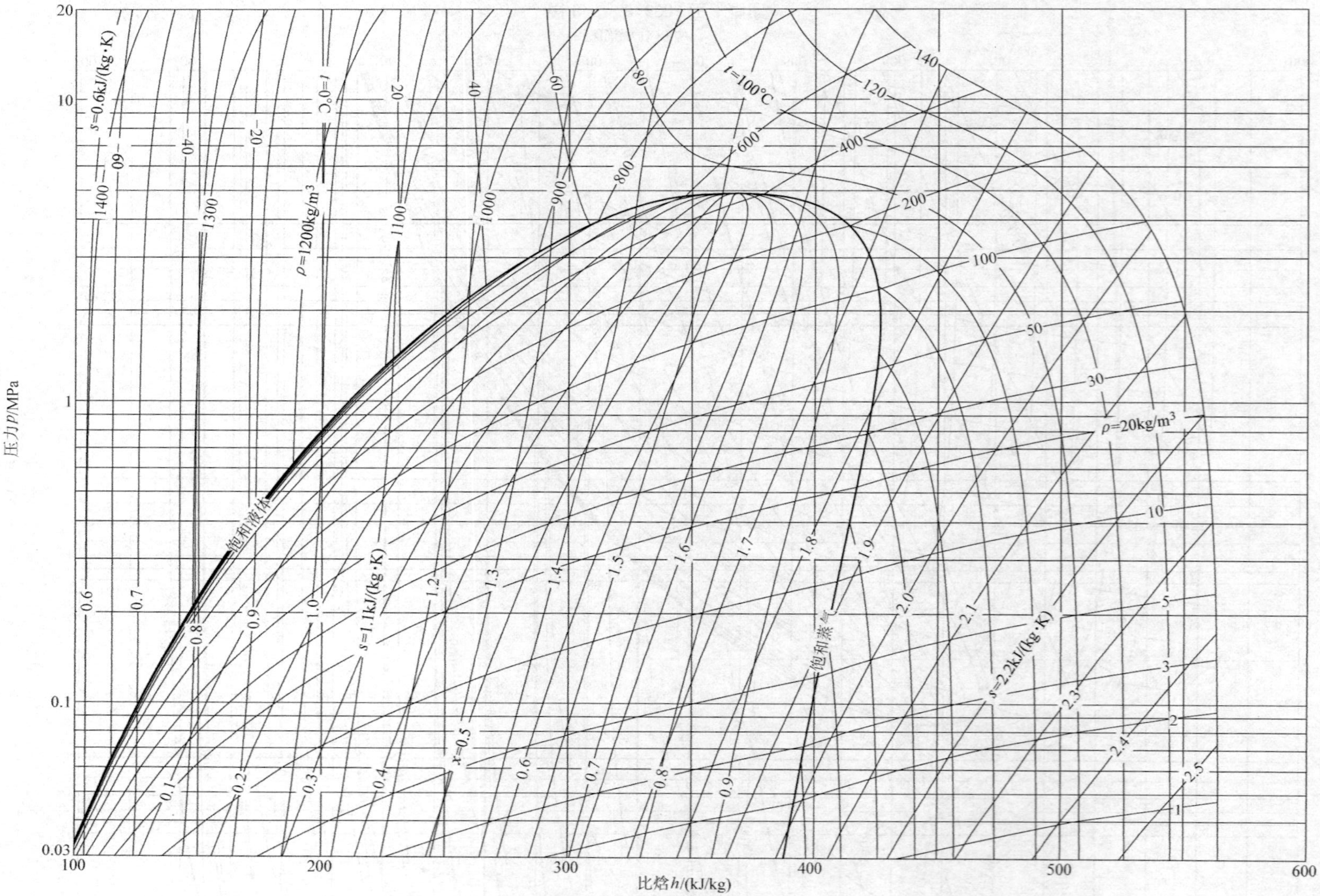

图 B-6 R-410A 压－焓图

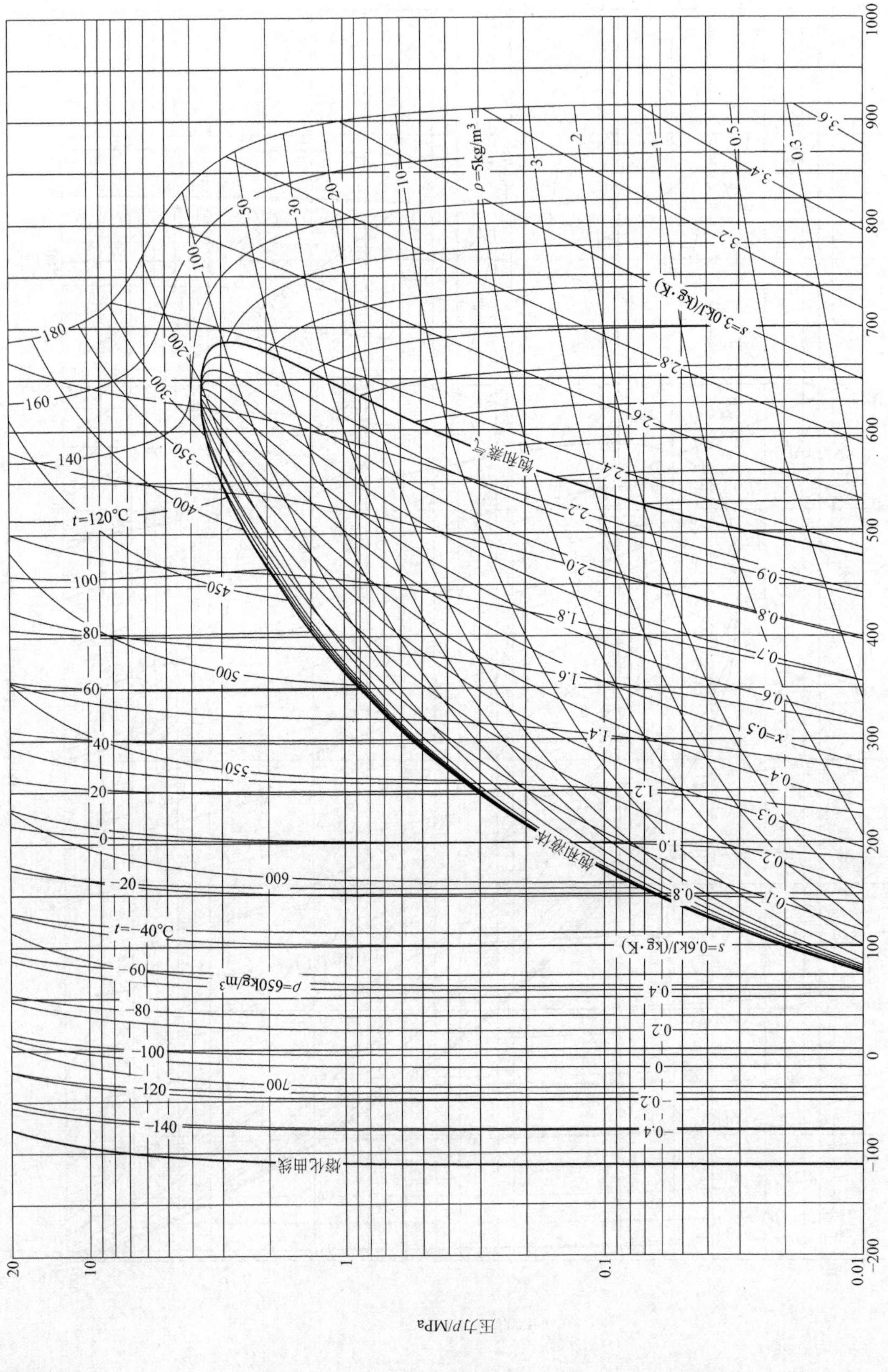

图 B-7　R-600a 压-焓图

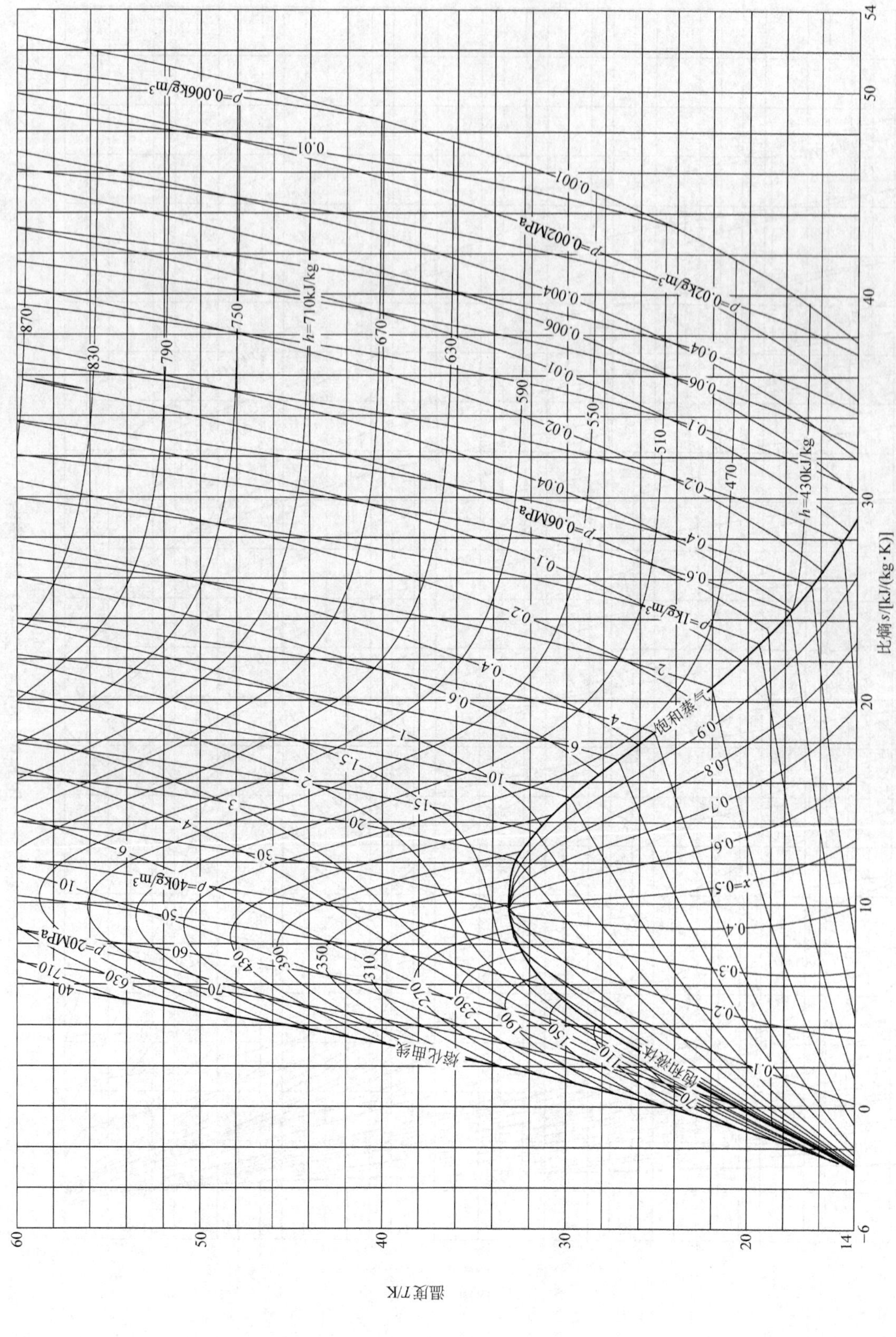

图 B-8 R-702（正氢）温-熵图

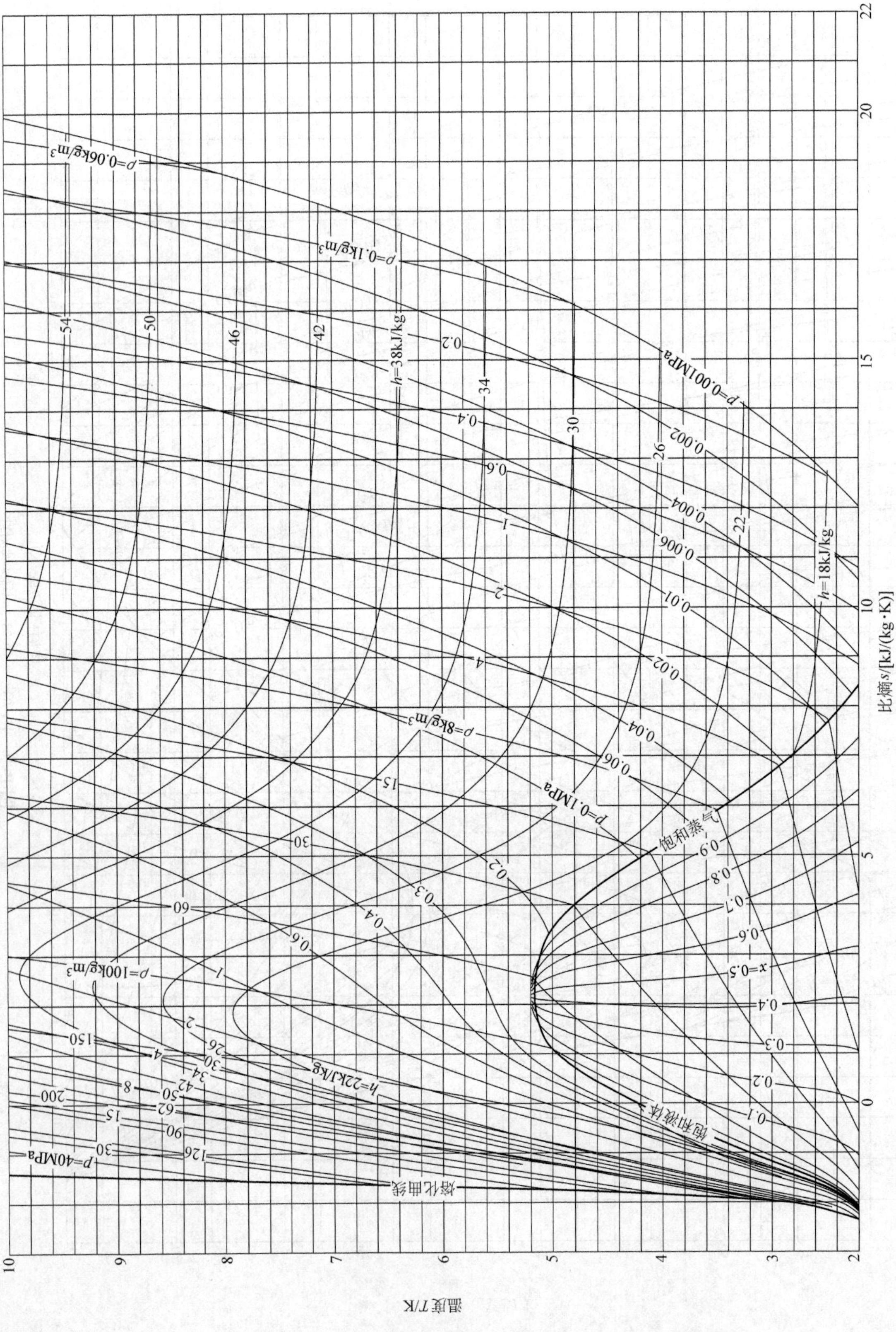

图 B-9 R-704（氦-4）温-熵图

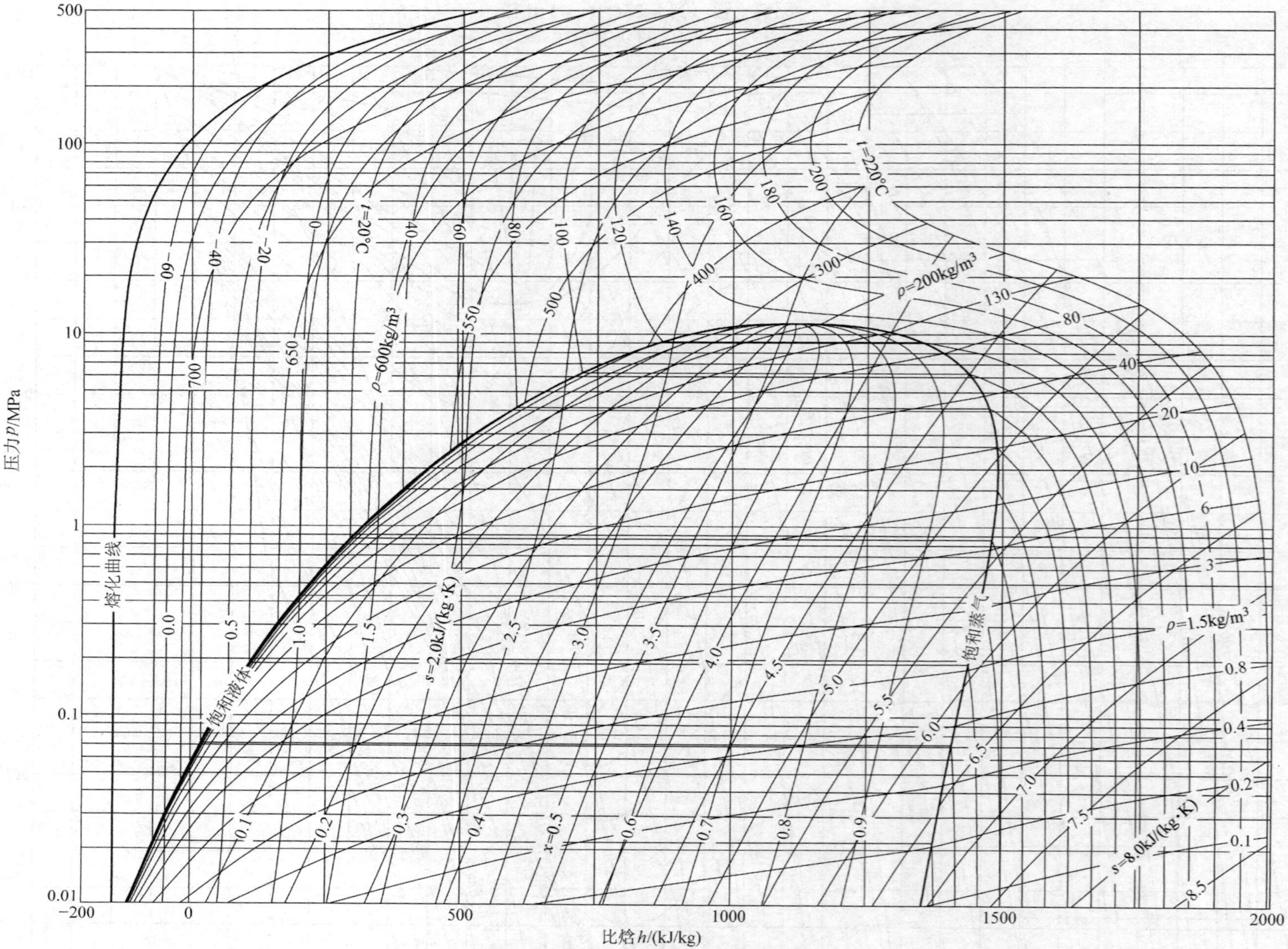

图 B-10 R-717（氨）压－焓图

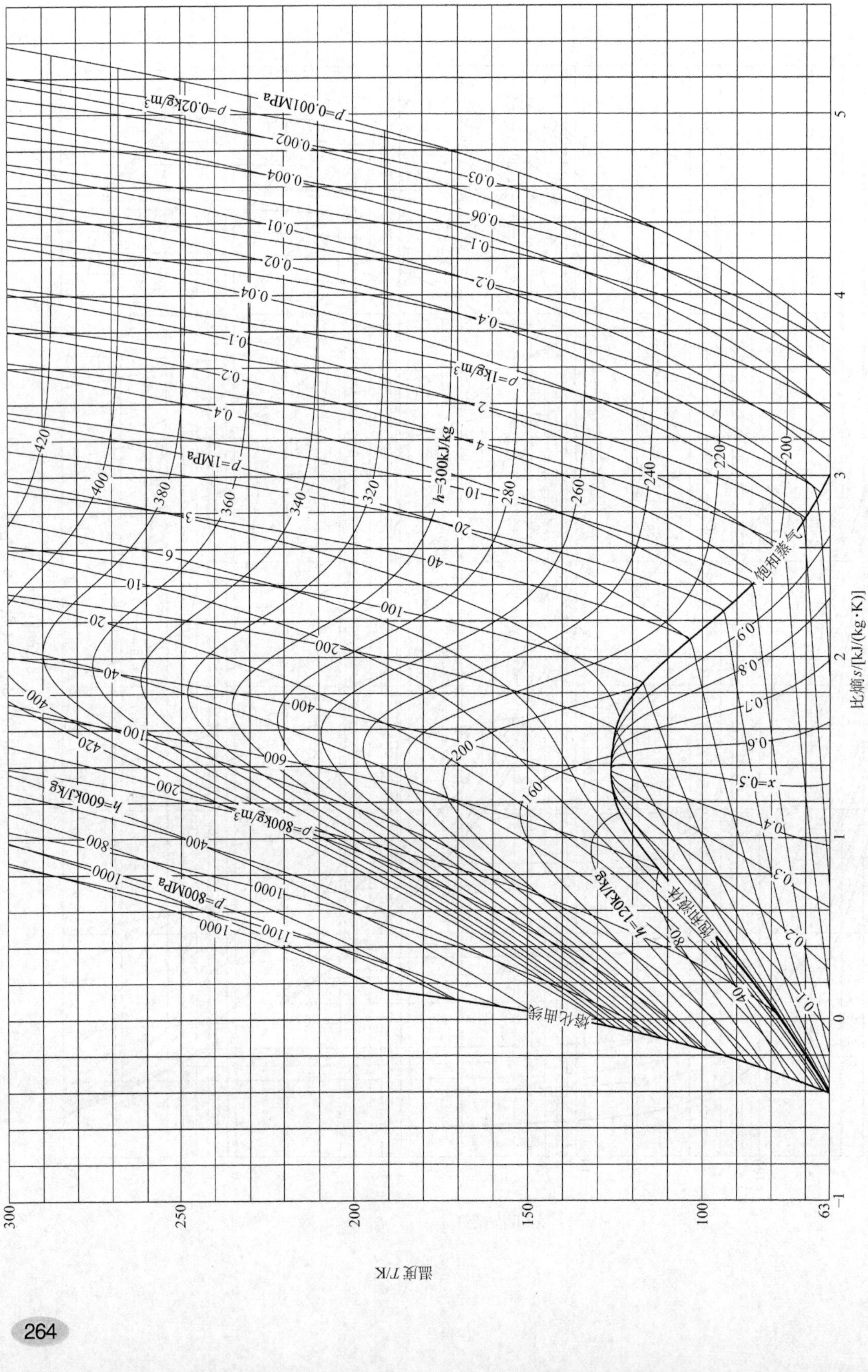

图 B-11 R-728（氮）温－熵图

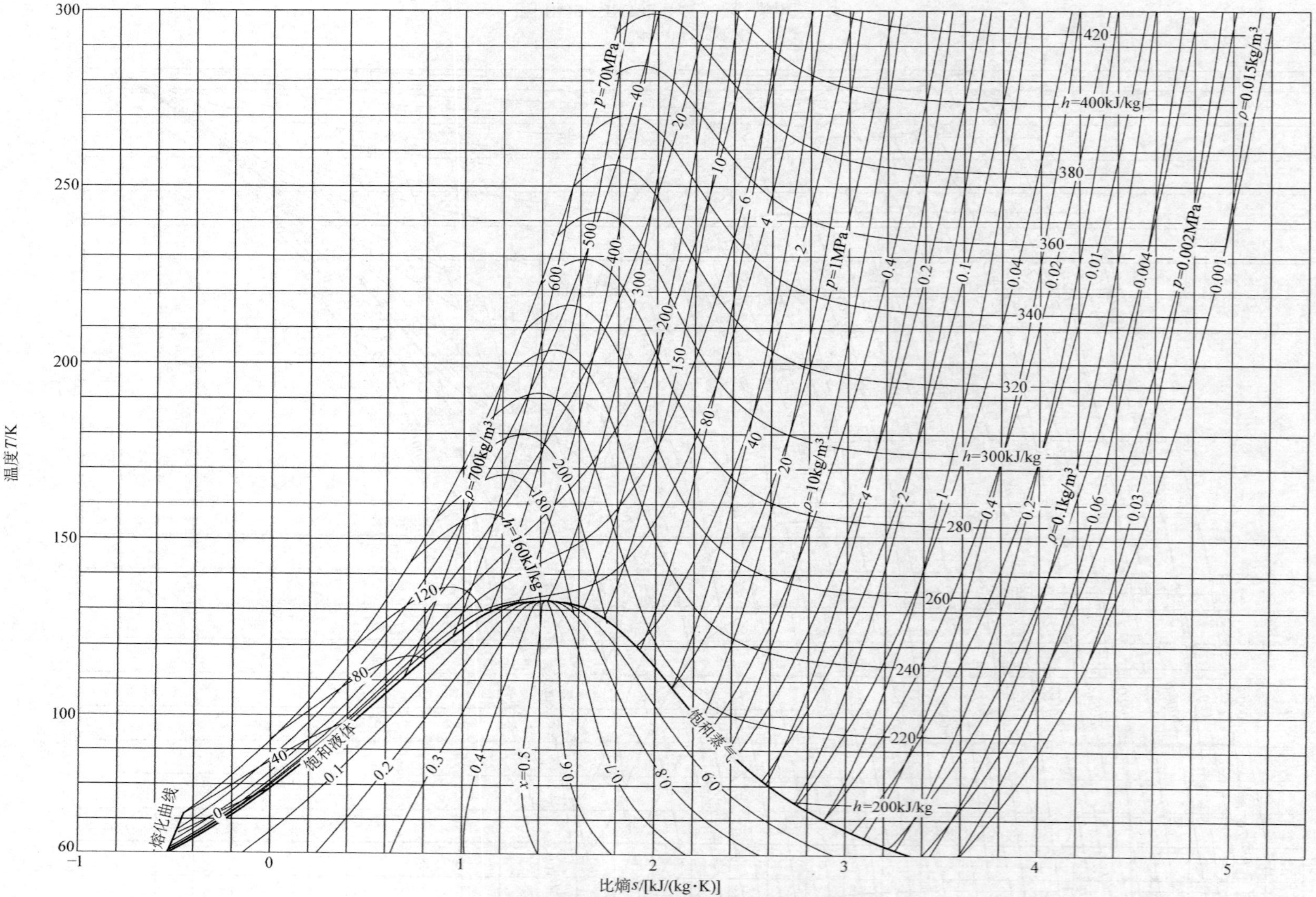

图 B-12　R-729（空气）温－熵图

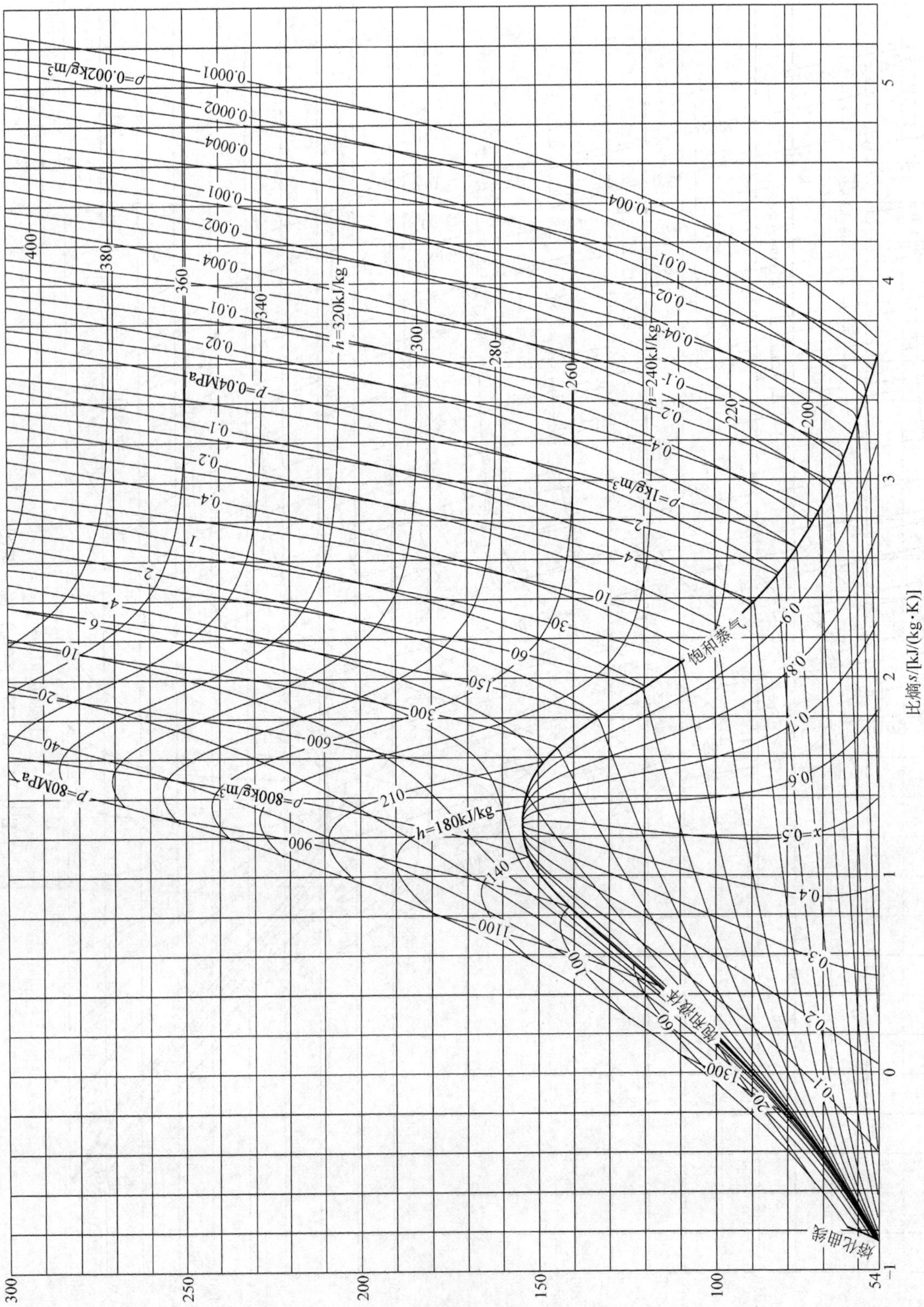

图 B-13　R-732（氧）温－熵图

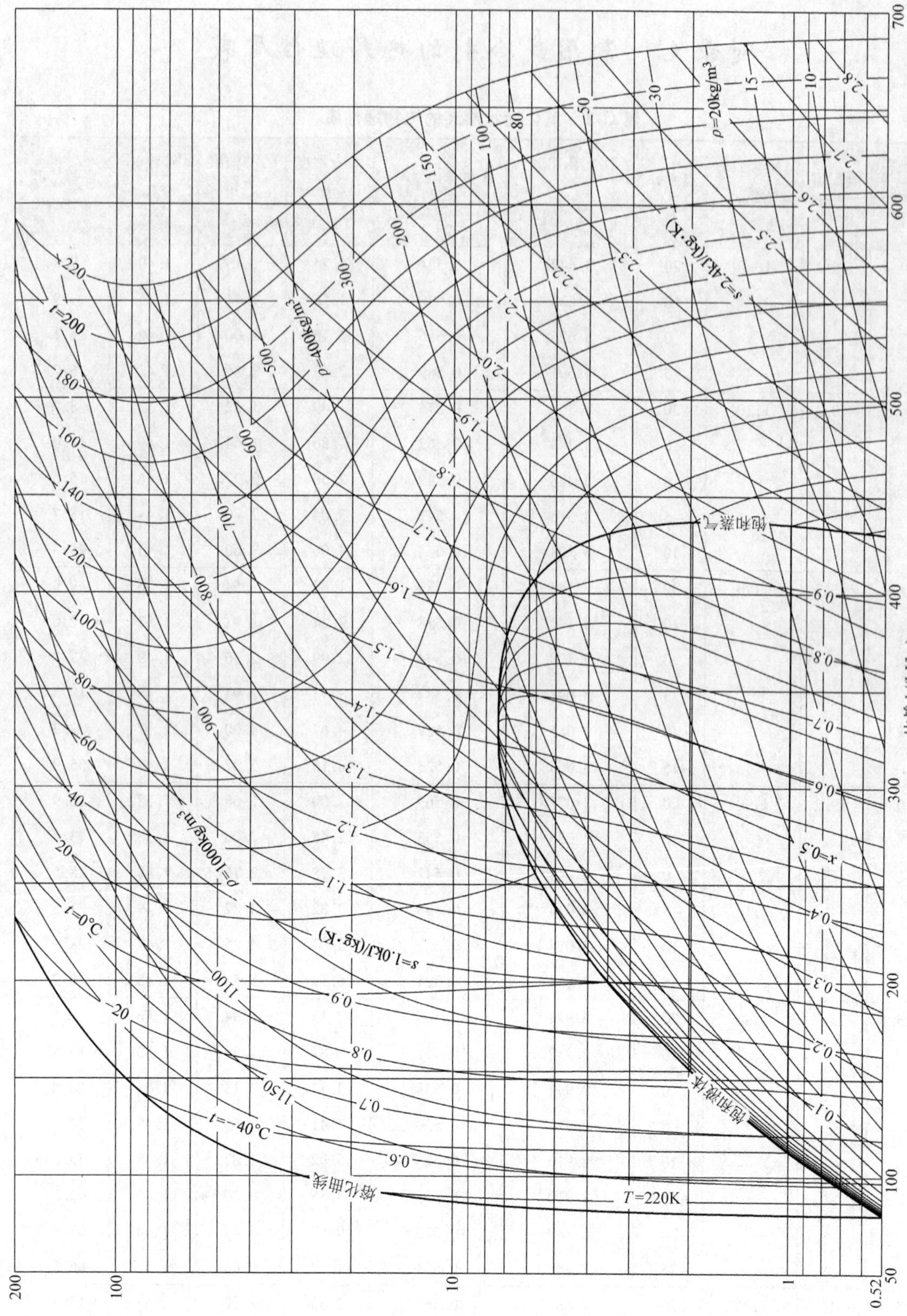

图 B-14　R-744（二氧化碳）压 - 焓图

附录C　常用载冷剂的热物理性质表

表C-1　氯化钙水溶液的热物理性质

质量分数 w（%）	凝固点 t_f/℃	15℃时的密度 ρ /(kg/m³)	温度 t/℃	比定压热容 c_p/[kJ/(kg·K)]	热导率 λ/[W/(m·K)]	动力粘度 $\mu\times10^3$/Pa·s	运动粘度 $\nu\times10^6$/(m²/s)	热扩散率 $a\times10^7$/(m²/s)	普朗特准则数 Pr
9.4	-5.2	1080	20	3.642	0.584	1.24	1.15	1.49	7.8
			10	3.634	0.570	1.55	1.44	1.45	9.9
			0	3.626	0.556	2.16	2.00	1.42	14.1
			-5	3.601	0.549	2.55	2.36	1.41	16.7
14.7	-10.2	1130	20	3.362	0.576	1.49	1.32	1.52	8.7
			10	3.349	0.563	1.86	1.64	1.49	11.0
			0	3.328	0.549	2.56	2.27	1.46	15.6
			-5	3.316	0.542	3.04	2.70	1.44	18.7
			-10	3.308	0.534	4.06	3.60	1.43	25.3
18.9	-15.7	1170	20	3.148	0.572	1.80	1.54	1.56	9.9
			10	3.140	0.558	2.24	1.91	1.52	12.6
			0	3.128	0.544	2.99	2.56	1.49	17.2
			-5	3.098	0.537	3.43	2.94	1.48	19.8
			-10	3.086	0.529	4.67	4.00	1.47	27.3
			-15	3.065	0.523	6.15	5.27	1.47	35.9
20.9	-19.2	1190	20	3.077	0.569	2.00	1.68	1.55	10.9
			10	3.056	0.555	2.45	2.06	1.53	13.4
			0	3.044	0.542	3.28	2.76	1.49	18.5
			-5	3.014	0.535	3.82	3.22	1.49	21.5
			-10	3.014	0.527	5.07	4.25	1.47	28.9
			-15	3.014	0.521	6.59	5.53	1.45	38.2
23.8	-25.7	1220	20	2.973	0.565	2.35	1.94	1.56	12.5
			10	2.952	0.551	2.87	2.35	1.53	15.4
			0	2.931	0.538	3.81	3.13	1.51	20.8
			-5	2.910	0.530	4.41	3.63	1.49	24.4
			-10	2.910	0.523	5.92	4.87	1.48	33.0
			-15	2.910	0.518	7.55	6.20	1.46	42.5
			-20	2.889	0.510	9.47	7.77	1.44	53.8
			-25	2.889	0.504	11.57	9.48	1.43	66.5
25.7	-31.2	1240	20	2.889	0.562	2.63	2.12	1.57	13.5
			10	2.889	0.548	3.22	2.51	1.53	16.5

（续）

质量分数 w（%）	凝固点 t_f/℃	15℃时的密度 ρ /(kg/m^3)	温度 t/℃	比定压热容 c_p/[kJ/(kg·K)]	热导率 λ/[W/(m·K)]	动力粘度 $\mu\times10^3$/Pa·s	运动粘度 $\nu\times10^6$/(m^2/s)	热扩散率 $a\times10^7$/(m^2/s)	普朗特准则数 Pr
			0	2.868	0.535	4.26	3.43	1.51	22.7
25.7	−31.2	1240	−10	2.847	0.521	6.68	5.40	1.48	36.6
			−15	2.847	0.514	8.36	6.75	1.46	46.3
			−20	2.805	0.508	10.56	8.52	1.46	58.5
			−25	2.805	0.501	12.90	10.40	1.44	72.0
			−30	2.763	0.494	14.81	12.00	1.44	83.0
27.5	−38.6	1260	20	2.847	0.558	2.93	2.33	1.56	14.9
			10	2.826	0.545	3.61	2.87	1.53	18.8
			0	2.809	0.531	4.80	3.81	1.50	25.3
			−10	2.784	0.519	7.52	5.97	1.48	40.3
			−20	2.763	0.506	11.87	9.45	1.46	65.0
			−25	2.742	0.499	14.71	11.70	1.44	80.7
			−30	2.742	0.492	17.16	13.60	1.42	95.5
			−35	2.721	0.486	21.57	17.10	1.42	120.0
28.5	−43.5	1270	20	2.805	0.557	3.14	2.47	1.56	15.8
			0	2.780	0.529	5.12	4.02	1.50	26.7
			−10	2.763	0.518	8.02	6.32	1.48	42.7
			−20	2.721	0.505	12.65	10.0	1.46	68.8
			−25	2.721	0.500	15.98	12.6	1.44	87.5
			−30	2.700	0.491	18.83	14.9	1.43	103.5
			−35	2.700	0.484	24.52	19.3	1.42	136.5
			−40	2.680	0.478	30.40	24.0	1.41	171.0
29.4	−50.1	1280	20	2.805	0.555	3.33	2.65	1.55	17.2
			0	2.755	0.528	5.49	4.30	1.5	28.7
			−10	2.721	0.576	8.63	6.75	1.49	45.5
			−20	2.680	0.504	13.83	10.8	1.47	73.4
			−30	2.659	0.490	21.28	16.6	1.44	115.0
			−35	2.638	0.483	25.50	19.9	1.43	139.0
			−40	2.638	0.477	32.36	25.3	1.42	179.0
			−45	2.617	0.470	40.21	31.4	1.40	223.0
			−50	2.617	0.464	49.03	38.3	1.3	295.0
29.9	−55	1286	20	2.784	0.554	3.51	2.75	1.55	17.8
			0	2.738	0.528	5.69	4.43	1.50	29.5
			−10	2.700	0.515	9.04	7.04	1.48	47.5

（续）

质量分数 w（%）	凝固点 t_f/℃	15℃时的密度 ρ /(kg/m^3)	温度 t/℃	比定压热容 c_p/[kJ/(kg·K)]	热导率 λ/[W/(m·K)]	动力粘度 $\mu\times10^3$/Pa·s	运动粘度 $\nu\times10^6$/(m^2/s)	热扩散率 $a\times10^7$/(m^2/s)	普朗特准则数 Pr
			-20	2.680	0.502	14.42	11.23	1.46	77.0
			-30	2.659	0.488	22.56	17.6	1.43	123.0
			-35	2.638	0.483	28.44	22.1	1.42	156.5
29.9	-55	1286	-40	2.638	0.576	35.30	27.5	1.40	196.0
			-45	2.617	0.470	43.15	33.5	1.39	240.0
			-50	2.617	0.463	50.99	39.7	1.38	290.0

表 C-2 氯化钠水溶液的热物理性质

质量分数 w（%）	凝固点 t_f/℃	15℃时的密度 ρ /(kg/m^3)	温度 t/℃	比定压热容 c_p/[kJ/(kg·K)]	热导率 λ/[W/(m·K)]	动力粘度 $\mu\times10^3$/Pa·s	运动粘度 $\nu\times10^6$/(m^2/s)	热扩散率 $a\times10^7$/(m^2/s)	普朗特准则数 Pr
7	-4.4	1050	20	3.843	0.593	1.08	1.03	1.48	6.9
			10	3.835	0.576	1.41	1.34	1.43	9.4
			0	3.827	0.559	1.87	1.78	1.39	12.7
			-4	3.818	0.556	2.16	2.06	1.39	14.8
11	-7.5	1080	20	3.697	0.593	1.15	1.06	1.48	7.2
			10	3.684	0.570	1.52	1.41	1.43	9.9
			0	3.676	0.556	2.02	1.87	1.40	13.4
			-5	3.672	0.549	2.44	2.26	1.38	16.4
			-7.5	3.672	0.545	2.65	2.45	1.38	17.8
13.6	-9.8	1100	20	3.609	0.593	1.23	1.12	1.50	7.4
			10	3.601	0.568	1.62	1.47	1.43	10.3
			0	3.588	0.554	2.15	1.95	1.41	13.9
			-5	3.584	0.547	2.61	2.37	1.39	17.1
			-9.8	3.580	0.510	3.43	3.13	1.37	22.9
16.2	-12.2	1120	20	3.534	0.573	1.31	1.20	1.45	8.3
			10	3.525	0.569	1.73	1.57	1.44	10.9
			-5	3.508	0.544	2.83	2.58	1.39	18.6
			-10	3.504	0.535	3.49	3.18	1.37	23.2
			-12.2	3.500	0.533	4.22	3.84	1.36	28.3
18.8	-15.1	1140	20	3.462	0.582	1.43	1.26	1.48	8.5
			10	3.454	0.566	1.85	1.63	1.44	11.4
			0	3.442	0.550	2.56	2.25	1.40	16.1
			-5	3.433	0.542	3.12	2.74	1.39	19.8

（续）

质量分数 w（%）	凝固点 t_f/℃	15℃时的密度 ρ/(kg/m³)	温度 t/℃	比定压热容 c_p/[kJ/(kg·K)]	热导率 λ/[W/(m·K)]	动力粘度 $\mu\times10^3$/Pa·s	运动粘度 $\nu\times10^6$/(m²/s)	热扩散率 $a\times10^7$/(m²/s)	普朗特准则数 Pr
18.8	−15.1	1140	−10	3.429	0.533	3.87	3.40	1.37	24.8
			−15	3.425	0.524	4.78	4.19	1.35	31.0
21.2	−18.2	1160	20	3.395	0.579	1.55	1.33	1.46	9.1
			10	3.383	0.563	2.01	1.73	1.44	12.1
			0	3.374	0.547	2.82	2.44	1.40	17.5
			−5	3.366	0.538	3.44	2.96	1.38	21.5
			−10	3.362	0.530	4.30	3.70	1.36	27.1
			−15	3.358	0.522	5.28	4.55	1.35	33.9
			−18	3.358	0.518	6.08	5.24	1.33	39.4
23.1	−21.2	1175	20	3.345	0.565	1.67	1.42	1.47	9.6
			10	3.333	0.549	2.16	1.84	1.40	13.1
			0	3.324	0.544	3.04	2.59	1.39	18.6
			−5	3.320	0.536	3.75	3.20	1.38	23.3
			−10	3.312	0.528	4.71	4.02	1.36	29.5
			−15	3.308	0.520	5.75	4.90	1.34	36.5
			−21	3.303	0.514	7.75	6.60	1.32	50.0

表 C-3 乙二醇水溶液的热物理性质

质量分数 w（%）	凝固点 t_f/℃	15℃时的密度 ρ/(kg/m³)	温度 t/℃	比定压热容 c_p/[kJ/(kg·K)]	热导率 λ/[W/(m·K)]	动力粘度 $\mu\times10^3$/Pa·s	运动粘度 $\nu\times10^6$/(m²/s)	热扩散率 $a\times10^7$/(m²/s)	普朗特准则数 Pr
4.6	−2	1005	50	4.1	0.62	0.58	0.58	1.54	3.96
			20	4.1	0.58	1.08	1.07	1.39	7.7
			0	4.1	0.56	1.96	1.95	1.35	14.4
8.4	−4	1010	50	4.1	0.59	0.69	0.68	1.43	4.75
			20	4.1	0.57	1.18	1.17	1.39	8.4
			0	4.1	0.55	2.25	2.23	1.33	16.7
12.2	−5	1015	50	4.1	0.58	0.69	0.677	1.41	4.8
			20	4.0	0.55	1.37	1.35	1.33	10.1
			0	4.0	0.53	2.54	2.51	1.33	18.9
16	−7	1020	50	4.0	0.56	0.78	0.77	1.36	5.65
			10	3.91	0.52	2.06	2.02	1.31	15.4
			−5	3.89	0.50	3.43	3.37	1.26	26.6

（续）

质量分数 w（%）	凝固点 t_f/℃	15℃时的密度 ρ /(kg/m^3)	温度 t/℃	比定压热容 c_p/[kJ/(kg·K)]	热导率 λ/[W/(m·K)]	动力粘度 $\mu\times10^3$/Pa·s	运动粘度 $\nu\times10^6$/(m^2/s)	热扩散率 $a\times10^7$/(m^2/s)	普朗特准则数 Pr
19.8	−10	1025	50	3.95	0.55	0.78	0.76	1.33	5.7
			10	3.87	0.51	2.25	2.20	1.29	17
			−5	3.85	0.49	3.82	3.73	1.25	30
23.6	−13	1030	50	3.94	0.52	0.88	0.858	1.29	6.6
			10	3.81	0.49	2.54	2.48	1.26	19.6
			−10	3.77	0.49	5.10	4.95	1.26	39.4
27.4	−15	1035	50	3.85	0.51	0.88	0.855	1.28	6.7
			0	3.73	0.48	3.93	3.8	1.24	31
			−15	3.66	0.47	7.06	6.83	1.24	55
31.2	−17	1040	50	3.81	0.50	0.98	0.94	1.26	7.5
			0	3.64	0.47	4.41	4.25	1.24	34.5
			−15	3.62	0.46	8.23	7.9	1.22	65
35	−21	1045	50	3.73	0.48	1.08	1.03	1.22	8.4
			20	3.64	0.47	2.45	2.35	1.22	19.2
			−10	3.56	0.45	7.64	7.35	1.22	60
			−20	3.52	0.45	11.8	11.3	1.24	92
38.8	−26	1050	50	3.68	0.47	1.18	1.12	1.21	9.3
			20	3.56	0.45	2.74	2.63	1.21	21.6
			−10	3.48	0.45	8.62	8.25	1.24	67
			−25	3.41	0.45	18.6	17.8	1.26	144
42.6	−29	1055	50	3.60	0.44	1.37	1.3	1.16	11.2
			20	3.48	0.44	2.94	2.78	1.21	23
			−10	3.39	0.44	9.60	9.1	1.24	73
			−25	3.33	0.44	21.6	20.5	1.26	162
46.4	−33	1060	50	3.52	0.43	1.57	1.48	1.15	2.8
			20	3.39	0.43	3.43	3.24	1.19	27
			−10	3.31	0.43	10.8	10.2	1.22	84
			−20	3.27	0.43	18.1	17.2	1.24	140
			−30	3.22	0.43	32.3	30.5	1.26	242

表 C-4　几种常用载冷剂的热物理性质比较

使用温度/℃	载冷剂名称	质量分数 w（%）	密度 $\rho\times10^3$/（kg/m³）	比定压热容 c_p/[kJ/(kg·K)]	热导率 λ/[W/(m·K)]	粘度 $\mu\times10^3$/Pa·s	凝固点 t_f/℃
0	氯化钙水溶液	12	1.111	3.465	0.528	2.5	-7.2
	甲醇溶液	15	0.979	4.1868	0.494	6.9	-10.5
	乙二醇水溶液	25	1.03	3.834	0.511	3.8	-10.6
-10	氯化钙水溶液	20	1.188	3.041	0.501	4.9	-15.0
	甲醇溶液	22	0.97	4.066	0.461	7.7	-17.8
	乙二醇水溶液	35	1.063	3.561	0.4726	7.3	-17.8
-20	氯化钙水溶液	25	1.253	2.818	0.4755	10.6	-29.4
	甲醇溶液	30	0.949	3.813	0.3878	–	-23
	乙二醇水溶液	45	1.080	3.312	0.441	21	-26.6
-35	氯化钙水溶液	30	1.312	2.641	0.441	27.2	-50
	甲醇溶液	40	0.963	3.50	0.326	12.2	-42
	乙二醇水溶液	55	1.097	2.975	0.3725	90.0	-41.6
	二氯甲烷	100	1.423	1.146	0.2038	0.80	-96.7
	三氯乙烯	100	1.549	0.9976	0.1503	1.13	-88
	三氯一氟甲烷	100	1.608	0.817	0.1316	0.88	-111
-50	二氯甲烷	100	1.450	1.146	0.1898	1.04	-96.7
	三氯乙烯	100	1.578	0.7282	0.1712	1.90	-88
	三氯一氟甲烷	100	1.641	0.8125	0.1364	1.25	-111
-70	二氯甲烷	100	1.478	1.146	0.2213	1.37	-96.7
	三氯乙烯	100	1.590	0.4567	0.1957	3.40	-88
	三氯一氟甲烷	100	1.660	0.8340	0.1503	2.15	-111

参考文献

[1] Roy J Dossat, Thomas J Horan. Principles of Refrigeration [M]. 5th ed. New Jersey: Prentice Hall Publisher, 2001.

[2] Barron R F. Cryogenic Systems [M], 2nd ed. Oxford: Oxford University Press, 1985.

[3] Wilbert F Stoecker, Jerold W Jones. Refrigeration and Air Conditioning [M]. 2nd ed. Ohio: McGraw Hill Higher Education. 1983.

[4] Klaus D Timmerhaus, Thomas M Flynn. Cryogenic Process Engineering [M]. New York: Springer, 1989.

[5] Ralph G Scurlock. History and Origins of Cryogenics [M]. Gloucestershire: Clarendon Press, 1992.

[6] International Institute of Refrigeration and the French Refrigeration Association. 100 years at the service of the development of refrigeration and its applications [M]. Paris: International Institute of Refrigeration, 2008.

[7] 吴业正．制冷原理及设备 [M]. 2 版．西安：西安交通大学出版社，2004.

[8] 苏长荪．高等工程热力学 [M]. 北京：高等教育出版社，1987.

[9] 边绍雄．小型低温制冷机 [M]. 北京：机械工业出版社，1983.

[10] 戴永庆．溴化锂吸收制冷技术及应用 [M]. 北京：机械工业出版社，1996.

[11. 赵冠春，钱立伦．㶲分析及其应用 [M]. 北京：高等教育出版社，1984.

[12] ASHRAE. ANSI/ASHRAE Standard 34 - 2007, Designation and Safety Classification of Refrigerants [M] Atlante: ASHRAE, 2008.

[13] ASHRAE. 2005 ASHRAE Handbook—Fundamentals [M]. Atlante: ASHRAE, 2006.

[14] John R Watt, Will K Brown. Evaporative Air Conditioning Handbook [M]. 3rd ed. New Jersey: Prentice Hall Publisher, 1997.

[15] 机械工业部冷冻设备标准化技术委员会．制冷空调技术标准应用手册 [M]. 北京：机械工业出版社，1998.

[16] United Nations Environment Program. 2006 Report of The Refrigeration [R]. Nairobi: Air Conditioning and Heat Pumps Technical Options Committee , 2007.

[17] Martin J J, Hou Y C. Development of an Equation of State for Gases [J]. AIChE J, 1955, (1): 142 - 156.

[18] Yuan Z, Herold K E. Thermodynamic Properties of Aqueous Lithium Bromide Using a Multiproperty Free Energy Correlation [J]. International J Heating, Ventilating, Air - Conditioning and Refrigeration, 2005, 11 (3): 377 - 393.

[19] 侯虞钧，章彬，唐宏青．马丁 - 侯状态方程向液相发展 [J]. 化工学报，1981，(1)：1 - 8.

[20] 马一太，王景刚，魏东．自然工质在制冷空调领域里的应用分析 [J]. 制冷学报，2002，1 - 5.

[21] 毛绍融，朱朔元，周智勇．现代空分设备技术与操作原理 [M]. 杭州：杭州出版社，2005.

制冷与低温原理　第2版
信息反馈表

尊敬的老师：

您好！感谢您多年来对机械工业出版社的支持和厚爱！为了进一步提高我社教材的出版质量，更好地为我国高等教育发展服务，欢迎您对我社的教材多提宝贵意见和建议。另外，如果您在教学中选用了本书，欢迎您对本书提出修改建议和意见。

本书配有电子课件，向授课教师免费提供，需要者可登录机工教育服务网（www. cmpedu. com）下载。

一、基本信息

姓名：________　性别：________　职称：________　职务：____________

邮编：________　地址：____

任教课程：______________　电话：_____－________（H）________（O）

电子邮件：________________________________　手机：____________

二、您对本书的意见和建议

（欢迎您指出本书的疏误之处）

三、您对我们的其他意见和建议

请与我们联系：

100037　北京百万庄大街22号·机械工业出版社·高等教育分社　蔡编辑　收

Tel：010—88379713（O），68997455（Fax）

E－mail：cky@ cmpbook. com